中等职业教育教学用书

建筑工程施工图实例及识读指导

主　编　刘晓平

副主编　诸葛棠

主　审　赵　研

中国建筑工业出版社

图书在版编目（CIP）数据

建筑工程施工图实例及识读指导/刘晓平主编. —北
京：中国建筑工业出版社，2005
（中等职业教育教学用书）
ISBN 978-7-112-07832-5

Ⅰ. 建…　Ⅱ. 刘…　Ⅲ. 建筑工程-工程施工-
识图法-专业学校-教学参考资料　Ⅳ. TU74

中国版本图书馆 CIP 数据核字（2005）第 128068 号

本书立足于建筑工程专业实践性教学环节，着重培养学生的读图与审图能力，选择
了理论联系实际的案例教学法。

全书精选了四个小而精的不同结构类型的典型实例：某公司住宅楼（砖混结构）、
某社区综合服务楼（北方地区框架结构）、某加工车间（轻型钢架结构）、某学校综合楼
（南方地区软土地基框架结构），将一整套（建筑、结构、水暖、电气）建筑工程施工图
展示了出来，以帮助学生全面认识建筑施工图，并可借助该图例进行后续课程的实践
教学。

本书按国家最新相关设计规范编写，可作为工程类中职学生的教学案例，也可作为
高职学生和建筑企业管理人员岗位培训教学参考案例。

*　　*　　*

责任编辑：朱首明　吉万旺　王美玲
责任设计：董建平
责任校对：刘　梅　王金珠

中等职业教育教学用书
建筑工程施工图实例及识读指导
主　编　刘晓平
副主编　诸葛棠
主　审　赵　研
*
中国建筑工业出版社出版、发行（北京西郊百万庄）
各地新华书店、建筑书店经销
霸州市顺浩图文科技发展有限公司
北京同文印刷有限责任公司印刷
*
开本：880×1230 毫米　横1/8　印张：25½　字数：804 千字
2006 年 7 月第一版　　2017 年 9 月第十八次印刷
定价：42.00 元
ISBN 978-7-112-07832-5
(13786)

本社网址：http://www.cabp.com.cn
网上书店：http://www.china-building.com.cn

前　言

建筑施工图是工程技术的"语言"，它能够十分准确的表达出建筑物的全貌。在建筑上它反映出建筑物平面、立面和剖面上各细部尺寸；在结构上它反映出各构件间的相互关系和各构件的截面、配筋、标高及材料；在水暖和电气设备上它反映出设备管线的安装图样。看懂建筑工程施工图是每个参与工程施工的技术人员和技术工人必须掌握的专业技术知识。

本书是与建设行业技能紧缺人才中职教材配套的系列教材。本教材拟在培养学生综合读图与审图的能力，并作为后续课的读图指导范例。为了帮助土建类中职和技工学校学生及建筑施工技术人员尽快掌握识图这一技巧，我们选编了四套不同使用功能、不同结构类型的典型的施工图纸，其中包括砖混结构、框架结构和轻钢结构，以供识图教学、概预算练习、课程设计时使用。

本书的最大特点是在学生和教师面前展示出某个工程一整套完整的建筑工程施工图。它既能帮助教师在教学过程中理论联系实际进行生动教学，又能帮助学生全面认识建筑施工图，还可以使学生了解各专业施工图的内容及要求和各专业图之间的相互关系。学生通过识图可加深对理论知识的理解，借助该图例可模仿绘图和进行施工图概预算及施工组织设计，也可为课程设计和毕业设计提供范文。达到全方位训练的目的。

说明：

1. 本图例按国家现行《房屋建筑制图统一标准》（GB/T 50001—2001）、《总制图标准》（GB/T 50103—2001）、《建筑制图标准》（GB/T 50104—2001）、《建筑结构制图标准》（GB/T 50105—2001）、《给水排水制图标准》（GB/T 50106—2001）、《暖通空调制图标准》（GB/T 50114—2001）编绘。由于设计人员各自不同的表达习惯，可能造成不同的表示方式。

2. 本图例具有南北方建筑的地方特色，为适应造价、施工、资料等岗位群的培训需要，专门增补了许多细部构造的大样和做法说明，可减少大量查找标准图集的工作。

3. 本书是根据教学使用的要求编制的，我们在编辑和整理的过程中对原图做了必要的修改，所以图纸不能作为实际建筑工程施工图使用，仅供教学使用。

4. 本书中的实例由浅入深，实例一、二、三作为中职学生的教学实例，实例四作为中职学生的选读实例，也可作为高职学生的教学实例。为帮助学生自学，我们在各实例前均简述了工程特点，在绝大部分图纸中均配有读图指导或说明。

本书前三个实例由新疆建设职业技术学院的刘晓平、陈淑娟、李建峰编写，黄宁宇、阿孜古丽增补大样，由新疆筑城建筑勘察设计咨询公司提供设计图纸。第四个实例由上海建峰职业技术学院的诸葛棠、周学军、谭健编写，由上海东方建筑设计研究院提供设计图纸，在此深表感谢。

由于我们水平有限，书中缺点在所难免，希望各同行及读者提出宝贵意见。

目　录

第一篇　建筑工程施工图的识读

建筑工程施工图是用来指导施工的一整套图纸，它将拟建房屋的内外形状、大小以及各部分的构造、结构、装饰、设备等，按建筑工程制图的规定，用投影方法详细准确的表示出来。建筑工程施工图按专业分工不同，可分为建筑施工图、结构施工图、设备施工图和电气施工图。

一、施工图的编排顺序及内容

施工图的编排顺序一般为：

1. 图纸目录　从中了解该建筑的类型、建筑物的名称、性质、建筑面积、建设单位、设计单位。图纸目录包括每张图纸的名称、内容、图号等，该工程由哪几个专业的图纸所组成，以便于查找图纸。图纸的编排顺序是：总说明、总平面、建筑施工图、结构施工图、设备（水、暖、电）施工图。各工种图纸的编排，一般是全局性图纸在前，说明局部的图纸在后。

2. 建筑施工图　包括建筑总平面图、各层平面图、各个方向的立面图、剖面图和建筑施工详图。在图类中以建施××标志。

3. 结构施工图　包括基础平面图、基础详图、结构平面图、楼梯结构图、结构构件详图及其说明等。在图类中以结施××标志。

4. 设备（水、暖、电）施工图　包括设备（水、暖、电）平面图、系统图和施工详图，在图类中以设施（电施）××标志。

在识读施工图前，必须掌握正确的识读认识方法和步骤。看图的一般方法应按照"总体了解、顺序识读、前后对照、重点细读"的读图方法。

二、建筑施工图的识读

建筑施工图（简称建施）主要表示建筑物的总体布局、外部造型、内部布置、细部构造、装修和施工要求等。具体内容为：

（一）总平面布置图

该图在地形图上用较小的比例画出拟建房屋和原有房屋外轮廓的水平投影、红线范围、总体布置。它反映出拟建房屋的位置和朝向、室外场地、道路、绿化等布置，主要入口及新建筑±0.000标高相当于绝对标高的数值。

（二）建筑总说明

该图反映工程的性质、建筑面积、设计依据、本工程需说明的各部位的构造做法和装修做法，所引用的标准图集，对施工提出的要求，门窗表等。

（三）各层平面图

建筑平面图是假想用一水平的剖切平面沿房屋门窗洞口位置将房屋剖开，画出一个按国家标准规定图例表示的房屋水平投影全剖图。识读方法为：

1. 看图名、比例、指北针，了解是哪一层平面图，房屋的朝向如何。

2. 房屋平面外形和内部墙的分隔情况，了解房屋总长度、总宽度、房间的开间、进深尺寸、房间分布、用途、数量及相互间的联系，入口、楼梯的位置，室外台阶、花池、散水的位置。

3. 细看图中定位轴线编号及间距尺寸，墙柱与轴线的关系，内外墙上开洞位置及尺寸，门的开启方向、各房间开间进深尺寸，楼地面标高。

4. 查看平面图上各剖面的剖切符号、部位及编号，以便与剖面图对照着读；查看平面图中的索引符号，详图的位置及选用的图集。

5. 看图纸说明。

读平面图时应注意以下问题：

（1）尺寸线。外部尺寸线一般在图样的四周标注，并且在下方及左侧注三道尺寸：第一道尺寸表示外轮廓总尺寸，用以计算房屋的占地面积；第二道尺寸线为轴线间距离，用以说明房屋开间进深尺寸；第三道尺寸线表示门窗洞口、窗间墙及柱的尺寸。内部尺寸线表明室内的门窗洞、孔洞、墙厚和固定设备的大小和位置。

（2）框架柱、墙体与轴线的关系。

（3）厕所、盥洗室、隔墙、楼梯间平台板、梯段的具体位置。

（4）标高。每个标高平面均是一个封闭的区域，注意室内地面标高、室外地面标高、卫生间地面标高、楼梯平台标高，尤其是屋顶标高变化较多，要与立面、剖面图对照着读。

（5）注意门窗类型及编号。

（6）注意剖面号的转折。

（7）注意屋面排水方向和坡度。

（8）细看各详图做法。

（四）立面图

建筑立面图是平行于建筑物各方向外表立面的正投影图。它表现出主要立面的艺术处理、造型、装修及门窗、挑檐、雨篷、屋顶、地面等标高等。识读方法为：

1. 先看图名、比例、立面外形、外墙表面装修做法与分格形式、粉刷材料的类型和颜色。

2. 再看立面图中各标高，通常注有室外标高、出入口地面、勒脚、窗口、大门、檐口、女儿墙顶标高。

3. 查看图上的索引符号。

阅读建筑立面图时应注意以下问题：

（1）要根据建筑平面图上的指北针和定位轴线编号，查看立面图的朝向。注意立面图的凹凸变化。

（2）与建筑平、剖面图对照，核对各部分的标高数值和高度尺寸，如室内外高差、勒脚、窗台、门窗的高度以及总高尺寸等。

（3）查看门窗的位置与数量，与建筑平面图及门窗表相核对。

（4）注意建筑立面所选用的材料、颜色和施工要求，与材料做法表相核对。

（五）剖面图

建筑剖面图是用一个假想的竖直剖切平面，垂直于外墙将房屋剖开，做出的正投影图，以表示房屋内部的楼层分层、垂直方向高度、简要的结构形式、构造及材料情况。剖面图多剖于能显露房屋内部结构和构造比较复杂、有变化、有代表性的主要入口和楼梯间处。识读方法为：

1. 看图名、轴线编号、绘图比例。房屋各部位高度应与平面、立面图对照着读、注意各标高的位置。

2. 看楼屋面构造做法。注意各层作法的上下顺序、厚度和所用材料。

3. 查看索引剖面图中不能表示清楚的地方，如檐口、泛水、栏杆等处都注有详图索引，应查明出处。

阅读建筑剖面图时应注意以下问题：

（1）要由建筑平面图到建筑剖面图，由外到内、由下到上反复查阅，形成对房屋的整体概念。

（2）识读剖面图的重点应放在了解高度尺寸、标高、构造关系及做法上。要熟悉图例，要结合详图阅读。

（3）要依照建筑平面图上剖切位置线核对剖图面的内容，以及与剖切处是否一致。

（4）查看室外部分内容。即从±0.000开始，先沿外墙查阅防潮层、勒脚、散水的位置、尺寸和材料做法；然后再沿外墙向上看窗台、过梁、楼板与外墙的关系以及其形状、位置、材料及做法等。

（5）查看室内部分内容。从±0.000开始，沿内墙向下查看防潮层、管沟、向上查看门洞地面、楼面、墙面、踢脚线、顶棚各部分的尺寸、材料及做法等。

（6）查看图中有关部分的坡度的标注，如屋面、散水、排水沟与坡道等。

（7）查看剖面图中的详图索引符号，与施工详图对照。

（六）建筑详图

建筑详图是用较小比例绘制的建筑细部施工图，又称为大样图，它主要表现某些建筑剖面节点（如檐口、楼梯踏步、阳台、雨篷），卫生间、楼梯平面放大图，以达到详细说明的目的。看图方法为：

1. 看大样名称、比例、各部位尺寸。

2. 看构造做法所用材料、规格，由外向里的每层做法。

3. 看大样中的索引。

看建筑详图时应注意以下问题：

（1）阅读外墙剖面详图时，首先应找到图所表示的建筑部位，与平面图、剖面图及立面图对照来看。看图时应由下到上或由上而下逐个节点阅读，了解各部位的详细做法与构造尺寸，并应与总说明中的材料做法表核对。

（2）阅读楼梯详图时，各层平面图上所画的每一分格，表示梯段的一级。但因梯段最高一级的踏面与平台面或楼面重合，所以平面图中每一梯段画出的踏面数，就比踢面数少一个。

三、结构施工图识读

结构施工图（简称结施）主要表现结构的类型，各承重结构构件（基础、柱、墙、梁、板）的布置、形状、大小、材料、构造及相互关系，其他专业对结构的要求。主要用来作为施工放线、挖基槽、支模板、绑扎钢筋、设置预埋件、浇捣混凝土、编制预算和施工组织设计的依据。

（一）结构设计总说明

该图反映了结构设计的依据，水文、地质、气象、地震烈度等基本数据。地基基础施工中应注意的问题，各结构构件的材料要求，保护层厚度、支承长度。砌体结构工程中圈梁、构造柱、楼梯、拉结筋及过梁所选用的标准图集出处。

（二）基础平面图

基础平面图是假想用一个水平剖切面沿房屋的地下室地面或地面剖开后作出的基础水平全剖面，用以表明基础的平面布置。

1. 看图名、比例和纵横定位轴线编号，了解有多少道基础，基础间定位轴线尺寸。第一道尺寸为轴线间距离，第二道尺寸为轴线总长度尺寸。

2. 看基础墙、柱及基础底面的形状、尺寸大小及其与轴线的关系。注意轴线的中分和偏分。

3. 看基础平面图中剖切线及其编号，了解基础断面图的种类、数量及其分布位置，以便与断面图对照阅读。

4. 看施工说明，从中了解施工时对基础材料及其强度等的要求，以便准确施工。

阅读基础平面图时应注意首先看说明，从中了解有关材料、施工等要求。看平面图时要看基础平面图与建筑平面图的定位轴线是否一致，注意了解墙厚、基础宽、预留洞的位置及尺寸、共有几种剖面及剖面的位置等。

（三）基础详图

基础详图采用基础横断面图来表明不同的基础各部分的形状、大小、材料、构造以及基础埋置深度。识读方法为：

1. 看编号、对位置，先用基础详图的编号对基础平面的位置，了解这是哪一条基础上的断面或哪一个柱基。如果该基础断面适用于多条基础的断面，则轴线圆圈内可不予编号。

2. 看细部、看标高，条形基础断面图中注明了基础墙厚、大放脚尺寸、基础底宽，以及它们与轴线的相对位置。独立基础断面图中不仅注明了基础各部分细部尺寸，而且标明了底板和基础梁内配筋。从基础底面标高可了解到基础的埋置深度。

3. 砖混结构房屋通常在基础平面图中注明了构造柱的位置及编号，并在说明中注明了所选用的标准图集。

4. 看施工说明，了解防潮层的做法，各种材料的强度和钢筋的等级以及对基础施工的要求。

阅读基础详图时，要注意防潮层位置、大放脚做法、垫层厚度、基础圈梁的位置、尺寸、配筋直径、间距以及基础埋深和标高等。

（四）各层结构平面图

结构平面图是表示建筑物各层楼面及屋面承重构件的平面布置图。分为地下室平面、楼层平面图和屋顶平面图。识读方法为：

1. 看图名、比例、轴线和各构件的名称编号、布置及定位尺寸。轴线尺寸与构件的关系、墙与构件的关系、构件的支承长度。平面图中现浇板的配筋形式、钢筋编号及截断长度。

2. 看现浇楼板配筋图。一般双向板跨中均双向配置受力钢筋，跨中短向钢筋在下，长向钢筋在上。通常相同的钢筋只画出一根，支座沿四边支撑均配有受力的负钢筋。单向板中只画出沿跨度方向的受力钢筋。分布钢筋均不画，仅在说明中注释。

3. 看说明。说明中注明了板厚、板底标高、板上留洞情况及混凝土强度等级。

阅读结构平面图时应注意：

1. 查看楼层各构件的平面关系。如轴线间尺寸与构件长宽的关系，墙与构件的关系，构件在墙上的支承长度，各种构件的名称编号、布置及定位尺寸。

2. 查看结构构件的支模标高或构件的顶面标高。

3. 梁、板、墙、圈梁之间的连接关系和构造处理。

4. 查看构件统计表、标准图集的出处。

5. 查看说明中对施工材料、方法等提出的要求。

（五）构件详图

钢筋混凝土构件主要有梁、板、柱、屋架等。在结构平面图中标示出各承重构件的布置情况，对各钢筋混凝土构件的形状、大小、材料、构造、连接和配筋情况则需用构件详图来表示。钢筋混凝土构件详图包括模板图、配筋图和预埋件图，对现浇构件可只画配筋图。识读方法为：

1. 看图名、比例对照平面图了解此构件的位置。

2. 看构件立面图和断面图了解构件的立面轮廓、长度、截面尺寸、钢筋的走向、在横截面上的排列情况、钢筋编号、直径间距、弯起和截断位置。

3. 看钢筋表对配筋较复杂的钢筋混凝土构件，除画出其立面图和断面图处，还要把每种规格的钢筋用列表的形式详细说明，在钢筋表中列出构件名称、钢筋简图、钢筋编号、钢筋规格、长度、数量、总长、重量等，作为编制预算、统计用料的依据。

阅读钢筋混凝土构件详图时，应首先从说明中了解钢筋级别、混凝土强度等级等。然后从配筋图和断面图中了解钢筋骨架的构成和各编号钢筋的形状和数量，最后从钢筋明细表中了解构件用料的情况。

四、设备施工图的识读

在完整的房屋建筑图中，除了需要画出全部的建筑施工图和结构施工图外，尚应包括室内给水、排水、采暖、燃气、电气照明等方面的工程图纸。这些图纸一般统称为设备施工图。

由于这些设备都是房屋中不可缺少的附属设备，作为建筑工程技术人员，对此应该了解。这些设备的配置，应该在功能上完全配合建筑的要求。因此，这些图纸必须与建筑设计图纸互相呼应，以期达到很好地沟通二者的设计意图和在施工上密切配合的目的。

阅读给水排水、采暖、燃气、电气图纸时，应注意以下特点：

1. 给水排水、采暖、燃气、电气它们都是由各种空间管线和一些设备装置所组成。就管线而言，不同的管线、多变的管子直径，难以采用真实投影的方法加以表达。各种设备装置一般都是工业制成品，也没有必要画出其全部详图，因此，水、暖、电的设备装置和管道、线路多采用国家标准规定的统一图例符号表示。所以，在阅读图纸时，应首先了解与图纸有关的图例符号及其所代表的内容。

2. 给水排水、采暖、燃气、电气管道系统或线路系统，它们本身都有一个来源，无论是管道中的水流、气流还是线路中的电流都要按一定方向流动，最后和设备相连接。如：

室内给水系统　引入管→水表井→干管→立管→支管→用水设备。

室内电气系统　进户线→配电箱→干线→支线→用电设备。

掌握这一特点，按照一定顺序阅读管线图，就会很快掌握图纸。

3. 给水排水、采暖、燃气、电气管道或线路在房屋的空间布置是纵横交错的，所以，用一般房屋平、立、剖面图难以把它们表述清楚。因此，除了要用平面图表示其位置外，水、暖管道还要采用轴测图表示管道的空间分布情况，这种轴测图在此称为系统图。在电气图纸中要画电气线路系统图或接线原理图。看图时，应把这些图纸与平面图对照阅读。

4. 给水排水、采暖、燃气、电气管道或线路平面图和系统图，都不标注管道线路的长度。管线的长度在备料时只需用比例尺从图中近似量出，在安装时则以实测尺寸为依据。

5. 在给水排水、采暖、燃气、电气平面图中的房屋平面图，不是用于房屋土建施工，它是用作管道线路和水暖电气设备的平面布置和定位陪衬图样，它是用较细的实线绘制，仅画出房屋的墙身、门窗洞口、楼梯、台阶等主要构配件，只标注轴线间尺寸。至于房屋细部及其尺寸和门窗代号等均略去。

6. 设备施工图和土建施工图是互有联系的图纸，如管线、设备需要地沟、留洞等，在设计和施工中，都要相互配合，密切协作。

（一）室内给水施工图的识读

1. 概述　室内给水系统的任务是在保证用户对水质、水量、水压等要求的情况下，将洁净水自室外给水总管引入室内，并送到各个用水点（如配水龙头、生产用水设备和消防设备等）。

（1）室内给水系统的分类　室内给水系统按供水对象及其要求不同可分为：

1）生活给水系统　供生活饮用、洗涤等用水。

2）生产给水系统　供生产和冷却设备用水。

3) 消防给水系统 供扑灭火灾的消防装置用水。

一般居住与公共建筑只设生活给水系统，以保证饮用、盥洗、烹饪等需要；如需设消防装置，则可采用生活-消防联合给水系统。对消防有严格要求的高层和公共建筑，应该独立设置消防给水系统，以保证扑火的水量与射程。

（2）室内给水系统的组成 室内给水的流程是室外给水总管内的净水经引入管和水表节点流入室内给水管网直至各用水点，由此构成了室内给水系统，具体组成部分说明如下：

1) 引入管 自室外给水总管将水引至室内给水干管的管段。引入管（也叫进水管）在寒冷地区必须埋设在冰冻线以下。

2) 水表节点 水表装置在引入管段上，它的前后装有阀门、泄水装置等。

3) 给水管网 由水平干管、立管和支管等组成的管道系统。

4) 配水龙头或用水设备 如水嘴、淋浴喷头、水箱、消火栓等。

5) 水泵、水箱、贮水池 在房屋较高、水压不足，不能保证供水等情况下附设该设备。

（3）室内给水系统的方式

1) 简单的给水系统 室内给水管网直接在室外给水管网压力作用下工作，没有任何增压和储水设备。这种给水系统，适用于室外给水干管敷设在下方，也称为下行上给式。见安居楼工程的给水系统图。

2) 高位水箱的给水系统 室内给水系统上部设水箱，一般水箱设在水箱间或最高层房间内。在室外给水管网压力充足时（多为夜间）向水箱充水储备。在室外给水管网压力不足时（多为白天）由水箱供给。这种系统由于给水干管敷设在上面，也称为上行下给式。

3) 设断流水池的给水系统 当用水量很大时，为避免水泵工作时造成室外管网压力的波动，应在入口处设断流水池（箱），使水先由室外管网流入水池，再用水泵从池中抽至水箱和各用水点。

4) 竖向分区给水系统 在高层建筑中，为避免底层承受过大的静水压力，可采用竖向分区给水系统。为充分利用室外管网压力，低区可直接由室外供水，高区由水泵水箱供水。

2. 室内给水施工图

室内给水施工图主要包括给水管道平面图、给水管道系统图（轴测图）及安装详图、图例和施工说明等内容。

（1）室内给水管道平面图

1) 图示方法。

室内给水管道平面图是在建筑平面图上表明给水管道和用水设备的平面布置的图样。它是施工图纸中最基本最重要的图样。常用1∶100和1∶50的比例画出。为了清楚地表明室内给水系统的布置，给水管道平面图按分层绘制。管道系统布置相同的楼层平面，则可绘制成标准层平面图代替，但底层管道平面图应单独画出。

在管道平面图中，各种管道不论在楼面（地面）之上或之下一律视为可见，都用管道规定的图例线型画出。管道的管径、高度和标高，通常都标注在管道系统图上，在管道平面图上不标注。

2) 主要内容。

① 表明房屋建筑的平面形状、房间布置等情况。

② 表明给水管道的各个干管、立管、支管的平面位置、走向以及给水系统与立管的位置。

③ 表明各用水设备、配水龙头的平面布置、类型及安装方式。

④ 在底层房屋平面图中除了表明上述内容外，还要反映给水引入管、水表节点、水平干管、管道地沟的平面位置、走向及构造组成等情况。

（2）给水管道系统图

1) 图示方法。

室内给水管道系统图是表明室内给水管道和设备的空间关系以及管道、设备与房屋建筑的相对位置、尺寸等情况的立体图样，给水管道系统图，具有立体感强的特点，通常是用正面斜等轴测图的方法绘制。其比例通常与平面图相同，这样便于对照尺寸和使用。管道系统图与给水平面图相结合可以反映整个给水系统全貌，因此，给水管道系统图是室内给水施工图的重要图样。

2) 主要内容。

① 表明管道的空间连接情况，引入管、干管、立管和支管的连接与走向，支管与用水龙头、设备的连接与分布，以及与立管的编号等。

② 表明楼层地面标高及引入管、水平干管、支管直至配水龙头的安装标高。

③ 表明从引入管直至支管整个管网各管段的管径。管径用 DN 表示（DN 表示水煤气钢管的公称直径）。

（3）给水管道安装详图

给水管道安装详图，是表明给水工程中某些设备或管道节点的详细构造与安装要求的大样图。

3. 室内给水施工图的识读

（1）看给水管道平面图

（2）看给水管道系统图

（3）看给水管道安装详图

（二）室内排水施工图的识读

1. 概述 排水工程分为室外排水和室内排水两个系统。室内排水系统的任务是把室内生活、生产中的污（废）水以及落在屋面上的雨、雪水加以收集通过室内排水管道排至室外排水管网或沟渠。

（1）室内排水系统的分类 室内排水系统按被排污水的性质分为：

1) 生活污水排水系统 设在居住建筑、公共建筑和工厂的生活间内，排除人们生活中洗涤污水和粪便污水的排水系统。

2) 生产污（废）水系统 设在工业厂房排除生产污水和废水系统。

（2）室内排水系统的组成 室内排水的流程是由各个用水卫生器具内的污水经排水横支管、排水立管、排出管，排至室外窨井（即检查井），最后流入室外排水系统。其组成部分说明如下：

1) 卫生器具 卫生器具是接纳、收集室内污水的设备，是室内排水系统的起点。污水由卫生器具排出口经存水弯与器具排水管流入横支管。

2) 横支管 承接卫生器具排水管流出的污水，并将其排至立管内，横支管在设计上要有一定的坡度。

3) 排水立管 是接收各横支管流来的污水，并将其排至排出管（或水平干管）。

4) 排出管 排出管的作用是接收排水立管的污水，并将其排至室外管网。它是室内管道与室外检查井的连接管。该管埋地敷设，有一定的坡度，坡向室外检查井。

5) 通气管 是在排水立管的上端延伸出屋面的部分。其作用是使污水在室内的污水管道中产生的臭气和有害气体排至大气中去，保证污水流动通畅，防止卫生器具的水封受到破坏。通气管管径根据当地气温决定，在不结冰的地区可与立管相同或小一号，在有冰冻的寒冷地区，管径要比立管大50mm，通气管伸出屋面高500mm左右。

6) 检查口、清扫口 为了疏通排水管道，在排水立管上，设置检查口，在横支管起端安装清扫口。

2. 室内排水施工图 室内排水施工图主要包括排水管道平面图、排水管道系统图、安装详图及图例和施工说明等。

（1）室内排水管道平面图

1) 图示方法 室内排水管道平面图主要表明建筑物内排水管道及有关卫生器具的平面布置。其图示特点和图示方法与给水施工图基本相同。排水管道在施工图中是采用粗虚线表示的。如果一张平面图，同时要绘出给水和排水两种管道时，则两种管道的线型要留有一定距离，避免重叠混淆。由此说明平面图上的线条都是示意性的，它并不能说明真实安装的情况。

2) 主要内容：

① 表明卫生器具及设备的安装位置、类型、数量及定位尺寸。平面图中的卫生器具及设备是用图例表示的，只能说明其类型，看不出构造和安装方式，在读图时必须结合有关详图或技术资料搞清它们的构造、具体安装尺寸和连接方法。

② 表明排出管的平面位置、走向、数量及排水系统编号与室外排水管网的连接形式、管径和坡度等。排出管通常都标注上系统编号。

③ 表明排水干管、立管、支管的平面位置及走向、管径尺寸及立管编号。

④ 表明检查口清扫口的位置。

（2）室内排水管道系统图

1) 图示方法 与给水管道系统图图示方法基本相同。只是排水管道用虚线表示，管道在水平管段上都标注有污水流向的设计坡度，排水管道系统上的图例符号与给水管路系统上所用的图例符号不同。

2) 主要内容：

① 表明排水立管上横支管的分支情况和立管下部的汇合情况，排水系统是怎样组成的，有几根排出管、走向如何。

② 通过图例符号表明横支管上连接哪些卫生器具，以及管道上的检查口、清扫口和通气口、风帽的位置与分布情况。

③ 表明管径尺寸、管道各部分的安装标高、楼地面标高及横管的安装坡度等尺寸。管道支架在图上一般不作表示，由施工人员按有关规程和习惯性作法去确定。

（3）室内排水管道安装详图

排水管道安装详图，它是表明排水工程中，某些设备或管道节点的详细构造与安装要求的大样图。

（三）采暖施工图的识读

1. 概述 在天气寒冷的季节，为使房间具有适宜人们生活、工作和生产的温度，必须安装采暖设备。

（1）采暖系统的分类 采暖可分为局部采暖、集中采暖和区域采暖。一家一户用火炉、土暖气、暖墙采暖谓局部采暖；一栋楼或几栋楼由一个锅炉供热谓集中采暖，这是当前普通应用的采暖形式；一个地区一个锅炉房或热电厂统一供热，谓区域采暖，区域采暖是将来发展的方向，许多大城市已经在搞区域采暖。

采暖以热水作为热媒的采暖叫做热水采暖。热媒温度在100℃以下的称为低温热水采暖，这种采暖应用较广；温度在100℃以上的称高温热水采暖，高温热水采暖近年已有出现。采暖是以水蒸气作为热媒的采暖叫做蒸汽采暖。蒸汽压力低于69kPa（绝对压力）的称为低压蒸汽，高于69kPa的称为高压蒸汽。

（2）采暖系统的组成 热水和蒸汽采暖的结构形式虽不尽相同，但都由三个主要部分组成，即：1）热的发生器（锅炉）；2）输送热量的管道；3）把热量散发于室内的散热器，由此构成了采暖系统。

（3）采暖系统的工作原理 下面介绍最简单的机械循环热水采暖系统，系统以锅炉为加热中心，散热器是散热中心，从锅炉到散热器的连接管道叫供热管，由散热器连向锅炉间的管道叫回水管。循环水泵安装在锅炉入口前的回水干管上。膨胀水箱是容纳水受热膨胀所增加的容积，与回水管相遇，连接在水泵吸入口处，可保证系统安全可靠的工作，供热水平干管通常应有0.003的沿水流方向上升的坡度，在末端最高点处设集气罐，以便集中排除空气。水在锅炉中被加热，以水泵作为循环动力使热水沿供热管道上升，进入散热器，散热后冷却了的水经回水管流回锅炉继续加热，这样，水不断地被加热，又不断地到散热器放热冷却；连续不断地在系统内循环流动。

机械循环的优点是作用半径大、管径较小，锅炉房位置不受限制，适用于较大的采暖系统。

（4）热水采暖系统的形式 机械循环热水采暖系统的形式有多种，由于供热水平干管在采暖管网中设置的位置高低以及供热立管的单双管，可分为：双管上行下回式机械循环热水采暖系统；单管上行下回式；下行上回式和单管水平式热水采暖系统等。如双管上行下回式机械循环热水采暖系统供热水平干管敷设在建筑物的顶层，由此连接供热立（支）管向下通往各层房间散热器，故称上行式；回水水平干管敷设于底层散热器的下部，与回水立管连接，故称下回式；每组立管都是两根，一为供热管，一为回水管，故称双管，总起来叫做双管上行下回式。

（5）散热器的形式 散热器也叫暖气包。常见的散热器有铸铁、钢和塑钢。形式有管形、翼形、柱形和板形散热器等多种，常用的为铸铁制造柱形或翼形散热器。

2. 采暖施工图的识读
室内采暖施工图包括采暖平面图、采暖系统图（轴测图）和详图，以及文字说明等。

（1）室内采暖平面图 采暖施工图的图示方法与给水排水施工图是一样的，只是采用的图例和符号有所不同。室内采暖平面图，主要表示采暖管道、附件及散热器在建筑平面图上的位置以及它们之间的相互关系，是施工图中的重要图样。要掌握的主要内容与阅读方法如下：

1）首先查明供热总干管和回水总干管的出入口位置，了解供热水平干管与回水水平干管的分布位置及走向。图中供热管用粗实线表示，回水管用粗虚线表示，供热管与回水管通常是沿墙分布。若采暖系统为上行下回式双管采暖，则供热水平干管绘在顶层平面图上，供热立管与供热水平干管相连，回水干管绘在底层平面图上，回水立管与回水干管相连。

2）查看立管的编号 立管编号标志是Ln，其含义是L——采暖立管代号，n——编号，用阿拉伯数字编号。通过立管的编号可知整个采暖系统立管的数量、立管的安装位置。

3）查看散热器的布置 凡是有供热立管（供热总立管除外）的地方就有散热器与之相连，并且散热器通常布置在窗口处。了解散热器与立管的连接情况，可知该散热器组由哪根供热立管供热，回水又流入哪根回水立管。

4）了解管道系统上的设备附件的位置与型号 热水采暖系统要查明膨胀水箱、集气罐的位置、连接方式和型号。若为蒸汽采暖系统，要查明疏水器的位置和规格尺寸。还要了解供热水平干管和回水水平干管固定支点的位置和数量，以及在底层平面图上管道通过地沟的位置与尺寸等。

5）看管道的管径尺寸、管道敷设坡度及散热器的片数 供热管的管径规律是入口的管径大，末端的管径小；回水管的管径是起点管径小，出口的回水总管管径大。管道坡度通常只标注水平干管的坡度，散热器的片数通常标注在散热器图例近旁的窗口处。

6）要重视阅读"设计施工说明" 从中了解设备的型号和施工安装的要求及所采用的通用图等。如散热器的类型、管道连接要求、阀门设置位置及系统防腐要求等。

（2）室内采暖系统图 采暖系统图是表明从供热总管入口直至回水总管出口整个采暖系统的管道、散热设备、主要附件的空间位置和相互联结情况的图样。采暖系统图通常是用正面斜等轴测方法绘制的。要掌握的主要内容与阅读方法如下：

1）首先沿着热媒流动的方向查看供热总管的入口位置，与水平干管的连接及走向，各供热立管的分布，散热器通过支管与立管的连接形式，及散热器、集气罐等设备、管道固定支点的分布与位置。

2）从每组散热器的末端起看回水支管、立管、回水干管、直到回水总干管出口的整个回水系统的连接、走向、及管道上的设备附件、固定支点和过地沟的情况。

3）查看管径、管道坡度、散热器片数的标注。在热水采暖系统中，一般是供热水平干管的坡度是顺水流方向越走越高，回水水平干管的坡度顺水流方向越走越低。散热器要看设计说明所采用的类型与规格。

4）看楼（地）面的标高、管道的安装标高，从而掌握管道安装时在房间中的位置。如供热水平干管是在顶层顶棚下面还是底层地沟内，回水干管是在地沟里还是在底层地面上等。

（3）设备安装与构造详图 详图是施工图的一个重要组成部分。采暖系统供热管、回水管与散热器之间的具体连接形式、详细尺寸和安装要求及设备和附件的制作、安装尺寸、接管情况，一般都有标准图，勿须自己设计，需要时从标准图集中选择索引再加入一些具体尺寸就可以了。因此，施工人员必须识读图中的标准图代号，会查找并掌握这些标准图，记住必要的安装尺寸和管道连接用的管件，以便做到运用自如。通用标准图有：1）膨胀水箱和凝结水箱的制作、配管与安装；2）分汽罐、分水器、集水器的构造、制作与安装；3）疏水管、减压阀、调压板的安装和组成形式；4）散热器的连接与安装；5）采暖系统立、支干管的连接；6）管道支吊架的制作与安装；7）集气罐的制作与安装等。

作为采暖施工详图，通常只画平面图、系统轴测图中需要表明而通用、标准图中没有的局部节点图。

（4）看施工图说明 了解对施工的要求，从说明中可知散热器采用的型号，采暖立管在图上未注管径者也可在说明中表示，管道防腐保温作法、集气罐的型号和固定支架、施工所采用的通用图等。

（四）户内燃气管道施工图的识读

户内燃气管道施工图包括燃气管道平面图、燃气管道系统图（轴测图）和详图，以及设计说明等。识读方法同给水施工图。

（五）室内电气照明施工图的识读

1. 概述
室内电气工程包括强电部分和弱电部分两类，强电部分有照明、动力，弱电部分有电话系统、闭路电视系统、宽带网系统、对讲防盗门系统、防雷接地系统等。

电气照明是指在缺乏天然光的情况下，为了在建筑物内创造一个明亮环境，以满足工作、学习和生活的需要必须采用电气照明。室内照明供电线路的电压除特殊需要外，通常都采用380/220V（伏）的三相四线制低压供电，即由用户配电变压器的低压侧引出三根相线（亦称为火线）和一根零线（亦称为中性线、地线）。三根相线由L1、L2、L3表示，零线由N表示。

相线与相线间的电压是380V，可供动力负荷用电，相线与零线之间的电压是220V，可供照明负载用电。对于用电不多的建筑可采用220V单相二线供电系统。较大的建筑或厂房皆用三相四线制供电系统。三相四线制系统可使各相线路和负载比较均衡。

2. 室内照明供电系统的组成
电源进户后由干线、支线通向各用电设备以构成室内照明供电系统。为了进一步了解室内照明供电系统，现将其组成部分的作用与构造介绍如下：

（1）接户线和进户线 从室外的低压架空线上接到用电建筑的外墙上铁横担的一段引线为接户线，它是室外供电线路的一部分，从铁横担到室内配电箱的一段导线称为进户线，它是室内供电的起点。进户线一般设在建筑物的背面或侧面，线路尽可能短，且便于维修。进户线距室外地坪高度不低于3.5m，穿墙时要安装瓷管或钢管。

（2）配电箱 是接受和分配电能的装置，内部装有接通和切断电路的开关和作为防止短路故障保护设备的熔断器，以及度量耗电量的电表。配电箱的供电半径一般为30m，配电箱的支线数量不宜过多，一般是69个回路，配电箱的安装常见的是明装和暗装两种。明装的箱底距地面2m，暗装的箱底距地面1.5m。

（3）干线 从总配电箱引至分配电箱的供电线路。

（4）支线 从配电箱引至电灯的供电线路，它亦称为回路。每条支线的连接灯数一般不超过20盏（插座也按灯计算）。

从系统图我们可以看到在线路中设有电表和一系列开关、熔断器（保险丝）装置。电源由进户线引入后，首先进入电表。经过电表再与户内线路相通，这样可以计量用电的多少。各熔断器是安全设施，当室外或室内线路由于某种原因引起电流突然增大时，熔断器内的熔丝将立即熔断，断开电路，以避免损坏设备和引起火灾，造成严重事故。各用电设备的开关是使用控制电流的通断，各支路设开关可以控制支路电流的通断，和电表相连的总开关可控制整个线路系统。

3. 室内电气照明施工图的内容

室内电气照明施工图一般由首页图、电气平面图、电气系统图和电气大样图及说明组成。

（1）首页图主要内容包括：电气工程图纸目录、图例及电器规格说明和施工说明等三部分。但在工程比较简单仅有三五张图纸时，可不必单独编制，可将首页图的内容并入平面图内或其他图内。

（2）电气照明平面图是电气施工的主要图纸，它主要表明电源进户线的位置、规格、线管径、配电盘（箱）的位置、编号；配电线路的位置、敷设方式；配电线路的规格、根数、穿管管径；各种电器的位置，灯具的位置、种类、数量、安装方式及高度以及开关、插座的位置；各支路的编号及要求等。

（3）供电系统图是根据用电量和配电方式画出来的，它是表明建筑物内配电系统的组成与连接的示意图。从图中可看到电源进户线的型号敷设方式，全楼用电的总容量；进户线、干线、支线的连接与分支情况；配电箱、开关、熔断器的型号与规格；以及配电导线的型号、截面、采用管径及敷设方式等。

（4）电气详图　凡在照明平面图、供电系统图中表示不清而又无通用图可选的图样，才绘制施工大样图。一般均有通用图可选，图中只标注所引用的通用图册代号及页数等即可。作为施工人员应对常用的通用图册十分熟悉，并能记住它们的构造尺寸、所用材料及施工操作方法。

（5）设计说明　在上述图纸中的未尽事宜，要在"说明"中提出。"说明"一般是说明设计的依据，对施工、材料或制品提出要求，说明图中未尽的事宜等。

4. 室内电气照明施工图的阅读

（1）先看电气照明平面图：

1）先看进户线是由楼房的哪层引入，墙外部分为架空线，墙内部分是采用导线穿钢管暗敷设方式。并看清楚进户线的型号规格、敷设方式、穿线形式和引线的方向和地方。

2）再看进户线处设置的一组重复接地装置，及接地装置的位置和施工方法。

3）再看由总照明配电箱引出各条分支回路，分别接入哪些房间的灯具及插座。穿线方式、灯具型号、安装高度，都要——看清。

4）从图中还可以看出控制灯泡（管）的开启或关闭是采用哪种方式。

5）照明。

（2）再看供电系统图：

供电系统图是表示接线方式、总配电箱、分支回路有几条，分支回路的配电箱情况。供电系统图仅仅起到的是示意图作用。

（3）设计说明在照明平面图和供电系统图上表示不出来的内容可通过说明来指出。

结束语：阅读设备施工图要重点掌握的内容有：

1. 掌握给水、排水、采暖、燃气、电气工程基本知识，是读图的前提。要了解水、排水、采暖和电照工程的系统组成和基本图式，以及这些工程施工工艺、管（线）路系统的布置、管道（线路）材料、设备配件等。

2. 给水、排水、采暖、燃气、电气工程的平面图和系统图（轴测图）多采用图例表示的，其管（线）路布置与卫生器具（设备）的连接又都是示意性的，因此，须多看多记这些管线与设备的图例符号，以求熟练。

3. 阅读给水、排水、采暖、燃气、电气工程施工图时，要将平面图与系统图（轴测图）对照起来认真看，有看不清楚的地方还要查阅详图。

4. 掌握各种管道（线路）系统的工作原理，是阅读设备施工图的首要条件。按照系统的工作原理和水流（电流）流程一步一步地顺序阅读施工图，是识图时简便而又收效快的一种好方法。

（1）给水工程施工图的看图顺序顺水流方向进行。室内管道按引入管、干管、立管、支管到卫生器具（或用水设备）；室外管道由总管到支管或大管径管道到小管径管道。

（2）排水工程施工图的看图顺序也是顺水流方向。室内管道从卫生器具存水弯、器具排水管、横支管、立管到排出管；室外管道由支管到干管或由小管径管道到大管径管道。排水管道坡度也很重要。

（3）采暖工程施工图的看图顺序是顺热媒（热水或蒸汽）的流动方向进行。以热水采暖为例，室内采暖管道先看供热管道，从供热总管、干管、立管、支管到散热器；再看回水管，从散热器的回水支管、立管、干管到回水总管。管道的坡度和供热干管上的集气罐，读图时不要忽略。采暖管道施工图的识读，就其水流方向而言同给水排水管道施工图一样，供热管道相当于给水管道，回水管道相当于排水管道。

（4）户内燃气工程施工图的看图顺序是顺气流方向进行的。从进户管开始，到调压箱、干管、立管、支管至燃气计量表，最后到燃气设备。

（5）室内电气照明施工图的看图顺序是顺电流方向进行的。从电源进户线开始，到配电箱、干线、支线、用电设备（电灯、插座等）。

第二篇　实例一——某公司住宅楼

住宅楼属民用建筑中的居住建筑，作为教学实例，该砖混结构具有广泛性和代表性。该工程的特点：

1. 该住宅楼为三个单元 A、B 两种户型。地上四层，地下一层、砖混结构。建筑面积 1573.17m²，耐火等级为 Ⅱ 级，建筑耐久年限为 50 年。

2. 该建筑的抗震设防烈度为 8 度（0.2g），设计地震分组为第一组，场地类别为 Ⅱ 类。

3. 该建筑在北方地区采用了外墙外 80mm 厚里德板保温节能措施，屋面采用了有组织内排水。

4. 在设备方面考虑得较全面，有采暖系统、给水排水系统、燃气系统、智能化对讲门系统、电气系统、电视系统、宽带系统的设计。

5. A、B 两种户型有利于做预算时讲练配合。

6. 带地下室有利于配合施工技术的土方工程。

图 纸 目 录
DRAWINGS LIST

| 建设单位 CLIENT | | 项目名称 PROJECT | 住宅楼 | 设计阶段 DESIGN PHASE | 施工图 | 版本编号 EDITION No. | 第 1 版 | 工程编号 PROJECT No. | 2003（一）-023 | 电脑编号 COMPUTER No. | 064 | 页次 PAGE | 第 01 页 | 日期 DATE | 2003-05-20 |

专业 SPECIALITY	序号 No.	图纸编号 DRAWING No.	图纸名称 DRAWING TITLE	图幅 DRAWING SIZE	版本编号 EDITION No.	备注 REMARKS	专业 SPECIALITY	序号 No.	图纸编号 DRAWING No.	图纸名称 DRAWING TITLE	图幅 DRAWING SIZE	版本编号 EDITION No.	备注 REMARKS
建筑专业	01	建施-01 页	总平面图	A2	第 1 版			20	结施-07 页	大样图	A2	第 1 版	
	02	建施-02 页	建筑设计总说明　门窗统计表	A2	第 1 版			21	结施-08 页	大样图	A2	第 1 版	
	03	建施-03 页	地下室平面图	A2	第 1 版			22	结施-09 页	大样图	A2	第 1 版	
	04	建施-04 页	一层平面图	A2	第 1 版		暖通专业	23	设施-01 页	地下室采暖、给水排水平面图	A2	第 1 版	
	05	建施-05 页	二～四层平面图	A2	第 1 版			24	设施-02 页	标准层采暖、给水排水平面图	A2	第 1 版	
	06	建施-06 页	屋顶平面图	A2	第 1 版			25	设施-03 页	采暖系统图，外网入口接点装置大样，进户口接点装置大样，说明	A2	第 1 版	
	07	建施-07 页	A 户型放大平面图	A2	第 1 版			26	设施-04 页	给水排水节点图，排水系统图，给水系统图，卫生间给水排水放大平面图	A2	第 1 版	
	08	建施-08 页	A、B 户型放大平面图	A2	第 1 版			27	设施-05 页	标准层燃气管道入户平面图，厨房阳台燃气系统图，说明	A2	第 1 版	
	09	建施-09 页	①-⑲轴立面图	A2	第 1 版		电气专业	28	电施-01 页	电气设计总说明，单元电子对讲门布置平面图，对讲门平面、立面安装及系统示意图，对讲门系统图	A2	第 1 版	
	10	建施-10 页	⑲-①轴立面图	A2	第 1 版			29	电施-02 页	电气系统图	A2	第 1 版	
	11	建施-11 页	Ⓐ-Ⓕ轴立面图　A-A 剖面图	A2	第 1 版			30	电施-03 页	地下室电气干线、电照平面图	A2	第 1 版	
	12	建施-12 页	大样图	A2	第 1 版			31	电施-04 页	电视系统图，配电箱系统图，集中抄表箱系统图	A2	第 1 版	
结构专业	13	结施-01 页	结构设计总说明	A2	第 1 版			32	电施-05 页	宽带网系统图，一层建筑电气干线、智能建筑平面图	A2	第 1 版	
	14	结施-01 页	结构设计总说明（续）	A2	第 1 版			33	电施-06 页	A-A 户型单元电气放大平面图	A2	第 1 版	
	15	结施-02 页	基础平面布置图	A2	第 1 版			34	电施-07 页	A-B 户型单元电气放大平面图	A2	第 1 版	
	16	结施-03 页	地下室结构平面图	A2	第 1 版								
	17	结施-04 页	一～三层结构平面图	A2	第 1 版								
	18	结施-05 页	顶层结构平面图	A2	第 1 版								
	19	结施-06 页	大样图	A2	第 1 版								

| 地址 ADDRESS | | 邮政编码 POST CODE | 互联网址 WEB SITE | 电子邮箱 E-mail | 电话 TEL. | 传真 FAX | |

6

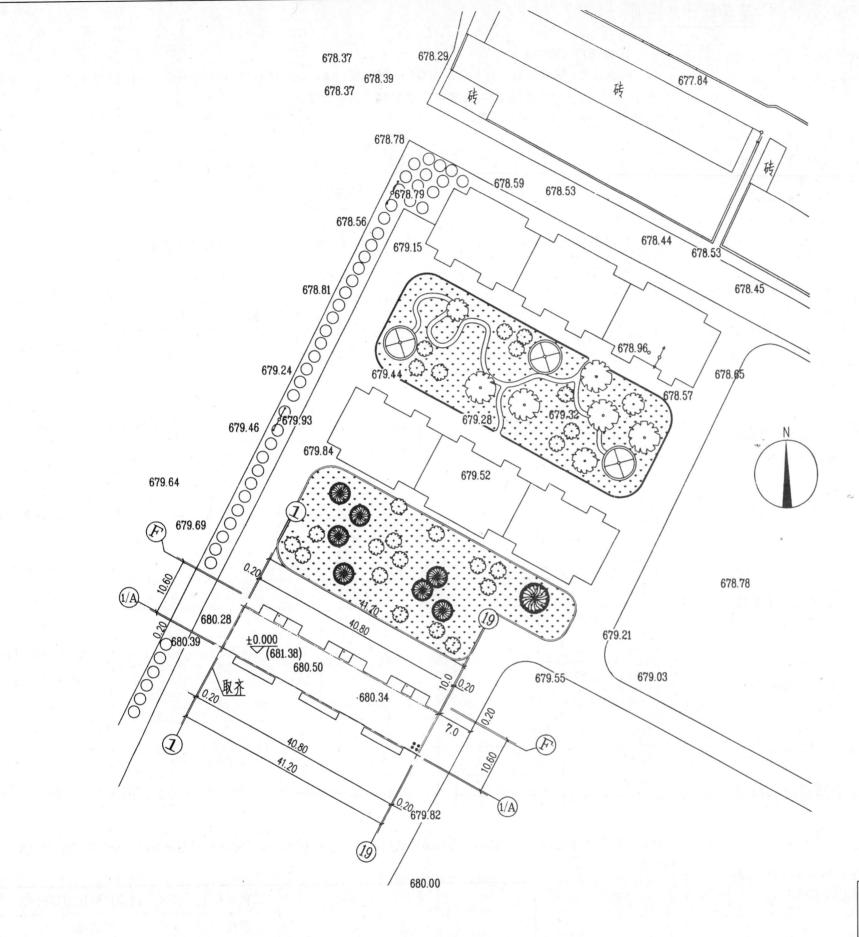

678.37
678.29
678.39
677.84
678.37
砖
砖
砖

678.78
砖

678.59　678.53
678.79
678.56
678.44
679.15
678.53

678.81
678.45

679.24
678.96

679.44
678.57　678.65
679.28　679.32

679.46
679.93
679.84
679.52

679.64

N

679.69

F'

10.60
0.20
679.21

1/A

0.20
680.28
680.39
40.80
41.20

±0.000
(681.38)
680.50
10.0　0.20
679.55　679.03

取齐
680.34
7.0　0.20

0.20
40.80
F'
10.60

1
40.80

41.20
1/A

0.20　679.82

19

680.00

总平面图 1:500

图　例

新建建筑

原有建筑

绿化地

林带

主要经济指标：
　建筑占地面积：436.72m²
　建筑总面积：1573.17m²
　绿化面积：（略）
　绿化率：（略）
说明：
　1. 本图高程系统为黄海高程系统。
　2. 图中尺寸以米计。
　3. 挑出部分为悬挑阳台。

		工程名称	××建筑机械化工程公司	
		项目	安居楼	
设计	校对		工号	2003(一)-023
制图	审核	总平面图	图号	建施1共12
专业负责	项目负责人		日期	2003.5

建筑设计总说明

一、设计依据
1. 建设单位建筑设计委托书。
2. 规划平面图。

二、工程概述及条件

本住宅楼为四层砖混结构，地下部分一层，地上四层，建筑面积1573.17m²（包括阳台面积），室内外高差1.05m。建筑室内标高±0.000相当于绝对高程681.38m，建筑耐火等级为Ⅱ级，抗震设防烈度为八度。建筑耐久年限为50年。

（图中尺寸除标高以米计外，其余均以毫米计）

三、工程做法

1. 屋面（自上而下）

（1）4mm厚SBS防水层三道；（2）1：2.5水泥砂浆找平层20mm厚；（3）180mm厚水泥聚苯板保温层，1：6水泥珍珠岩2%找坡，最薄处20mm；（4）沥青玛琋酯二道；（5）1：3水泥砂浆找平层20mm厚；（6）现浇钢筋混凝土屋面板。

2. 墙体

地下室外墙厚度详结施6，其余内墙均为240mm厚砖墙，轴线中分。±0.000以上部分墙体：外墙均为240mm厚空心黏土砖墙，外120mm、内120mm，外挂80mm厚聚苯板保温；阳台外墙为200mm加气混凝土砌体。女儿墙为240mm厚砖墙。

3. 外墙面

（1）保温为80mm厚聚苯板粘结锚固；
（2）100mm厚抗裂砂浆粘结耐碱玻纤网；
（3）防水腻子；
（4）外墙涂料颜色详立面。

4. 内墙面

地下室：1：2水泥砂浆砖墙勾缝。卫生间、厨房：（1）M7.5混合砂浆抹面；（2）满刮腻子刷白色防水涂料二道。

5. 楼地面

（1）地面

地下室地面（有防水）①20mm厚1：2水泥砂浆压实抹光。②水泥浆一道（内掺建筑胶）。③30mm厚C20细石混泥土随打随抹平。④1.5mm厚合成高分子涂抹防水层，四周卷起150mm高。⑤1：3水泥浆找坡层，最薄处20mm厚，坡向地漏一次抹平。⑥水泥浆一道。⑦80mm厚C15混凝土垫层。⑧素土夯实。

其余房间地面（阳台）①20mm厚1：2水泥砂浆贴地砖。②50mm厚1：6水泥焦渣垫层。

（2）楼梯地面（无防滑条）

①1：2水泥砂浆压实赶光；
②素水泥浆结合层一道。

（3）楼面

厨房、卫生间楼面：①20mm厚1：2.5水泥砂浆，压实抹光。②水泥浆一道。③35mm厚C20细石混凝土，随打随抹光。④1.5mm厚合成高分子涂膜防水层，四周卷起150mm高。⑤1：3水泥砂浆找坡层，最薄处20mm厚，坡向地漏一次抹平。⑥现浇钢筋混凝土楼板。

6. 顶棚

卫生间、厨房顶棚：①20mm厚1：3水泥砂浆抹光。②满刮腻子刷白色乳胶漆二道。

其余房间顶棚：①20mm厚1：3水泥砂浆抹光。②满刮腻子刷白色乳胶漆二道。

7. 窗台板

C20水磨石窗台板、尺寸详建12大样5。

8. 散水（宽1000mm）

①60mm厚C15混凝土散水1：1水泥砂浆随打随抹；②每隔4～5m设伸缩缝；③150mm厚M2.5混合砂浆卵石灌浆；④素土夯实。

9. 门口台阶

①20mm厚1：2水泥砂浆抹光；②50mm厚C15混凝土现浇台阶；③150mm厚M2.5混合砂浆卵石灌浆；④素土夯实。

10. 雨篷

①板底1：3水泥砂浆抹面，刷外墙防水涂料；②板顶1：2水泥砂浆20mm厚找平层；③4mm厚SBS防水层二道。

11. 楼梯栏杆

①棕红色塑料扶手铁栏杆；②铁栏杆刷防锈漆一道；③刷乳白色调和漆二道。

12. 楼梯及其他房间踢脚

20mm厚1：2水泥砂浆抹光，高120mm。

四、其他

1. 每个单元入口均设一个邮政信箱，位置由甲方定。

2. 构造柱、配电箱等结构、设备、电气设施均详结构、设备、电气施工图。

3. 工程施工图中所有预埋木件均应做防腐处理，所有铁件均做防锈处理，再刷规定的调和漆。

4. 铁栅门、防护栏：

（1）明露铁件均刷防锈漆一道；（2）刷棕红色调和漆二道；（3）铁栅门H＝1600mm，φ10@150焊成栏杆，洞边用角钢40×4固定；（4）首层窗均设防护栏，防护栏作法见大样。

5. 铸铁水斗：φ150 长度见详图。

门窗统计表

设计编号	洞口尺寸(b×h)		层					数量	采用标准图集及编号		备注
	宽(b)(mm)	高(h)(mm)	地下室	一层	二层	三层	四层	总计	标准图集	编号	
窗 C1	3300	1600		5	5	5	5	20	新2001J707-13	PCS1-81	塑钢窗
C2	1300	1400		5	5	5	5	20	新2001J707-13	PCS1-61	塑钢窗
C3	1200	1400		12	12	12	12	48	新2001J707-10	PCS1-41	塑钢窗
C4	1200	1200		3	3	3		9	新2001J707-8	PCS-37	塑钢窗
C5	3000	1600		1	1	1	1	4	新2001J707-13	PCS1-61	塑钢窗
C6	600	400		2	2	2	2	8	新2001J707-8	PCS-01	塑钢窗
C7	1100	1400		1	1	1	1	4	新2001J707-10	PCS1-41	塑钢窗
DC1	600	400	24					24	住83JT第3页	ZC-02	单层空腹钢窗
门 M1	900	2100		6	6	6	6	24			成品四防门
M2	900	2100		12	12	12	12	48	新99J705(一)-6	M1-12	木门
M3	700	2100		6	6	6	6	24	新99J705(一)-6	M1-10	木门
M4	1500	2400		6	6	6	6	24	92SJ606(一)-5	TLM70-7	铝合金推拉门
M5	1200	2100		3				3			电子对讲门
M6	1200	2100		3				3	新99J705(一)-6	M1-14	木门
DM1	800	1800	6					6			防盗门
DM2	800	1800	24					24	住83JT第5页	M-10.20	铁门
GM	600	1800		6	6	6	6	24	新99J705(一)-6	M1-1	铁门

注：门窗均为中立口，住宅进户门为成品四防门，门型由甲方定，地下室进户门为防盗门，未注明的洞口高度均详结施图。

工程名称	××建筑机械化工程公司		
项目	安居楼		
设计	校对	建筑设计总说明门窗统计表	工号 2003(一)-023
制图	审核		图号 建施2共12
专业负责	项目负责人		日期 2003.5

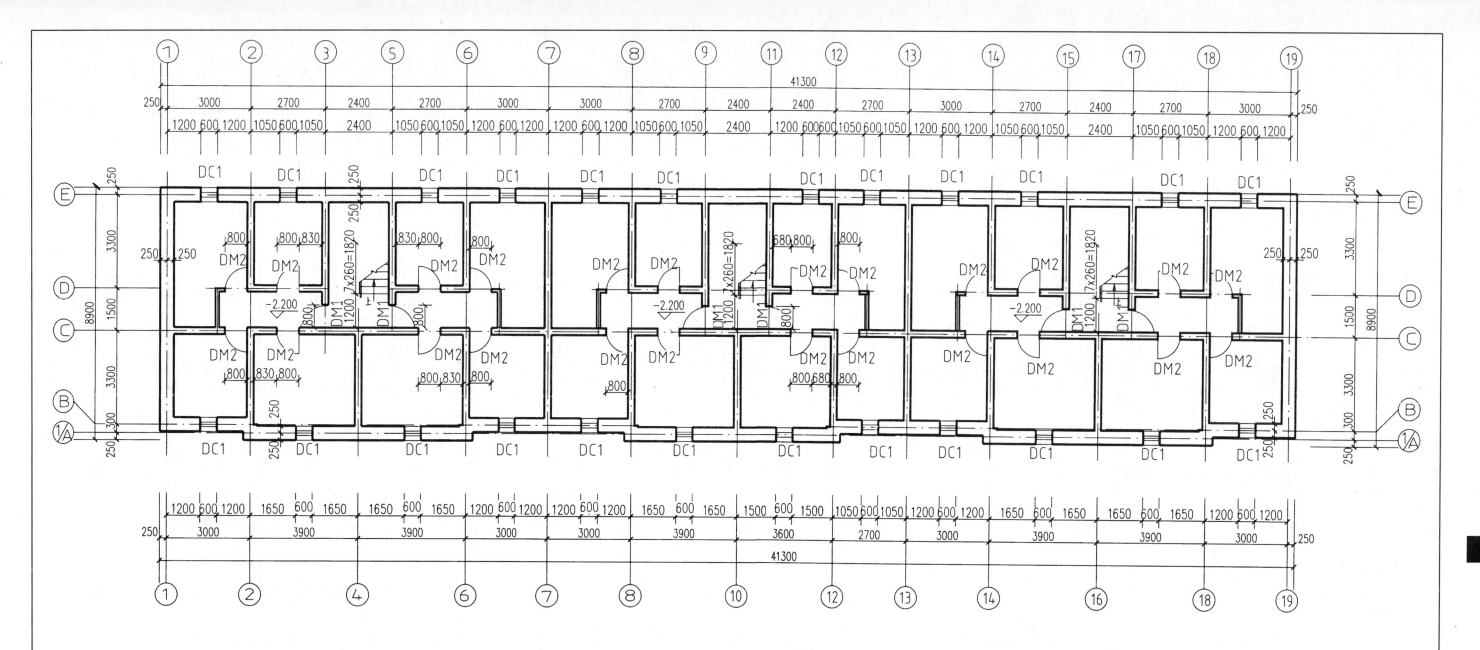

读图指导：

1. 地下室平面绘图比例为 1：100。

2. 横向定位轴线编号从①-⑲。纵向定位轴线编号从Ⓐ-Ⓔ，开间尺寸随上层有 3000、2700、2400、3900、3600mm 五种。

3. 外墙厚为 500mm（中分），内墙厚为 240mm（中分），DM1 为地下室防盗门，DM2 为地下室进户铁门，DC1 为单层空腹钢窗。

4. 地下室地面为－2.200，从楼梯间上 8 步至单元门－0.900 标高处。

地下室平面图 1：100

工程名称	××建筑机械化工程公司		
项目	安居楼		
设计		校对		工号	2003（一）-023
制图		审核	地下室平面图	图号	建施 3 共 12
专业负责		项目负责人		日期	2003.5

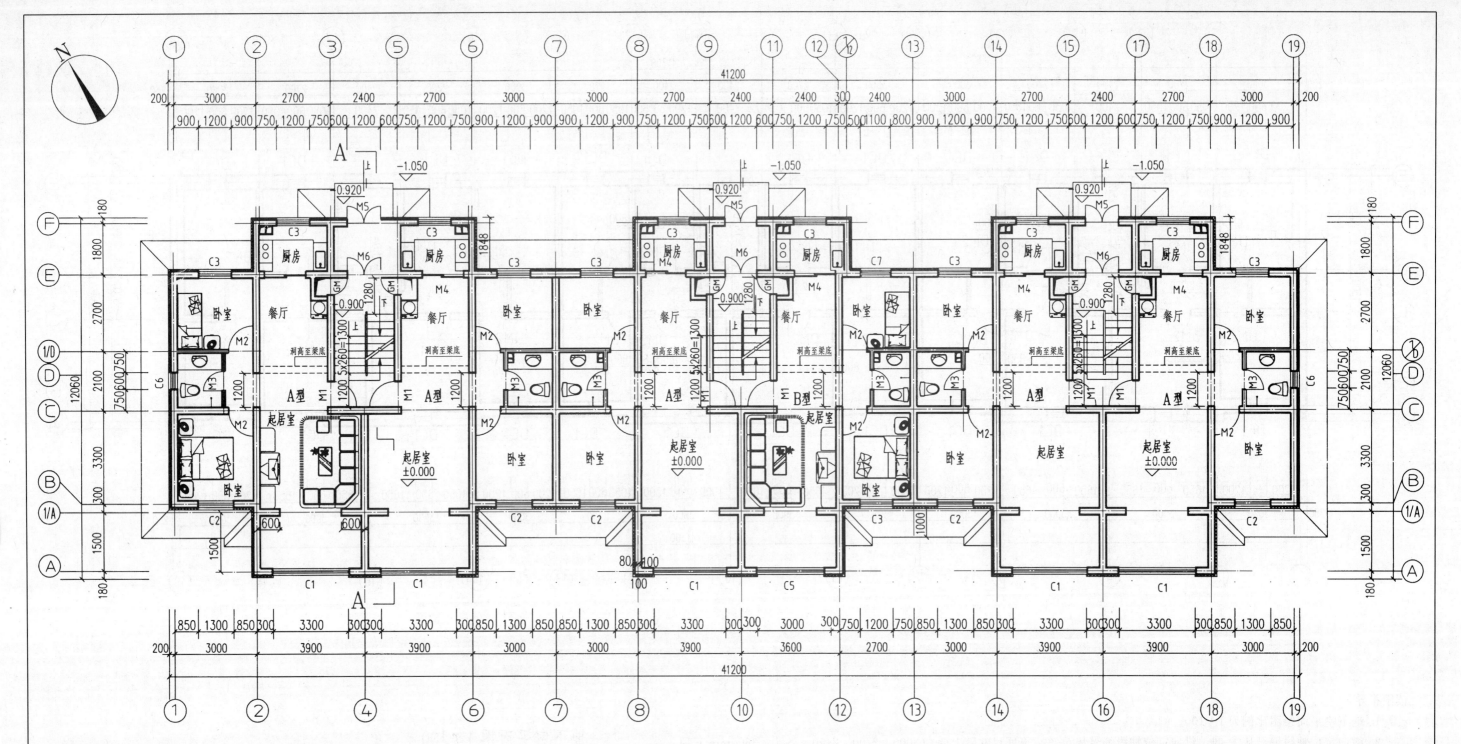

一层平面图 1:100

该层建筑面积：435.41m²

读图指导：

　　1. 首层平面绘图比例为 1:100，从图中指北针可知房屋主要入口在北偏东。

　　2. 此住宅楼为 3 个单元、一梯两户、两端单元为 A-A 户型。中间单元为 A-B 户型。均为二厅二卧一厨一卫。

　　3. 横向定位轴线编号从①-⑲其中有⑫附加轴线；纵向定位轴线编号从Ⓐ-Ⓕ，其中有⑯附加轴线。墙厚见建施 7、8，内外墙均为 240mm（中分），外墙外挂保温 80mm 厚（聚苯板）。

　　4. 房屋的外部尺寸在图的下方及左右侧注写了三道尺寸：第一道尺寸表示外轮廓的总尺寸，总长为 41200mm，总宽为 10600mm；第二道尺寸表示轴线间的距离，说明房屋开间和进深大小的尺寸；第三道尺寸为门窗洞口至轴线的细部尺寸。

　　5. 房屋的内部尺寸表明了室内的门洞及楼梯间处细部尺寸。

　　6. 地面标高室外为 -1.050、台阶为 -0.920、楼梯间进门为 -0.900、室内为 ±0.000。

　　7. A-A 剖面为阶梯剖面图，一个剖切面剖切到Ⓕ轴进户门，另一个剖切面剖切到Ⓐ轴的窗。

　　8. 平面中有普通门 M1-M6，普通塑钢窗 C1-C7（结合建施 2 的门窗统计表对照看）。

　　9. 图中未作详细说明的地方，要从其他详图和建筑设计总说明中寻找。

工程名称				××建筑机械化工程公司
		项目		安居楼
设计		校对		工号	2003（一）-023
制图		审核	一层平面图	图号	建施 4 共 12
专业负责		项目负责人		日期	2003.5

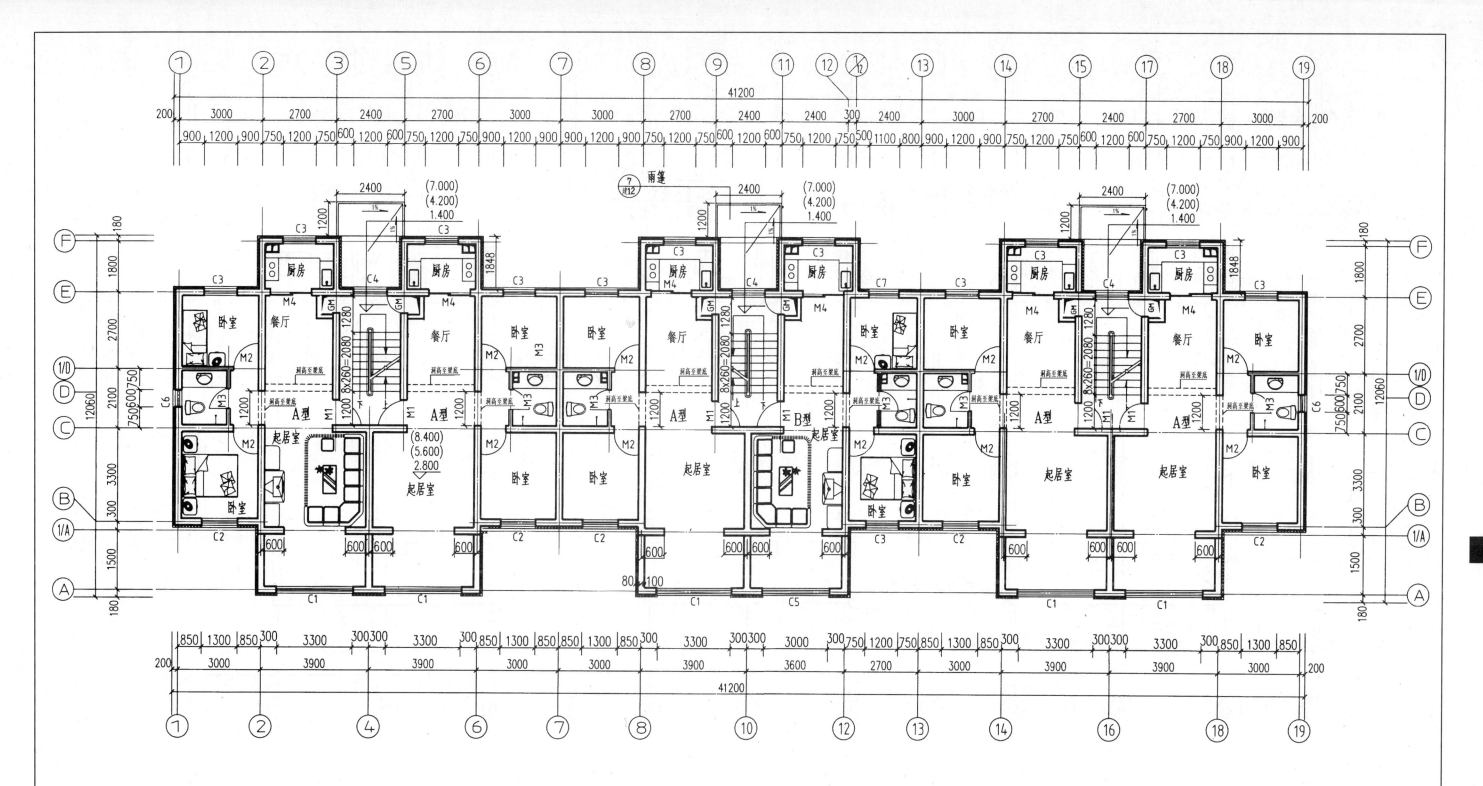

二～四层平面图 1:100

该层建筑面积：423.41m²

读图指导：
1. 二～四层平面图与底层平面图轴线一致。
2. 与首层平面不同点在于楼梯间处。
3. 楼面标高分别为 2.800、5.600、8.400。

工程名称	××建筑机械化工程公司			
项目		安居楼		
设计		校对		工号	2003(一)-023
制图		审核	二～四层平面图	图号	建施5共12
专业负责		项目负责人		日期	2003.5

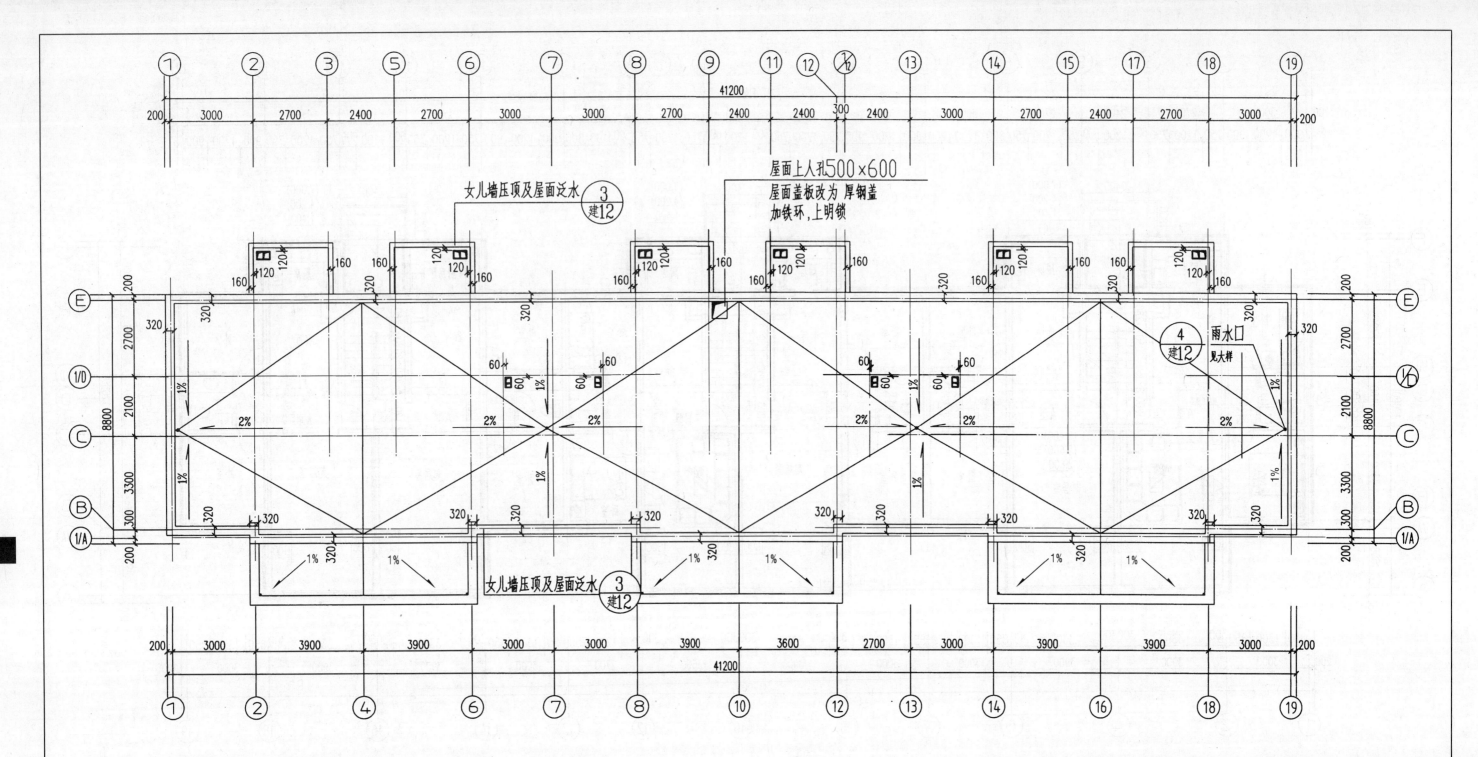

屋顶平面图 1:100

读图指导:

1. 屋顶平面图是屋顶外形的水平投影图。此图表明了屋顶的形状,屋面排水方向(用箭头表示)及坡度,分水线、女儿墙、烟囱、通风道、屋面检查孔、雨水口的位置。

2. 该屋面四周有女儿墙,排水坡度 $i=1\%$,流至 4 个雨水口(排水方式是内排水)。

3. 女儿墙压顶及屋面泛水,雨水口处画有索引符号,详细大样见建施 12 页 3、4 号大样。

		工程名称	××建筑机械化工程公司	
		项目	安居楼	
设计	校对		工号	2003(一)-023
制图	审核	屋顶平面图	图号	建施 6 共 12
专业负责	项目负责人		日期	2003.5

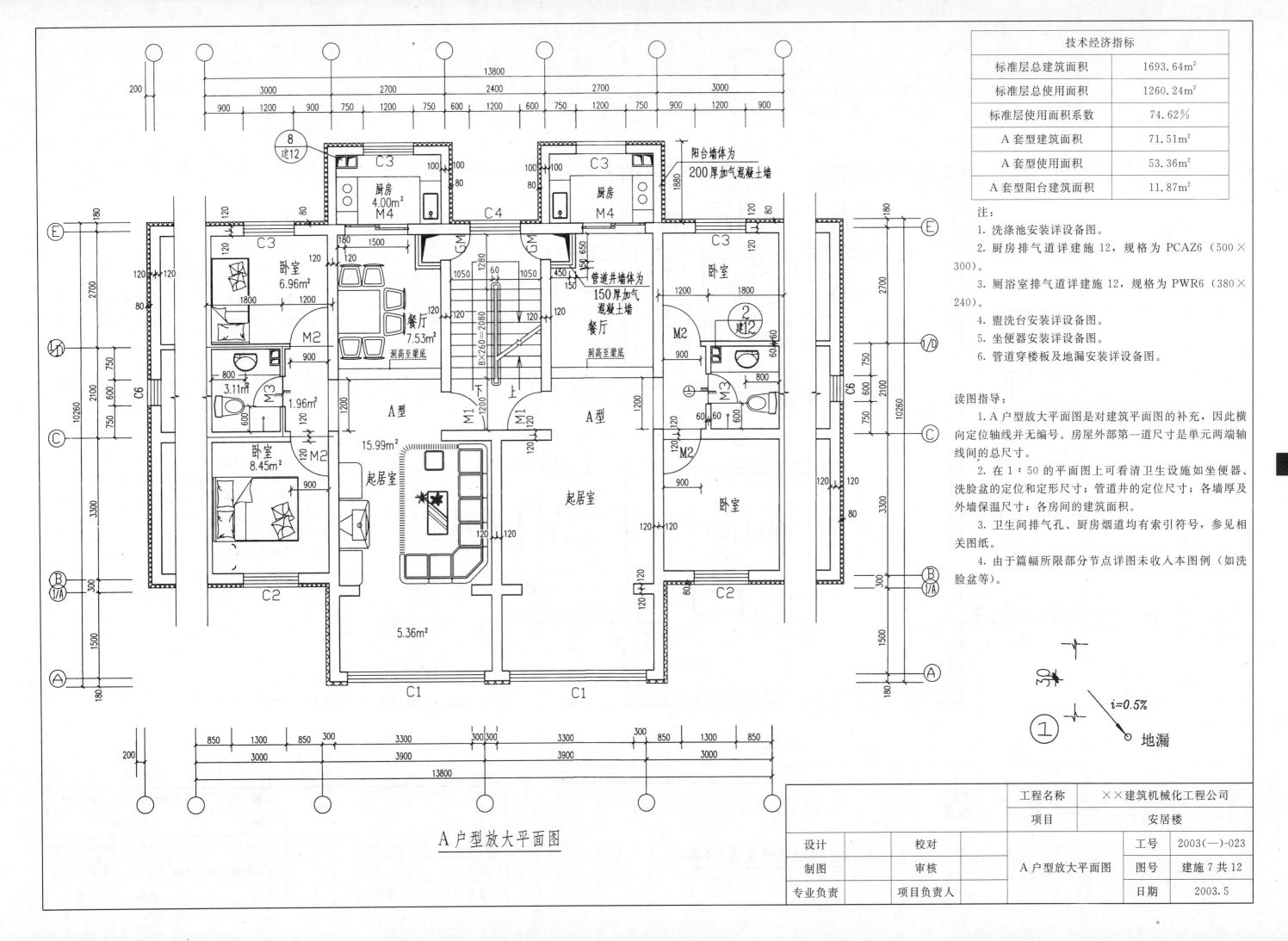

技术经济指标

技术经济指标	
标准层总建筑面积	1693.64m²
标准层总使用面积	1260.24m²
标准层使用面积系数	74.62%
A 套型建筑面积	71.51m²
A 套型使用面积	53.36m²
A 套型阳台建筑面积	11.87m²

注：
1. 洗涤池安装详设备图。
2. 厨房排气道详建施 12，规格为 PCAZ6（500×300）。
3. 厕浴室排气道详建施 12，规格为 PWR6（380×240）。
4. 盥洗台安装详设备图。
5. 坐便器安装详设备图。
6. 管道穿楼板及地漏安装详设备图。

读图指导：
1. A 户型放大平面图是对建筑平面图的补充，因此横向定位轴线并无编号。房屋外部第一道尺寸是单元两端轴线间的总尺寸。
2. 在 1∶50 的平面图上可看清卫生设施如坐便器、洗脸盆的定位和定形尺寸；管道井的定位尺寸；各墙厚及外墙保温尺寸；各房间的建筑面积。
3. 卫生间排气孔、厨房烟道均有索引符号，参见相关图纸。
4. 由于篇幅所限部分节点详图未收入本图例（如洗脸盆等）。

阳台墙体为 200 厚加气混凝土墙

管道井墙体为 150 厚加气混凝土墙

A 户型放大平面图

i=0.5% 地漏

工程名称	××建筑机械化工程公司		
项目	安居楼		
设计		校对	
制图		审核	
专业负责		项目负责人	

	A 户型放大平面图	
工号	2003(一)-023	
图号	建施 7 共 12	
日期	2003.5	

13

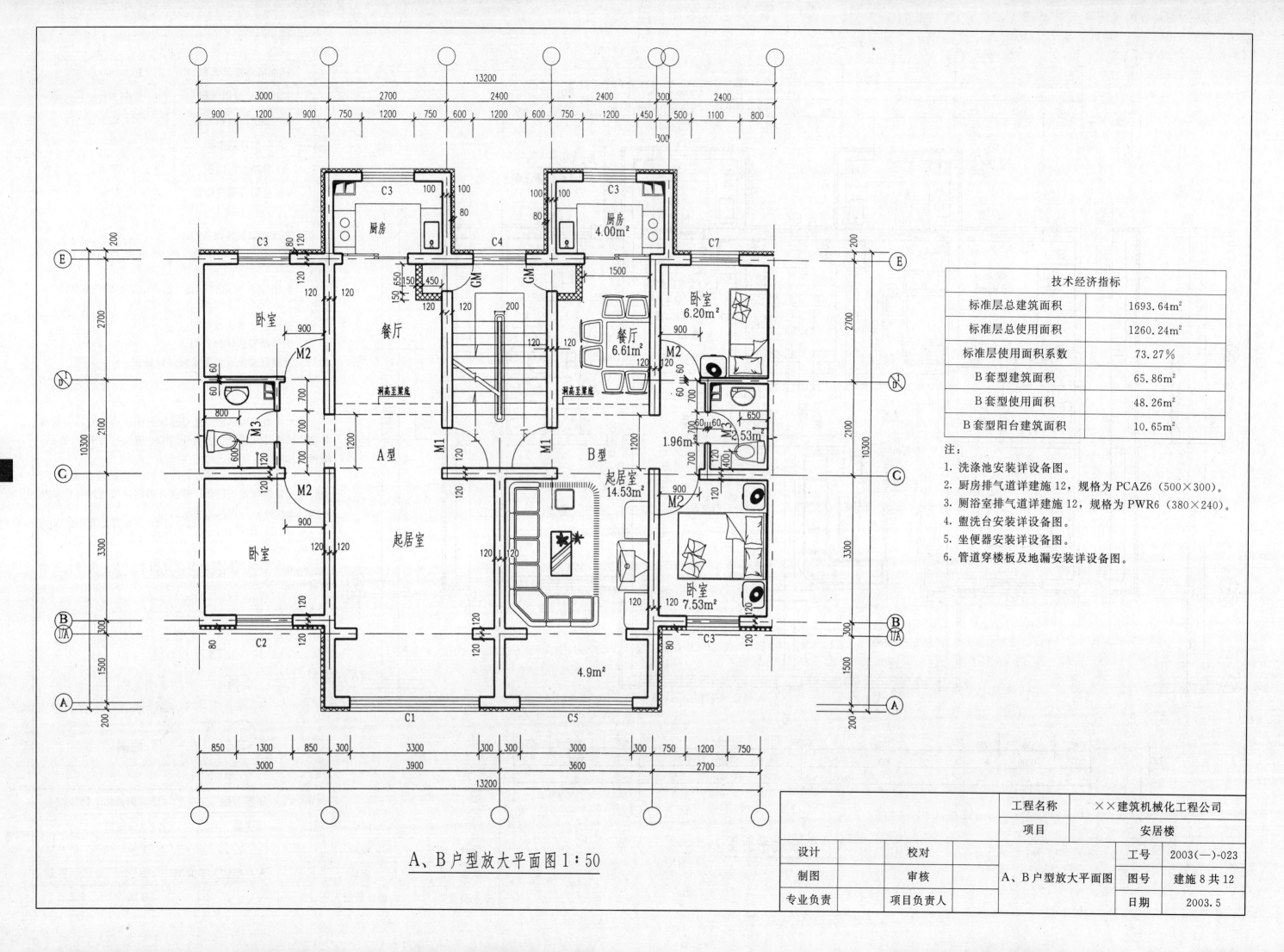

技术经济指标	
标准层总建筑面积	1693.64m²
标准层总使用面积	1260.24m²
标准层使用面积系数	73.27%
B套型建筑面积	65.86m²
B套型使用面积	48.26m²
B套型阳台建筑面积	10.65m²

注:
1. 洗涤池安装详设备图。
2. 厨房排气道详建施 12,规格为 PCAZ6(500×300)。
3. 厕浴室排气道详建施 12,规格为 PWR6(380×240)。
4. 盥洗台安装详设备图。
5. 坐便器安装详设备图。
6. 管道穿楼板及地漏安装详设备图。

A、B 户型放大平面图 1:50

工程名称	××建筑机械化工程公司		
项目	安居楼		
设计		校对	
		工号	2003(一)-023
制图		审核	
A、B 户型放大平面图		图号	建施 8 共 12
专业负责		项目负责人	
		日期	2003.5

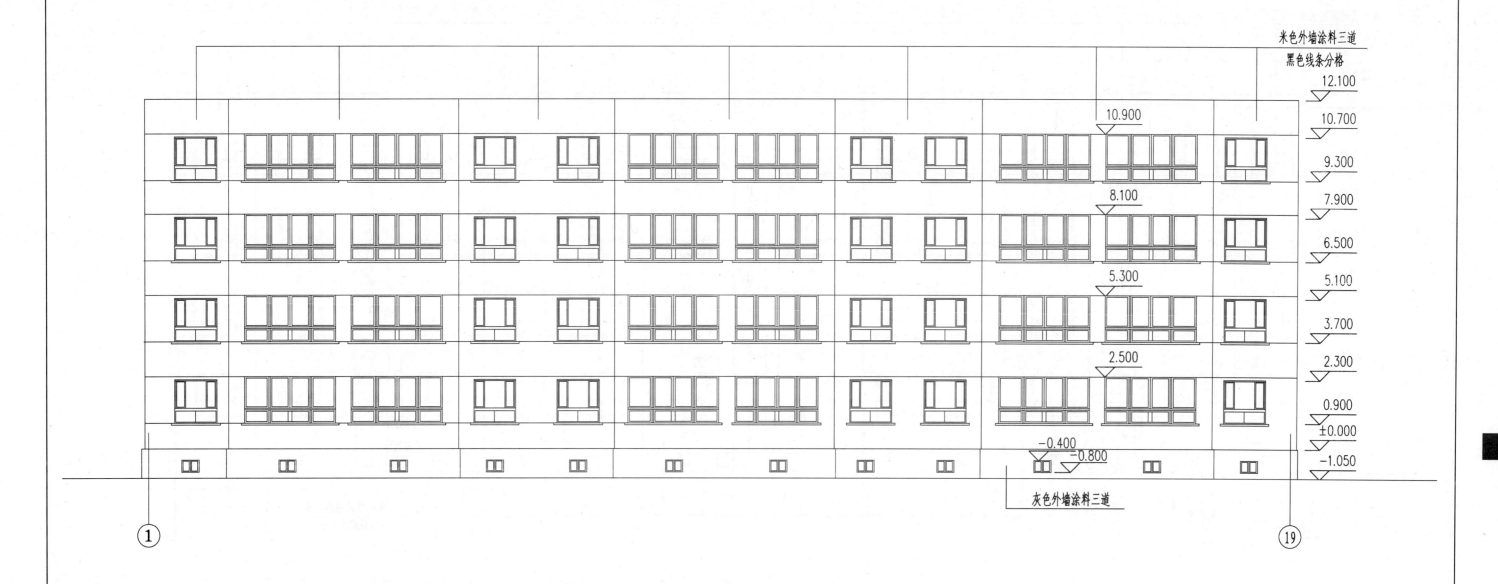

①-⑲轴立面图 1：100

注：一层窗户均设铁护栏，大样详建施12。

读图指导：
1. ①-⑲轴立面为正立面图，它反映了房屋的外观造型、分割线条、各窗的分布及式样。有指引线和文字可说明外墙粉刷为米色涂料罩面三道。
2. 从立面图右侧标注的标高尺寸可了解室外地坪、各层窗上下口标高及女儿墙顶标高。

工程名称	××建筑机械化工程公司		
项目	安居楼		
设计	校对	①-⑲轴立面图	工号	2003(一)-023
制图	审核		图号	建施9共12
专业负责	项目负责人		日期	2003.5

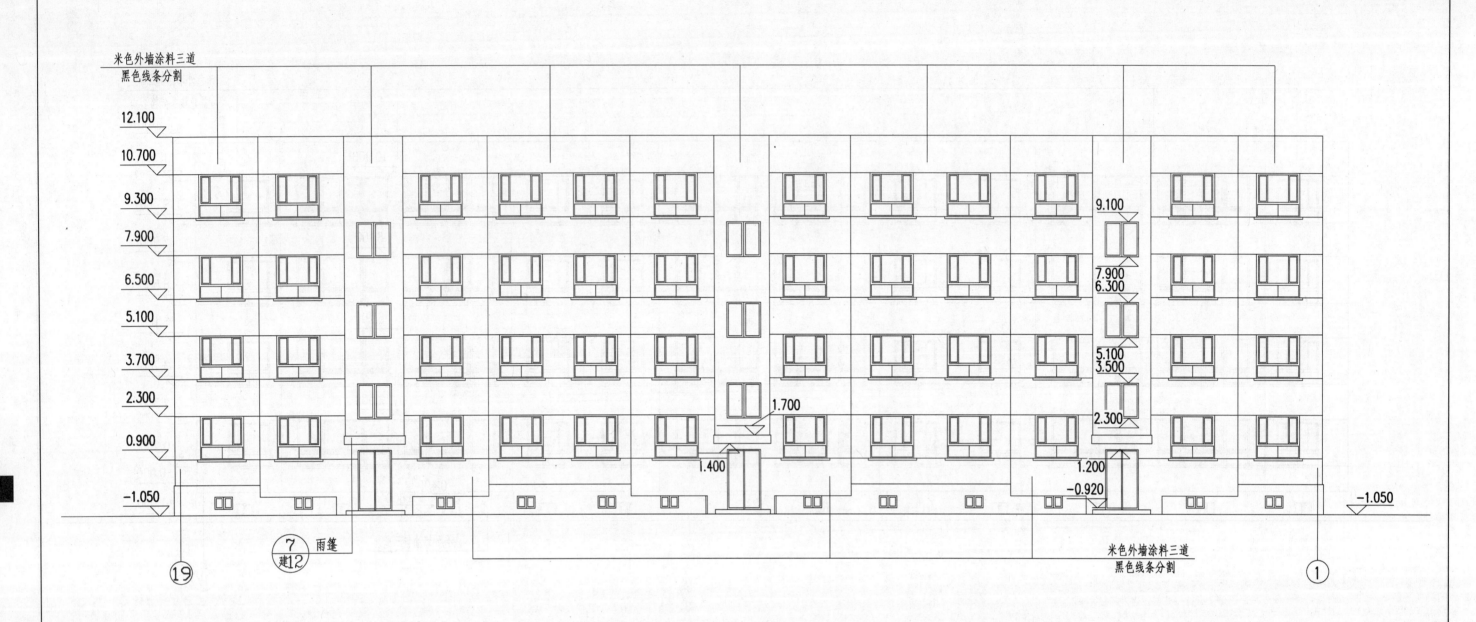

米色外墙涂料三道
黑色线条分割

12.100
10.700
9.300
7.900
6.500
5.100
3.700
2.300
0.900
−1.050

9.100
7.900
6.300
5.100
3.500
2.300

1.700
1.400
1.200
−0.920

−1.050

⑦ 雨篷
建12

⑲ ①

米色外墙涂料三道
黑色线条分割

⑲-①轴立面图 1：100

读图指导：
　　⑲～①轴立面图为背立面图。与正立面图不同之处在于它反映了三个单元门入口及楼梯间窗口的上下口标高。

工程名称			××建筑机械化工程公司	
		项目	安居楼	
设计		校对	工号	2003(一)-023
制图		审核	⑲-①轴立面图	图号	建施 10 共 12
专业负责		项目负责人	日期	2003.5

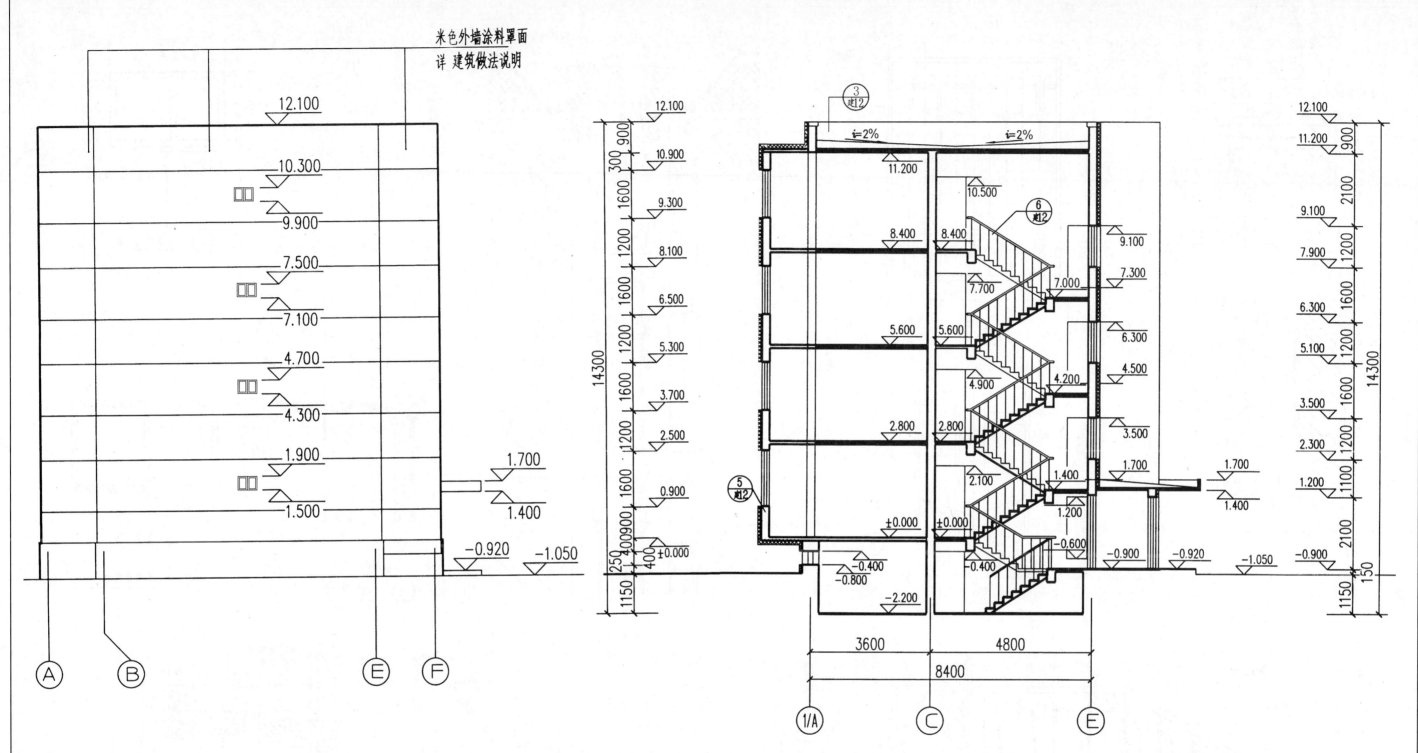

米色外墙涂料罩面
详 建筑做法说明

A-F轴立面图 1∶100

A-A 剖面图 1∶100

读图指导：

1. 对照一层平面图查找 A-A 剖面图的剖切位置及投射方向。

2. 对照各层平面图初步看清房屋的结构形式。屋顶结构和各楼层的荷载通过砖墙传至基础。

3. A-A 剖面图表明该房屋A-F轴是地上四层、地下一层的楼房，平屋顶，屋顶上四周有女儿墙，屋面排水坡度 i=2%。

4. 从剖面图左右侧标注的标高及尺寸可了解各门窗洞口标高，女儿墙顶、屋面板底、楼面、地面、雨篷、室外台阶、室外地面标高、各层窗台高距本层地面900mm。

5. 窗台和楼梯栏杆均有索引符号，以便对照查阅有关详图。

工程名称			××建筑机械化工程公司		
项目			安居楼		
设计		校对		工号	2003(一)-023
制图		审核	A-F轴立面图 A-A 剖面图	图号	建施 11 共 12
专业负责		项目负责人		日期	2003.5

17

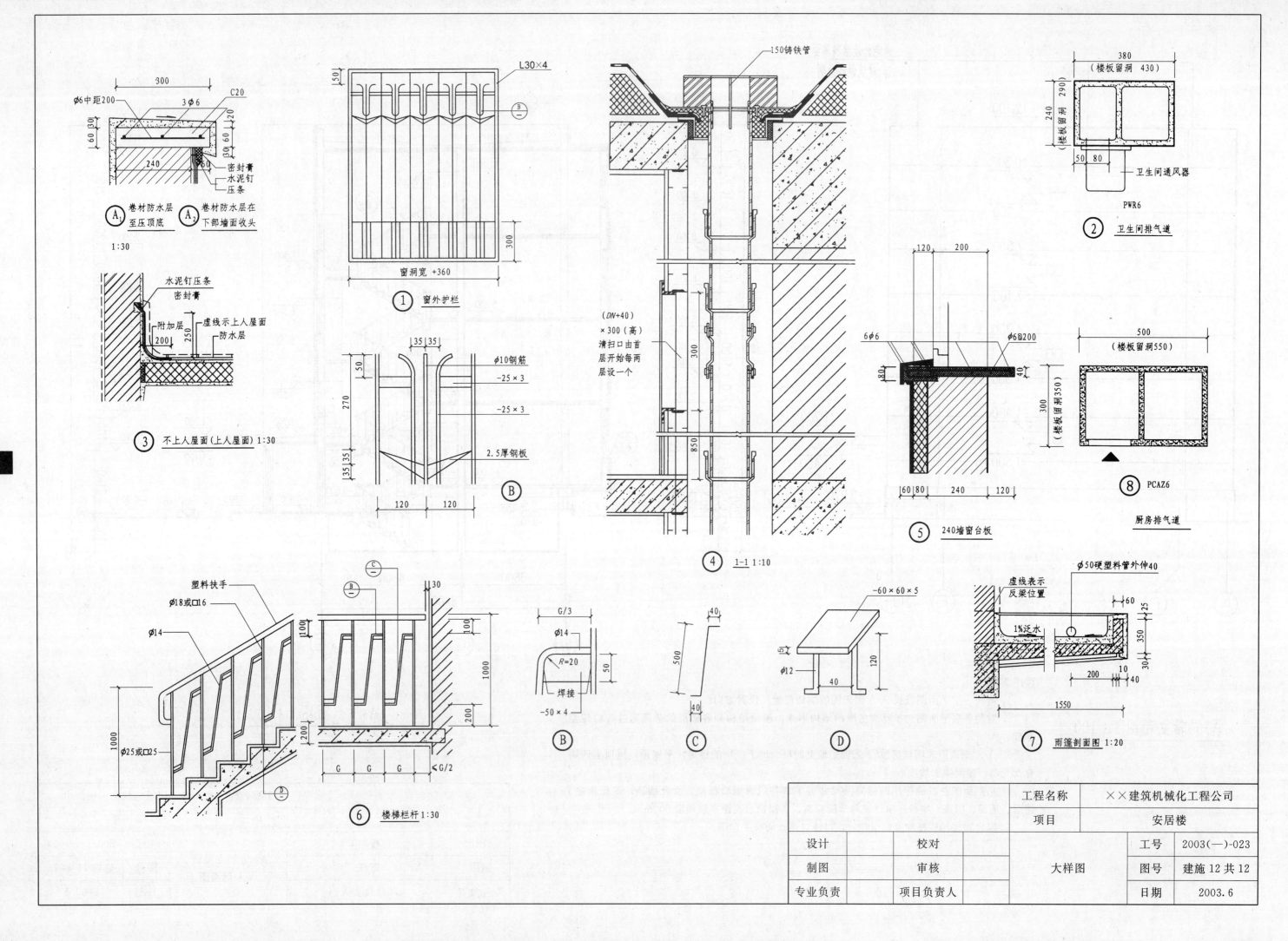

① 窗外护栏

③ 不上人屋面(上人屋面) 1:30

A₁ 卷材防水层 至压顶底   A₂ 卷材防水层在 下部墙面收头

1:30

④ 1-1 1:10

⑤ 240墙窗台板

② 卫生间排气道

⑧ PCAZ6

厨房排气道

⑥ 楼梯栏杆 1:30

⑦ 雨蓬剖面图 1:20

工程名称	××建筑机械化工程公司		
项目	安居楼		
设计		校对		工号	2003(一)-023
制图		审核	大样图	图号	建施12共12
专业负责		项目负责人		日期	2003.6

18

结构设计总说明

一、设计遵循的主要标准、规范

1. 建筑结构可靠度设计统一标准 GB 50068—2001
2. 房屋建筑制图统一标准 GB/T 50001—2001
3. 建筑结构制图标准 GB/T 50105—2001
4. 建筑结构荷载规范 GB 50009—2001
5. 建筑地基基础设计规范 GB 50007—2002
6. 混凝土结构设计规范 GB 50010—2002
7. 建筑抗震设计规范 GB 50011—2001
8. 砌体结构设计规范 GB 50003—2001
9. 砌体工程施工质量验收规范 GB 50203—2002
10. 岩土工程勘察规范 GB 50021—2001
11. 建筑地基处理技术规范 JGJ 79—2002（J220—2002）
12. 建筑钢结构焊接技术规程 JGJ 81—2002（J218—2002）
13. 给水排水工程构筑物结构设计规范 GB 50069—2002
14. 给水排水工程管道结构设计规范 GB 50332—2002
15. 地下防水工程质量验收规范 GB 50208—2002
16. 工程地质勘察报告由××综合勘察设计院提供

二、自然条件

1. 场地地震基本烈度 8 度，设计基本地震加速度值为 0.20g（第一组），场地土类别为Ⅱ类。
2. 基本风压值 0.60kN/m²。
3. 基本雪压值 0.80kN/m²。
4. 地基土冻结深度 1.40m。
5. 最高地下水位距自然地面大于 8m，对拟建楼无影响。

三、设计概要

1. 结构类型：砖混结构
2. 抗震设防烈度：8 度，0.2g
3. 抗震建筑类别：丙类
4. 楼面使用活荷载标准值

主要房间名称	卧室	客厅	楼梯	餐厅	卫生间	阳台
使用荷载(kN/m²)	2.0	2.0	2.0	2.0	2.0	2.5

5. 本工程建筑结构安全等级为二级，计算结构可靠度采用的设计基准期为 50 年。
6. 结构计算使用软件：PKPM 系列建筑结构软件。

四、地基基础

1. 基础应放在未受扰动的原状卵石层（地质报告中第 3 层土）上，地基承载力特征值 f_a=350kPa，埋置深度不小于室外地面下 1.50m。
2. 基底若遇特殊土层，如井坑、墓穴、杂填土、人防地道等，必须通知设计人员对地基进行处理。
3. 基坑开挖后，应按工程地质勘察报告和设计图纸要求进行验槽，并需有勘察、设计人员参加。
4. 基础形式（除施工图中注明者外）为墙下条形基础。
5. 基础：地下室基础采用 C15 素混凝土，基底标高－2.700m，地下室内墙采用 M5 水泥砂浆砌筑 MU10 的黏土砖，地下室外墙采用 C15 素混凝土，内外墙基础大样详结施 6。
6. 基础防护：本工程地下土层对混凝土有弱腐蚀性，防护等级为一级，基础部分所有混凝土构件及砂浆应使用普通硅酸盐水泥，水灰比 0.65，最少水泥用量为 330～350kg/m³，C3A 含量＜3kg/m³，基础侧面土壤接触，砖基础、平毛石基础，用 1：2 水泥砂浆（掺 3％防水粉）抹面 20mm 厚，除图内注明者外，平毛石基础、钢筋混凝土基础侧面与土壤接触处刷冷底子油一道热沥青二道。
7. 基础施工完毕（有地下室或半地下室时在顶板施工完毕），应及时清理基坑，严格按施工操作规程用无侵蚀性素土分层夯实。
8. 除特殊注明外，基础大样、基础退台、半砖墙基础、基础留洞、过梁、管沟、管沟过梁及盖板。
9. 施工中，应严格防止基槽被水浸泡，特别是强夯地基，工程下水管必须严格要求，不得有渗漏。并做好建筑四周止水措施。

五、墙体材料

1. 外墙均采用 M10 混合砂浆砌 MU10 空心黏土砖；内墙均采用 M10 混合砂浆砌 MU10 实心黏土砖。
2. 女儿墙采用 M5 混合砂浆砌 MU10 砖。

六、施工与设计配合事宜

1. 施工前必须进行图纸会审，各专业图纸对照、核查，如有问题在施工前解决。
2. 房屋两端外山墙、单元墙，均不宜开施工洞口，如必须开洞时，洞口上应另加钢筋混凝土过梁，洞口两侧应预埋水平拉结筋，钢筋伸入每边墙体不得少于 500mm，每半砖墙厚设 1φ6，沿洞高每 6 皮砖设一道，严禁在上述墙体上剔凿洞口。
3. 有构造柱的砖墙，必须先砌墙后浇柱。墙应砌成马牙槎，并设拉接筋。
4. 砖（混凝土）墙上有配电箱、消火栓时按结施 5 附图（一）加强。

				工程名称	××建筑机械化工程公司
				项目	安居楼
设计		校对		工号	2003(—)-023
制图		审核		结构设计总说明 图号	结施 1 共 9 页
专业负责		项目负责人		日期	2003.6

过梁编号	型号	过梁尺寸 b×h (mm×mm)	L_n(mm)	L(mm)	砂体积(m³)	①		②		③		④		⑤		⑦		⑨		钢筋用量(kg)	含钢量(kg/m³)
SGLA24065	A	240×120	600	1100	0.032	2φ8	1170							7φᵇ4	210					1.07	34
SGLA24085	C	240×120	800	1300	0.037	2φ12	1430			2φ6	1350					8φ6	760			4.49	34
SGLA24095	C	240×120	900	1400	0.040	2φ10	1500	1φ10	1500	2φ6	1450					8φ6	760			4.77	118
SGLA24125	C	240×180	1100																		
SGLA24155	C	240×180	1200	1700	0.073	2φ12	1830	1φ8	1770	2φ6	1750					10φ6	840			6.59	90
SGLA24155	C	240×180	1300																		
SGLA24155	C	240×120	1500	200	0.086	2φ12	2130	1φ12	2130	2φ6	2050			φᵇ		12φ6	840			8.82	102
SGLA24185	C	240×124	1800	2300	0.132	2φ12	2430	1φ12	2430	2φ6	2350					14φ6	960			10.69	81
SGLA12071	A	120×120	700	1200	0.009	2φ6	1250							7φᵇ4	90					0.62	71
KGLB37066	D	370×180	600	1100	0.061	2φ8	1170	1φ8	1170	2φ6	1250	2φ6	570			4φ6	860	4φ6	1410	4.17	68
KGLB37125	D	370×180	1100																		
KGLB37125	D	370×180	1200	1700	0.095	2φ12	1830	1φ10	1800	2φ6	1750	2φ6	1170			4φ6	860	8φ6	1410	8.93	94
KGLB37155	D	370×180	1300																		
KGLB37155	D	370×180	1500	2000	0.112	2φ12	2130	1φ12	2130	2φ6	2050	2φ6	1470			4φ6	860	9φ6	1410	10.82	97
KGLB37185	D	370×270	1800	2300	0.180	2φ12	2430	1φ12	2430	2φ6	2350	2φ6	1770			4φ6	1040	11φ6	1590	13.11	73

结构设计总说明（续）

　　5. 砖砌体结构墙身允许出现宽度小于0.3mm的干缩温度裂缝，不影响结构安全，为减轻墙体裂缝，对一层窗下口及窗上口墙体上设三道水平钢筋或焊网（详结施6）。

　　6. 屋面女儿墙构造柱的设置及尺寸，配筋详结施8。

七、钢筋混凝土构件

　　1. 材料：①混凝土强度等级：均采用C20混凝土；②钢筋：钢筋类别，Φ示HPB235级钢筋，Ф表示HRB335级钢筋，φᵇ表示冷拔低碳钢丝；③焊条：E43××型，用于型钢与钢筋，HPB235级钢筋之间的焊接；E50××型，用于HRB335级钢筋之间的焊接。

　　2. 混凝土保护层（本工程环境类别为一类）：板20mm，梁、柱30mm，并不小于主筋直径。

　　3. 现浇板：①现浇板在外墙上的支承长度不小于240mm，现浇板上留洞配筋作法按结施9；②板中未注明的分布筋为φ6@200，受力钢筋直径不小于12mm时，分布筋为φ8@250。

　　4. 圈梁：一～三层内外墙及顶层内墙均不设圈梁，采用板边加筋做法，加筋大样详结施7。女儿墙抗扭圈梁详结施5大样，仅沿外墙顶层设，圈梁兼过梁详结施9，女儿墙节点详结施9。

　　5. 过梁尺寸配筋详上表，外墙选用KGLB37型，内墙选用SGLA24型，内外墙过梁荷载级别均取5级，120mm隔墙选用SGLA12型，荷载级别取1级大样详结施9，过梁遇构造柱或过梁与过梁交接时，改为现浇，相应上部增设2φ16钢筋。

　　6. 构造柱：构造柱的布置详平面图，除特殊注明外，柱底标高为-2.70m，柱顶标高：外墙有女儿墙处12.10m，其他部位11.20m。构造柱与墙体的拉接大样详结施7。

　　7. 楼梯平台尺寸详建施，大样详结施7、8。

　　8. 墙角拉结筋的配置、门窗洞边框及与墙体的拉结详结施7。

八、其他

　　1. 本设计未考虑冬期、雨期施工措施，请施工单位应根据有关施工及验收规范自定。

　　2. 施工中应严格遵守国家现行各项施工及验收规范及操作规程。

　　3. 图中平面尺寸单位为毫米（mm），标高单位为米（m）。

　　4. 预制构件与预制构件或现浇构件相碰对，改现浇。

　　5. 本工程楼面施工荷载不得超过2.0kN/m²，如果需在楼板上大面积堆料，楼板底模及支撑系统不得拆除，并且支撑系统须进行强度验算。

　　6. 施工中应密切配合建筑及设备、电气施工图做好预留、预埋及预留洞工作。

		工程名称	××建筑机械化工程公司
		项目	安居楼
设计	校对	工号	2003(一)-023
制图	审核	结构设计总说明（续）	图号 结施1a共9页
专业负责	项目负责人		日期 2003.6

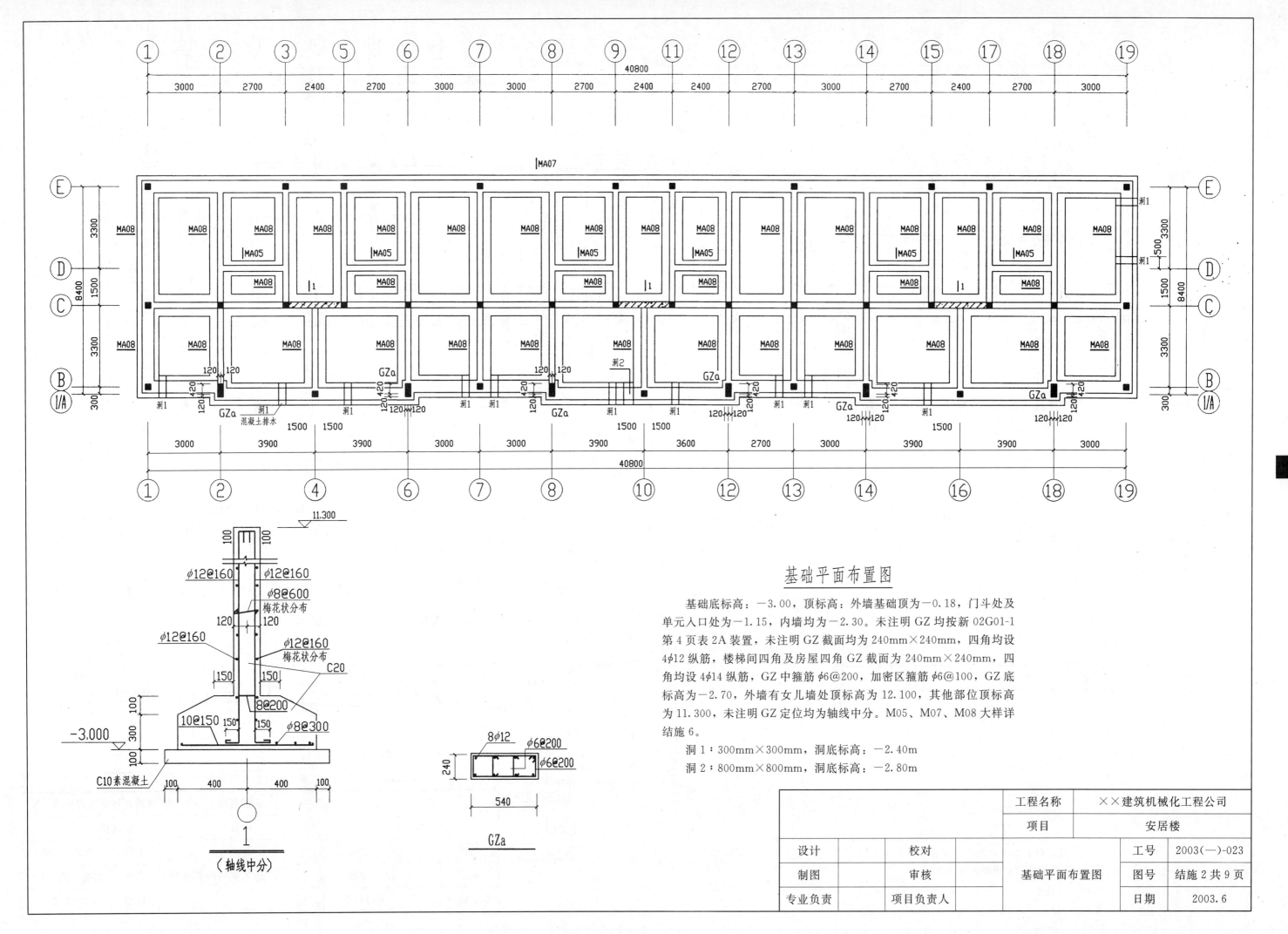

基础平面布置图

基础底标高：—3.00，顶标高：外墙基础顶为—0.18，门斗处及单元入口处为—1.15，内墙均为—2.30。未注明 GZ 均按新 02G01-1 第 4 页表 2A 装置，未注明 GZ 截面均为 240mm×240mm，四角均设 4φ12 纵筋，楼梯间四角及房屋四角 GZ 截面为 240mm×240mm，四角均设 4φ14 纵筋，GZ 中箍筋 φ6@200，加密区箍筋 φ6@100，GZ 底标高为—2.70，外墙有女儿墙处顶标高为 12.100，其他部位顶标高为 11.300，未注明 GZ 定位均为轴线中分。M05、M07、M08 大样详结施 6。

洞 1：300mm×300mm，洞底标高：—2.40m

洞 2：800mm×800mm，洞底标高：—2.80m

工程名称			××建筑机械化工程公司	
项目			安居楼	
设计		校对		工号	2003（—）-023
制图		审核	基础平面布置图	图号	结施 2 共 9 页
专业负责		项目负责人		日期	2003.6

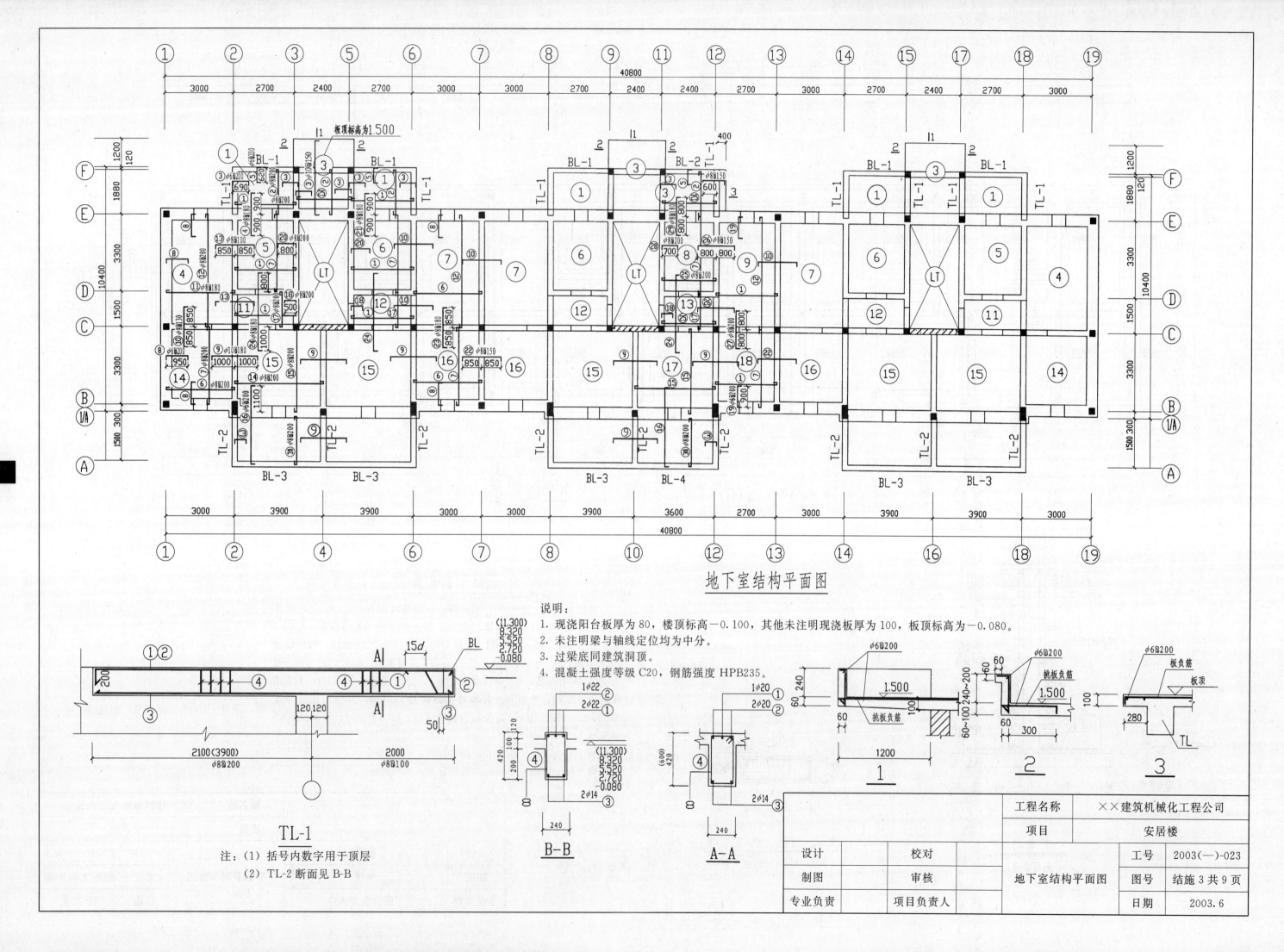

地下室结构平面图

说明：
1. 现浇阳台板厚为80，楼顶标高－0.100，其他未注明现浇板厚为100，板顶标高为－0.080。
2. 未注明梁与轴线定位均为中分。
3. 过梁底同建筑洞顶。
4. 混凝土强度等级 C20，钢筋强度 HPB235。

TL-1

注：（1）括号内数字用于顶层
　　（2）TL-2 断面见 B-B

B-B

A-A

工程名称			××建筑机械化工程公司	
项目			安居楼	
设计		校对		工号	2003(一)-023
制图		审核		图号	结施3共9页
专业负责		项目负责人		日期	2003.6

地下室结构平面图

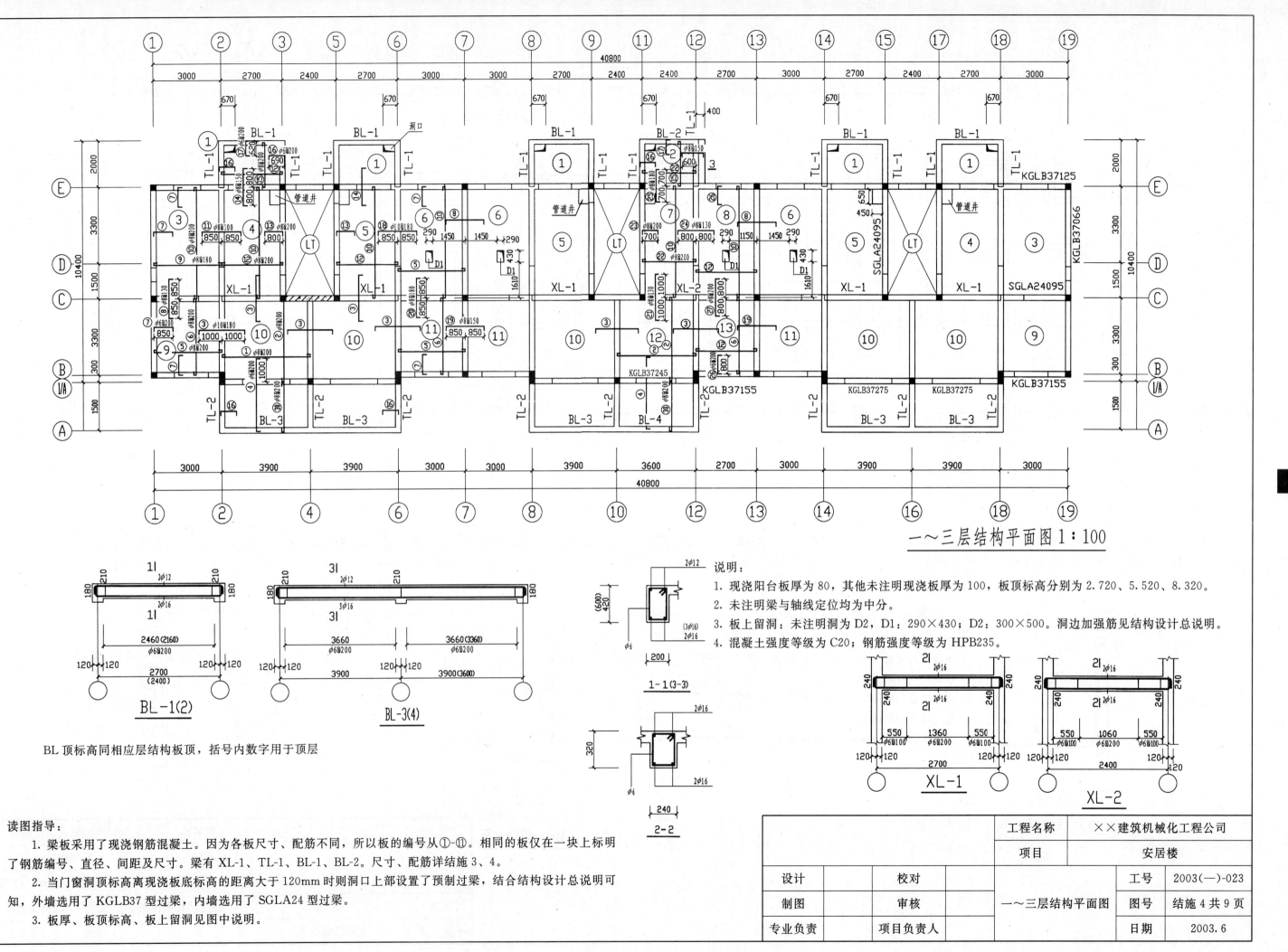

一～三层结构平面图 1:100

BL-1(2)

BL-3(4)

1-1(3-3)

2-2

XL-1

XL-2

说明：
1. 现浇阳台板厚为80，其他未注明现浇板厚为100，板顶标高分别为2.720、5.520、8.320。
2. 未注明梁与轴线定位均为中分。
3. 板上留洞：未注明洞为D2，D1：290×430；D2：300×500。洞边加强筋见结构设计总说明。
4. 混凝土强度等级为C20；钢筋强度等级为HPB235。

BL 顶标高同相应层结构板顶，括号内数字用于顶层

读图指导：
1. 梁板采用了现浇钢筋混凝土。因为各板尺寸、配筋不同，所以板的编号从①-⑪。相同的板仅在一块上标明了钢筋编号、直径、间距及尺寸。梁有 XL-1、TL-1、BL-1、BL-2。尺寸、配筋详结施3、4。
2. 当门窗洞顶标高离现浇板底标高的距离大于120mm 时则洞口上部设置了预制过梁，结合结构设计总说明可知，外墙选用了 KGLB37 型过梁，内墙选用了 SGLA24 型过梁。
3. 板厚、板顶标高、板上留洞见图中说明。

工程名称			××建筑机械化工程公司	
项目			安居楼	
设计		校对		工号 2003(一)-023
制图		审核	一～三层结构平面图	图号 结施4共9页
专业负责		项目负责人		日期 2003.6

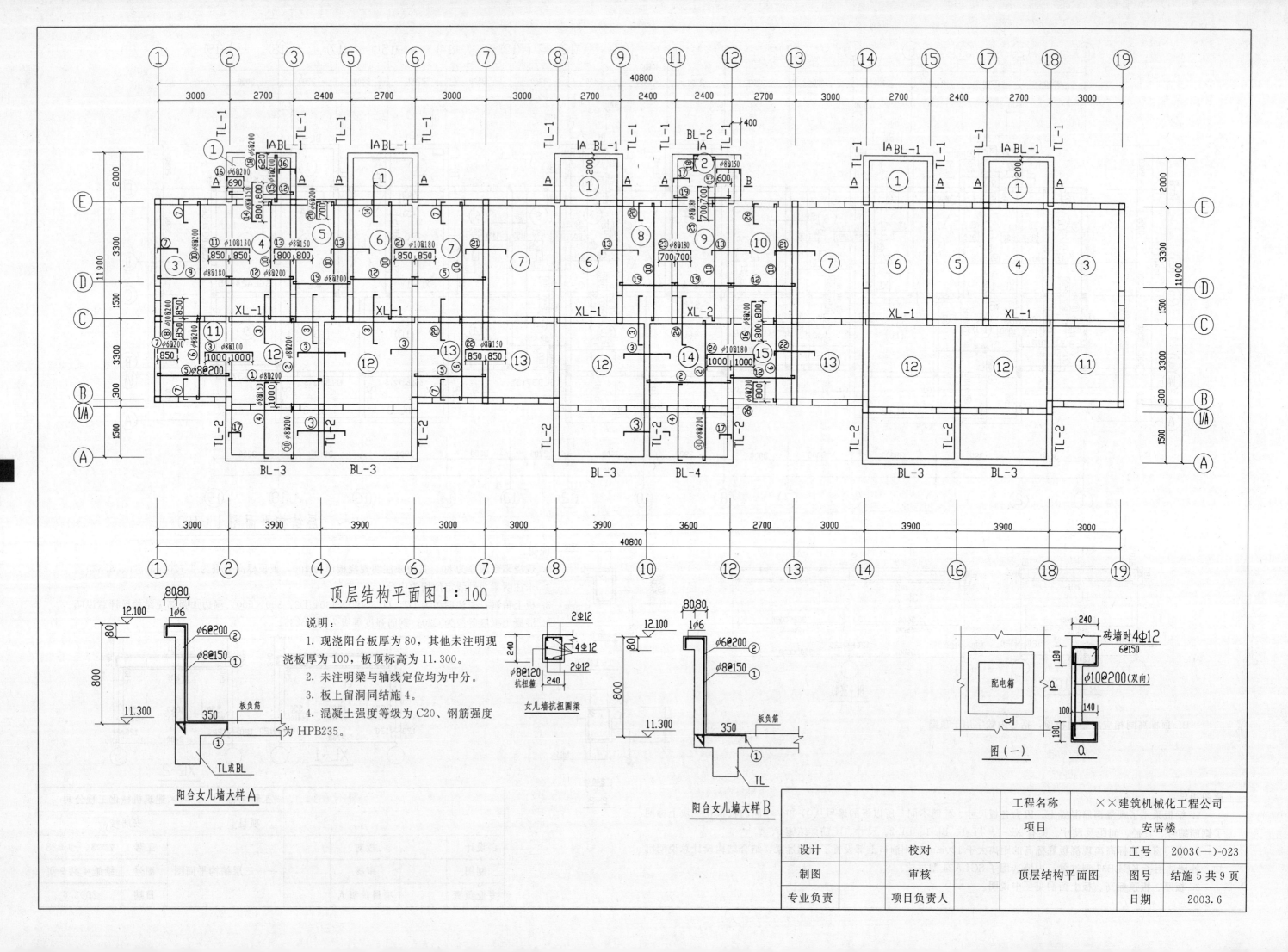

顶层结构平面图 1∶100

说明：
1. 现浇阳台板厚为80，其他未注明现浇板厚为100，板顶标高为11.300。
2. 未注明梁与轴线定位均为中分。
3. 板上留洞同结施4。
4. 混凝土强度等级为C20、钢筋强度为HPB235。

女儿墙抗扭圈梁

阳台女儿墙大样A

阳台女儿墙大样B

图（一）

工程名称		××建筑机械化工程公司	
项目		安居楼	
设计	校对	工号	2003(一)-023
制图	审核	图号	结施5共9页
专业负责	项目负责人	日期	2003.6
		顶层结构平面图	

24

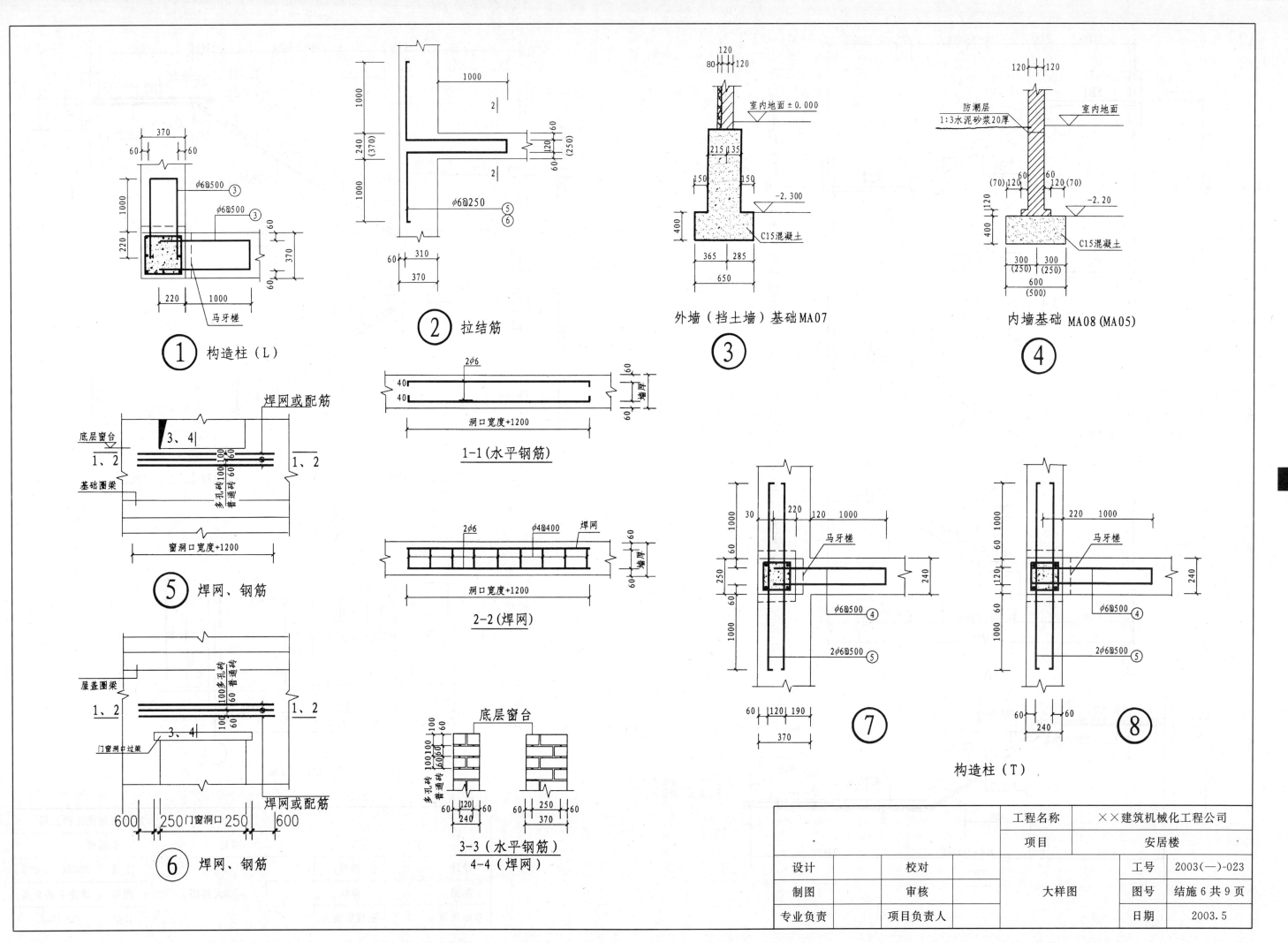

① 构造柱（L）

② 拉结筋

③ 外墙（挡土墙）基础MA07

④ 内墙基础 MA08(MA05)

室内地面±0.000
C15混凝土
-2.300

防潮层
1:3水泥砂浆20厚
室内地面
C15混凝土
-2.20

1-1（水平钢筋）
2φ6

2-2（焊网）
2φ6 φ4@400 焊网

⑤ 焊网、钢筋
焊网或配筋
底层窗台
基础圈梁
多孔砖 普通砖
窗洞口宽度+1200

⑥ 焊网、钢筋
焊网或配筋
屋盖圈梁
多孔砖 普通砖
门窗洞中过梁
门窗洞口

3-3（水平钢筋）
4-4（焊网）
底层窗台
多孔砖 普通砖

⑦

⑧
马牙槎
φ6@500 ④
2φ6@500 ⑤

构造柱（T）

工程名称	××建筑机械化工程公司	
项目	安居楼	
设计	校对	工号 2003(一)-023
制图	审核	大样图 图号 结施6共9页
专业负责	项目负责人	日期 2003.5

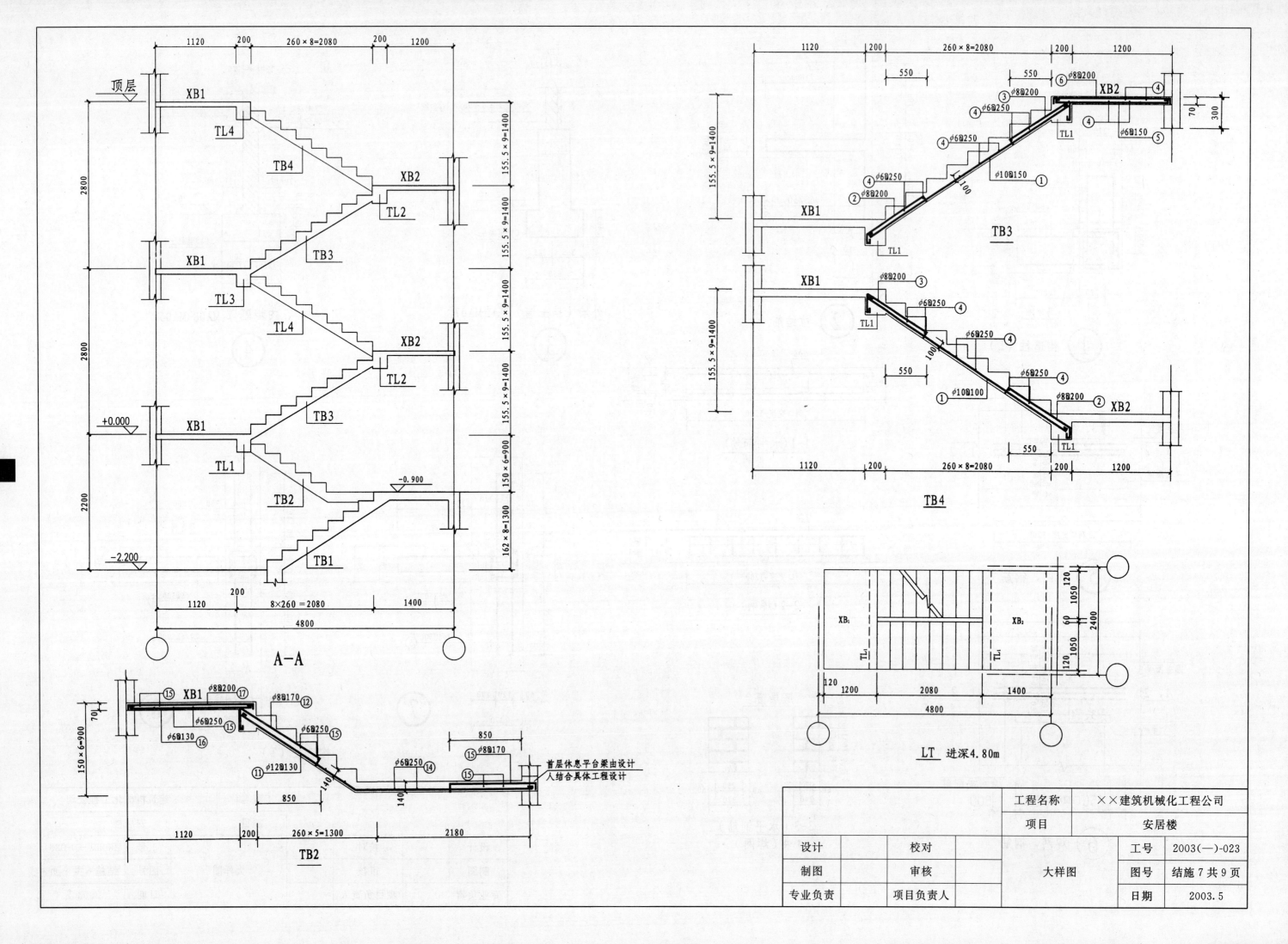

A-A

TB2

TB3

TB4

LT 进深4.80m

首层休息平台梁由设计
人结合具体工程设计

工程名称	××建筑机械化工程公司	
项目	安居楼	
设计	校对	工号 2003(一)-023
制图	审核	大样图	图号 结施7共9页
专业负责	项目负责人	日期 2003.5

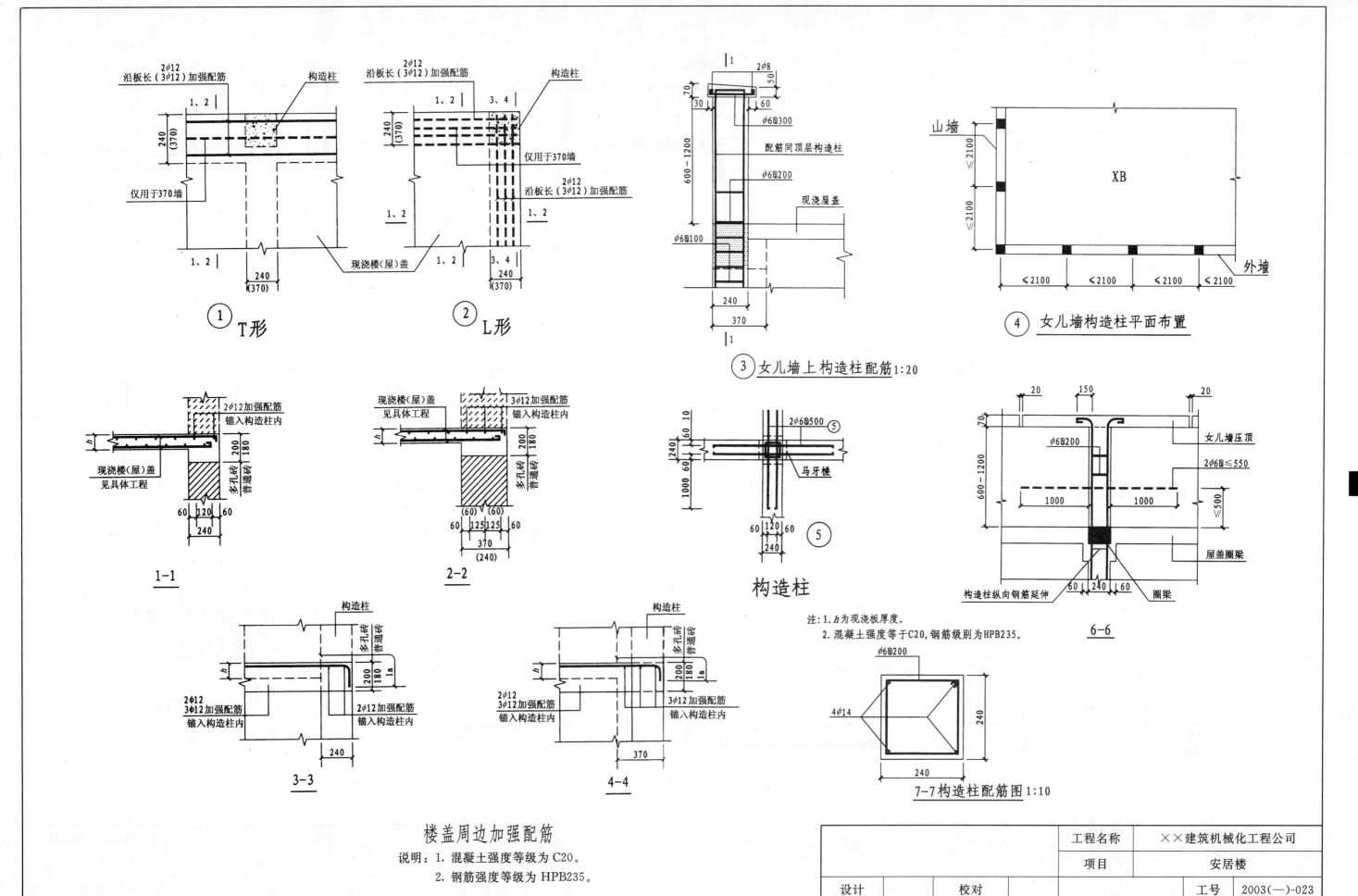

① T形

② L形

③ 女儿墙上构造柱配筋1:20

④ 女儿墙构造柱平面布置

1-1

2-2

⑤

构造柱

6-6

注:1. h为现浇板厚度。
2. 混凝土强度等于C20,钢筋级别为HPB235。

3-3

4-4

7-7构造柱配筋图1:10

楼盖周边加强配筋

说明:1. 混凝土强度等级为C20。
2. 钢筋强度等级为HPB235。

工程名称	××建筑机械化工程公司		
项目	安居楼		
设计	校对		工号	2003(一)-023
制图	审核	大样图	图号	结施8共9页
专业负责	项目负责人		日期	2003.5

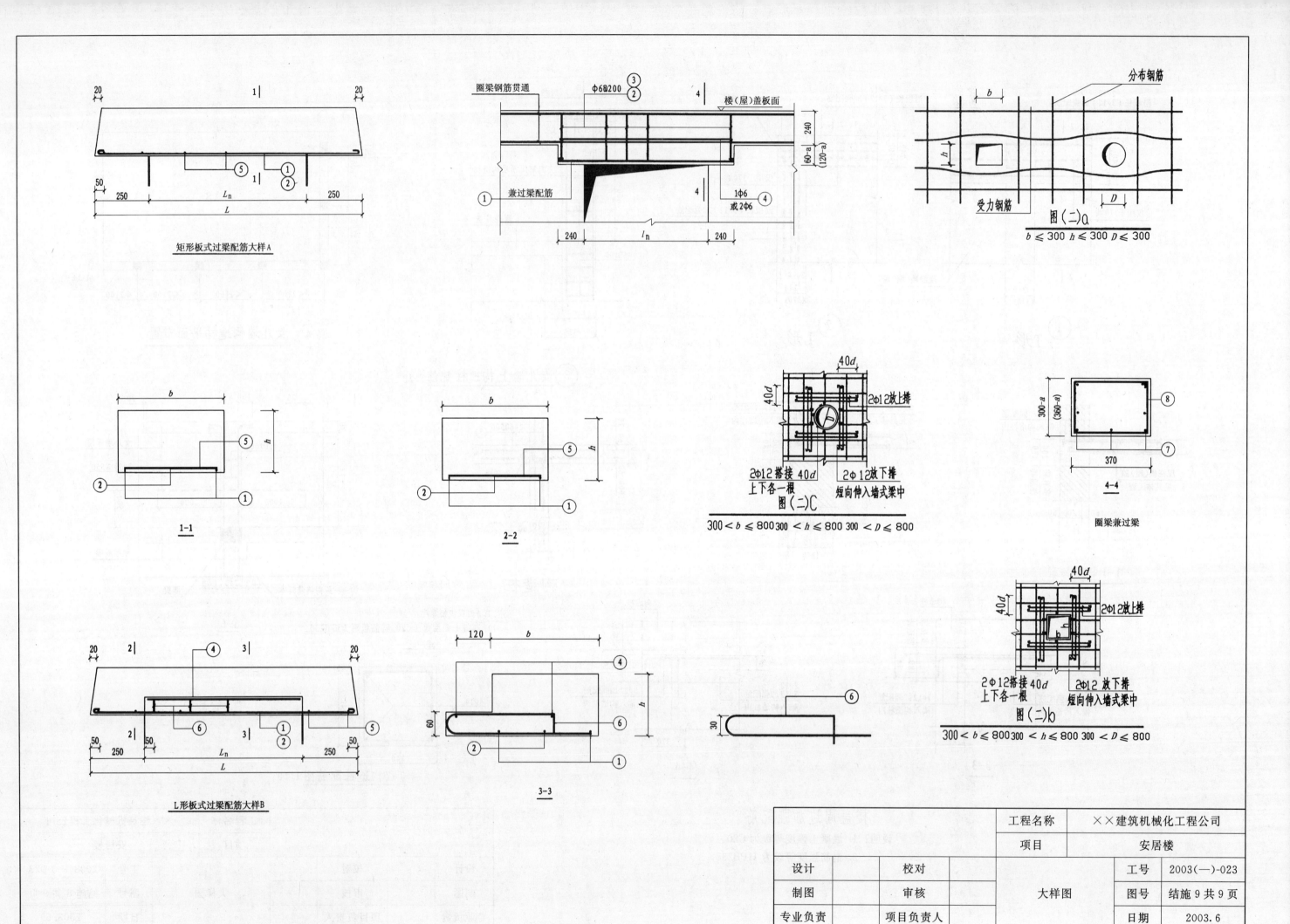

矩形板式过梁配筋大样A

L形板式过梁配筋大样B

1-1

2-2

3-3

圈梁钢筋贯通

Φ6@200

楼(屋)盖板面

兼过梁配筋

1Φ6
或2Φ6

分布钢筋

受力钢筋

图(二)a
$b \leqslant 300 \quad h \leqslant 300 \quad D \leqslant 300$

2Φ12搭接40d
上下各一根

2Φ12放上排

2Φ12放下排
短向伸入墙式梁中

图(二)c
$300 < b \leqslant 800 \quad 300 < h \leqslant 800 \quad 300 < D \leqslant 800$

圈梁兼过梁

4-4

2Φ12搭接40d
上下各一根

2Φ12放上排

2Φ12放下排
短向伸入墙式梁中

图(二)b
$300 < b \leqslant 800 \quad 300 < h \leqslant 800 \quad 300 < D \leqslant 800$

28

工程名称	××建筑机械化工程公司		
项目	安居楼		
设计		校对		工号	2003(一)-023
制图		审核		大样图	图号	结施9共9页
专业负责		项目负责人			日期	2003.6

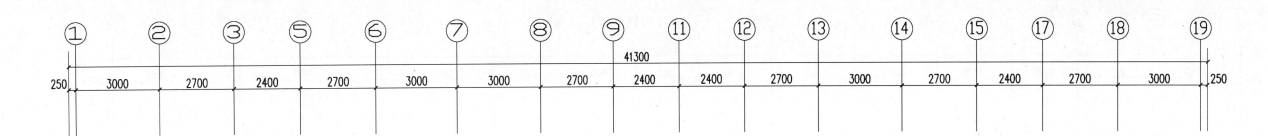

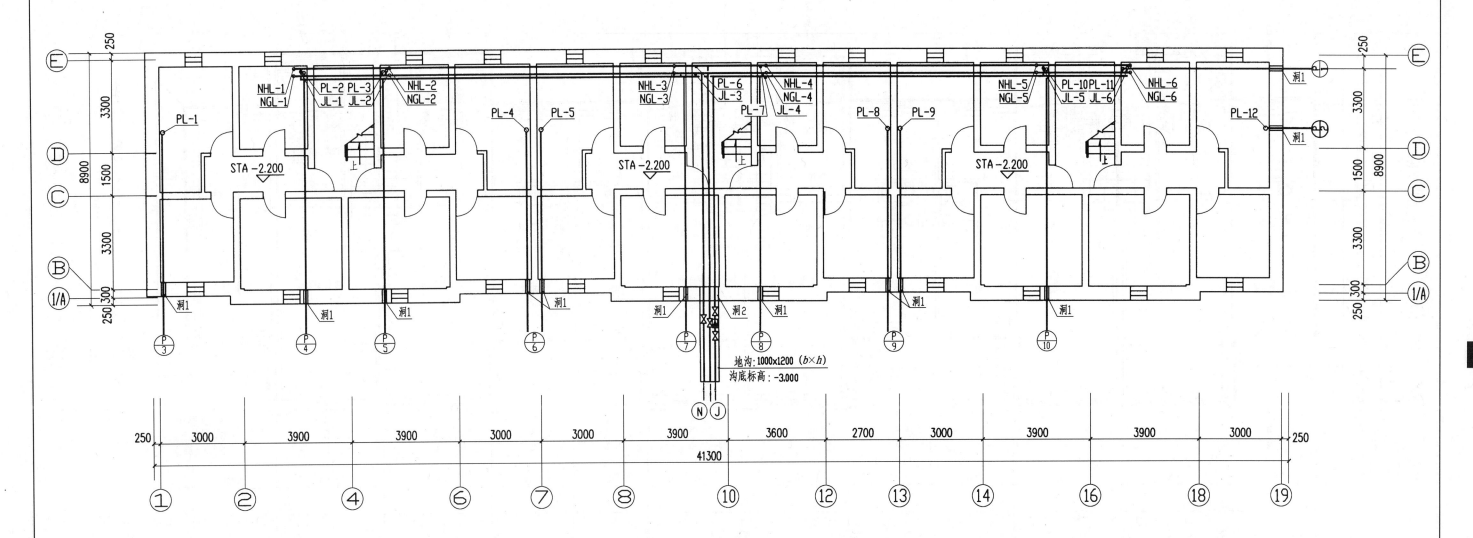

地下室采暖、给水排水平面图

洞1 300mm×300mm 底标高−2.40m

洞2 800mm×800mm 底标高−2.80m

读图指导：

1. 应结合设施3、4图一起识读。

2. 该图表示了本工程给水入口、排水出口、采暖供热和回水的出入口干管的平面位置，
管沟的底标高为−3.000m，地沟断面：1000mm×1200mm。

3. 在图中识读给水、排水、采暖供热和回水各立管的编号和平面位置。

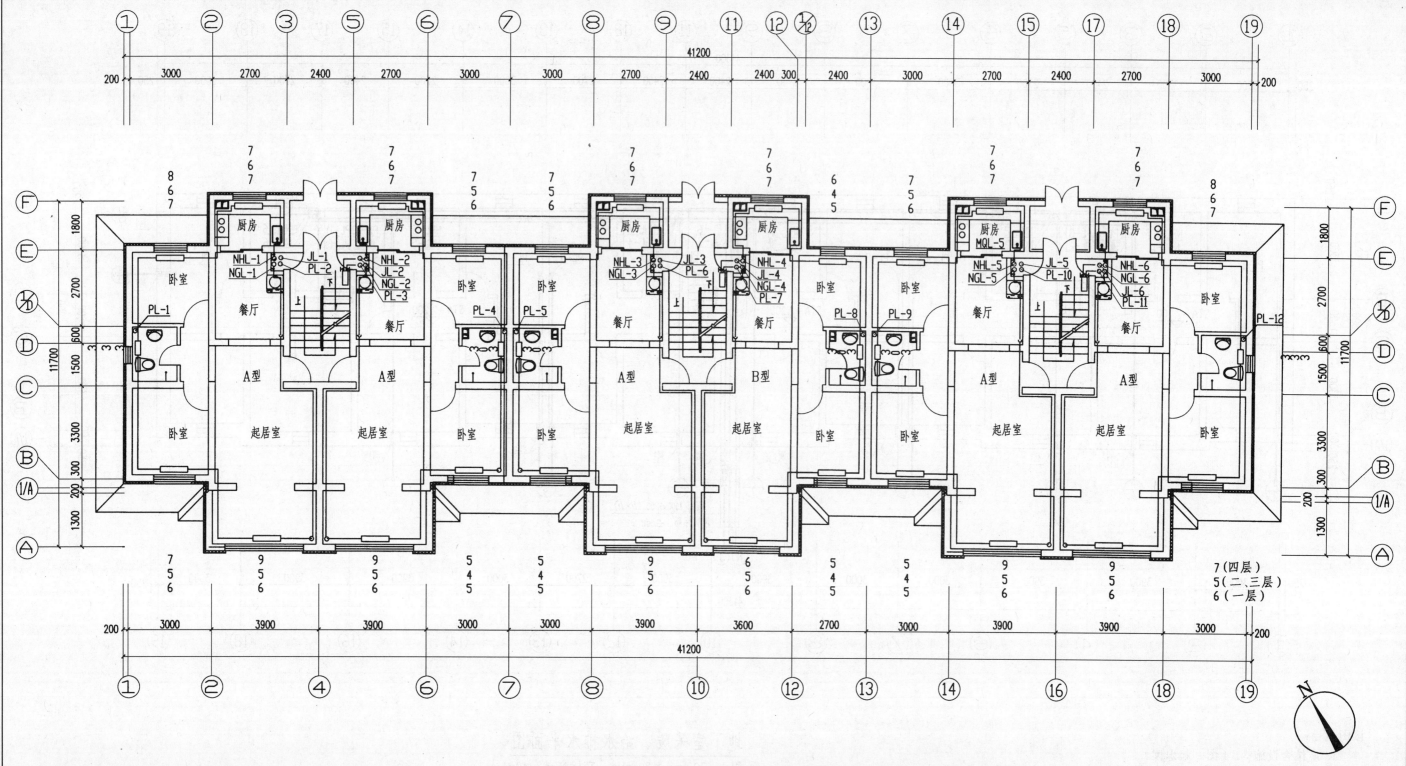

标准层采暖、给水排水平面图

注：单元楼梯间休息平台二，四，六层均设一小型干粉灭火器，加明锁。

读图指导：
1. 读图时注意标准层与地下室平面图的不同之处。
2. 注意识读 6 根给水立管和 12 根排水立管的平面位置和编号。
3. 采暖供热和回水立管的平面位置，散热器的安装位置，各层每组散热器的片数。识读时应与系统图对照起来。

		工程名称	××建筑机械化工程公司
		项目	安居楼
设计	校对		工号	2003(一)-023
制图	审核	标准层采暖、给水排水平面图	图号	设施 2 共 5 页
专业负责	项目负责人		日期	2003.5

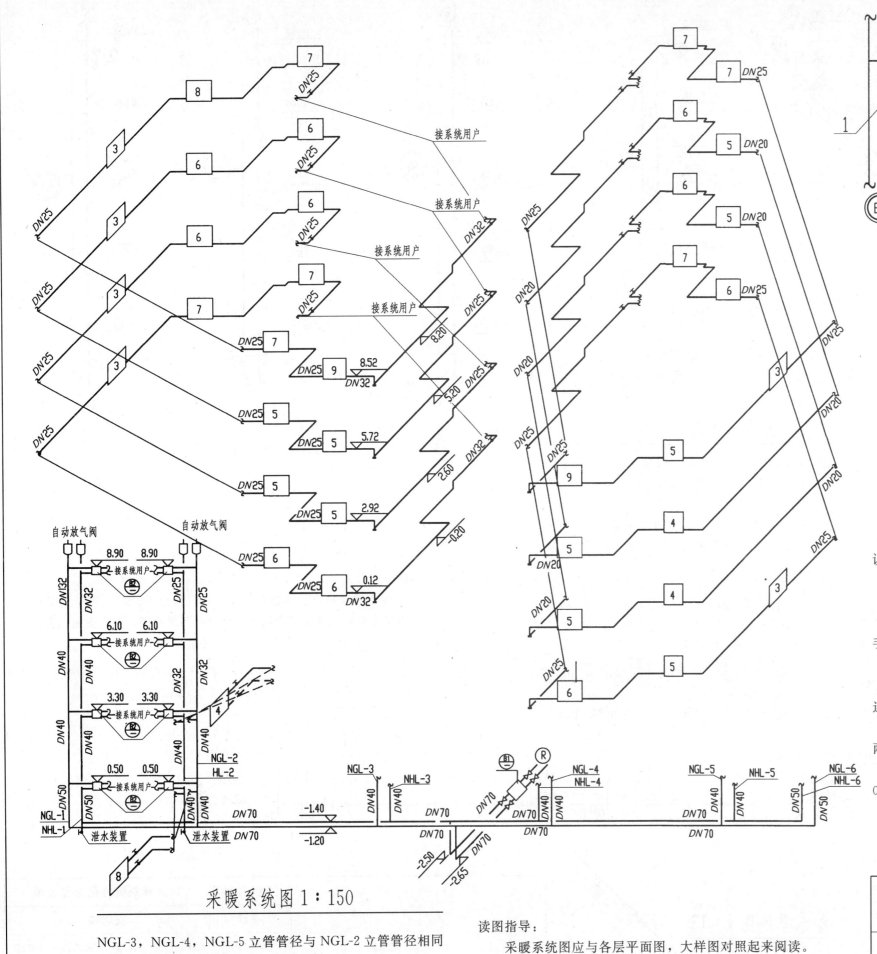

外网入口接点装置大样

1. 室外管网　2. 过滤器　3. 热量表
4. 室内供水管　5. 室内回水管　6. 平衡阀
7. 阀门　8. 压力表　9. 温度计

进户口接点装置大样

1. 共用立管　2. 锁闭调节阀　3. 过滤器
4. 阀门　5. 热量表　6. 回水锁闭阀

说明：

1. 本工程采用低温热水采暖 T_g＝95℃，T_h＝70℃，水平串联系统。

2. 热负荷为53152W，循环阻力为5000Pa。

3. 散热器采用铸铁四柱760型散热器（内腔除砂），每组散热器顺水流方向设一 $\phi6$ 手动放气阀。

4. 采暖供回水管采用热镀锌钢管，丝接。

5. 给水管道采用 UPVC 给水塑料管，胶粘连接；排水管道采用排水塑料管，承插连接。

6. 地下室内供回水管均采用 50mm 厚岩棉瓦保温，外缠玻璃丝布两道，刷乳胶漆两道。

7. 系统安装完毕后进行水压试验，给水试验压力 0.8MPa，采暖试验压力用 0.5MPa，排水作闭水试验，以不渗不漏为合格。

8. 雨水斗安装详见住 83JT-16。

9. 排水管道埋地部分采用排水铸铁管。

10. 以上说明未详之处见有关施工及验收规范。

采暖系统图 1：150

NGL-3，NGL-4，NGL-5 立管管径与 NGL-2 立管管径相同
NGL-6 立管管径与 NGL-1 立管管径相同
NHL-3，NHL-4，NHL-5 立管管径与 NHL-2 立管管径相同
NHL-6 立管管径与 NHL-1 立管管径相同

读图指导：
采暖系统图应与各层平面图，大样图对照起来阅读。

工程名称				××建筑机械化工程公司	
项目				安居楼	
设计		校对		采暖系统图，外网入口接点装置大样，进户口接点装置大样，说　明	工号	2003(一)-023
制图		审核			图号	设施3共5页
专业负责		项目负责人			日期	2003.5

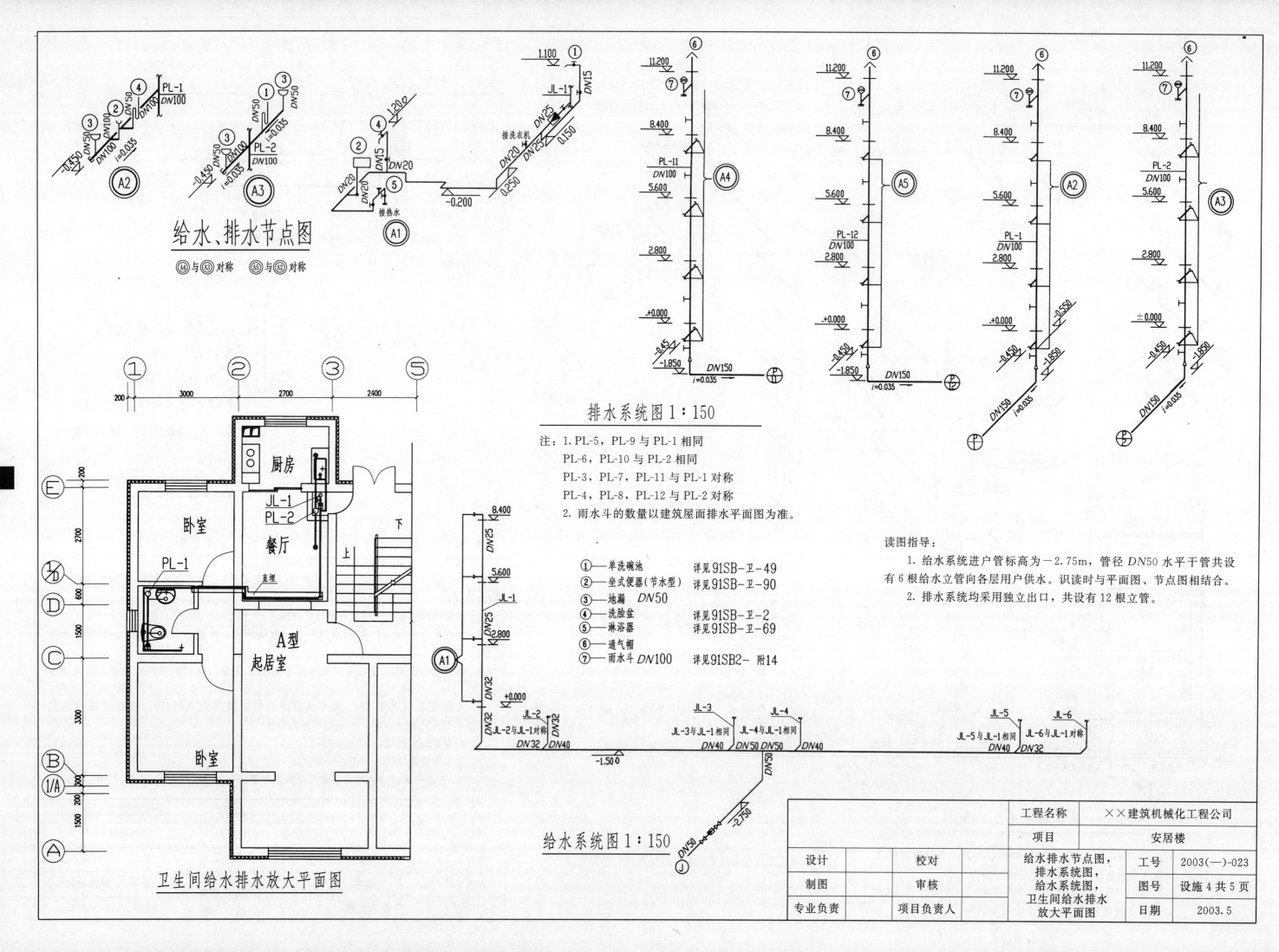

给水、排水节点图

(A4)与(A3)对称 (A5)与(A2)对称

排水系统图 1:150

注：1. PL-5，PL-9 与 PL-1 相同
　　PL-6，PL-10 与 PL-2 相同
　　PL-3，PL-7，PL-11 与 PL-1 对称
　　PL-4，PL-8，PL-12 与 PL-2 对称
2. 雨水斗的数量以建筑屋面排水平面图为准。

① — 单洗碗池　　　　详见91SB-卫-49
② — 坐式便器（节水型）详见91SB-卫-90
③ — 地漏　DN50
④ — 洗脸盆　　　　　详见91SB-卫-2
⑤ — 淋浴器　　　　　详见91SB-卫-69
⑥ — 通气帽
⑦ — 雨水斗 DN100　　详见91SB2- 附14

读图指导：
1. 给水系统进户管标高为 -2.75m，管径 DN50 水平干管共设有6根给水立管向各层用户供水。识读时与平面图、节点图相结合。
2. 排水系统均采用独立出口，共设有12根立管。

卫生间给水排水放大平面图

给水系统图 1:150

工程名称	××建筑机械化工程公司	
项目	安居楼	
设计	校对	给水排水节点图，排水系统图，给水系统图，卫生间给水排水放大平面图
制图	审核	工号 2003(一)-023
专业负责	项目负责人	图号 设施4共5页
		日期 2003.5

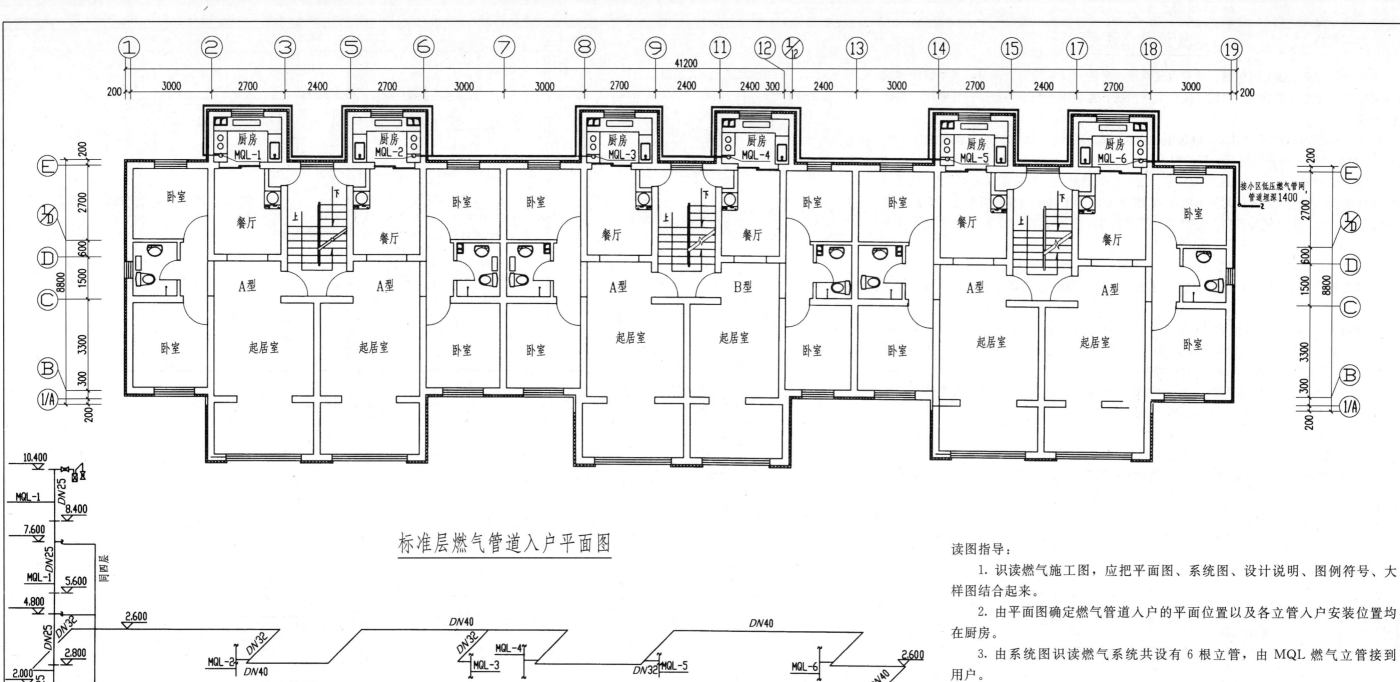

标准层燃气管道入户平面图

厨房阳台燃气系统图 1：150

图中：MQL-3，MQL-4，MQL-5 与 MQL-1 相同。
MQL-2，MQL-6 与 MQL-1 对称。

厨房阳台燃气接管放大图平面

燃气设计说明

1. 本设计为某建筑机械化工程公司安居一号楼天燃气管道施工图设计，合计 48 户。
2. 供气量：每户 0.7m³/(户·日)。
3. 供气方式：小区区域调压低压进户、出口压力调至 2.8kPa。
4. 室外低压管均采用水煤气管，室内低压管均采用镀锌钢管。室外埋地管穿越热力管沟、室内管道穿越楼板时须加设套管。
5. 室外埋地水煤气管采用防腐胶带加强级防腐，户内镀锌钢管外刷面漆二道。
6. 燃气管户内引入做法、燃气户内表安装详见 91SB8 图集 70～79 页。家用燃气软管采用耐油橡胶管，连接长度不超过 2m。
7. 系统安装完毕后，表前阀管道做严密性试验，试验压力为 0.11MPa，24h 稳压严密试验合格后，所有灶前阀管道做气密性试验，试验压力为 400mm 水柱，试验用毫米刻度充水，U 形压力计计量，稳压时间 10min，压力降不超过 4mm 水柱为合格。室内外管道压力试验完毕后，做管线泄漏吹扫合格。
8. 未尽事宜严格按照《××××燃气输配工程庭院管道及户内工程设计施工总说明》及《现场设备工业焊接工程施工及验收规范》GB 50236—98 等有关规范执行。

读图指导：

1. 识读燃气施工图，应把平面图、系统图、设计说明、图例符号、大样图结合起来。
2. 由平面图确定燃气管道入户的平面位置以及各立管入户安装位置均在厨房。
3. 由系统图识读燃气系统共设有 6 根立管，由 MQL 燃气立管接到用户。
4. 注意设计说明中的各项技术指标和施工要求。

4	倒角阀	Pg16 DN15	只		
3	球阀	Q11F-16-DN15	只	48	
2	快速切断阀	Q11F-16-DN15	只	6	
1	燃气表(右进)	J2-4m³/h	只	24	
	燃气表(左进)	J2-4m³/h	只	24	
序号	名称	规格及型号	单位	数量	备注

工程名称	××建筑机械化工程公司		
项目	安居楼		
设计	校对	标准层燃气管道入户平面图 厨房阳台燃气系统图，说明	工号 2003(一)-023
制图	审核		图号 设施5共5页
专业负责	项目负责人		日期 2003.5

电气设计总说明

该工程电气设计施工图包括：建筑电气系统、智能建筑系统两大部分，其中智能建筑系统又包括：访客对讲单元门系统、闭路电视系统、宽带网系统、等电位连接系统、电话接线系统。

1. 本工程采用电缆埋地引入，电源电压380V/220V，三相四线制，安装做法见JD5-113页，电话电缆、电视电缆均为埋地引入。

2. 导线选择敷设：进户线选用VV型导线穿钢管暗敷设，照明干线为BV-750V型导线穿钢管暗敷。其余照明支线均为BV-750V型导线穿PVC（阻燃型）管暗敷。共用电视天线由邻楼引入，土建做好预留。分户干线线槽敷设示意图详XD802-53页。集抄箱立面示意图详XD802-11页，方案为FQAW-12A。

3. 接地保护系统：本工程采用TN-C-S系统。用电器不带电金属外壳、穿线钢管、插座专用接地线连为一体，在进户处做重复接地一组，接地电阻R<4Ω，接地极根数由实测定。

4. 电器安装高度：配电箱下口距地1.4m，声控开关顶0.3m，暗开关距地1.4m。油烟机插座距地1.8m，厨房插座距地1.8m，卫生间开关、插座均为防水型，卫生间插座距地1.8m，卧室插座距地0.3m，客厅插座距地0.3m，空调插座距地2.2m，前端箱设在二层，距地1.8m，电视插座距地0.3m，电话箱设在一层，距地1.8m，电话插座距地0.3m，配电箱尺寸由厂方确定，其余均见详图。

5. 卫生间做局部等电位连接，做法详《住宅建筑电气安装图集》新2001XD802-49页。

6. 本工程未详尽处，均按国家规范规定施工。

7. 导线过建筑伸缩沉降缝做法见《住宅建筑电气安装图集》新2001XD802-60页。

序号	图例	名称	规格	单位	数量	备注
16	✕	卫生间排风机	详设备	套		
15	MYS	避雷模块	MYS4-680/20	套		安装在总配电箱内
14	⌧	前端箱		套		暗装式（底边距地1.8m）
13	①	共用电视插座		个		
12	⊕	电话插座		个		
11	⌧	电话箱		套		暗装式（底边距地1.8m）
10	⊥	二三孔扁圆安全暗插座（防水型）	250V 10A	个		
9	⊥	二三孔扁圆安全暗插座（空调用）	250V 16A	个		
8	⊥	二三孔扁圆安全暗插座	250V 10A	个		
7	✗	声光控开关	250V 10A	个		
6	✗	单双联单控暗开关	250V 10A	个		
5	⊕	吸顶灯	1×60W	套		
4	▽	瓷质防水灯头	1×60W	套		
3	◐	圆球防水吸顶灯	1×60W	套		
2	◯	座灯头	1×60W	套		
1	■	配电箱	详图	套		暗装式（底边距地1.4m）

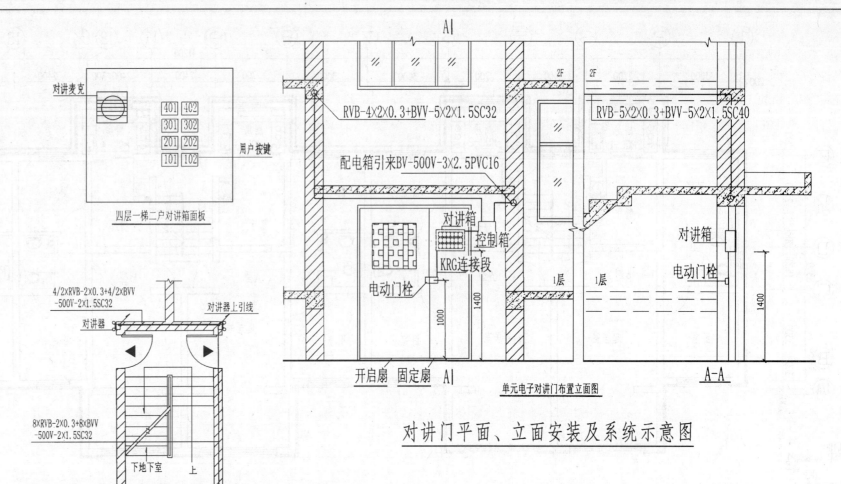

四层一梯二户对讲箱面板

8×RVB-2×0.3+8×BVV-500V-2×1.5SC32
4/2×RVB-2×0.3+4/2×BVV-500V-2×1.5SC32

对讲麦克
对讲器
对讲器上引线
用户对讲器
电表箱引来BV-500V-3×2.5PVC16

下地下室 上

单元电子对讲门布置平面图

RVB-4×2×0.3+BVV-5×2×1.5SC32
RVB-5×2×0.3+BVV-5×2×1.5SC40
配电箱引来BV-500V-3×2.5PVC16
对讲箱
控制箱
KRG连接段
电动门栓

开启扇 固定扇 A1
单元电子对讲门布置立面图

A-A

对讲门平面、立面安装及系统示意图

读图指导：

1. 对讲门平面、立面安装及系统示意图包括：单元电子对讲门布置立面图，单元电子对讲门平面布置图，对讲门系统图，四层一梯二户对讲箱面板四个图组成。

2. 由平面布置图看出，单元电子对讲门的安装位置示意图。

3. 由布置立面图可以看出，该图表达的是单元电子对讲门的背立面布置图的控制箱、电动门栓、对讲箱、KRG连接板的安装示意。

4. 对讲门系统图中由对讲箱面板和门栓控制箱作总控制，并布线接入各用户。

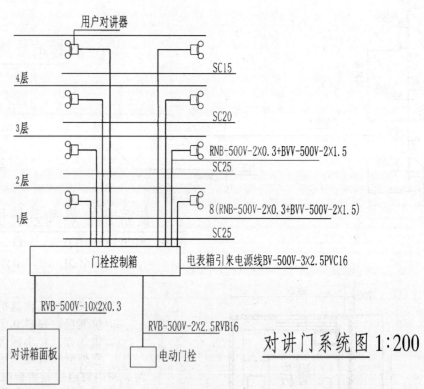

用户对讲器
4层 SC15
3层 SC20
2层 RNB-500V-2×0.3+BVV-500V-2×1.5 SC25
1层 8(RNB-500V-2×0.3+BVV-500V-2×1.5) SC25
门栓控制箱
电表箱引来电源线BV-500V-3×2.5PVC16
RVB-500V-10×2×0.3
RVB-500V-2×2.5RVB16
对讲箱面板
电动门栓

对讲门系统图 1:200

工程名称	××建筑机械化工程公司		
项目	安居楼		
设计	校对	电气设计总说明,单元电子对讲门布置平面图,对讲门平面、立面安装及系统示意图,对讲门系统图	工号 2003(一)-023
制图	审核		图号 电施1共7页
专业负责	项目负责人		日期 2003.05

读图指导：
1. 本图应结合电施3、电施5等图纸一起来读。
2. 电气系统图是该工程所有建筑电气照明部分的总系统图，图中不仅表达了进户线在进入该楼房后的总体控制和分线的关系，还表达了线路、设备及安全装置的规格型号和技术指标，并且还表示了每一单元和每一楼层集中抄表箱和配电箱在立面布线的关系。

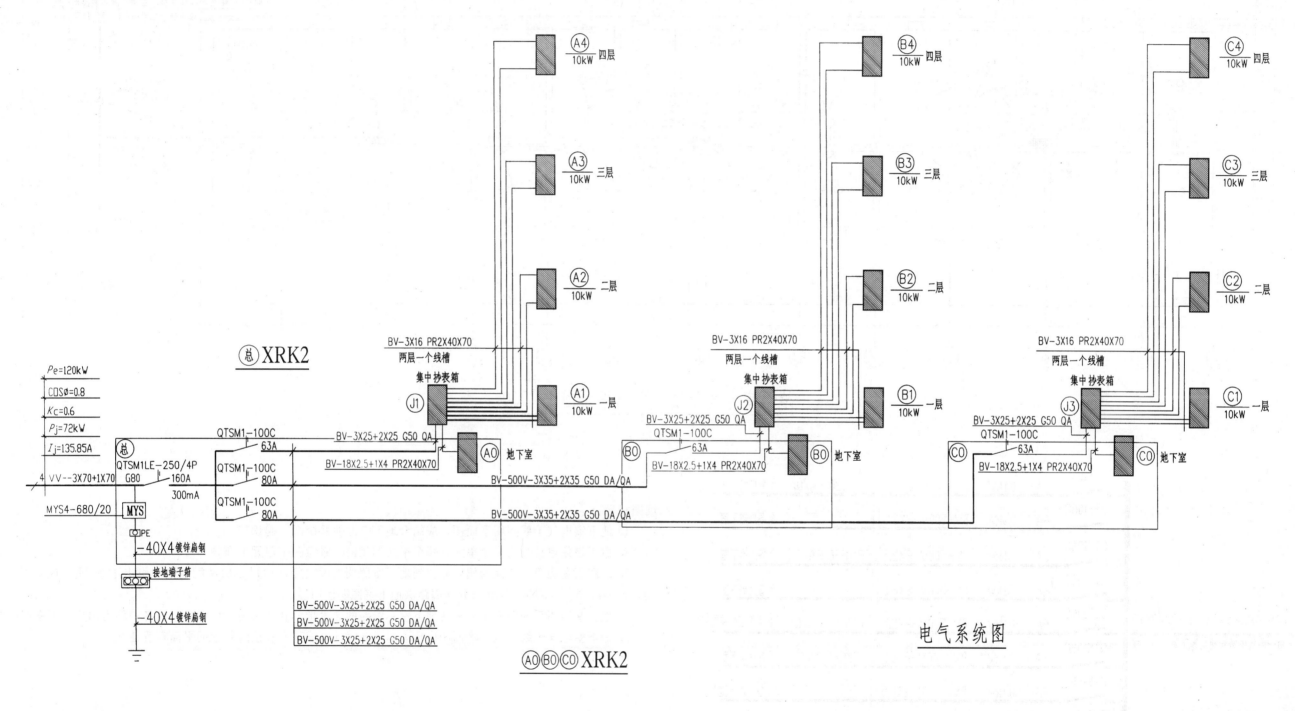

电气系统图

工程名称		××建筑机械化工程公司	
	项目	安居楼	
设计	校对	工号	2003(一)-023
制图	审核	电气系统图	图号	电施2共7页
专业负责	项目负责人		日期	2003.05

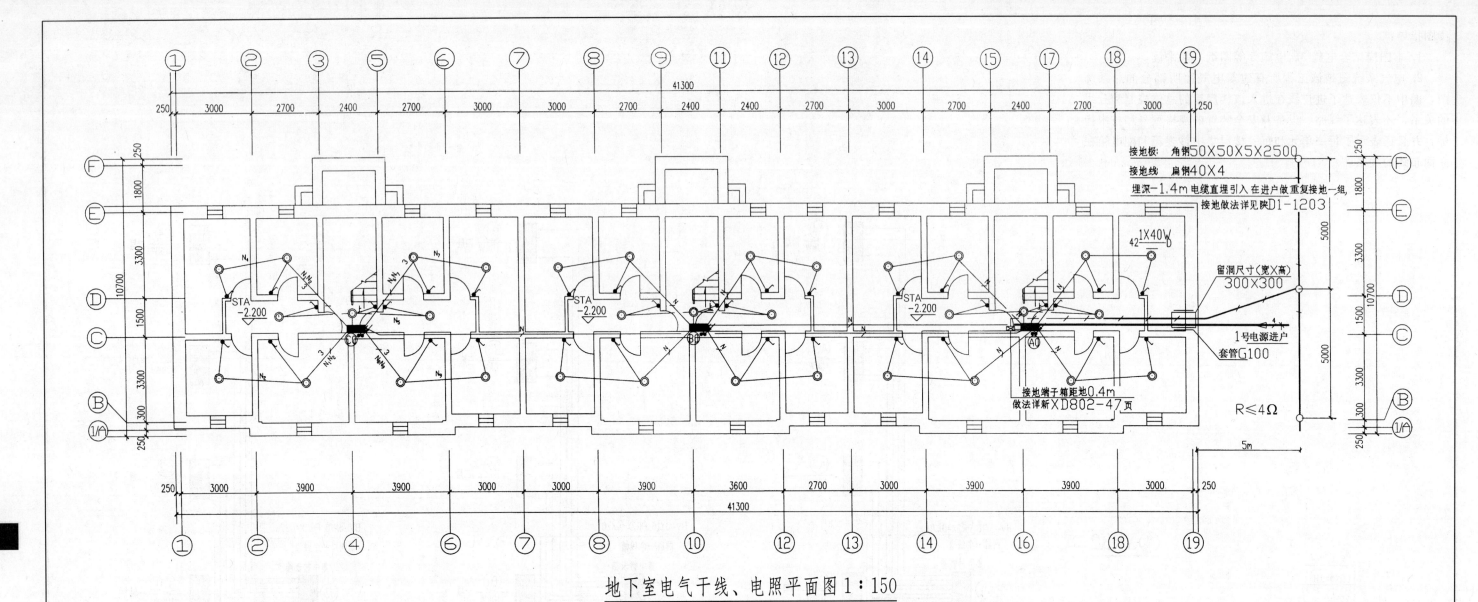

地下室电气干线、电照平面图 1∶150

BV-500V-18X2.5+1X4 PR2X40X70
由一层集中抄表箱至地下室

QTS106C	6A	0.1kW	BV-500V-2X2.5 PVC20 PA/QA	至各户地下室
QTS106C	6A	0.1kW	BV-500V-2X2.5	至各户地下室
QTS106C	6A	0.1kW	BV-500V-2X2.5 PVC20 PA/QA	至各户地下室
QTS106C	6A	0.1kW	BV-500V-2X2.5	至各户地下室
QTS106C	6A	0.1kW	BV-500V-2X2.5 PVC15 PA/QA	至地下室公共照明
QTS106C	6A	0.1kW	BV-500V-2X2.5 PVC20 PA/QA	至各户地下室
QTS106C	6A	0.1kW	BV-500V-2X2.5	至各户地下室
QTS106C	6A	0.5kW	BV-500V-2X2.5 PVC20 PA/QA	至各户地下室
QTS106C	6A	0.1kW	BV-500V-2X2.5	至各户地下室

A⃝ B⃝ C⃝ XRK2

读图指导：

1. 地下室电气干线照明平面图，应结合地下室照明系统图一起识读。

2. 由于该住宅楼分为三个单元，每个单元均相同，看懂一个单元的布线即可。

3. 以图纸左边第一单元为例，先找到地下室照明的配电箱。可以看出从配电箱中引出了 N_1N_2，N_2，N_3N_4，N_4，N_5，N_6N_7，N_7，N_8N_9，N_9 9 条分支回路供地下室照明使用。

4. 地下室照明系统图中主要表达地下室总线路的技术指标和 9 条公共照明外其他各户均为两户地下室照明共线。

5. 地下室电气干线、电照平面图中还表示了该楼的电缆进户和接地装置的平面布置情况。

工程名称				××建筑机械化工程公司
		项目		安居楼
设计		校对		工号 2003(一)-023
制图		审核	地下室电气干线、电照平面图	图号 电施3共7页
专业负责		项目负责人		日期 2003.05

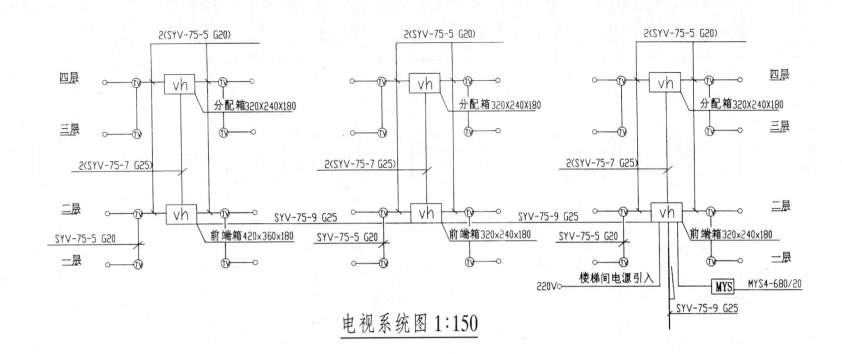

电视系统图 1:150

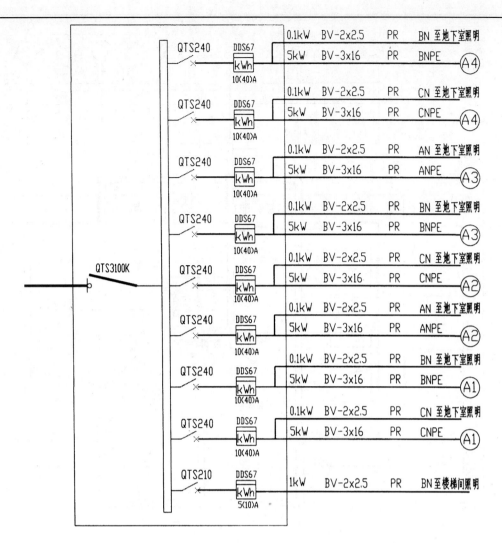

J1 J2 J3 XRK2-配电箱系统图 1:150

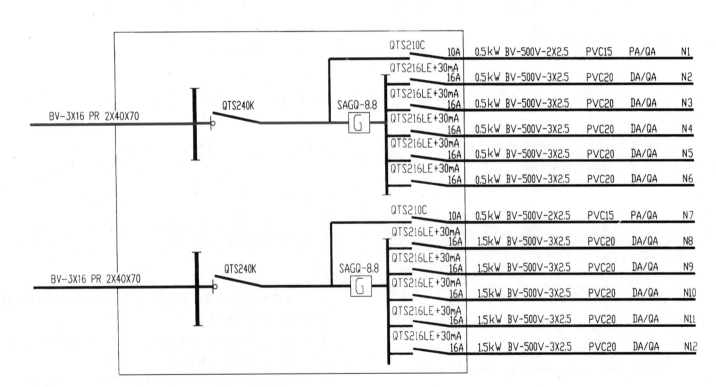

A4 B1 B4 C1 C4 XRK2 集中抄表箱系统图 1:150

读图指导：

1. 集中抄表箱系统图共引出 9 路，楼梯间照明为单独的一条路，其余 8 条均为各用户及对应地下室用电集中抄表电路。

2. 配电箱系统图中将楼层一梯两户分为左右两个分系统，主要表示电路分配控制关系。

3. 电视系统图表示的是该楼三个单元，一梯两户，共四层的每户接线的系统方式，各单元均为总线路接入后，单元线路接至二、四层后，再由 vh 箱接入其他用户。

				工程名称	××建筑机械化工程公司	
				项目	安居楼	
设计		校对		电视系统图，配电箱系统图，集中抄表箱系统图	工号	2003(一)-023
制图		审核			图号	电施 4 共 7 页
专业负责		项目负责人			日期	2003.05

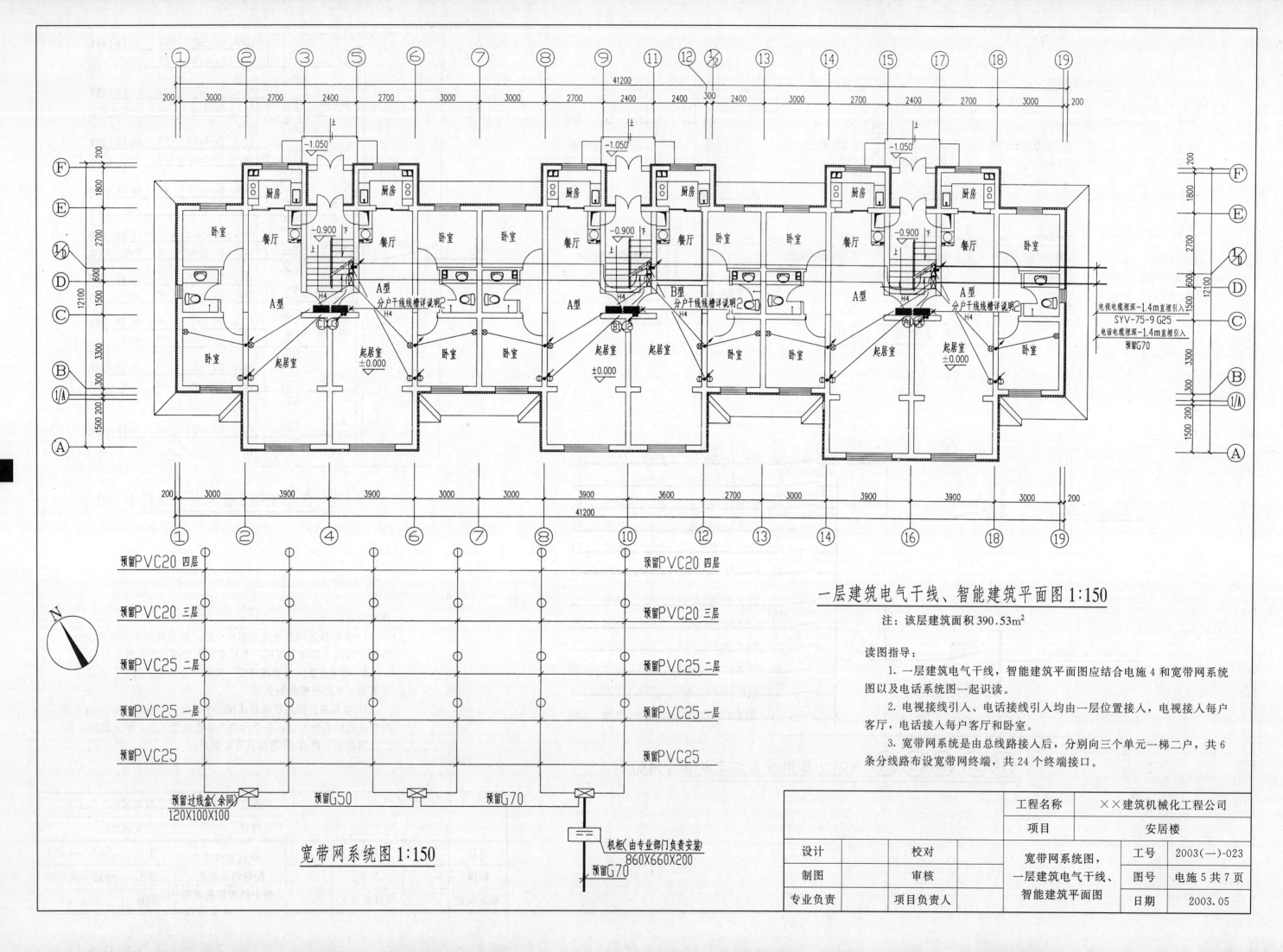

一层建筑电气干线、智能建筑平面图 1:150

注：该层建筑面积 390.53m²

读图指导：

1. 一层建筑电气干线，智能建筑平面图应结合电施 4 和宽带网系统图以及电话系统图一起识读。

2. 电视接线引入、电话接线引入均由一层位置接入，电视接入每户客厅，电话接入每户客厅和卧室。

3. 宽带网系统是由总线路接入后，分别向三个单元一梯二户，共 6 条分线路布设宽带网终端，共 24 个终端接口。

宽带网系统图 1:150

预留PVC20 四层

预留PVC20 三层

预留PVC25 二层

预留PVC25 一层

预留PVC25

预留过线盒(余同)
120X100X100

预留G50

预留G70

机柜(由专业部门负责安装)
860X660X200

预留G70

工程名称	××建筑机械化工程公司		
项目	安居楼		
设计		校对		宽带网系统图，一层建筑电气干线、智能建筑平面图	工号	2003(一)-023
制图		审核			图号	电施5共7页
专业负责		项目负责人			日期	2003.05

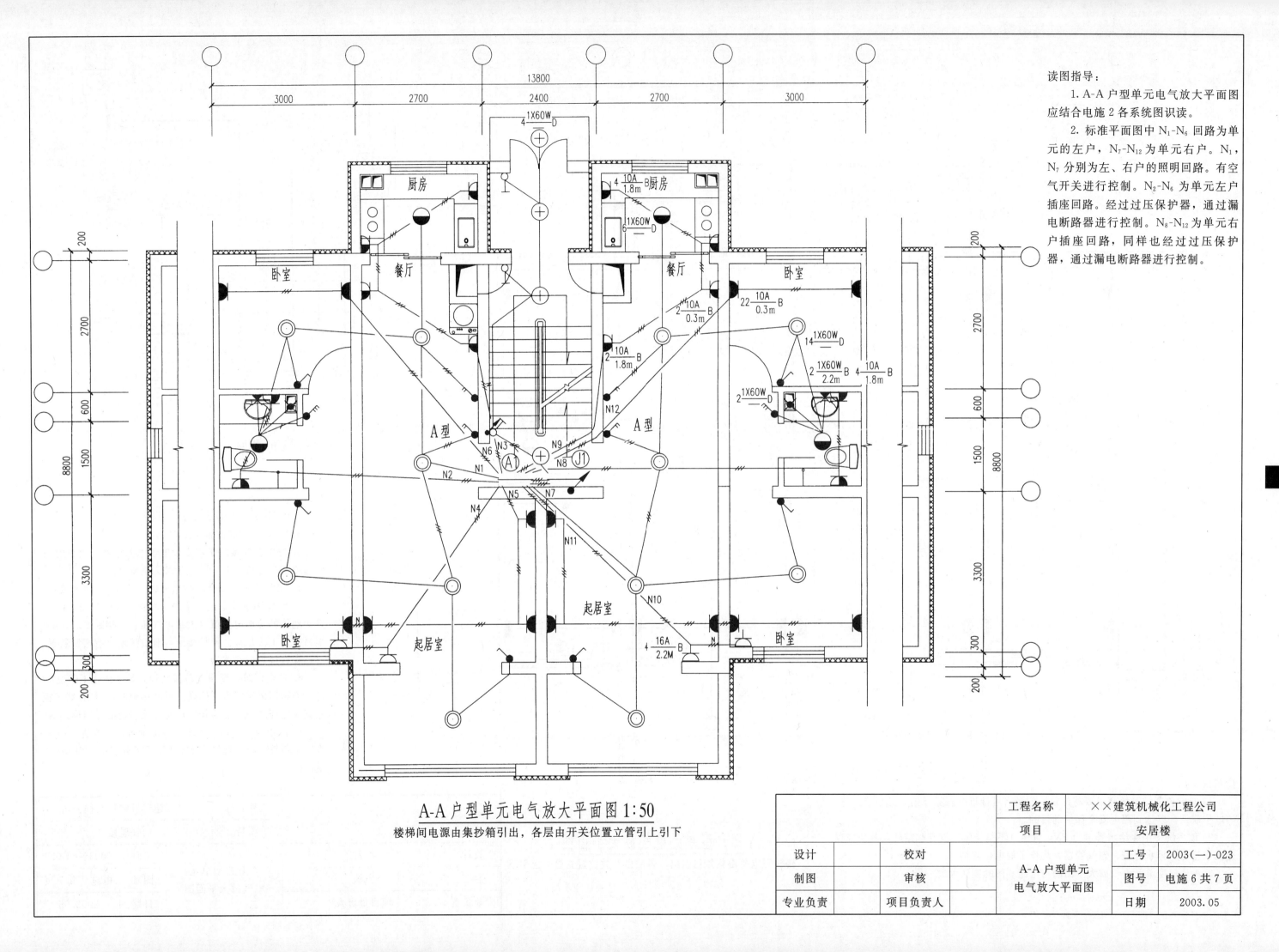

A-A 户型单元电气放大平面图 1:50

楼梯间电源由集抄箱引出，各层由开关位置立管引上引下

工程名称			××建筑机械化工程公司
项目			安居楼
设计		校对	工号 2003(一)-023
制图		审核	A-A 户型单元 电气放大平面图 图号 电施6共7页
专业负责		项目负责人	日期 2003.05

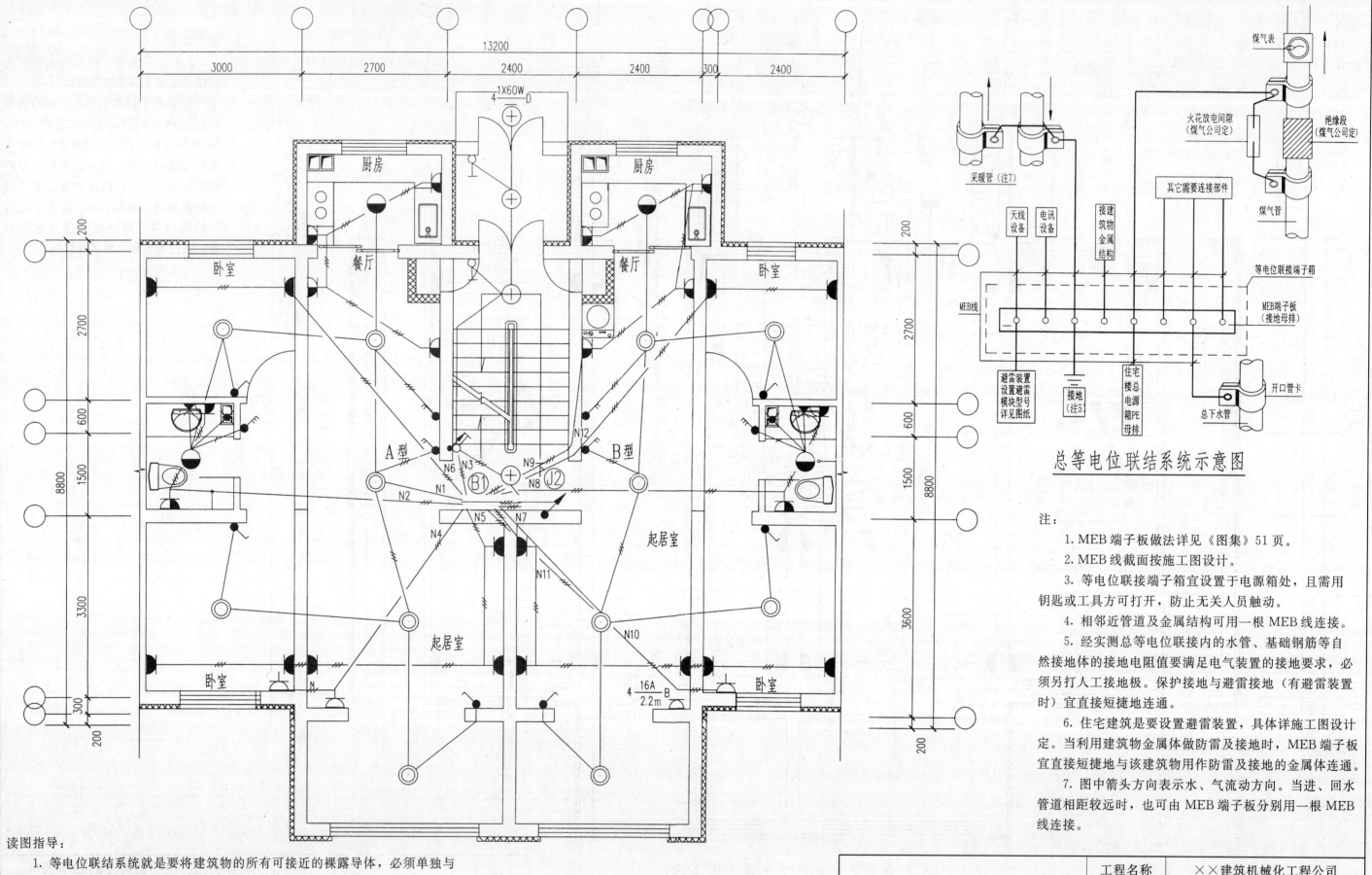

总等电位联结系统示意图

注:

1. MEB 端子板做法详见《图集》51 页。

2. MEB 线截面按施工图设计。

3. 等电位联接端子箱宜设置于电源箱处,且需用钥匙或工具方可打开,防止无关人员触动。

4. 相邻近管道及金属结构可用一根 MEB 线连接。

5. 经实测总等电位联接内的水管、基础钢筋等自然接地体的接地电阻值要满足电气装置的接地要求,必须另打人工接地极。保护接地与避雷接地(有避雷装置时)宜直接短捷地连通。

6. 住宅建筑是要设置避雷装置,具体详施工图设计定。当利用建筑物金属体做防雷及接地时,MEB 端子板宜直接短捷地与该建筑物用作防雷及接地的金属体连通。

7. 图中箭头方向表示水、气流动方向。当进、回水管道相距较远时,也可由 MEB 端子板分别用一根 MEB 线连接。

读图指导:

1. 等电位联结系统就是要将建筑物的所有可接近的裸露导体,必须单独与等电位联结。以达到用电安全保护的目的。

2. 该系统图中除给水管道为 PVC 管道(不是导体)没有联结外,其他采暖热回水管道、排水管道、燃气管道,均作了等电位联结。

3. A-B 户型单元电气放大平面图与电施 6 图的读法大致一样。

A-B 户型单元电气放大平面图

楼梯间电源由集抄箱引出,各层由开关位置立管引上引下

工程名称		××建筑机械化工程公司	
项目		安居楼	
设计		校对	工号 2003(一)-023
制图		审核	A-B 户型单元 电气放大平面图
专业负责		项目负责人	图号 电施7共7页
			日期 2003.05

第三篇　实例二——某社区综合服务楼

该服务楼属民用建筑中的公共建筑。作为教学实例，该框架结构具有典型性，该工程的特点：

1. 该建筑具有小而精的特色，地上三层，地下一层，房屋总建筑面积 2182.66m²，建筑类别为三类，耐火等级二级，建筑使用年限为 50 年。

2. 该建筑的抗震设防烈度为 8 度（0.2g），设计地震分组为第一组，场地类别为 Ⅱ 类，抗震等级为二级。

3. 该建筑的功能主要为超市，采用了大柱网、大通窗、防烟楼梯，屋面为有组织内排水。

4. 结构体系为全现浇的框架结构，现浇主次梁楼盖。梁的配筋图采用了平面整体表示法。板和柱的配筋图采用了传统表示法。

5. 设备方面考虑了采暖系统、消防系统、给水排水系统、照明系统和电话系统。

图纸目录 DRAWINGS LIST

| 建设单位
CLIENT | | 项目名称
PROJECT | 社区综合
服务楼 | 设计阶段
DESIGN PHASE | 施工图 | 版本编号
EDITION No. | 第1版 | 工程编号
PROJECT No. | 2003(一)-0340 | 电脑编号
COMPUTER No. | 064 | 页次
PAGE | 第00页 | 日期
DATE | 2003-09-20 |

| 地址
ADDRESS | | 邮政编码
POST CODE | 互联网址
WEB SITE | 电子邮箱
E-mail | 电话
TEL. | 传真
FAX |

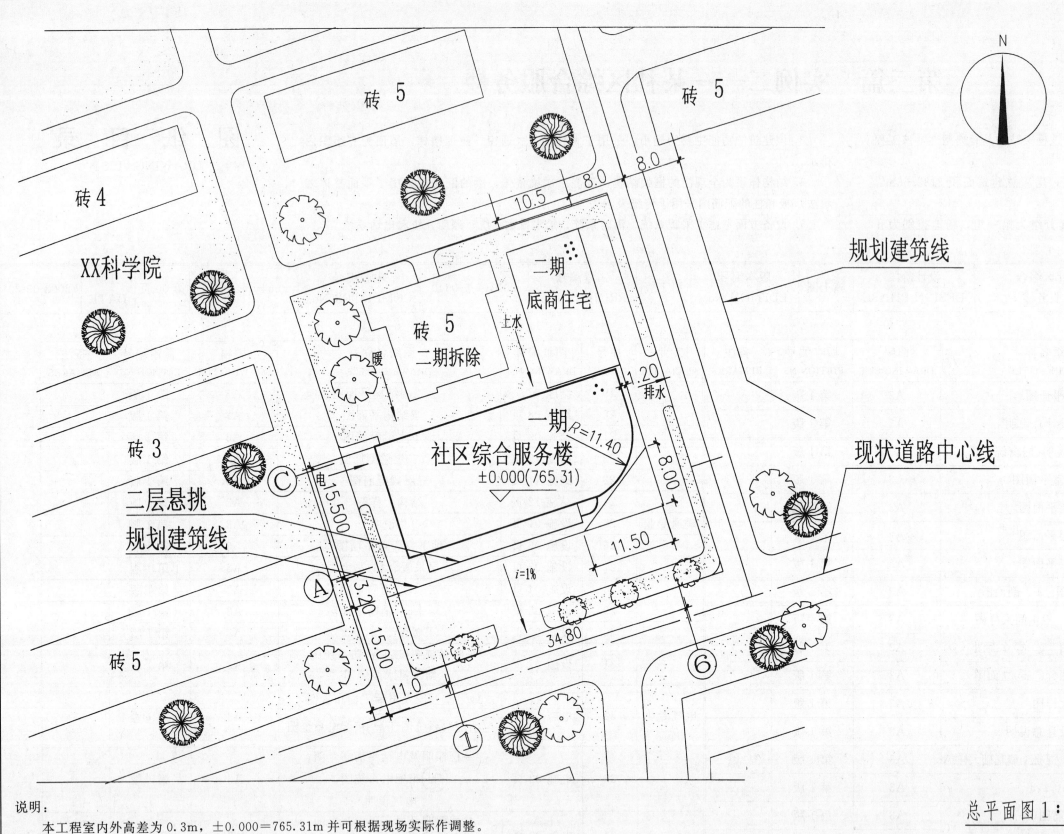

读图指导：

1. 该总平面图表明了新建的社区综合服务楼（一期）所在基地范围内的总体布置。它反映了新建房屋的位置和朝向，室外场地、道路、绿化等的布置，与原有环境的关系和邻界情况。它是新建筑物施工定位及施工总平面设计的重要依据。

2. 该新建筑物是根据规划建筑蓝线和原有建筑物来定位的，以米为单位标注出定位尺寸。

3. 该新建房屋底层室内地面与绝对标高（黄海海平面）的关系为±0.000＝765.31m，总平面图中标高数字以米为单位，一般注至小数点后二位。

4. 在新建建筑物周围还注出了上水、排水和电的进、出位置，以便与给水排水、采暖、电气的施工图配合使用。

5. 新建的一期工程——社区综合服务楼为三层（小黑点数），拟建二期工程——底商住宅为六层。

总平面图 1：500

说明：
本工程室内外高差为0.3m，±0.000＝765.31m 并可根据现场实际作调整。

××××建筑勘察设计咨询有限公司	工号	0340	建	第 1 页
	日期	2003.9	施	共 12 页
制图				
设计				总平面图
校对				
审核		社区综合服务楼		

建筑设计总说明

一、概述

1. 本工程为××省科学技术委员会的社区综合服务楼。地上三层，地下一层，总建筑面积2182.66m²，其中，地上建筑面积1666.31m²，地下建筑面积516.35m²。建筑类别属于三类；耐火等级为二级；设计抗震烈度为8度；结构形式为框架结构；建筑物使用年限50年；屋面防水等级Ⅲ级。

2. 本工程所选建筑材料、装修材料以及施工必须满足《民用建筑工程室内环境污染控制规范》（GB 50325—2001）的要求。施工中遇到问题应及时通知设计单位解决，未经设计部门同意不得修改设计与材料替代，如有变更，须经设计单位出据正式设计变更方可生效，为保证立面效果，主要材料、色调及品质须经甲方及设计人员共同认定后方可订货施工。

3. 为保证工程质量，建筑材料、设备、构配件产品必须具备"三证"，产品均应是符合国家产品质量要求的合格产品。

二、设计依据

1. 《建筑制图标准》 （GB/T 50104—2001）；
2. 《民用建筑设计通则》 （JGJ 37—87）；
3. 《商店建筑设计规范》 （JGJ 48—88）；
4. 《建筑抗震设计规范》 （GB 50011—2001）；
5. 《建筑设计防火规范》 （GBJ 16—87＜2001年局部修订＞）；
6. 某市规划局建筑设计红线图（档案：00321）、业主委托及相关技术资料。
7. 国家和行业现行建筑设计规程、规范及标准。

三、建筑做法

（一）屋面做法
（1）屋面做法：银粉保护屋面。
（2）涂满银粉保护剂。
（3）防水层（柔性）。
（4）20mm厚1：3水泥砂浆找平层最薄30mm厚，1：0.2：35水泥粉煤灰页岩陶粒找2％坡，现浇钢筋混凝土屋面板。
（二）SBS改性沥青防水卷材（一道高聚物改性沥青卷材）厚4.0mm
（三）复合保温层做法
（1）100mm厚加气混凝土块。
（2）130mm厚聚苯板。
（四）陶粒混凝土砌块外墙滚涂涂料墙面

（1）喷刷涂料面层。
（2）1：1：0.2水泥、砂、建筑胶滚涂拉毛。
（3）6mm厚1：2.5水泥砂浆抹平、表面扫毛。
（4）12mm厚1：3水泥砂浆打底搓出麻面。
（五）平台踏步
做法：60mm厚C15混凝土，台阶面向外坡1％。
（六）散水（宽1000mm）
做法：细石混凝土散水
（1）50mm厚C20细石混凝土面层，撒1：1水泥砂子压实赶光；
（2）150mm厚φ5～32卵石灌M2.5混合砂浆，宽处面层300mm；
（3）素土夯实，向外坡4％。
（七）顶棚
做法：板底合成树脂乳液涂料（乳胶漆）顶棚。
（1）喷（刷）合成树脂乳液涂料面层两道；
（2）封底漆一道；
（3）3mm厚1：0.5：2.5水泥石灰膏砂浆找平；
（4）5mm厚1：0.5：3水泥石灰膏砂浆找底扫毛；
（5）素水泥浆一道甩毛（内掺建筑胶）。
（八）墙面
卫生间釉面砖建筑做法详细说明：
1. 做法：
（1）白水泥擦缝。
（2）5mm厚釉面砖。
（3）5mm厚1：2建筑胶水泥砂浆粘接层。
（4）素水泥浆一道。
（5）9mm厚1：3水泥砂浆打底压实抹平。
2. 地下室墙面乳胶漆二道。
3. 其他内墙面乳胶漆合成树脂乳液涂料墙面。
（1）喷（刷）合成树脂乳液涂料二道饰面。
（2）封底漆一道。
（3）满刮2mm厚面耐水腻子找平。
（4）满刮3mm厚底基防裂腻子分遍找平。
（5）聚合物水泥砂浆修补墙面。
（九）地下室地面做法
（1）1：2水泥砂浆贴防滑地面砖。
（2）50mm厚C15混凝土打垫层。

（3）素土夯实。
（十）楼面
1. 卫生间带防水楼面
做法：铺地砖楼面
（1）5～10mm厚铺地砖、稀水泥浆擦缝。
（2）20mm厚1：2干硬性水泥砂浆粘接层。
（3）1.5mm厚聚氨酯涂抹防水层。
2. 楼梯间为花岗岩楼面
做法：铺20mm厚花岗岩板、水泥浆擦缝。
（1）30mm厚1：3干硬性水泥砂浆粘接层。
（2）素水泥浆一道。
（3）钢筋混凝土楼板。
（4）楼梯井宽60mm，扶手弯头宽200mm。
3. 其他房间砖楼面
做法：防滑地砖
（1）5～10mm厚铺地砖、踢脚线、水泥浆擦缝。
（2）8mm厚1：2水泥砂浆（内掺建筑胶）粘接层。
（3）5mm厚1：3水泥砂浆找底扫毛。
（十一）吊顶
做法：T形铝合金龙骨。
（1）12mm厚矿棉吸声板面层，规格600mm×600mm。
（2）T形轻钢次龙骨TB24×28中距600mm；
（3）T形轻钢主龙骨TB24×28中距600mm，找平后与钢筋吊杆固定；
（4）10号镀锌低碳钢丝吊杆，双向中距1200mm。
（十二）卫生间吊顶
做法：PVC板吊顶。
（1）钉粘塑料线脚。
（2）9mm厚PVC条板面层宽为36（或186）用自攻螺丝固定。
（3）U形轻钢龙骨CB50×20设于条板纵向处。
（4）U形轻钢龙骨CB50×20中距500mm，找平后用吊件直接吊挂在预留钢筋吊钩下。
（十三）成品铁艺栏杆
做法：镀铬圆钢，栏杆间距120mm。

××××建筑勘察设计咨询有限公司	工号	0340	建	第2页
	日期	2003.9	施	共12页
制图				
设计			建筑设计总说明	
校对		社区综合服务楼		
审核				

（十四）女儿墙

做法：大样详建施 12 页，墙厚 240mm，采用 MU7.5 砖，M5 水泥砂浆砌筑。

（十五）窗台做法

做法：1∶2.5 水泥砂浆厚 20mm 下做 60mm 厚钢筋混凝土带，内配 3φ6 纵向钢筋。

（十六）门窗

门窗一律中装，选型详门窗表。

四、其他

（1）本建筑外墙为 300mm 厚陶粒混凝土砌块，外墙从轴线外偏 300mm，外墙皮包柱外皮采用 50mm 厚聚苯板。内墙为 200mm 厚中到中陶粒混凝土砌块。

（2）卫生间隔墙为 100mm 厚理德板，中到中板芯厚 76mm。

（3）配电箱位置及洞口尺寸详电气图。

（4）屋面内排水做法详"安居一号楼"大样。

（5）雨篷泛水做法详建施 12 页大样。

（6）女儿墙压顶及泛水做法详建施 12 页。

（7）消火栓底距地 1100mm，选型详设备图。

（8）工程中的悬挑构件底部均做滴水。

（9）木门均刷底油一道，调和漆三道。

门窗统计表

门窗名称	洞口尺寸 $b×h$(mm×mm)	门窗数量	图　集　选　型	备　　注	
C1	.900×2100	12	新 99J706-p17-PCS-41NS60 系列		塑钢窗
C2	6400×2100	6	新 99J706-p17-PCS-44NS60 系列	拼樘组合	塑钢窗
C3	400×2100	12	新 99J706-p17-PCS-41NS60 系列	宽减 500	塑钢窗
C4	8200×2100	2	92SJ713(二)-p6-TLC60-52S	拼樘组合	铝合金窗
C5	1000×2100	4	92SJ713(二)-p6-TLC60	固定扇	铝合金窗
C6	10200×2100	2	92SJ713(二)-p6-TLC60-52S	拼樘组合	铝合金窗
C7	21000×2100	2	92SJ713(二)-p6-TLC60-52S	拼樘组合	铝合金窗
C8	6400×3000	3	8mm 厚钢化玻璃加勒，外加 100 宽银白色铝合金边框宽 900	组合	
C9	8200×3000	1	8mm 厚钢化玻璃加勒，外加 100 宽银白色铝合金边框宽 900	组合	
C10	10200×3000	1	8mm 厚钢化玻璃加勒，外加 100 宽银白色铝合金边框宽 900	组合	
DC1	6400×900	2	新 99J706-p16-PCS-10NS　　60 系列	拼樘组合	塑钢窗
DC2	900×900	4	新 99J706-p16-PCS-8NS　　60 系列		塑钢窗
DC3	400×900	4	新 99J706-p16-PCS-8NS　　60 系列	宽减 200mm	塑钢窗
DC4	8200×900	1	新 99J706-p16-PCS-10NS　　60 系列	拼樘组合	塑钢窗
FM1	1500×2100	4	新 99J705(三)-71 页-MFM2-13		甲级防火门
M1	5500×3000	1	做法参照 92SJ607(一)-p4-44	分格详大样	10mm 厚无框玻璃门
M2	900×2100	8	新 99J705(一)-14 页-M5-13		木门
M3	1500×3000	2	92SJ607(一)-p4-44　　100 系列		铝合金地弹簧门
M4	1000×2100	2	新 99J705(一)-14 页-M5-12		木门
M5	750×2000	16	新 99J705(一)-16 页-M6-1	宽加 50mm	木门
M6	500×1200	8	新 99J705(一)-6 页-M1-1	宽减 500mm,高减 800mm,距地 500mm	木门

注：窗为单框双玻窗。门窗订货时，尺寸、数量以现场实测为准，本表只供参考

××××建筑勘察设计咨询有限公司		工号	0340	建施	第 3 页
		日期	2003.9		共 12 页
制图					
设计				建筑设计总说明，	
校对		社区综合服务楼		门窗统计表	
审核					

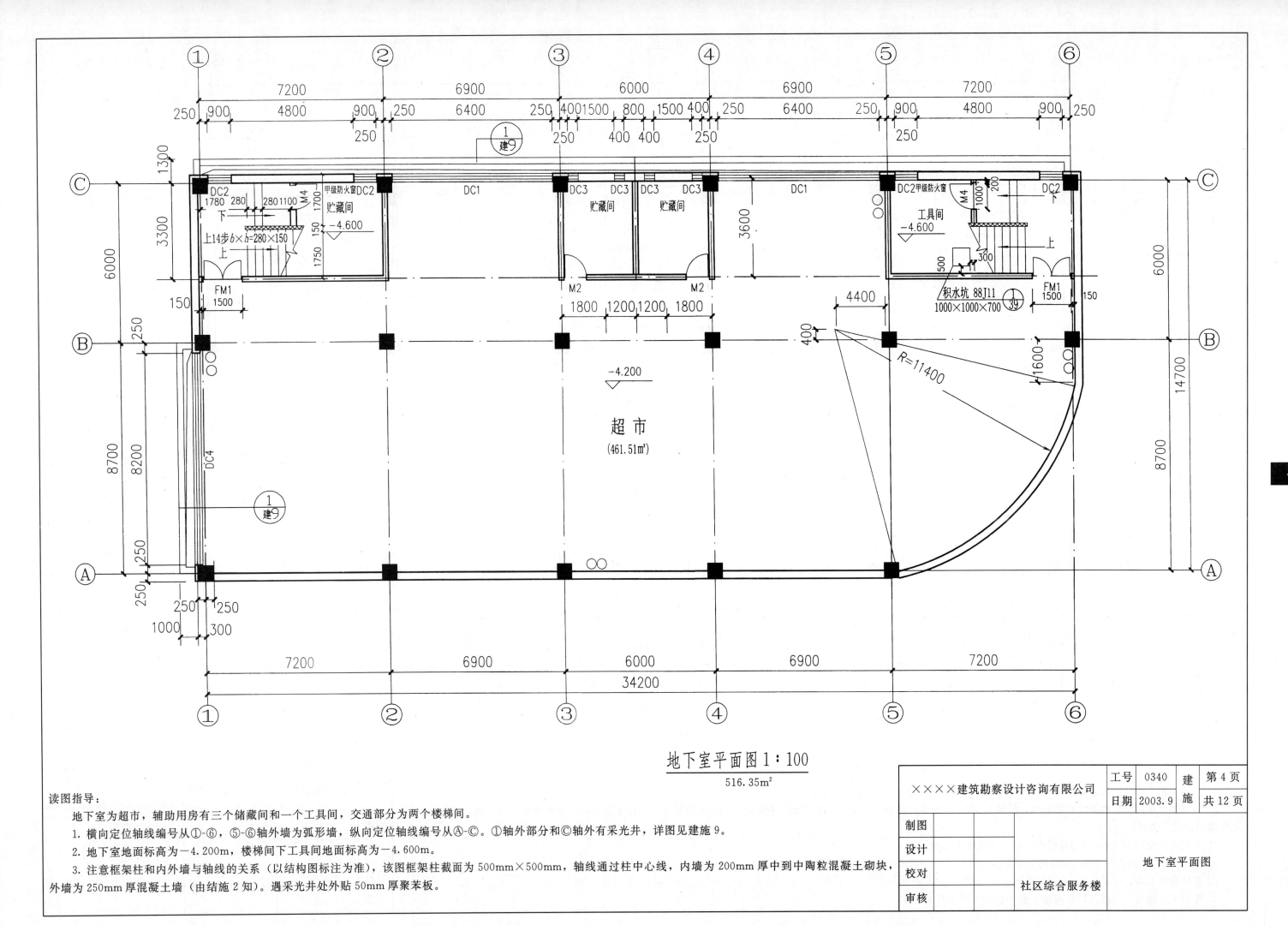

地下室平面图 1:100
516.35m²

读图指导：
　地下室为超市，辅助用房有三个储藏间和一个工具间，交通部分为两个楼梯间。
　1. 横向定位轴线编号从①-⑥，⑤-⑥轴外墙为弧形墙，纵向定位轴线编号从Ⓐ-Ⓒ。①轴外部分和Ⓒ轴外有采光井，详图见建施9。
　2. 地下室地面标高为－4.200m，楼梯间下工具间地面标高为－4.600m。
　3. 注意框架柱和内外墙与轴线的关系（以结构图标注为准），该图框架柱截面为500mm×500mm，轴线通过柱中心线，内墙为200mm厚中到中陶粒混凝土砌块，外墙为250mm厚混凝土墙（由结施2知）。遇采光井处外贴50mm厚聚苯板。

××××建筑勘察设计咨询有限公司	工号	0340	建	第4页
	日期	2003.9	施	共12页
制图				
设计			地下室平面图
校对		社区综合服务楼	
审核			

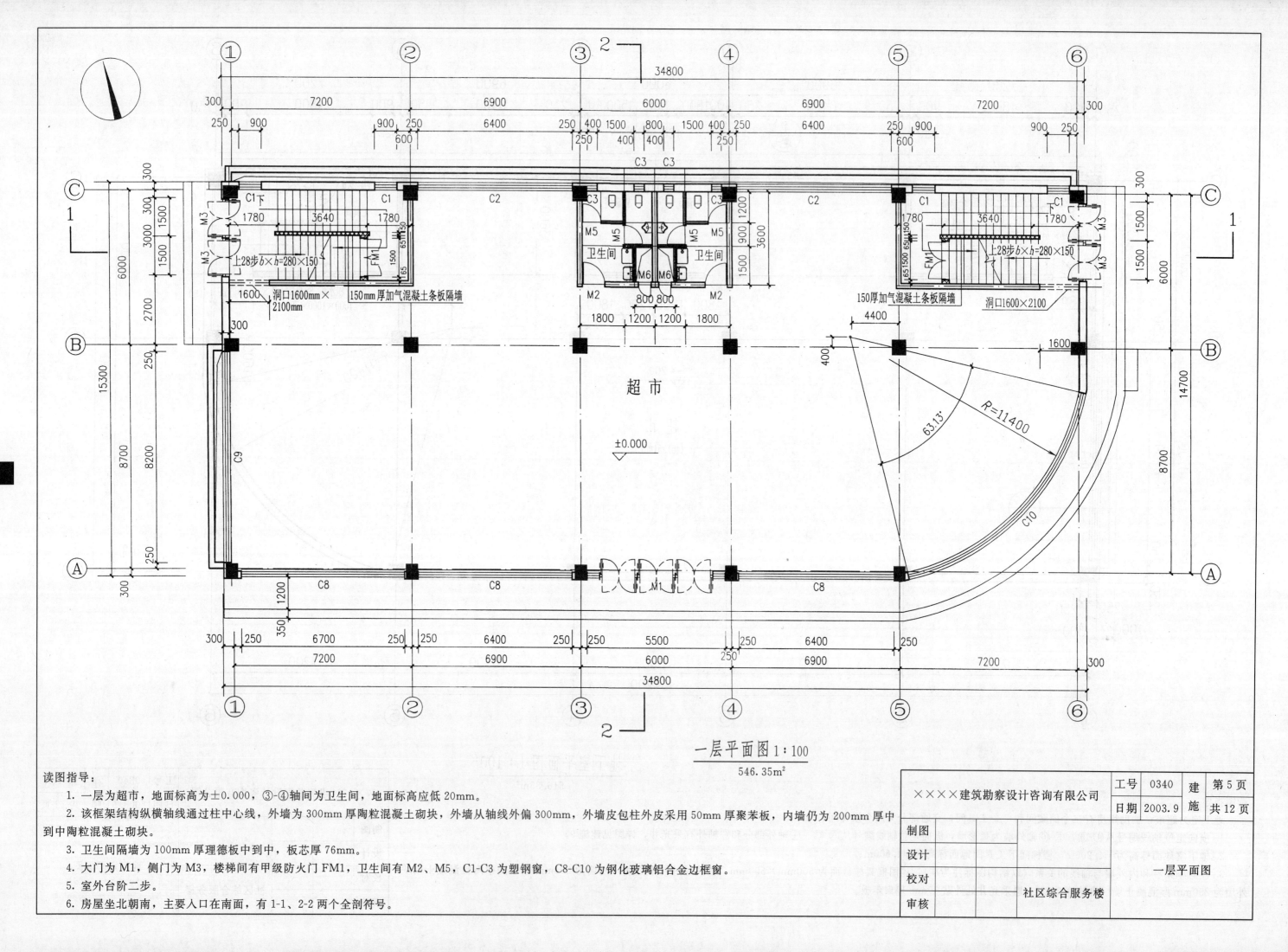

一层平面图 1:100
546.35m²

读图指导：
1. 一层为超市，地面标高为±0.000，③-④轴间为卫生间，地面标高应低 20mm。
2. 该框架结构纵横轴线通过柱中心线，外墙为 300mm 厚陶粒混凝土砌块，外墙从轴线外偏 300mm，外墙皮包柱外皮采用 50mm 厚聚苯板，内墙仍为 200mm 厚中到中陶粒混凝土砌块。
3. 卫生间隔墙为 100mm 厚理德板中到中，板芯厚 76mm。
4. 大门为 M1，侧门为 M3，楼梯间有甲级防火门 FM1，卫生间有 M2、M5，C1-C3 为塑钢窗，C8-C10 为钢化玻璃铝合金边框窗。
5. 室外台阶二步。
6. 房屋坐北朝南，主要入口在南面，有 1-1、2-2 两个全剖符号。

××××建筑勘察设计咨询有限公司

工号	0340	建	第 5 页
日期	2003.9	施	共 12 页

制图	
设计	
校对	
审核	

一层平面图

社区综合服务楼

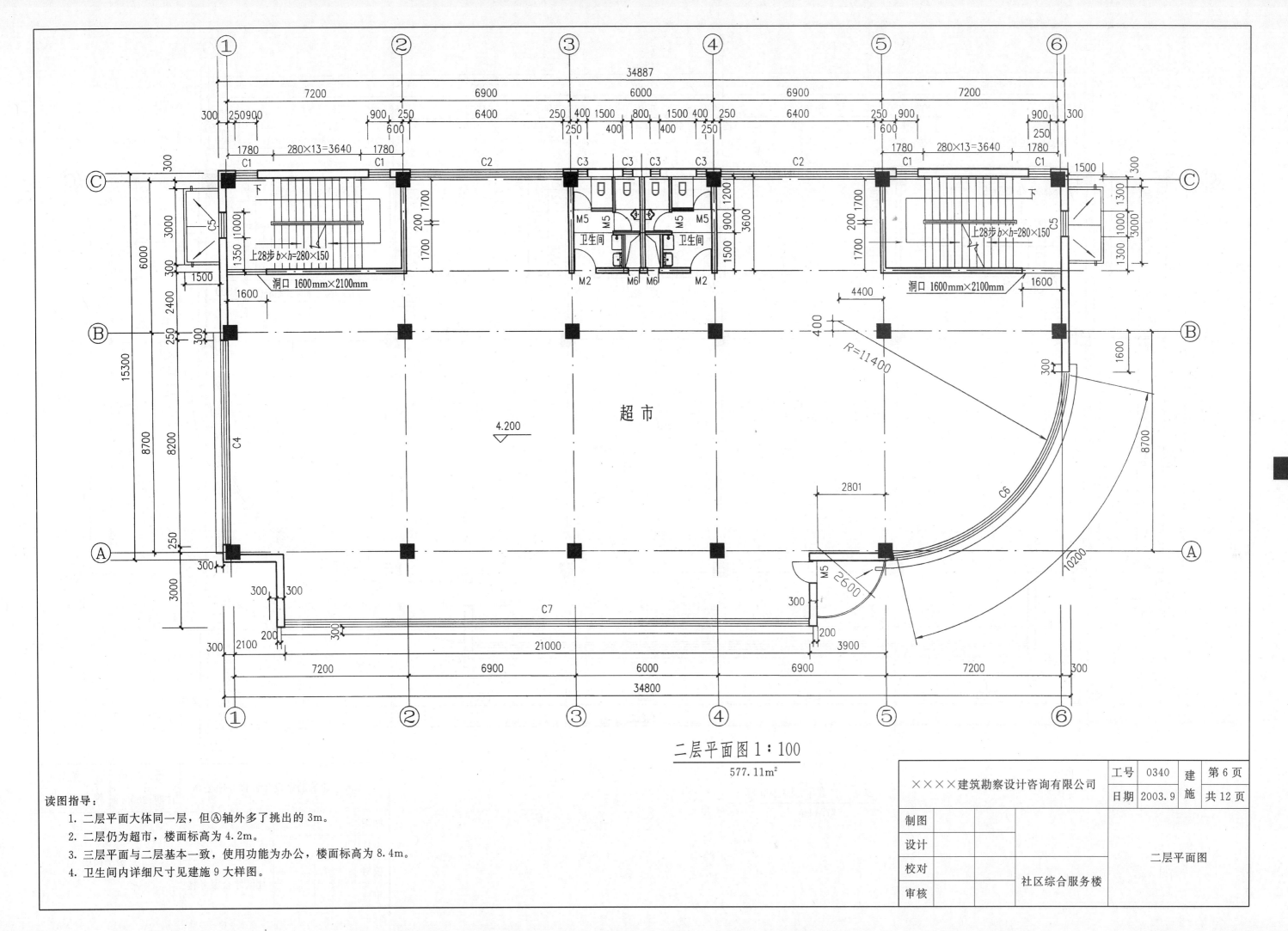

二层平面图 1:100
577.11m²

读图指导：
1. 二层平面大体同一层，但Ⓐ轴外多了挑出的3m。
2. 二层仍为超市，楼面标高为4.2m。
3. 三层平面与二层基本一致，使用功能为办公，楼面标高为8.4m。
4. 卫生间内详细尺寸见建施9大样图。

超 市

4.200

卫生间

洞口 1600mm×2100mm
上28步 b×h=280×150

××××建筑勘察设计咨询有限公司	工号	0340	建	第6页
	日期	2003.9	施	共12页
制图				
设计			二层平面图	
校对				
审核		社区综合服务楼		

47

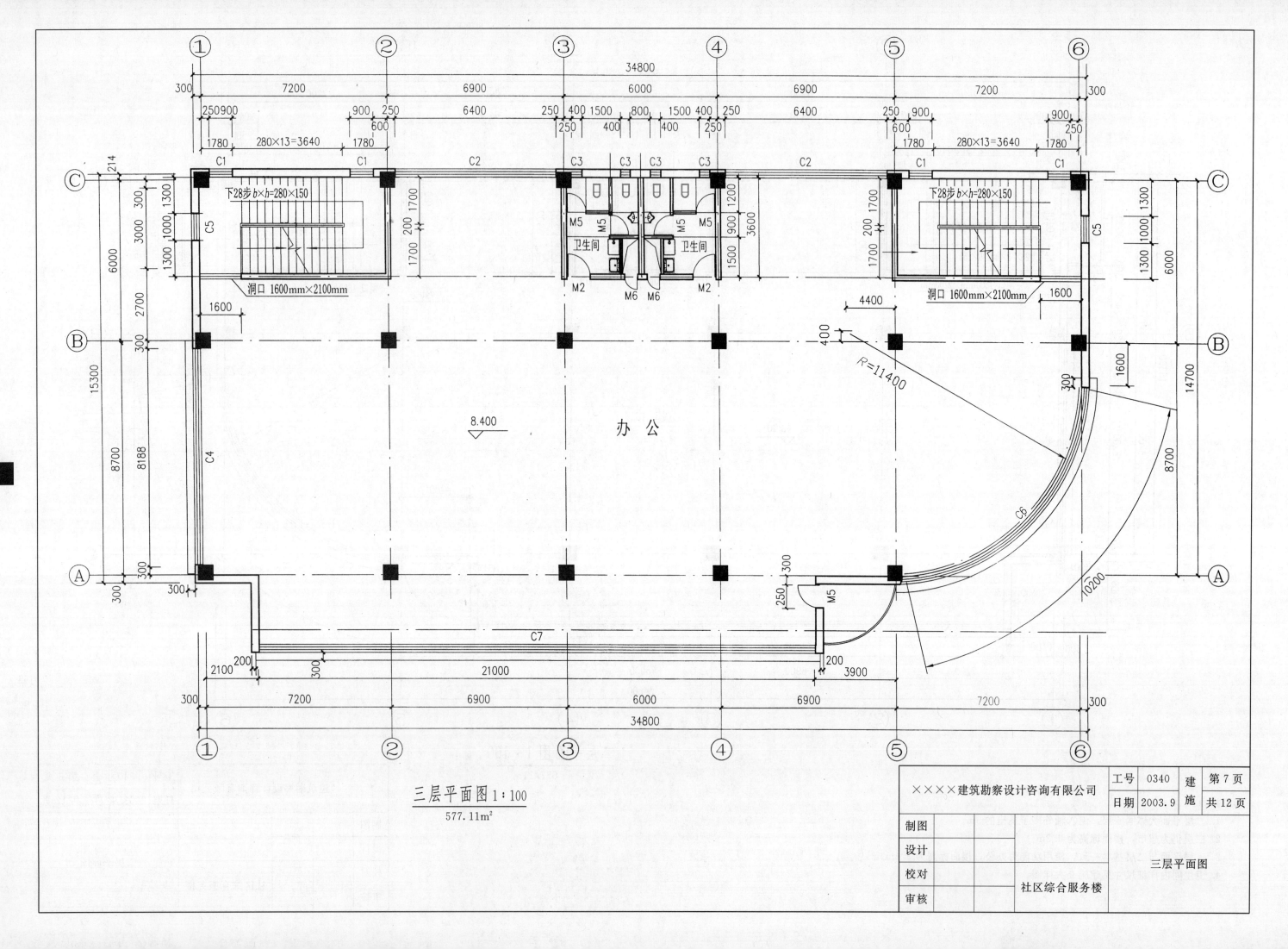

三层平面图 1:100
577.11m²

48

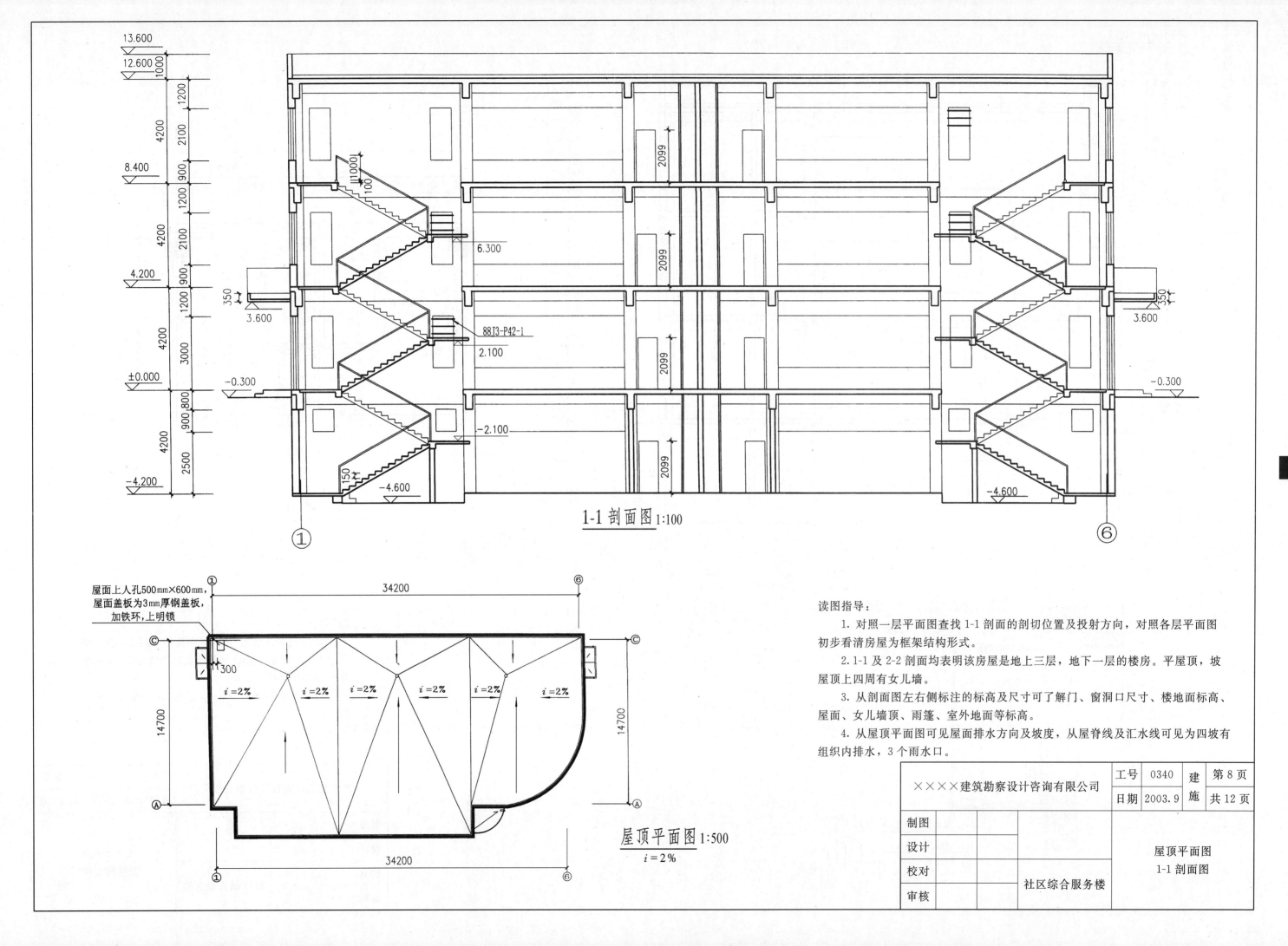

1-1 剖面图 1:100

①　　　　　　　　　　　　　　　　　　　　　⑥

屋面上人孔500mm×600mm，
屋面盖板为3mm厚钢盖板，
加铁环，上明锁

34200

14700　　　　　　　　　　　　　　　14700

i=2%　i=2%　i=2%　i=2%　i=2%　i=2%

34200

屋顶平面图 1:500
i=2%

读图指导：

1. 对照一层平面图查找 1-1 剖面的剖切位置及投射方向，对照各层平面图初步看清房屋为框架结构形式。

2. 1-1 及 2-2 剖面均表明该房屋是地上三层，地下一层的楼房。平屋顶，坡屋顶上四周有女儿墙。

3. 从剖面图左右侧标注的标高及尺寸可了解门、窗洞口尺寸、楼地面标高、屋面、女儿墙顶、雨篷、室外地面等标高。

4. 从屋顶平面图可见屋面排水方向及坡度，从屋脊线及汇水线可见为四坡有组织内排水，3 个雨水口。

××××建筑勘察设计咨询有限公司		工号	0340	建	第 8 页
		日期	2003.9	施	共 12 页
制图					
设计				屋顶平面图	
校对		社区综合服务楼		1-1 剖面图	
审核					

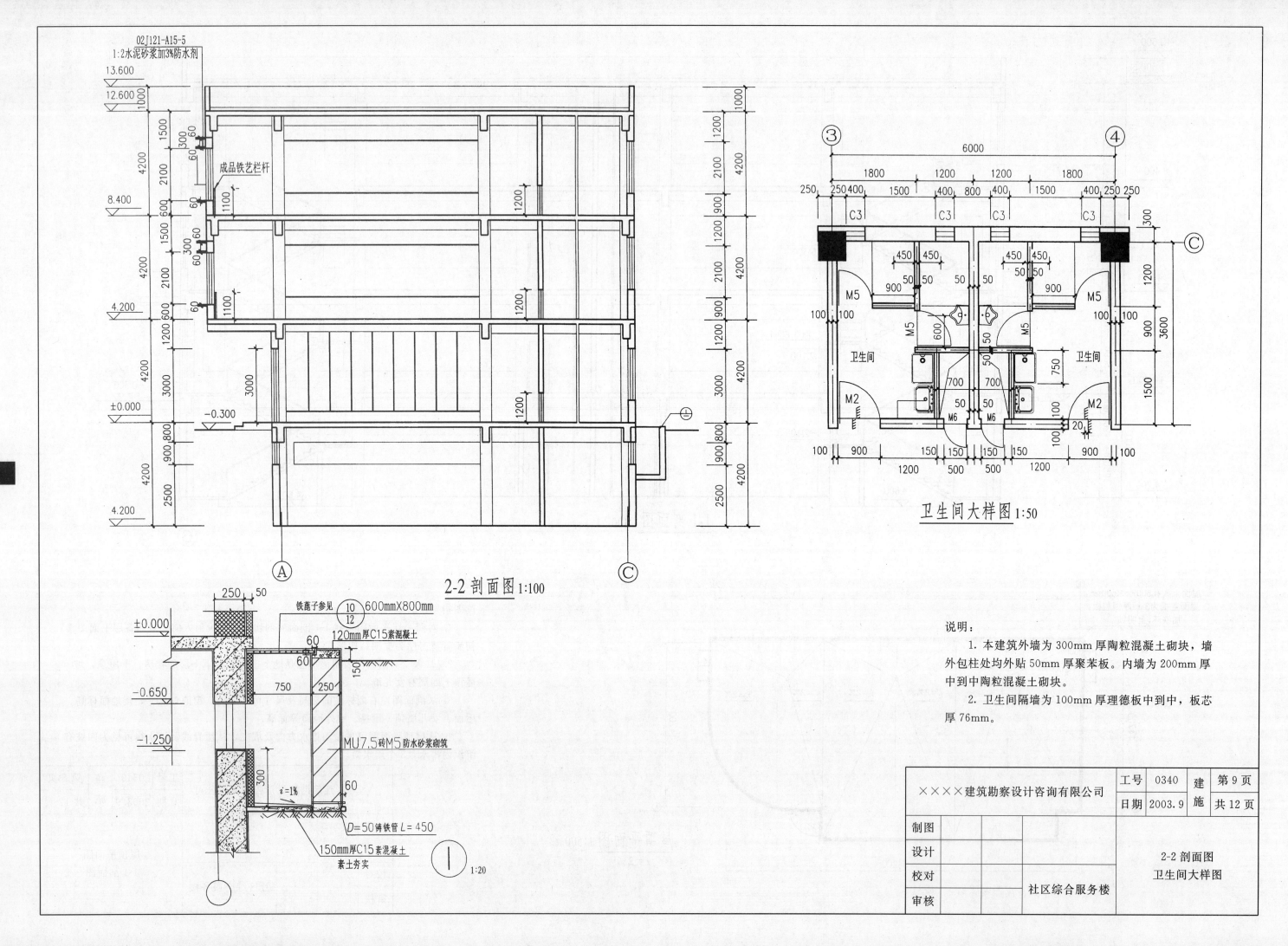

02J121-A15-5
1:2水泥砂浆加3%防水剂

成品铁艺栏杆

2-2 剖面图 1:100

铁箅子参见 10/12 600mm×800mm
120mm厚C15素混凝土
MU7.5砖M5防水砂浆砌筑
D=50铸铁管 L=450
150mm厚C15素混凝土
素土夯实
1:20

卫生间大样图 1:50

说明：
　　1. 本建筑外墙为300mm厚陶粒混凝土砌块，墙外包柱处均外贴50mm厚聚苯板。内墙为200mm厚中到中陶粒混凝土砌块。
　　2. 卫生间隔墙为100mm厚理德板中到中，板芯厚76mm。

××××建筑勘察设计咨询有限公司		工号	0340	建施	第9页
		日期	2003.9		共12页
制图					
设计				社区综合服务楼	2-2 剖面图
校对					卫生间大样图
审核					

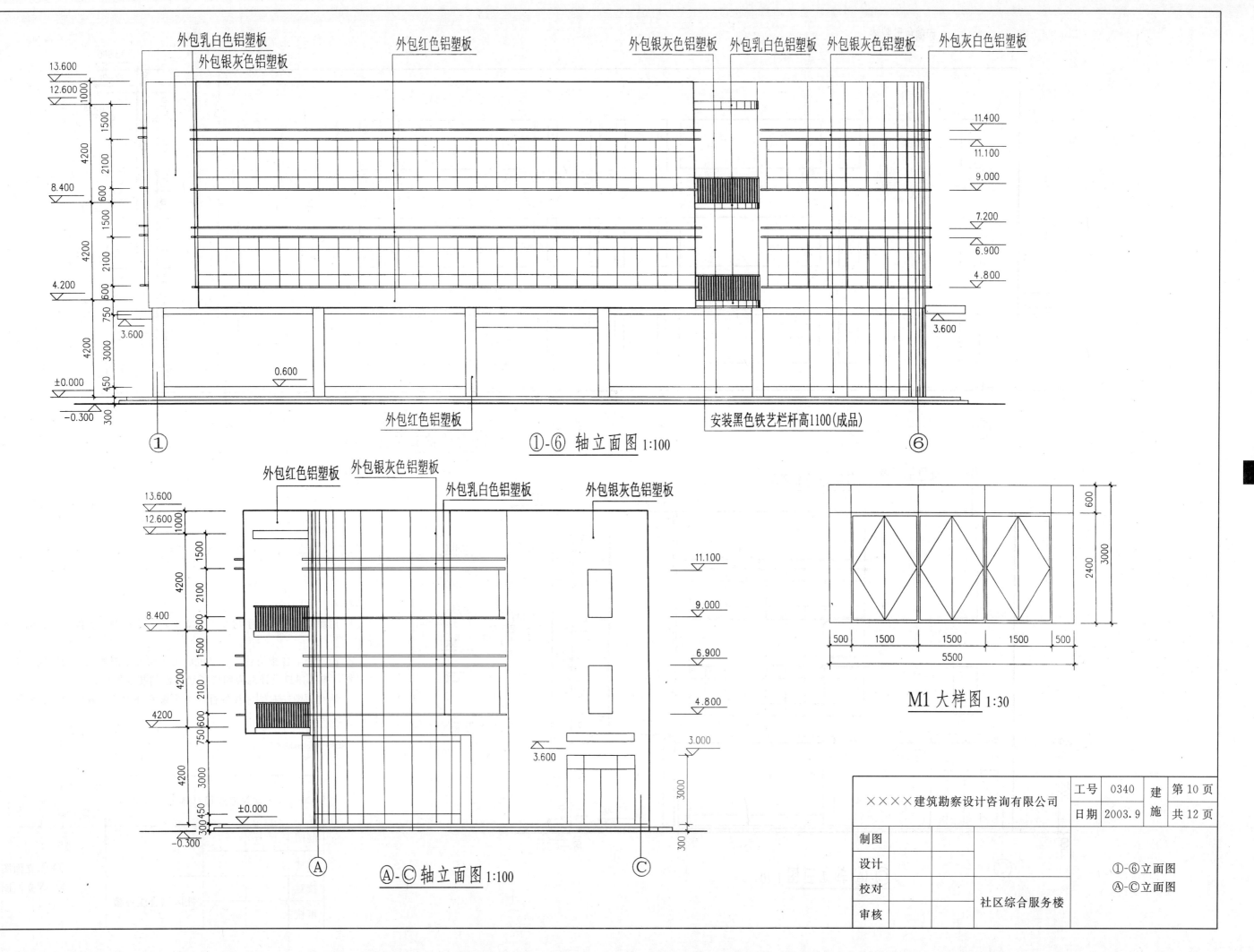

外包乳白色铝塑板
外包银灰色铝塑板
外包红色铝塑板
外包银灰色铝塑板
外包乳白色铝塑板
外包银灰色铝塑板
外包灰白色铝塑板

13.600
12.600
11.400
11.100
9.000
8.400
7.200
6.900
4.800
4.200
3.600
0.600
±0.000
−0.300
3.600

外包红色铝塑板
安装黑色铁艺栏杆高1100(成品)

①-⑥ 轴立面图 1:100

外包红色铝塑板
外包银灰色铝塑板
外包乳白色铝塑板
外包银灰色铝塑板

13.600
12.600
11.100
9.000
8.400
6.900
4.800
3.000
3.600
±0.000
−0.300

Ⓐ-Ⓒ 轴立面图 1:100

M1 大样图 1:30

500 1500 1500 1500 500
5500
600
2400
3000

| ××××建筑勘察设计咨询有限公司 | 工号 | 0340 | 建 | 第 10 页 |
| | 日期 | 2003.9 | 施 | 共 12 页 |

制图		
设计		
校对		社区综合服务楼
审核		

①-⑥立面图
Ⓐ-Ⓒ立面图

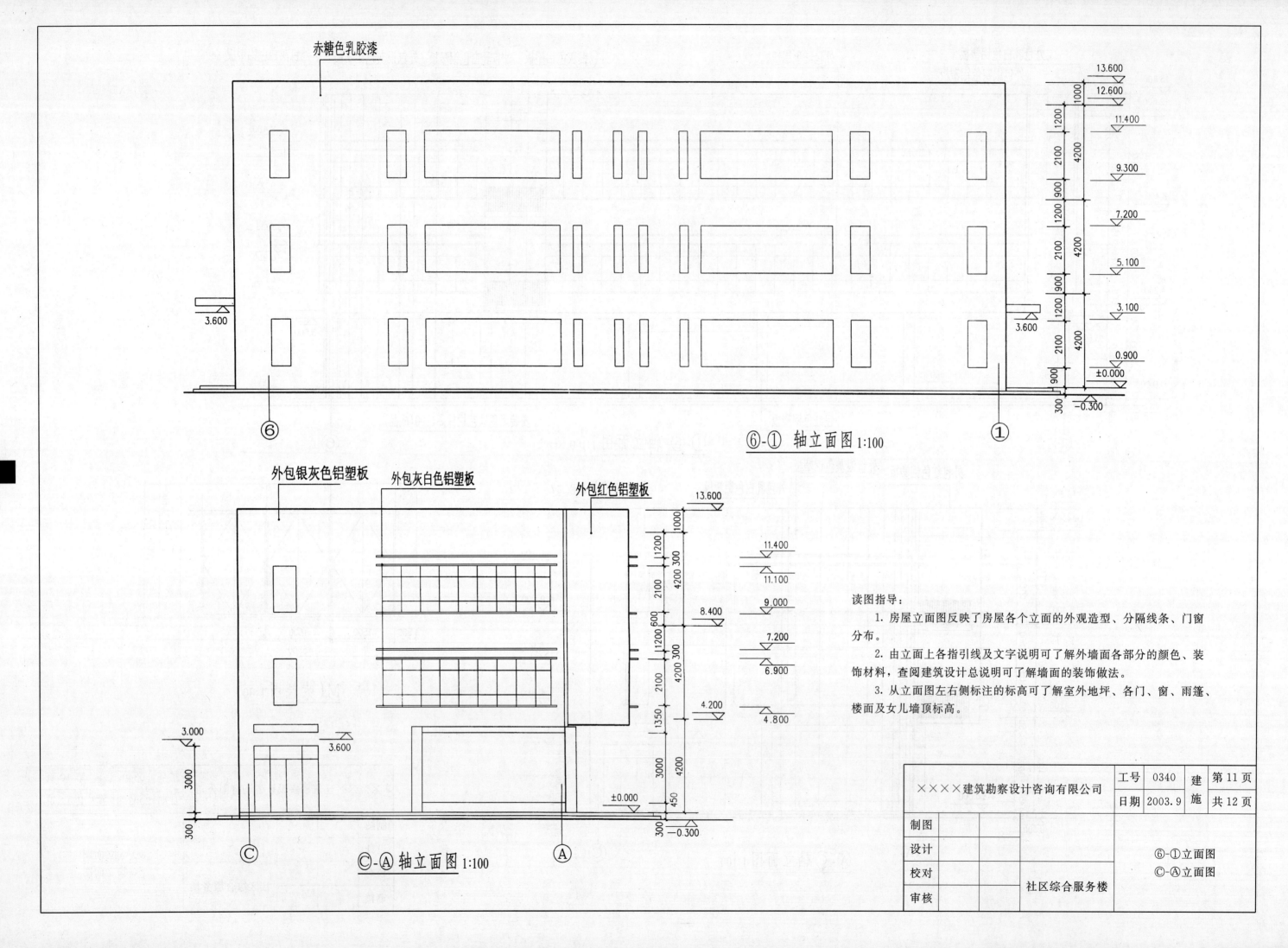

赤糖色乳胶漆

13.600
12.600
11.400
9.300
7.200
5.100
3.100
0.900
±0.000
−0.300

3.600

3.600

⑥-① 轴立面图 1:100

⑥　　　　　①

52

外包银灰色铝塑板　　外包灰白色铝塑板　　外包红色铝塑板

13.600

11.400
11.100

9.000
8.400

7.200
6.900

4.200
4.800

3.000

3.600

±0.000
−0.300

ⓒ　　　　　Ⓐ

ⓒ-Ⓐ 轴立面图 1:100

读图指导：
　1. 房屋立面图反映了房屋各个立面的外观造型、分隔线条、门窗分布。
　2. 由立面上各指引线及文字说明可了解外墙面各部分的颜色、装饰材料，查阅建筑设计总说明可了解墙面的装饰做法。
　3. 从立面图左右侧标注的标高可了解室外地坪、各门、窗、雨篷、楼面及女儿墙顶标高。

| ××××建筑勘察设计咨询有限公司 | 工号 | 0340 | 建 | 第 11 页 |
| | 日期 | 2003.9 | 施 | 共 12 页 |

制图		
设计		
校对		社区综合服务楼
审核		

⑥-①立面图
ⓒ-Ⓐ立面图

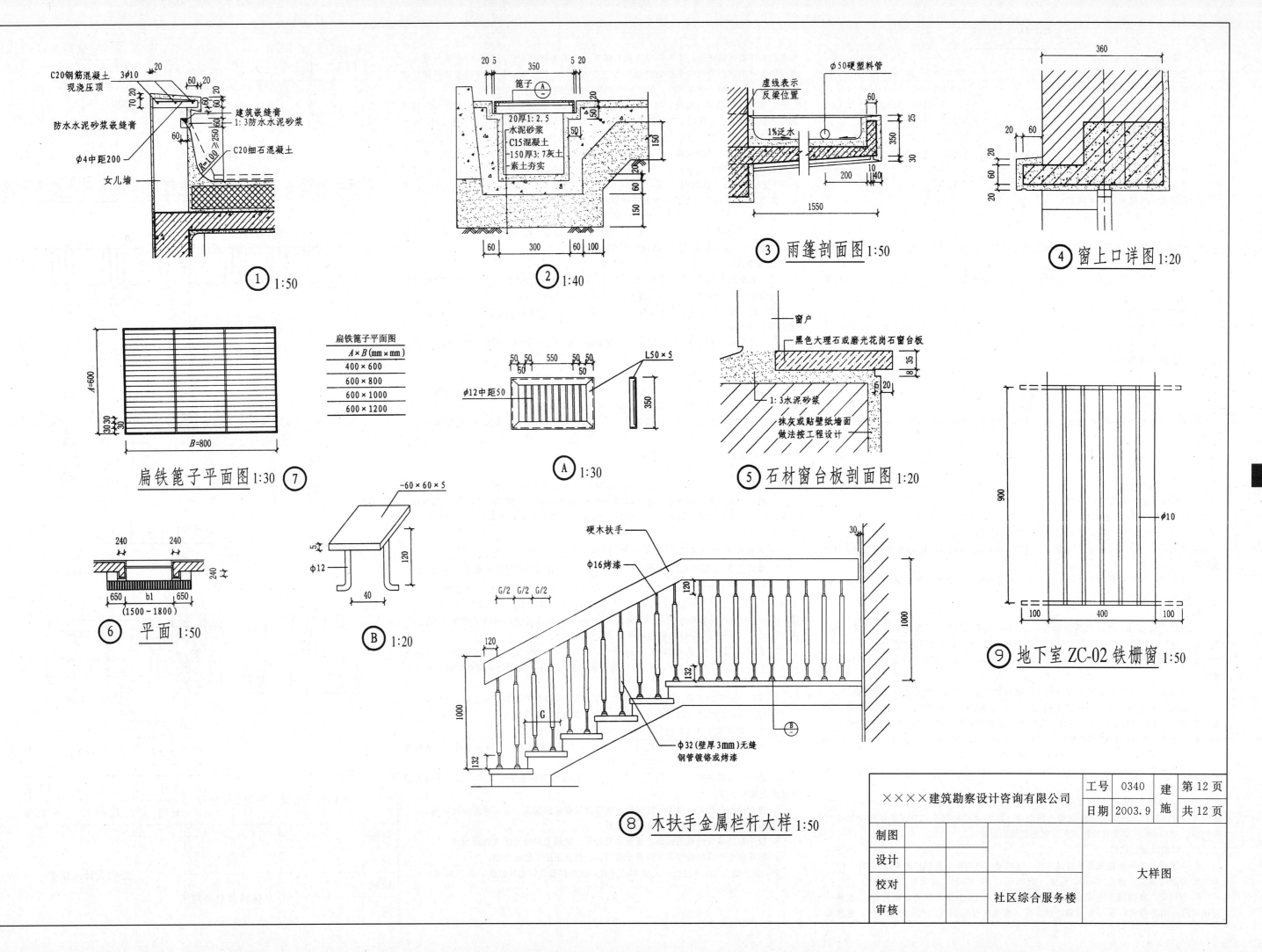

C20钢筋混凝土现浇压顶
防水水泥砂浆嵌缝膏
建筑嵌缝膏
1:3防水水泥砂浆
φ4中距200
C20细石混凝土
女儿墙

① 1:50

篦子 A

20厚1:2.5水泥砂浆
C15混凝土
150厚3:7灰土
素土夯实

② 1:40

③ 雨篷剖面图 1:50

φ50硬塑料管
虚线表示反梁位置
1%泛水

④ 窗上口详图 1:20

扁铁篦子平面图
$A \times B$ (mm×mm)
400×600
600×800
600×1000
600×1200

A=600
B=800

扁铁篦子平面图 1:30 ⑦

φ12中距50
L50×5

Ⓐ 1:30

窗户
黑色大理石或磨光花岗石窗台板
1:3水泥砂浆
抹灰或贴壁纸墙面做法按工程设计

⑤ 石材窗台板剖面图 1:20

φ10

⑨ 地下室 ZC-02 铁栅窗 1:50

⑥ 平面 1:50

-60×60×5
φ12

Ⓑ 1:20

硬木扶手
φ16烤漆
φ32(壁厚3mm)无缝钢管镀铬或烤漆

⑧ 木扶手金属栏杆大样 1:50

结构设计总说明

一、设计遵循的主要标准、规范：

1. 建筑结构可靠度设计统一标准　　　　　GB 50068—2001
2. 建筑结构设计术语和符号标准　　　　　GB/T 50083—97
3. 房屋建筑制图统一标准　　　　　　　　GB/T 50001—2001
4. 建筑结构制图标准　　　　　　　　　　GB/T 50105—2001
5. 建筑结构荷载规范　　　　　　　　　　GB 50009—2001
6. 建筑地基基础设计规范　　　　　　　　GB 50007—2002
7. 混凝土结构设计规范　　　　　　　　　GB 50010—2002
8. 建筑抗震设计规范　　　　　　　　　　GB 50011—2001
9. 钢筋机械连接通用技术规程　　　　　　JGJ 107—96
10. 带肋钢筋套筒挤压连接技术规程　　　　JGJ 108—96
11. 镦粗直螺纹钢筋接头　　　　　　　　　JGJ 3057—1999
12. 本工程岩土工程勘察报告，由新疆综合勘察设计院提供，工程编号 K2003—238

二、基本数据

1. 场地地震基本烈度 8 度，设计地震第一组，场地类别 II 类。设计基本地震加速度值为 0.2g。
2. 基本风压值 0.60（n=50）kN/m²。
3. 基本雪压值 0.80（n=50）kN/m²。
4. 场地土层标准冻深 1.40m。
5. 未经结构鉴定或设计许可，不得改变结构用途和使用环境。本工程混凝土构件环境类别为一类。
6. 本工程为一般工业与民用建筑物，建筑结构安全等级为二级，计算结构可靠度采用的设计基准期为 50 年，建筑设计使用年限 50 年。
7. 结构计算使用软件：PKPM 系列建筑结构软件，其中整体结构分析使用 SATWE（2003 年 7 月版）。
8. 本工程框架抗震等级为二级。

三、材料

1. 混凝土强度等级：
   (1) 基础：基础采用 C25 混凝土。
   (2) 基础以上结构：梁、板、楼梯 C30；柱 C40。
2. 钢筋：Φ 为 HPB235 级钢筋，Φ 为 HRB335 级钢筋。
3. 焊条：E43XX 用于型钢与钢筋，HPB235 级钢筋之间，HPB235 级钢筋与 HRB335 级钢筋之间的焊接。
4. 墙充墙：陶粒混凝土砌块墙；墙用 M5 混合砂浆砌强度等级为 MU3.0 的陶粒混凝土块，砌块密度不得大于 7kN/m³。

四、地基

1. 地层土性描述：第一层为杂填土，厚 1.0～1.5m；第二层为戈壁土，厚 2～3m；第三层卵石层，承载力特征值 f_{ak}=350kPa。基础应置于未扰动的卵石层上。
2. 基槽检验应按工程地质勘察报告和施工图要求进行，并需要有勘察和设计人员参加。
3. 基础施工完毕用不含对基础有侵蚀作用的戈壁土、角砾土或黄土分层回填夯实。
4. 基础开挖应按《土方与爆破工程施工及验收规范》（GBJ 201—83）规定放坡，对临近建筑有影响的基坑，应由具有岩土设计与施工资质的单位做基坑壁支护设计及施工。

五、基础（除施工图说明者外）

1. 基础选用类型：采用独立柱基础，基底标高为 -5.10m。
2. 钢筋混凝土基础底面应作强度等级为 C10 的 100mm 厚混凝土垫层，垫层宜比基础每侧宽出 100mm。
3. 钢筋混凝土基础保护层厚度，有垫层处≥40mm，无垫层处≥70mm，与土壤直接接触外侧无建筑防水作法的钢筋混凝土挡土墙、柱在室外地面下部分保护层厚度均应向外侧增加到 40mm（即构件断面加大，钢筋仍在原位不动）。

六、钢筋混凝土结构

1. 本工程框架梁配筋采用平面表示法，框架梁柱抗震构造详国标图集 03G101—1。
2. 保护层厚度：楼板 15mm，连梁 25mm，梁 25mm，柱 30mm，并大于主筋直径。
3. 钢筋绑扎搭接接头连接区段的长度为 1.3 倍 L（L 为纵筋钢筋搭接长度），在同一连接区段内钢筋搭接接头的百分率：梁、板、墙类构件≤25%，柱构件≤50%。钢筋采

用绑扎搭接或机械连接，接头位置应相互错开。机械连接时在任一接头中心至长度为钢筋直径 35d 的区段范围内受拉钢筋接头百分率≤50%，但宜避开框架的梁端和柱端的箍筋加密区，柱在同一层柱高内，梁在一跨内接头每根钢筋不多于 1 个。

4. 框架柱、梁复合箍筋，均允许采用拉筋复合箍，拉筋应紧靠纵向钢筋并勾住封闭箍，其配箍量不小于柱端加密区的实际配箍量，箍筋、拉筋末端弯钩不得小于 135°，弯钩端头平直段长度不小于 10d（箍筋）及 75mm，弯曲部分内径不得小于梁、柱主筋直径。

5. 现浇主梁与次梁交接处，或梁下部挂有集中荷载处，应附加吊筋或箍筋，未注明的当左右次梁梁跨度之和的 1/2 梁长 L≤3m 时设 8 根箍筋（直径同梁箍筋），当 3m<L≤6m 时设 8 根箍筋并设 2Φ18 吊筋，当 L>6m 时设 8 根箍筋并设 2Φ25 吊筋（施工图已注明者按施工图），其附加吊筋及附加箍筋详见附图 1。

6. 梁定位尺寸图中未注明者均以轴线均分，当梁宽 b≤300 时，梁上部负筋中两根角筋应通长；当梁宽 b>300mm 时，梁上部负筋中四根钢筋（包括两根角筋）应通长（图中注明者除外）；弧形梁或环梁抗扭箍构造详见附图 2。

7. 现浇板：
   (1) 图内未注明的现浇板板底部钢筋伸入支承长度不小于 5d 且不小于 120，隔墙位置处，当施工图未注明时在板下应加筋不少于 2φ14，两端伸入支座；
   (2) 现浇板中未注明的分布钢筋（含架立筋）为 φ6@200，受力钢筋直径≥12 时分布钢筋为 φ8@250；
   (3) 现浇板上留洞与建筑、设备、电气图配合预留；遇 1000≥洞宽>300 洞作洞边加筋详见附图 4；
   (4) 板底短跨方向钢筋置于下排，板面短跨方向钢筋置于上排；
   (5) 板中主筋遇≤300 洞不得截断须绕洞而过并在洞边附加等于弯折钢筋面积的短筋，伸过洞边 35d，顶部有挑耳时应伸到挑耳外边（留保护层）；
   (6) 板负筋锚入梁、墙支座内不小于 20d（I 级）、30d（II 级），图中注明者以图为准；
   (7) 现浇板中预埋设备电气管道应为钢管。

七、填充墙体

1. 墙平面位置，门窗洞口尺寸，标高及墙体厚度与建筑图核对后再施工。
2. 砌块填充墙沿框架柱或构造柱每隔 500mm 高沿墙全高配置 2φ6 拉结筋，填充墙与梁柱连接大样参照图集（新 02G02）第 42～44 页，拉筋伸入墙内长度，一、二级框架沿外墙全长设置。
3. 填充墙顶与梁、板拉结详新 02G02 图集第 46 页。
4. 砌块类填充墙的构造柱设置：通窗及≥3600mm 窗洞下部墙体按结施 12(13a) 设置。
5. 所有轻质砌块类填充外墙应在转角、墙端及每隔 2700～3600 设置构造柱。轻质砌块类填充内墙当墙高度≥4.0m 或墙高厚比≥25 时，应在交角和侧边无支点墙端及每隔 4200～5000mm 设置构造柱，当墙高度<4.0m 时，墙长大于层高两倍时设置构造柱。构造柱大样，构造柱与主体梁的连接详本页大样 3。
6. 墙洞口过梁均选用图集（新 902G05）荷载等级为"1"的过梁，即选用 TGLA20xx—1、TGLA30xx—1 过梁，还应根据立面加出手，过梁遇现浇构件改为现浇。

八、其他

1. 本设计未考虑冬期、雨期施工措施，施工单位根据有关施工及验收规范自定。
2. 施工中应严格遵守国家现行各项施工及验收规范和操作规程。
3. 图中平面尺寸单位为毫米（mm），标高单位为米（m）。
4. 本工程楼面施工荷载不得超过 3.5kN/m²，如果需在楼板上大面积堆料，楼板底模及支撑系统不得拆除，并且支撑系统须进行强度验算。
5. 施工中应密切配合建筑及设备、电气施工图做好预留及预埋工作，管道井内宜预设管道支架或埋件。
6. 防雷措施应按电施要求，柱或墙内防雷通长焊接纵筋须与基础钢筋焊接连网。
7. 所有外露铁件应涂刷防锈漆二底二面。
8. 板中钢筋编号同相同标高处楼板钢筋编号，梁编号同相同标高处梁编号。
9. 结施图中所示做法与本页说明矛盾时，以结施图所示做法为准。
10. 女儿墙为 M5.0 混合砂浆砌 MU10 砖，抗震柱设置详地区图集，纵筋为 4φ12。

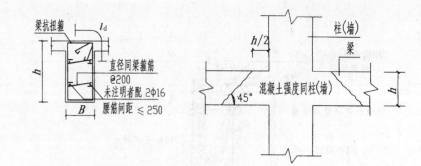

② 梁抗扭构造　梁与柱混凝土强度等级不同处接头大样

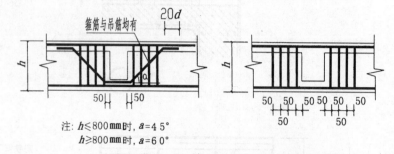

注：h≤800mm 时，a＝45°
　　h>800mm 时，a＝60°

① 梁附加吊筋及附加箍筋大样

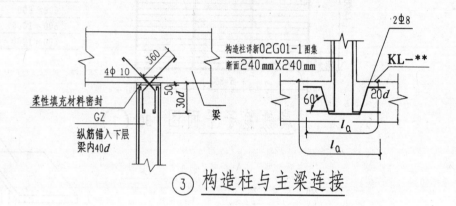

③ 构造柱与主梁连接

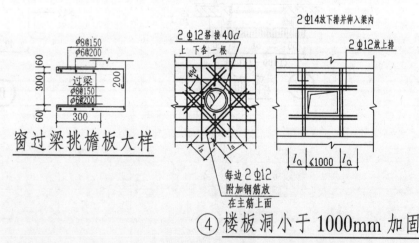

窗过梁挑檐板大样　④ 楼板洞小于 1000mm 加固

××××建筑勘察设计咨询有限公司	工号	0340	结 施	第 1 页
	日期	2003.9		共 12 页
制图				
设计			结构设计总说明	
校对		社区综合服务楼		
审核				

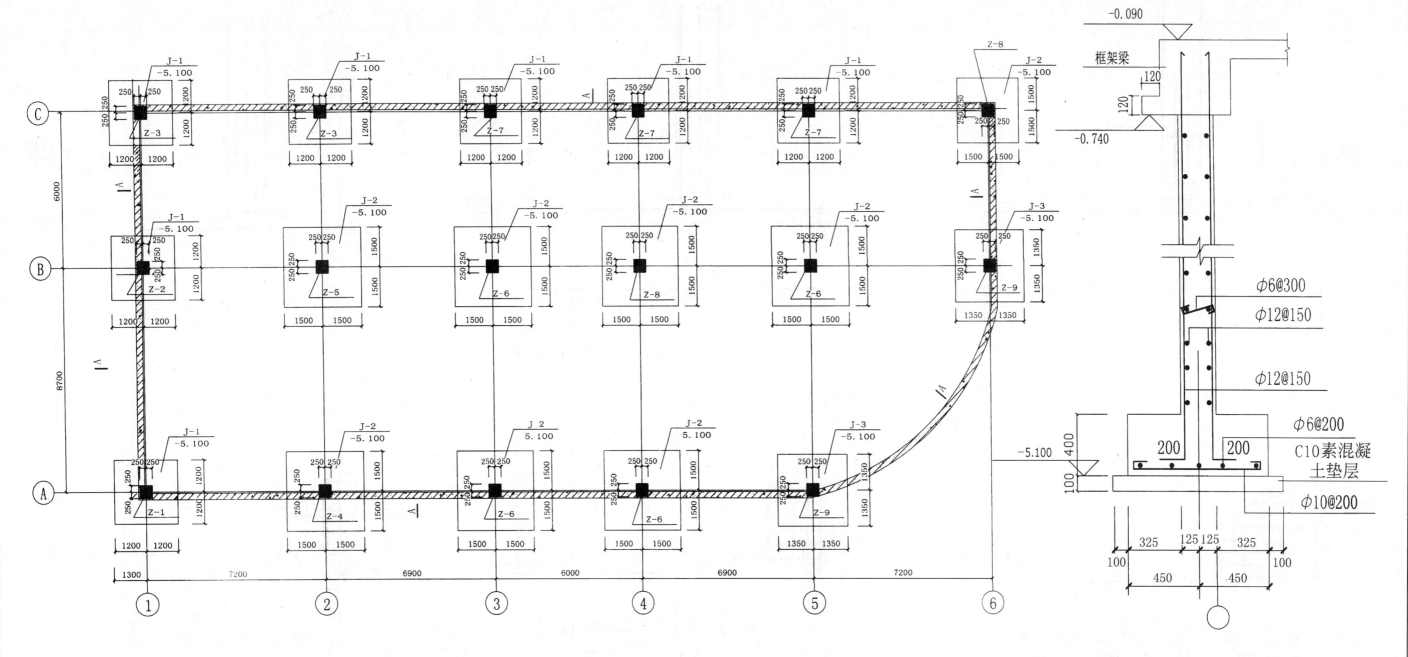

基础平面布置图 1:100

混凝土墙基础大样 A 1:30

注：混凝土墙每 30m 设竖向伸缩缝一道，混凝土 C25。

　　混凝土墙洞口周边加 2φ12 钢筋混凝土墙与梁，柱拉结，节点大样详 03G101 图集。

读图指导：

　　1. 基础平面图比例为 1：100。柱编号为 Z-1～Z-9，柱基编号为 J-1～J-3，定位尺寸均为轴线中分，基底标高为-5.100m。

　　2. 柱独立基础采用 C25 混凝土浇筑，垫层为 C10 素混凝土 100mm 厚，基础为素混凝土条形基础 400mm 高，900mm 宽，基底标高为-5.100m，底板内纵筋 φ10@200，分布筋 φ6@200。地下室外墙为混凝土墙，比例为 1：30，混凝土墙中配双向双排钢筋 φ12@150，拉结筋 φ6@300。

××××建筑勘察设计咨询有限公司		工号	0340	结	第 2 页
		日期	2003.9	施	共 12 页
制图					
设计				基础平面布置图	
校对				混凝土墙基础大样 A	
审核			社区综合服务楼		

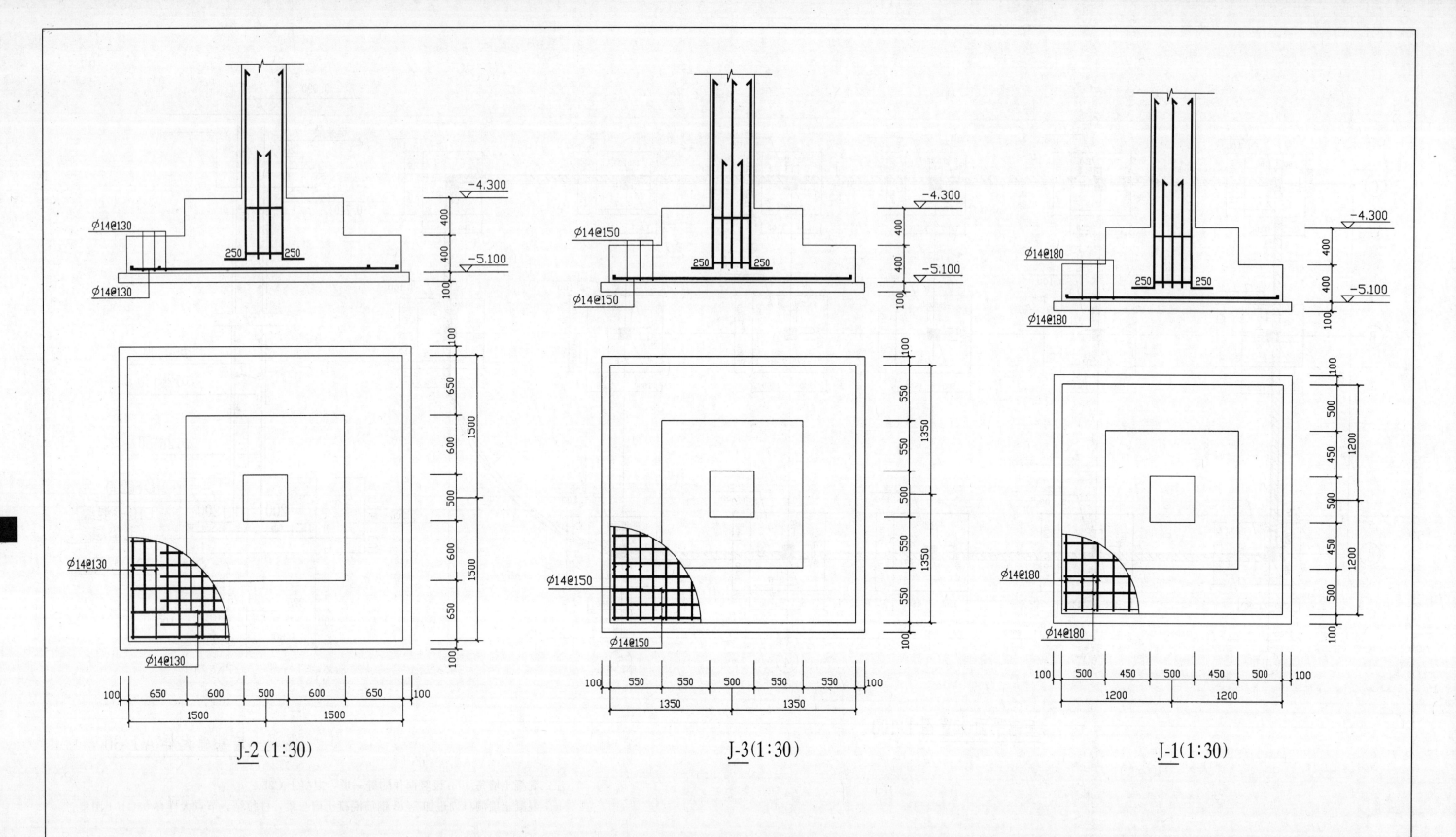

J-2 (1:30)　　　　　　J-3(1:30)　　　　　　J-1(1:30)

过梁编号	型号	过梁尺寸 b×h(mm)	L_n(mm)	L(mm)	混凝土体积(m³)	① ⌐		② ⌐		⑤		钢筋用量(kg)	含钢量(kg/m³)
TGLA20091	A	200×100	900	1400	0.028	2ϕ6	1450			8ϕᵇ4	170	0.78	28
TGLA20091	A	300×100	800	1300	0.039	2ϕ6	1350	1ϕ6	1350	8ϕᵇ4	270	1.11	29
TGLA20091	A	300×100	1000	1500	0.045	2ϕ6	1550	1ϕ6	1550	9ϕᵇ4	270	1.27	28

××××建筑勘察设计咨询有限公司		工号	0340	结	第 3 页
		日期	2003.9	施	共 12 页
制图					
设计				J-1、2、3	
校对		社区综合服务楼			
审核					

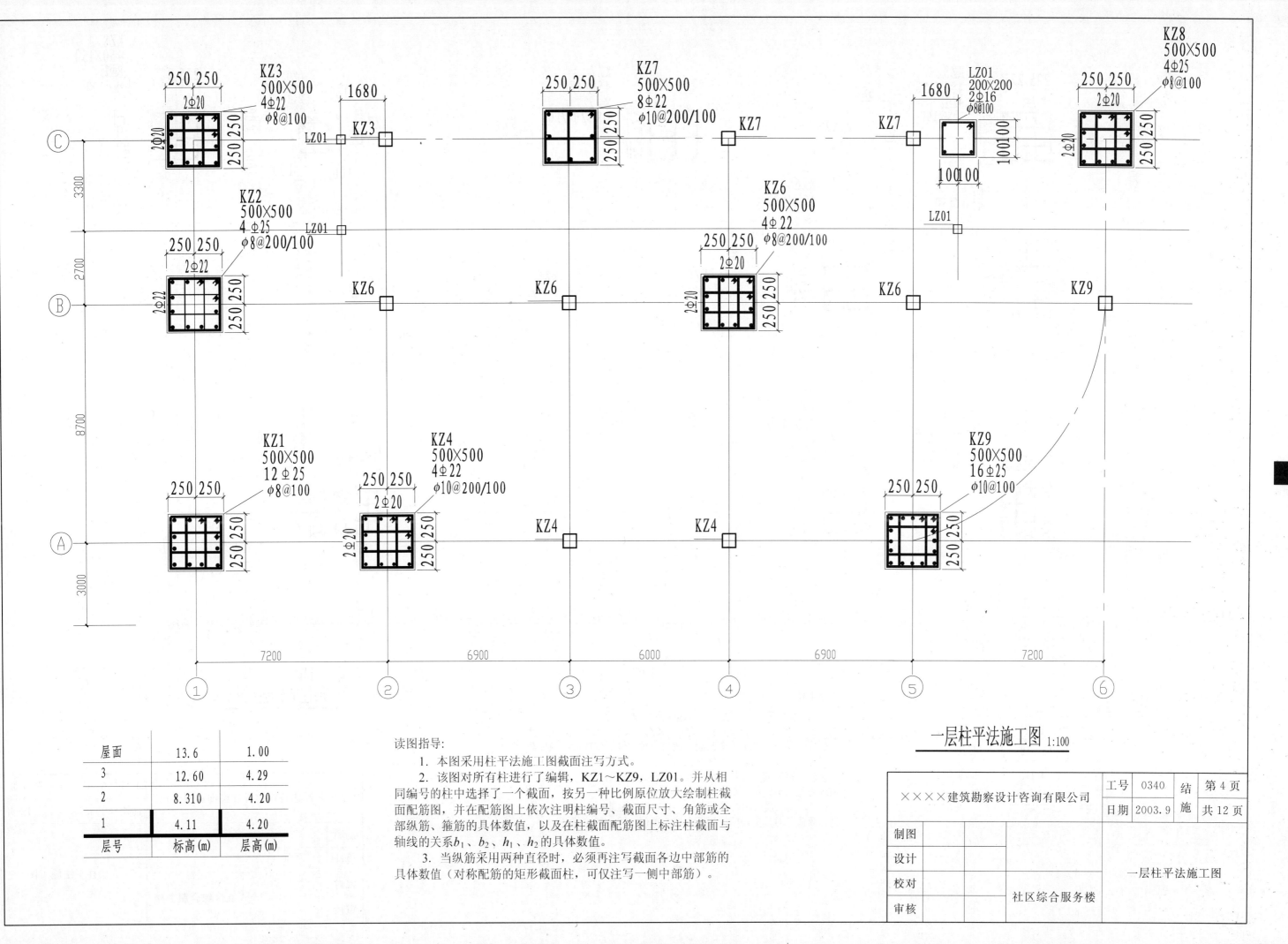

KZ3
500×500
4Φ22
φ8@100

KZ7
500×500
8Φ22
φ10@200/100

KZ8
500×500
4Φ25
φ8@100

KZ2
500×500
4Φ25
φ8@200/100

KZ6
500×500
4Φ22
φ8@200/100

LZ01
200×200
2Φ16
φ8@100

KZ1
500×500
12Φ25
φ8@100

KZ4
500×500
4Φ22
φ10@200/100

KZ9
500×500
16Φ25
φ10@100

屋面	13.6	1.00
3	12.60	4.29
2	8.310	4.20
1	4.11	4.20
层号	标高(m)	层高(m)

读图指导:
1. 本图采用柱平法施工图截面注写方式。
2. 该图对所有柱进行了编辑，KZ1～KZ9，LZ01。并从相同编号的柱中选择了一个截面，按另一种比例原位放大绘制柱截面配筋图，并在配筋图上依次注明柱编号、截面尺寸、角筋或全部纵筋、箍筋的具体数值，以及在柱截面配筋图上标注柱截面与轴线的关系b_1、b_2、h_1、h_2的具体数值。
3. 当纵筋采用两种直径时，必须再注写截面各边中部筋的具体数值（对称配筋的矩形截面柱，可仅注写一侧中部筋）。

一层柱平法施工图 1:100

××××建筑勘察设计咨询有限公司

| 工号 | 0340 | 结 | 第 4 页 |
| 日期 | 2003.9 | 施 | 共 12 页 |

制图		
设计		
校对		社区综合服务楼
审核		

一层柱平法施工图

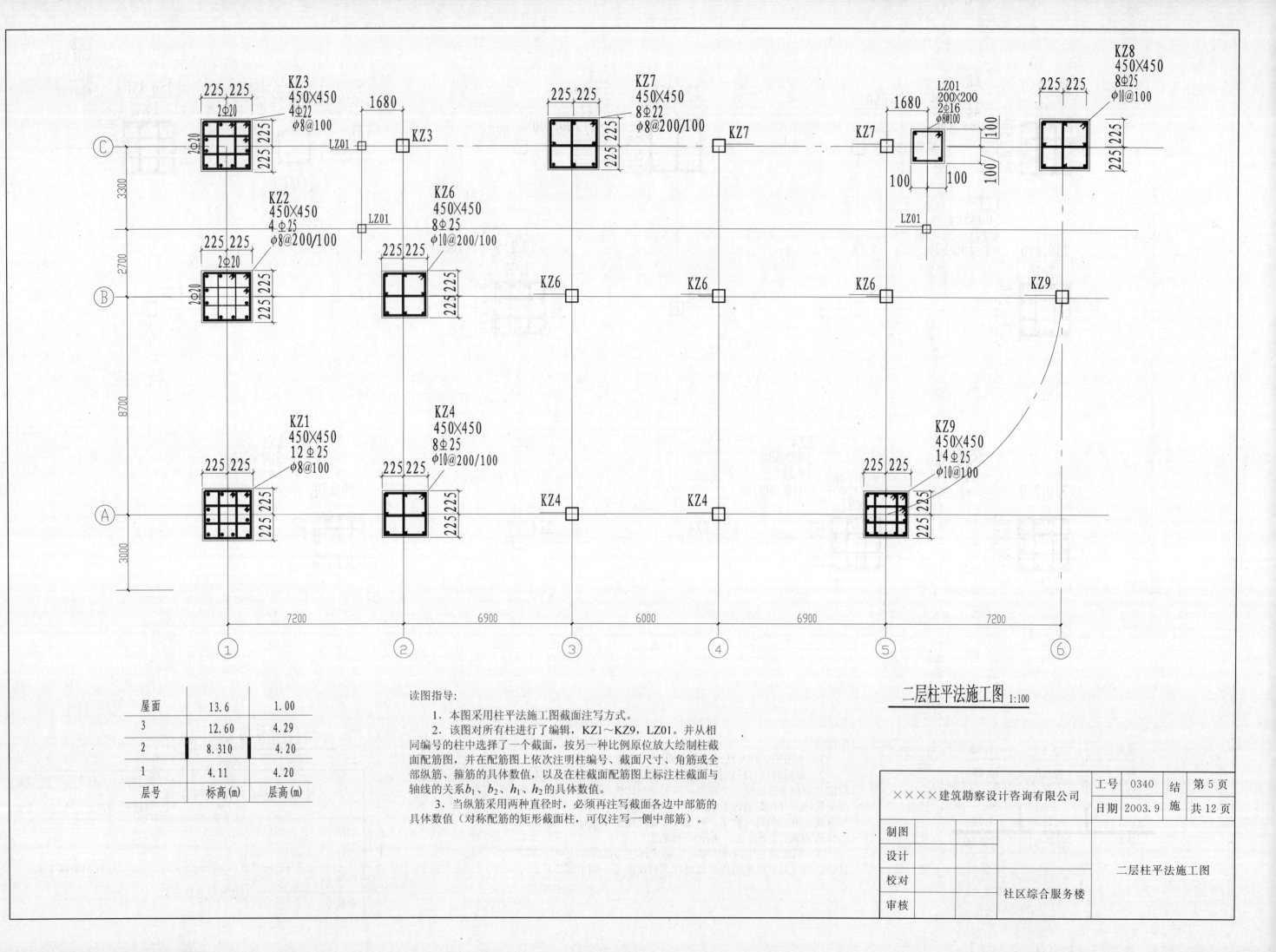

58

屋面	13.6	1.00
3	12.60	4.29
2	8.310	4.20
1	4.11	4.20
层号	标高(m)	层高(m)

读图指导:
1. 本图采用柱平法施工图截面注写方式。
2. 该图对所有柱进行了编辑，KZ1～KZ9，LZ01。并从相同编号的柱中选择了一个截面，按另一种比例原位放大绘制柱截面配筋图，并在配筋图上依次注明柱编号、截面尺寸、角筋或全部纵筋、箍筋的具体数值，以及在柱截面配筋图上标注柱截面与轴线的关系b_1、b_2、h_1、h_2的具体数值。
3. 当纵筋采用两种直径时，必须再注写截面各边中部筋的具体数值（对称配筋的矩形截面柱，可仅注写一侧中部筋）。

二层柱平法施工图 1:100

××××建筑勘察设计咨询有限公司	工号	0340	结	第5页
	日期	2003.9	施	共12页
制图				
设计				
校对		社区综合服务楼		二层柱平法施工图
审核				

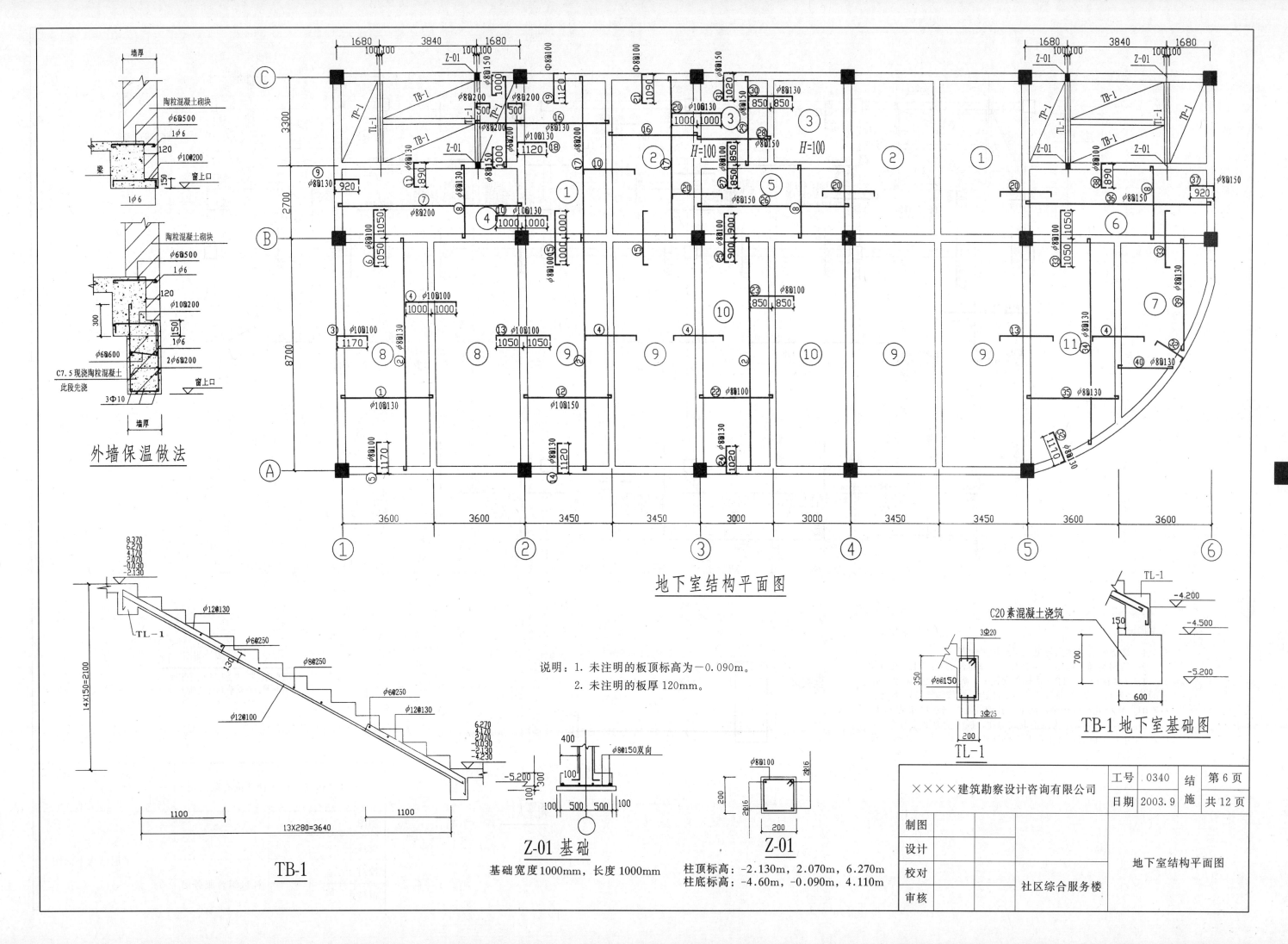

外墙保温做法

地下室结构平面图

说明: 1. 未注明的板顶标高为−0.090m。
2. 未注明的板厚120mm。

TB-1

Z-01 基础

基础宽度1000mm, 长度1000mm

Z-01

柱顶标高: −2.130m, 2.070m, 6.270m
柱底标高: −4.60m, −0.090m, 4.110m

TL-1

TB-1 地下室基础图

C20素混凝土浇筑

| ××××建筑勘察设计咨询有限公司 | 工号 | .0340 | 结 | 第6页 |
| | 日期 | 2003.9 | 施 | 共12页 |

制图		
设计		地下室结构平面图
校对		
审核	社区综合服务楼	

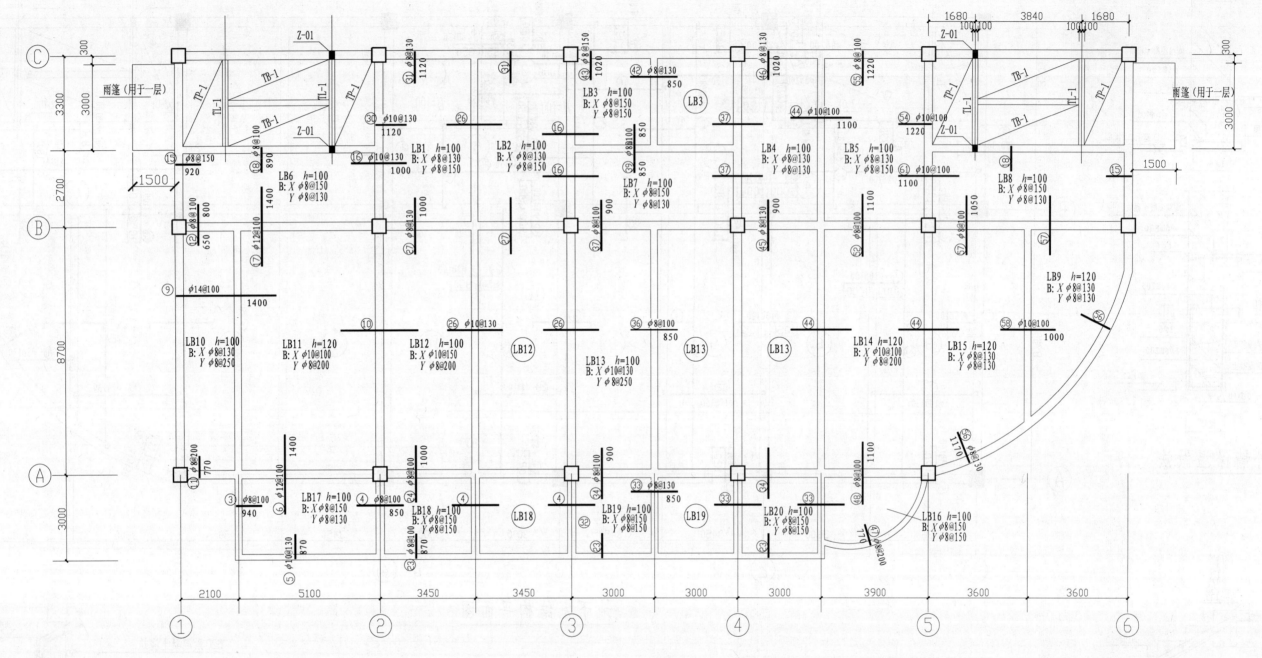

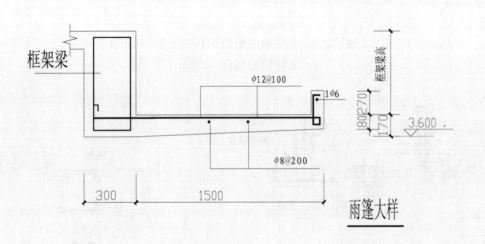

雨篷（用于一层）

LB3 h=100
B: X φ8@150
Y φ8@150

LB1 h=100
B: X φ8@130
Y φ8@150

LB2 h=100
B: X φ8@150
Y φ8@150

LB4 h=100
B: X φ8@130
Y φ8@150

LB5 h=100
B: X φ8@150
Y φ8@130

LB8 h=100
B: X φ8@150
Y φ8@130

LB6 h=100
B: X φ8@150
Y φ8@130

LB7 h=100
B: X φ8@150
Y φ8@130

LB9 h=120
B: X φ8@130
Y φ8@130

LB10 h=100
B: X φ8@130
Y φ8@250

LB11 h=120
B: X φ10@100
Y φ8@200

LB12 h=100
B: X φ10@150
Y φ8@200

LB13 h=100
B: X φ10@130
Y φ8@250

LB14 h=120
B: X φ10@100
Y φ8@200

LB15 h=120
B: X φ8@130
Y φ8@130

LB17 h=100
B: X φ8@150
Y φ8@130

LB18 h=100
B: X φ8@150
Y φ8@150

LB19 h=100
B: X φ8@150
Y φ8@150

LB20 h=100
B: X φ8@150
Y φ8@150

LB16 h=100
B: X φ8@150
Y φ8@150

雨篷（用于一层）

读图指导：

1. 现浇板的读图指导见三层结构平面图。

2. 楼梯结构平面图中各承重构件分别表示为：TL（楼梯梁）、TB（楼梯板）、TP（楼梯平台板），各部分尺寸见图。荷载的传递为TB，TP的荷载传给TL，TL再将荷载传给楼面梁或小柱Z-01，再由此小柱传至楼面梁。各构件的配筋及尺寸见详图。

3. 雨篷大样所示为悬挑板式雨篷。板中受力钢筋为φ12@100布置于板面，分布钢筋为φ8@100，布置在受力筋的内侧，尺寸见大样。

框架梁

φ12@100

1φ6

φ8@200

300   1500

雨篷大样

一、二层结构平面图 1:100

未注明的板顶标高为4.110m、8.310m
未注明的分布钢筋为φ8@250

××××建筑勘察设计咨询有限公司

工号 0340   结   第 7 页
日期 2003.9 施   共 12 页

制图
设计
校对   社区综合服务楼
审核

一、二层结构平面图

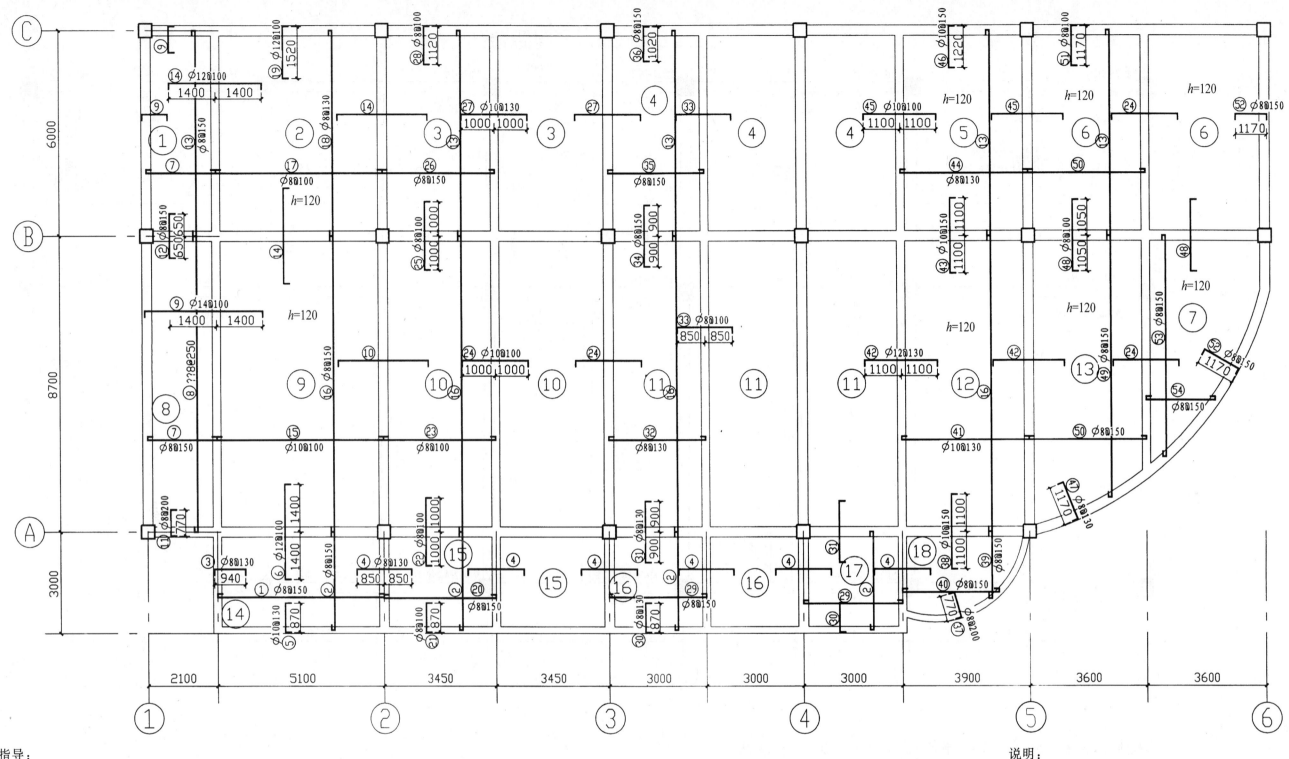

三层结构平面图 1:100

读图指导：

    1. 该框架结构楼板均为现浇，板厚有 120mm 和 100mm 两种。板顶标高均为 12.60m。

    2. 在每种不同的板的下部都布置了两个方向的钢筋分别注有钢筋编号、直径、间距。如⑨号板、⑮号板钢筋（x 方向）为 $\phi10@100$；⑯号钢筋（y 方向）为 $\phi8@150$，施工时短向钢筋在下、长向钢筋在上。

    3. 在板与板交界的支座处（梁的上部）均配有负弯矩钢筋，为保证钢筋布在板面上应将钢筋两端弯成直钩立于模板上。如⑩号筋 $\phi14@100$，钢筋的水平投影长度见截断尺寸。

    4. 在现浇板的配筋图上，通常是相同的钢筋只画出一根表示，其余省去不画。相同编号的钢筋只注一次直径和间距及尺寸。且现浇板中只画受力筋，分布筋不画，只在说明中注释。

说明：

    1. 未注明板顶标高为 12.60m。

    2. 未注明板厚为 100mm。

| ××××建筑勘察设计咨询有限公司 | 工号 | 0340 | 结 | 第 8 页 |
| | 日期 | 2003.9 | 施 | 共 12 页 |

制图		
设计		
校对		三层结构平面图
审核	社区综合服务楼	

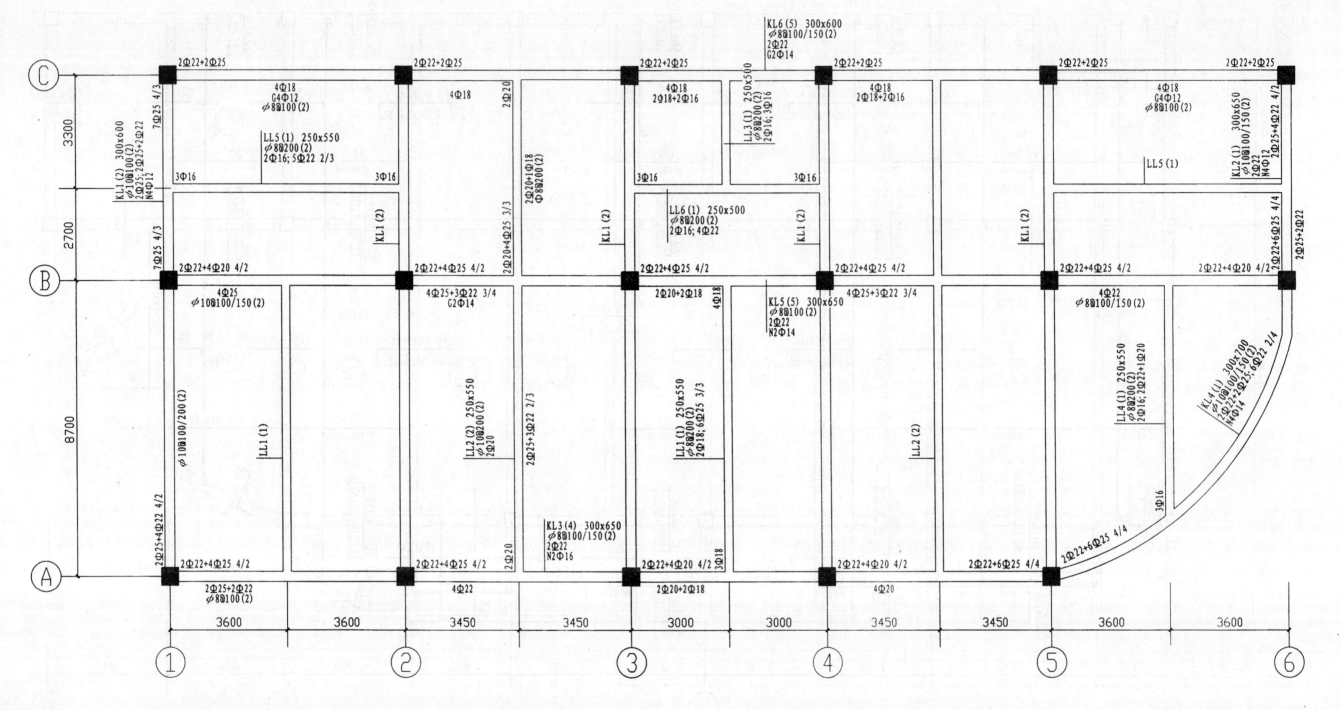

地下室梁配筋图 1：100

说明：未注明的梁顶标高为－0.090m。

读图指导：

1. 地下室、一、二、三层梁配筋图采用了平法绘制，即在梁平面布置图上采用平面注写方式表达。

2. 在梁平法施工图中，应注明各结构层的顶面标高。此地下室梁顶标高均为－0.090m。

3. 平面注写方式包括集中标注与原位标注，集中标注表达梁的通用数值，原位标注表达梁的特殊数值，当集中标注的某项数值不适用于梁的某部位时，则该项数值原位标注，施工时，原位标注取值优先。

4. 集中标注的内容有：梁编号（代号、序号）、跨数、截面尺寸、箍筋、上部通长筋、梁侧面纵向构造钢筋或受扭纵向钢筋。例：C轴梁用引伸线引出了集中标注，KL6（5）300×600 表示楼层框架梁6号，括号内为跨数为5，截面宽300mm高600mm，φ8@100/150（2）表示箍筋为HPB235级钢筋，直径φ8，加密区间距为100mm，非加密区间距为150mm，均为双肢箍；2Φ22 为梁上部通长筋为2根HRB335级钢筋、直径为22mm；G2φ14为梁侧面纵向构造钢筋为2根HPB235级钢筋，直径为14mm，若写N2φ14则表示梁侧面受扭钢筋为2φ14（梁原位标注的内容见下页）。

| ××××建筑勘察设计咨询有限公司 | 工号 | 0340 | 结 | 第9页 |
| | 日期 | 2003.9 | 施 | 共12页 |

制图		
设计		
校对		社区综合服务楼
审核		地下室梁配筋图

62

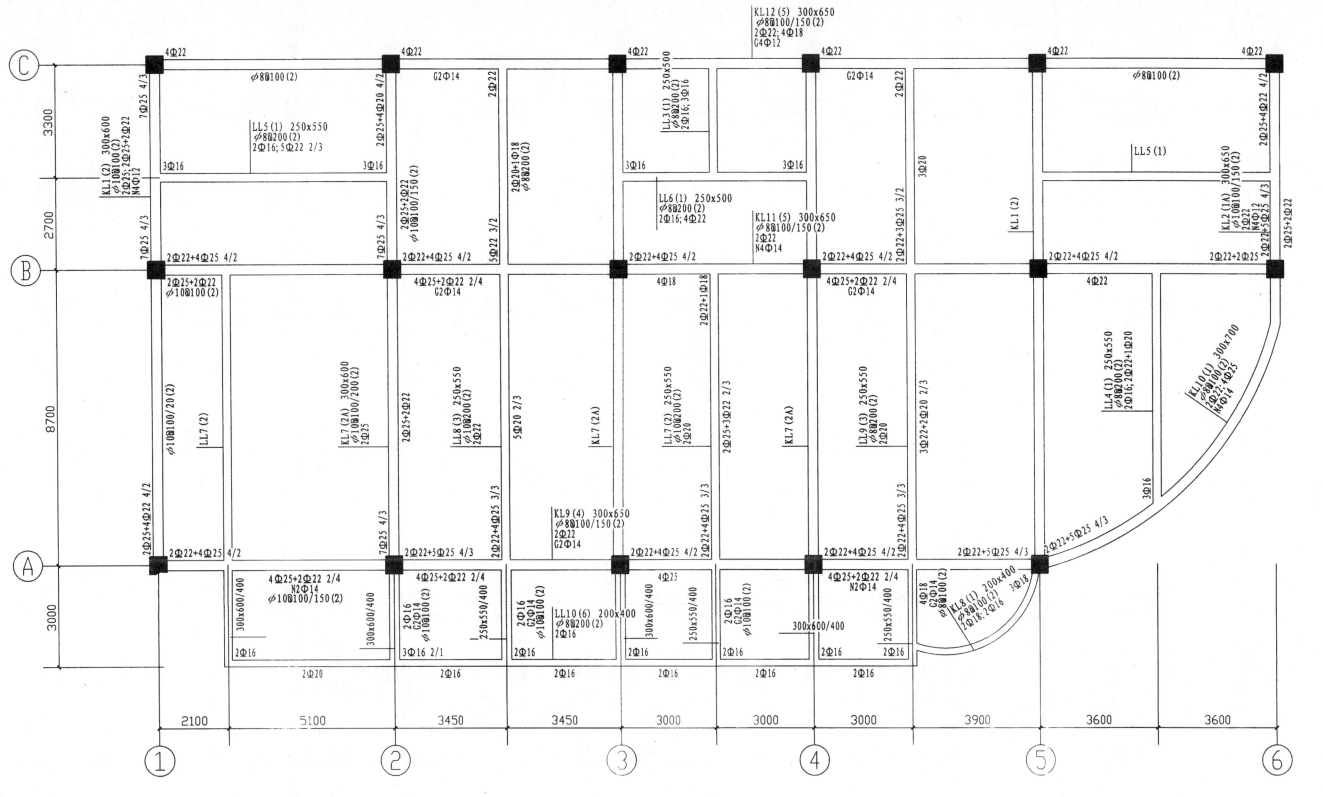

读图指导：

梁原位标注的内容规定如下：

一、梁支座上部纵筋，该部位含通长筋在内的所有纵筋

1. 当上部纵筋多于一排时，用斜线"/"将各排纵筋自上而下分开。

2. 当同排纵筋有两种直径时，用加号"+"将两种直径的纵筋相连，注写时将角部纵筋写前面。例：梁支座上部2Φ22-4Φ25-4/2，表示上一排纵筋为4根（2Φ22在角部，2Φ25在中间），下一排纵筋为2根（2Φ25在两边）。

3. 当梁中间支座两边的上部纵筋不同时，须在支座两边分别标注；当梁中间支座两边的上部纵筋相同时，可仅在支座的一边标注配筋值，另一边省去不注。

二、梁下部纵筋

1. 与梁上部纵筋同理。如：4Φ25＋2Φ22 2/4表示上排纵筋为2Φ25，下排纵筋为4根，2Φ25在角部，2Φ22在中间，全部伸入支座，

2. 当梁下部纵筋不全部伸入支座时，将梁支座下部纵筋减少的数量写在括号内，如6Φ25 2（2）/4，则表示上排纵筋为2Φ25，且不伸入支座；下排纵筋为4Φ25，全部伸入支座。

一、二层梁配筋图 1：100

说明：未注明的梁顶标高为4.110m、8.310m。

××××建筑勘察设计咨询有限公司	工号	0340	结	第10页
	日期	2003.9	施	共12页
制图				
设计				一、二层梁配筋图
校对		社区综合服务楼		
审核				

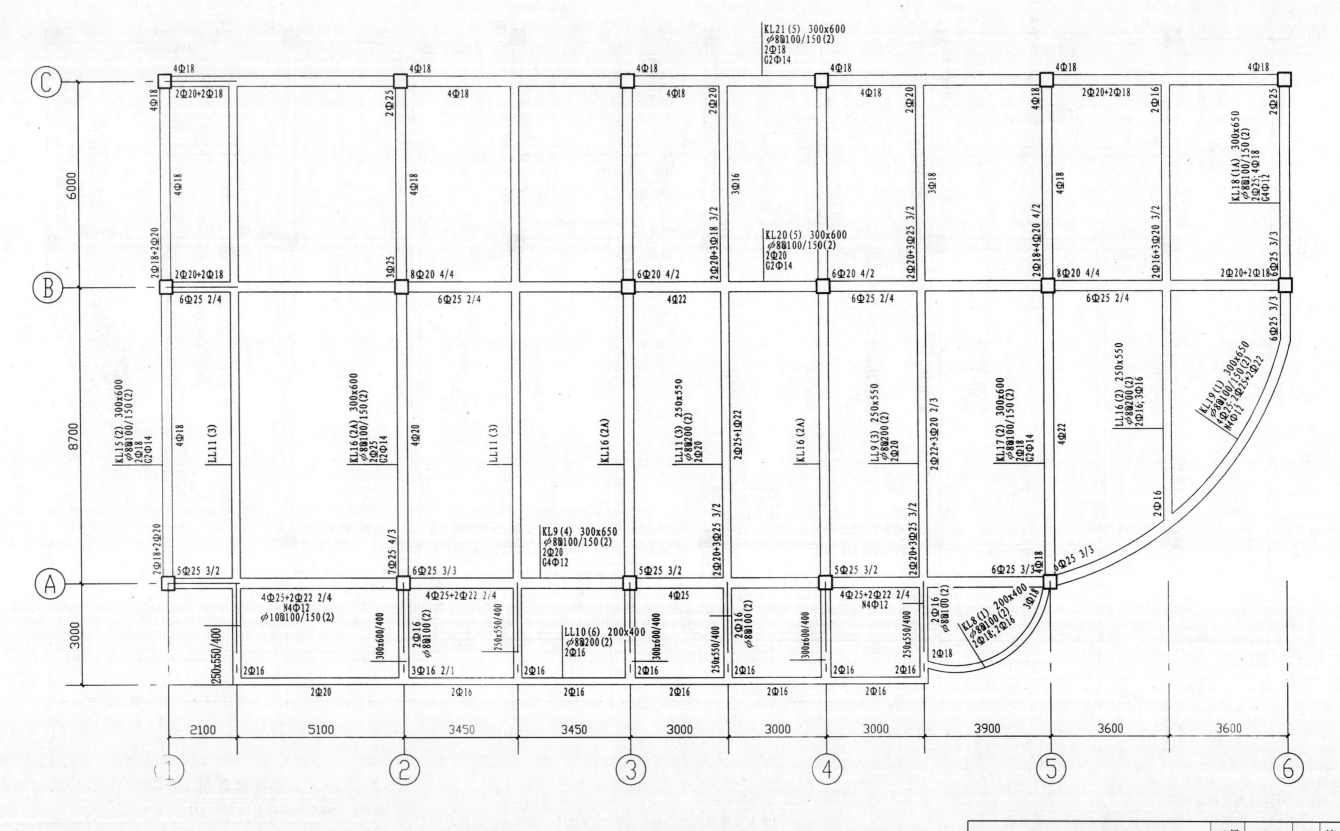

三层梁配筋图 1:100

说明：未注明的梁顶标高为12.60m。

读图指导：

悬挑梁的表示方法：

1.（xxA）为一端悬挑，（xxB）为两端有悬挑，悬挑不计入跨数，

如 KL16（2A）为框架梁16号，二跨、一端悬挑。

2. 当有悬挑梁且根部和端部的高度不同时，用斜线分隔根部的高度值，即为 $b×h/h$，如：300×600/400。

××××建筑勘察设计咨询有限公司		工号	0340	结	第11页
		日期	2003.9	施	共12页
制图					
设计					
校对			社区综合服务楼		三层梁配筋图
审核					

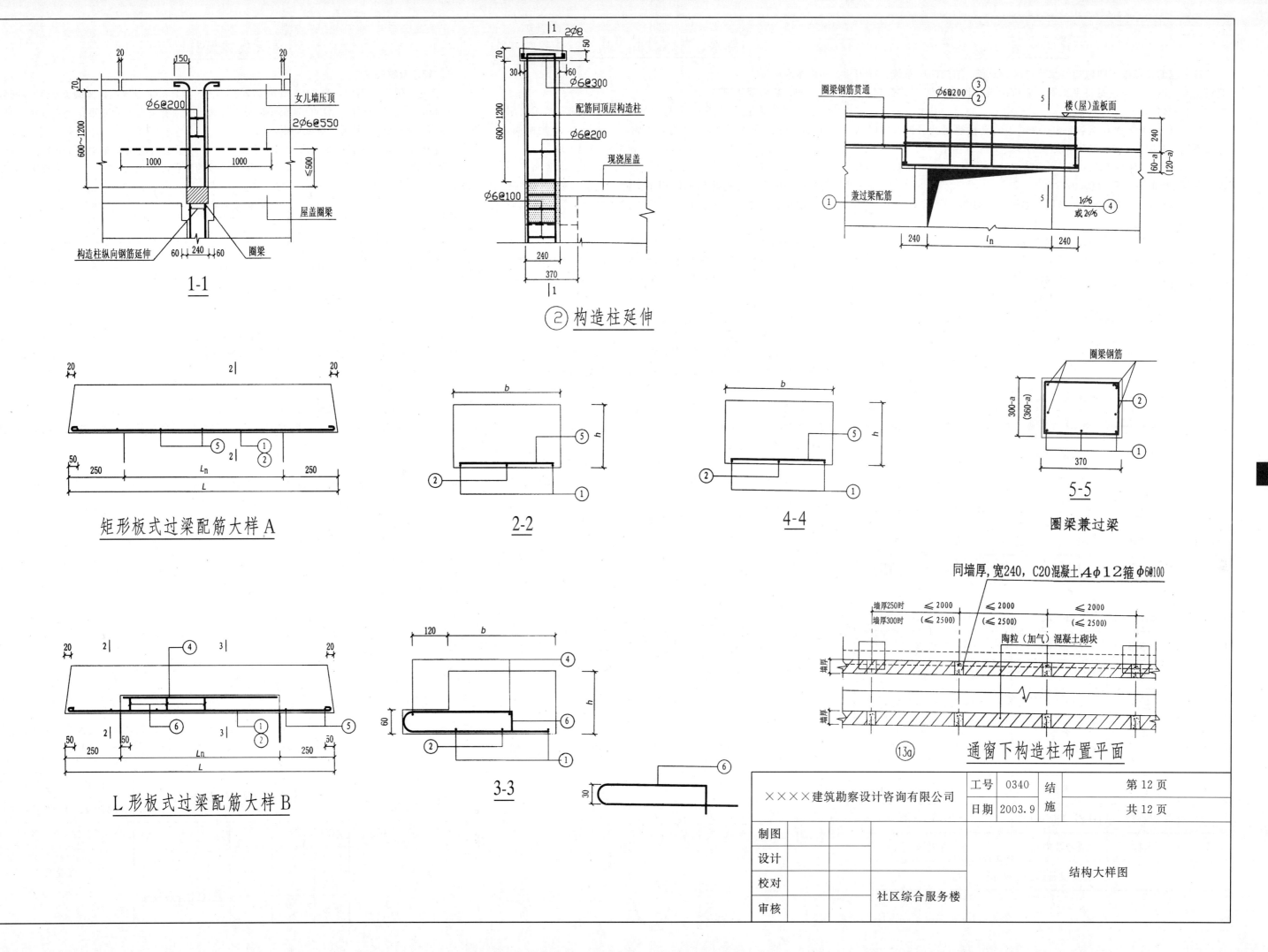

1-1

② 构造柱延伸

矩形板式过梁配筋大样A

2-2

4-4

圈梁兼过梁

L形板式过梁配筋大样B

3-3

⑬a 通窗下构造柱布置平面

××××建筑勘察设计咨询有限公司	工号	0340	结	第 12 页
	日期	2003.9	施	共 12 页
制图				
设计				结构大样图
校对		社区综合服务楼		
审核				

说 明

该工程的设备施工图包括给水、排水、采暖、消防四个系统。在识读设备施工图时，应注意将平面图，系统图设计说明及图例结合起来，形成完整的体系。

1. 本工程建筑面积为：2186.92m²，建筑耗热量为：284.30kW。采暖系统控制阻力取10000Pa，热媒为95～70℃低温水。

2. 采暖入口详见91SB1-51页，给水入口详见91SB3-10页，排水检查井详91SB4-19页，φ1000。

3. 管道遇门处均下翻并设丝堵，遇梁、柱均应绕行。

4. 消火栓安装详见91SB3-107页，乙型。消火栓规格DN65，水龙带L=25 水枪口径 19mm。消火栓箱尺寸为：650mm×800mm×200mm，安装采用半明半暗。

5. 管道外露部分（包括室外地坪以下1.4m内的排水管）均做硅酸镁保温处理，厚度大于100mm，外包一层玻璃丝布的保护层。

6. 凡未说明处均按国家施工验收规范执行。

图 例

名称	图例	名称	图例	名称	图例
冷水管	—J—	散热器	▭ ▢	检查口	⊣
排水管	—P—	地漏	⊘ ▽	雨水口	⊘
采暖供水管	——	洗涤盆	▥	小便斗	▽
采暖回水管	— — —	浴盆	▭	蹲式大便器	▭
洗脸盆	▥	给水嘴	⊢	管道式伸缩器	◁▷
冷水给水表	▤	截止阀	⋈	固定支架	✳
坐式大便器	◗	清扫口	⊤ ⊙	拖布池	⊠

序号	名称	型号及规格	图集号
8	水泵接合器	地下式	详91SB3-26页
7	雨水斗	DN100	详91SB2-23页
6	通气帽	DN150（DN100）	详91SB2-附33页
5	地漏	DN50	详91SB2-108页
4	小便器	普通	详91SB2-83页
3	蹲便器	普通	详91SB2-99页
2	洗涤盆	普通	详91SB2-23页
1	散热器	GLZF-1-600-1.2	详91SB1-1页

主要设备选用图集表

给水、排水设计说明

室内给水

一、室内管道安装

1. 给水管道采用PP-R管材及配件，按国家施工规范要求施工，阀门：DN≤50mm，用截止阀，DN≥70mm用闸阀。管道跨越伸缩缝处加套管并做10mm硅酸镁保温处理。

2. 穿墙或楼板的管道均设钢管套管，穿楼板套管高出装饰地面20mm，其底部与地面相平。但卫生间、盥洗室、厨房、浴室及其他经常冲洗地面的房间过楼板的套管高出地面50mm。套管周围填塞岩棉水泥。

二、试压

承压管道系统安装后进行1MPa水压试验，10min压力下降小于50kPa，然后降至工作压力进行外观检查，不渗、不漏为合格。

室内排水

一、管道系统安装

排水采用硬聚乙烯螺旋消音排水管，专用配件接口，安装地漏时其面应低于地面10mm，周围缝隙浇灌C20细石混凝土。安装在地面且不经常排水的地漏下面应加设P或S形存水弯（厨房地漏），所有存水弯应有清扫用的丝堵。排水管出屋面高度不小于700mm。

二、通水试验及回填土

1. 系统安装后须做通水试验，以水流疏畅不漏为合格。暗装或埋地的管道在隐蔽前须做灌水试验，灌水高度不低于底层地面高度。

2. 回填土须在验收合格后进行，回填土须分层夯实。

采暖设计说明

一、管道系统安装

1. 管道采用焊接钢管，DN＜32mm 为丝接，DN≥40mm 为焊接。采暖系统采用闸阀，DN≤50mm 时用丝扣阀门，DN≥70mm 时用法兰阀门。当管道在汇管时不得垂直连接，必须按水流方向斜插接管。管道下翻处均设丝堵。

2. 穿墙或楼板的管道均设大两挡的钢管套管，穿楼板套管高出装饰地20mm，其底部与地面相平，但卫生间、盥洗室、厨房、浴室等过楼板的套管高出地面50mm，套管周围填塞岩棉水泥。

管道支架间距表

管径(mm)	15	20	25	32	40	50	70	80	100	125	150	200	250	300
无保温层(m)	2.5	3	3.5	4	4.5	5	6	6	6.5	7	8	9.5	11	12
有保温层(m)	1.5	2	2	2.5	3	3	4	4	4.5	5	6	7	8	8.5

二、散热器安装

散热器应采用铸铁四柱760型，采用橡胶石棉板或耐热温度不低于120℃的橡胶衬垫。热水采暖系统每组散热器上均安装6mm手动放气阀一个。

三、刷漆及保温

1. 明设的管道、铁件、散热器均刷防锈漆一道，调合漆两道。

2. 地下室、管沟内的管道均刷防锈漆两道后用复合硅酸铝或复合硅酸镁做保温层，厚度大于30mm，外刷防水涂料一道；或用岩棉管壳做保温层厚度大于30mm，外包一层玻璃丝布的保护层。

四、试压

系统安装完毕后应进行水冲洗，然后进行水压试验。试验要求：95～70℃的热水系统试压500kPa，10min压力下降不超过20kPa为合格。

立管管道编号
采暖立管：G（H）Lxx
冷水立管：JL-xx
排水立管：PL-xx
雨水立管：YL-xx
消防立管：XFL-xx

××××建筑勘察设计咨询有限公司		工号	0340	设	第1页
		日期	2003.9	施	共7页
制图					
设计				总说明	
校对		社区综合服务楼			
审核					

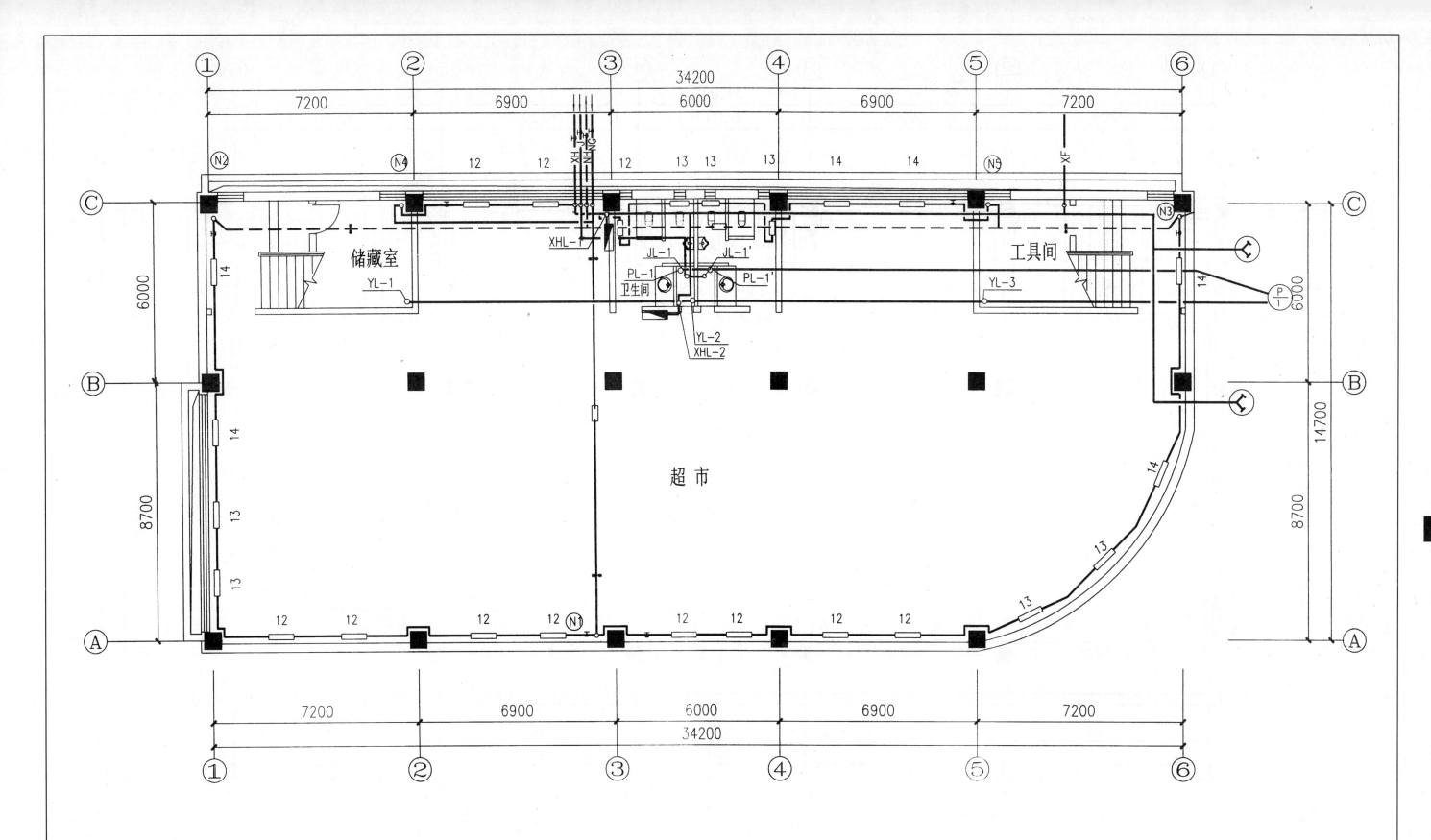

地下室管道平面图

读图指导：

1. 结合设施 7 页一起识读。

2. 本图中表示给水、消防、采暖的进户管位置，均由楼房后接入室内。除一条消防管道由⑤～⑥轴接入，其他都在③轴附近接入。

3. 给水管道进入室内引至两个卫生间，设两根立管 JL-1，JL-1′。

4. 排水有卫生间污水管和雨水管，两条支管汇成总管排出。

5. 消防有两个接入管，在靠近③轴处的消防管上安装两个消火栓。

6. 该图的采暖系统主要标注了各散热器的安装位置和数量。

排水基础留洞尺寸为：450×450，底标高为-1.800

采暖入户基础留洞尺寸为：800×1000，底标高为-1.800

××××建筑勘察设计咨询有限公司	工号	0340	设	第 2 页
	日期	2003.9	施	共 7 页
制图				
设计				地下室管道平面图
校对			社区综合服务楼	
审核				

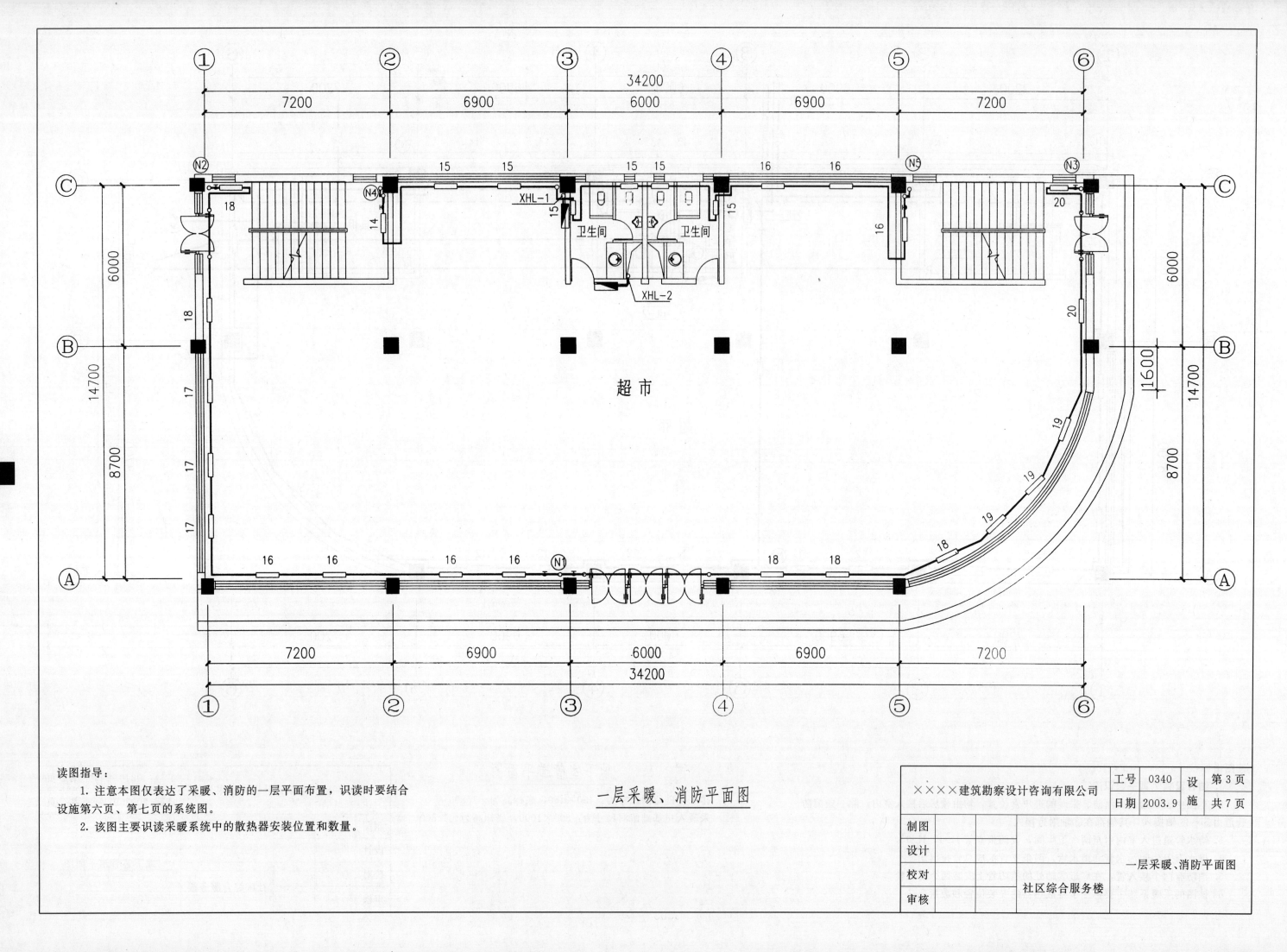

一层采暖、消防平面图

读图指导：
　　1. 注意本图仅表达了采暖、消防的一层平面布置，识读时要结合设施第六页、第七页的系统图。
　　2. 该图主要识读采暖系统中的散热器安装位置和数量。

××××建筑勘察设计咨询有限公司		工号	0340	设	第3页
		日期	2003.9	施	共7页
制图					
设计				一层采暖、消防平面图	
校对			社区综合服务楼		
审核					

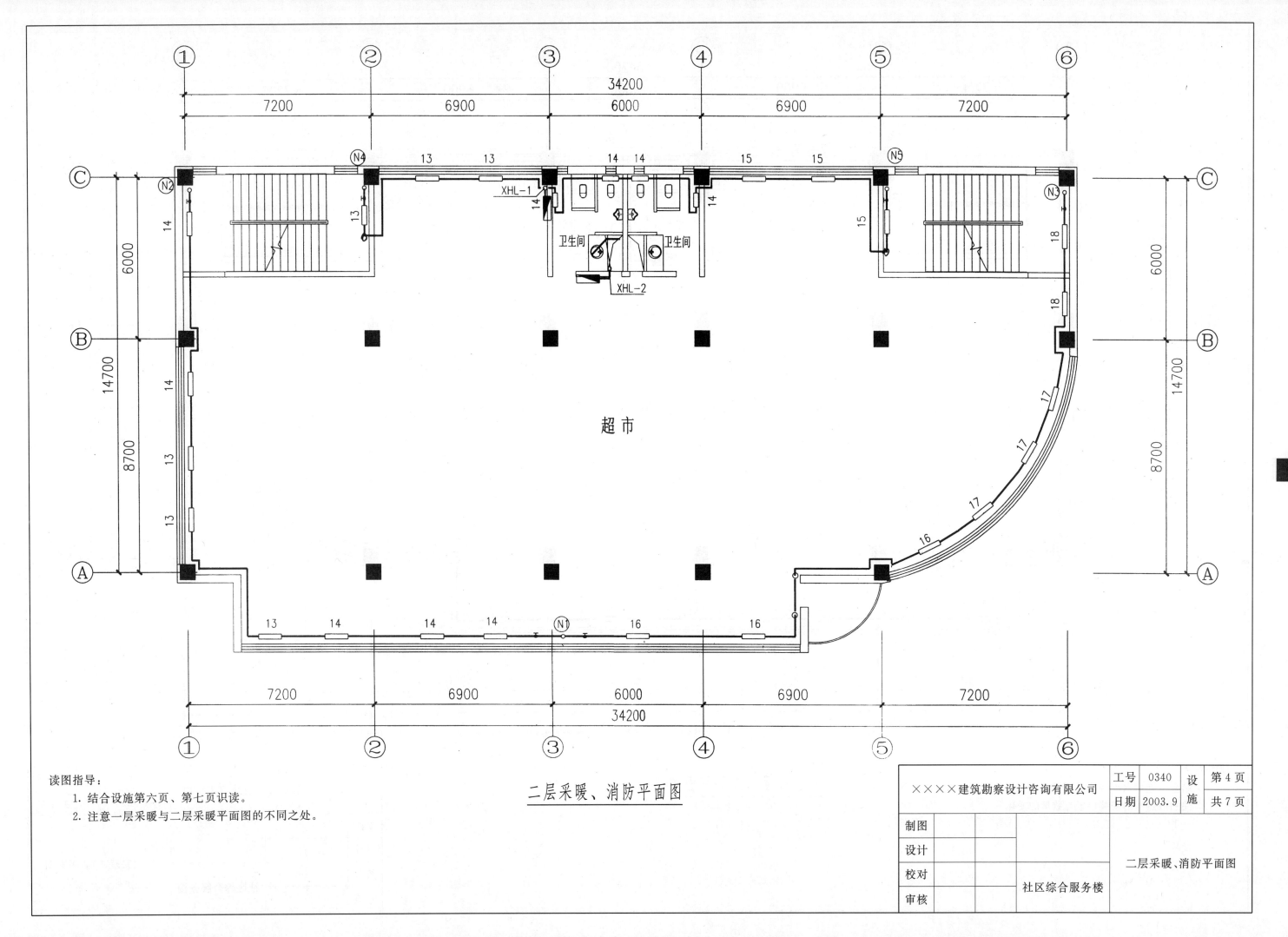

二层采暖、消防平面图

读图指导：
1. 结合设施第六页、第七页识读。
2. 注意一层采暖与二层采暖平面图的不同之处。

| ××××建筑勘察设计咨询有限公司 | 工号 | 0340 | 设 | 第 4 页 |
| | 日期 | 2003.9 | 施 | 共 7 页 |

制图	
设计	
校对	社区综合服务楼
审核	

二层采暖、消防平面图

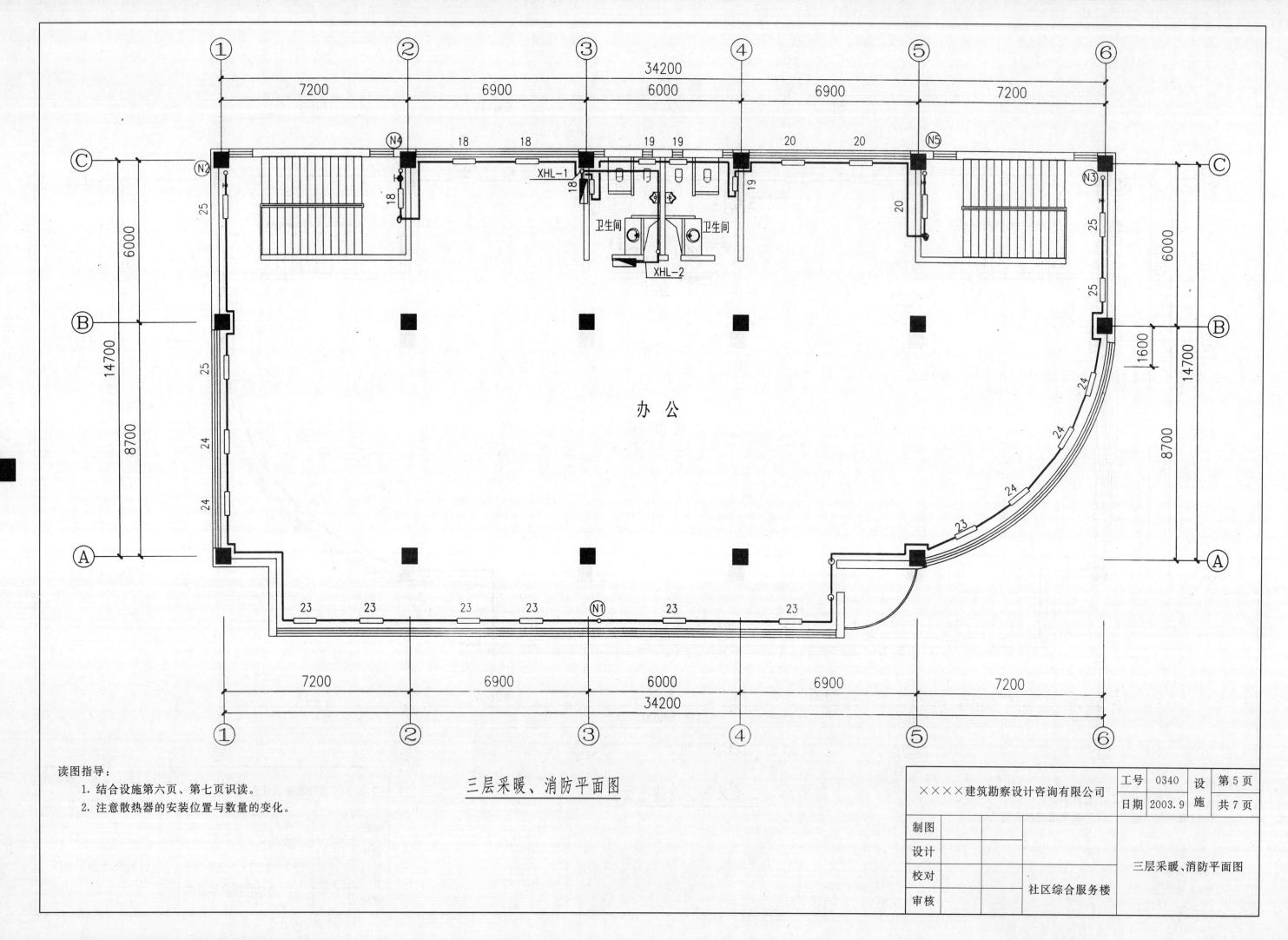

三层采暖、消防平面图

读图指导：
1. 结合设施第六页、第七页识读。
2. 注意散热器的安装位置与数量的变化。

	工号	0340	设	第5页
××××建筑勘察设计咨询有限公司	日期	2003.9	施	共7页
制图				
设计			三层采暖、消防平面图	
校对		社区综合服务楼		
审核				

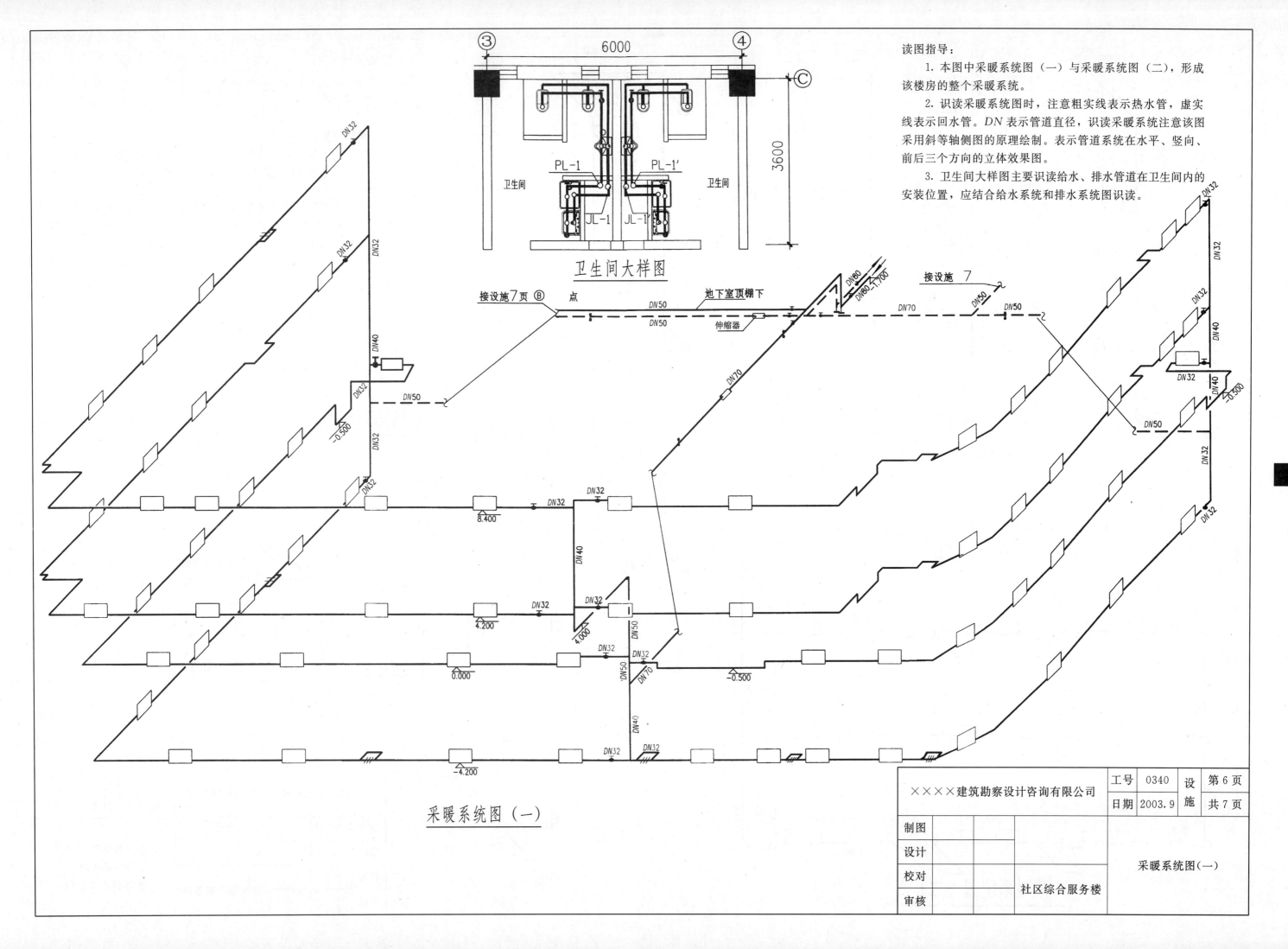

读图指导：

1. 本图中采暖系统图（一）与采暖系统图（二），形成该楼房的整个采暖系统。

2. 识读采暖系统图时，注意粗实线表示热水管，虚实线表示回水管。DN 表示管道直径，识读采暖系统注意该图采用斜等轴侧图的原理绘制。表示管道系统在水平、竖向、前后三个方向的立体效果图。

3. 卫生间大样图主要识读给水、排水管道在卫生间内的安装位置，应结合给水系统和排水系统图识读。

卫生间大样图

采暖系统图（一）

工号	0340	设	第 6 页
日期	2003.9	施	共 7 页

××××建筑勘察设计咨询有限公司

制图		
设计		
校对		社区综合服务楼
审核		

采暖系统图(一)

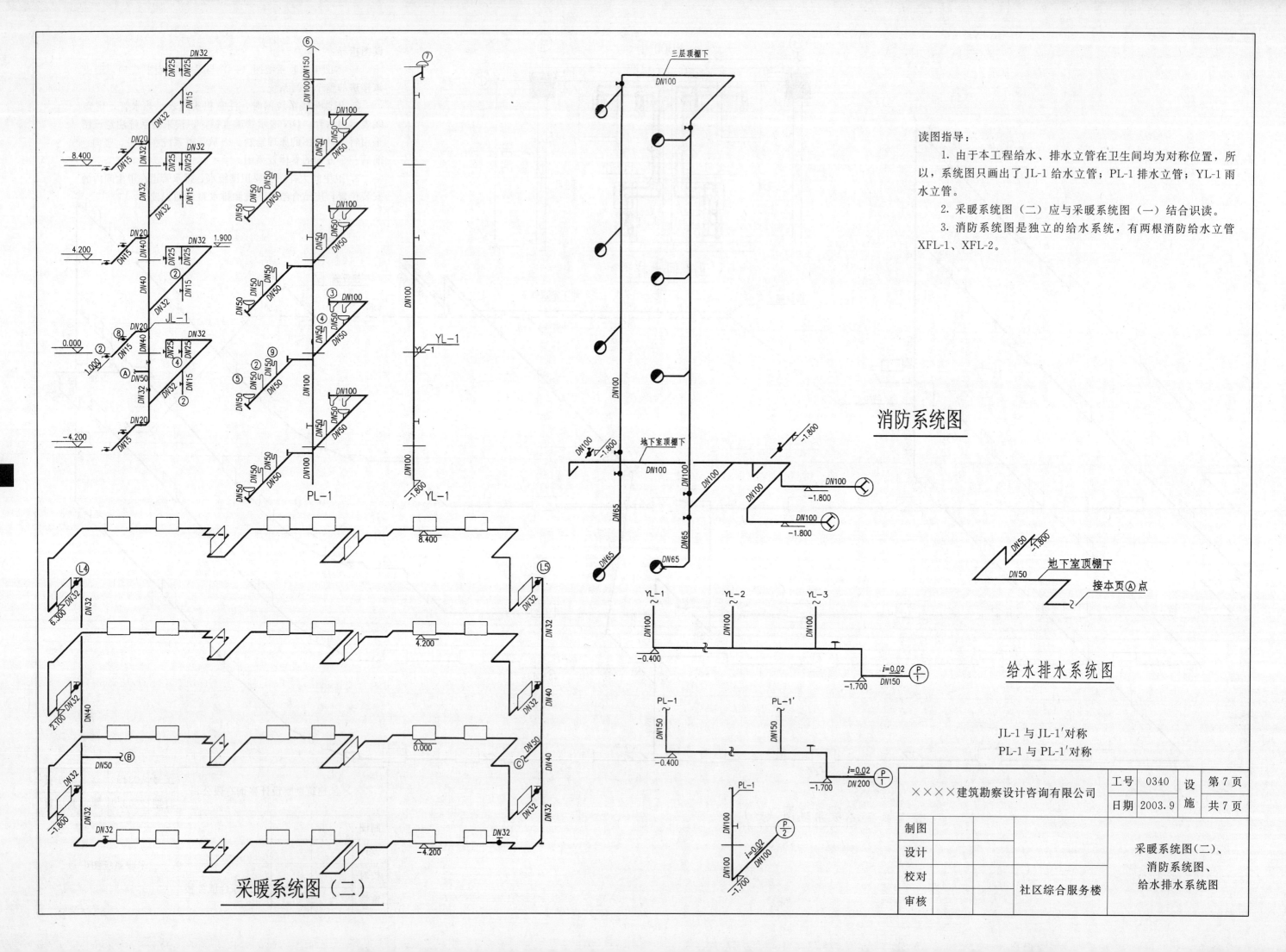

读图指导：

1. 由于本工程给水、排水立管在卫生间均为对称位置，所以，系统图只画出了 JL-1 给水立管；PL-1 排水立管；YL-1 雨水立管。

2. 采暖系统图（二）应与采暖系统图（一）结合识读。

3. 消防系统图是独立的给水系统，有两根消防给水立管 XFL-1、XFL-2。

消防系统图

给水排水系统图

采暖系统图（二）

JL-1 与 JL-1′对称
PL-1 与 PL-1′对称

××××建筑勘察设计咨询有限公司		工号	0340	设	第 7 页
		日期	2003.9	施	共 7 页
制图					
设计				采暖系统图(二)、
校对		社区综合服务楼		消防系统图、
审核				给水排水系统图

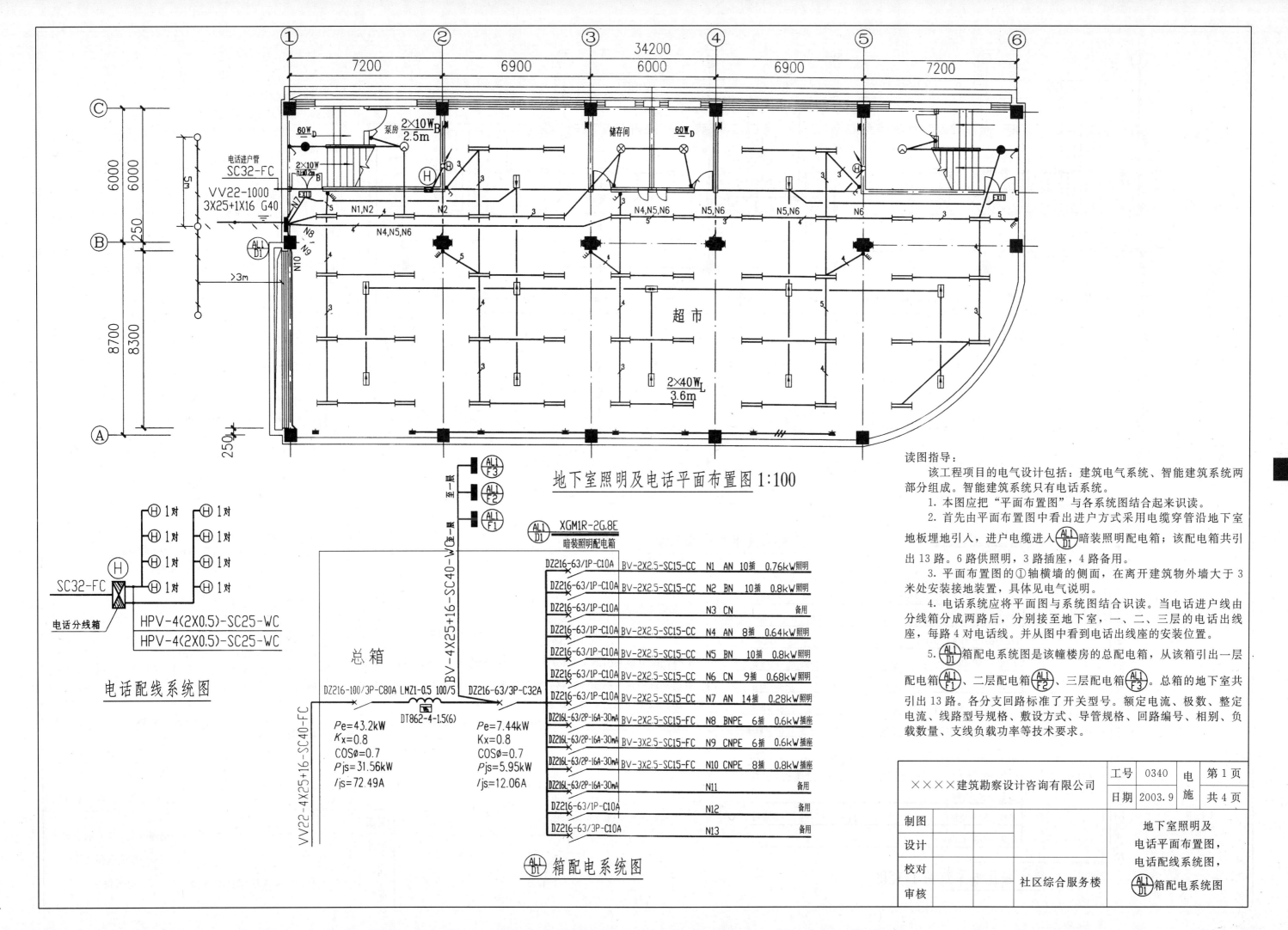

地下室照明及电话平面布置图 1:100

超市

电话进户管
SC32-FC

VV22-1000
3X25+1X16 G40

2×10W/2.5m B

60W D

储存间

60W D

2×40W L
3.6m

N1,N2
N2
N4,N5,N6
N5,N6
N5,N6
N6
N4,N5,N6
N8 N9 N10

泵房

读图指导:
该工程项目的电气设计包括:建筑电气系统、智能建筑系统两部分组成。智能建筑系统只有电话系统。

1. 本图应把"平面布置图"与各系统图结合起来识读。

2. 首先由平面布置图中看出进户方式采用电缆穿管沿地下室地板埋地引入,进户电缆进入 (ALL/D1)暗装照明配电箱;该配电箱共引出13路。6路供照明,3路插座,4路备用。

3. 平面布置图的①轴横墙的侧面,在离建筑物外墙大于3米处安装接地装置,具体见电气说明。

4. 电话系统应将平面图与系统图结合识读。当电话进户线由分线箱分成两路后,分别接至地下室,一、二、三层的电话出线座,每路4对电话线。并从图中看到电话出线座的安装位置。

5. (ALL/D1)箱配电系统图是该幢楼房的总配电箱,从该箱引出一层配电箱(ALL/F1)、二层配电箱(ALL/F2)、三层配电箱(ALL/F3)。总箱的地下室共引出13路。各分支回路标了开关型号。额定电流、极数、整定电流、线路型号规格、敷设方式、导管规格、回路编号、相别、负载数量、支线负载功率等技术要求。

电话配线系统图

SC32-FC

HPV-4(2X0.5)-SC25-WC
HPV-4(2X0.5)-SC25-WC

电话分线箱

(ALL/D1) 箱配电系统图

至一层
(ALL/F3)
(ALL/F2)
(ALL/F1)

XGM1R-2G.8E
(ALL/D1) 暗装照明配电箱

BV-4X25+16-SC40-W至一层

总箱

DZ216-100/3P-C80A LMZ1-0.5 100/5

DT862-4-1.5(6)

DZ216-63/3P-C32A

DZ216-63/1P-C10A	BV-2X2.5-SC15-CC	N1	AN	10	0.76kW照明
DZ216-63/1P-C10A	BV-2X2.5-SC15-CC	N2	BN	10插	0.8kW照明
DZ216-63/1P-C10A		N3	CN		备用
DZ216-63/1P-C10A	BV-2X2.5-SC15-CC	N4	AN	8插	0.64kW照明
DZ216-63/1P-C10A	BV-2X2.5-SC15-CC	N5	BN	10插	0.8kW照明
DZ216-63/1P-C10A	BV-2X2.5-SC15-CC	N6	CN	9插	0.68kW照明
DZ216-63/1P-C10A	BV-2X2.5-SC15-CC	N7	AN	14	0.28kW照明
DZ216L-63/2P-16A-30mA	BV-2X2.5-SC15-FC	N8	BNPE	6插	0.6kW插座
DZ216L-63/2P-16A-30mA	BV-3X2.5-SC15-FC	N9	CNPE	6插	0.6kW插座
DZ216L-63/2P-16A-30mA	BV-3X2.5-SC15-FC	N10	CNPE	8插	0.8kW插座
DZ216L-63/2P-16A-30mA		N11			备用
DZ216-63/1P-C10A		N12			备用
DZ216-63/3P-C10A		N13			备用

$Pe=43.2kW$
$Kx=0.8$
$COS\phi=0.7$
$Pjs=31.56kW$
$Ijs=72.49A$

$Pe=7.44kW$
$Kx=0.8$
$COS\phi=0.7$
$Pjs=5.95kW$
$Ijs=12.06A$

VV22-4X25+16-SC40-FC

××××建筑勘察设计咨询有限公司	工号	0340	电	第1页
	日期	2003.9	施	共4页

制图				
设计			社区综合服务楼	地下室照明及电话平面布置图,电话配线系统图,(ALL/D1)箱配电系统图
校对				
审核				

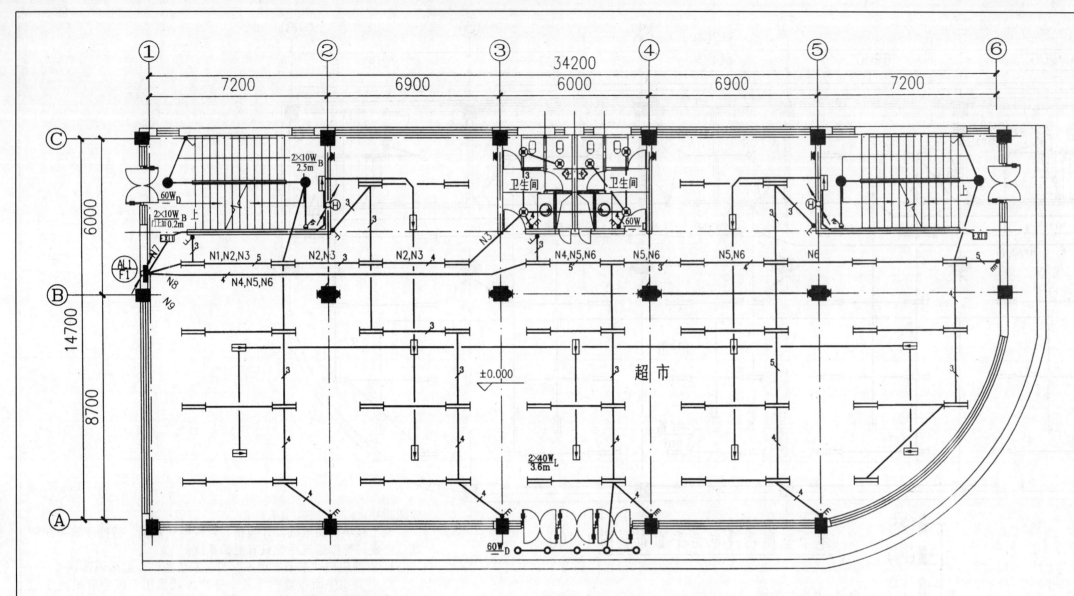

一层照明及电话平面布置图 1:100

电气说明

一、建筑电气系统

1. 电源及进线方式

（1）电源电压：本工程电源为 380/220V，三相四线制系统。

（2）进线方式：采用电缆穿管沿地下室地板埋地引入。

2. 室内布线

（1）电源进户线采用 VV22-1kV 铜芯铠装电缆引入建筑物，至总配电箱。

（2）配电干线采用 BV 铜芯塑料绝缘导线穿钢管敷设，配电分支线采用 BV 铜芯塑料绝缘导线穿钢管沿钢板或线槽敷设。

3. 电源开关箱制作。安装：配电室电源总箱落地式安装，距地 0.2m，暗装及明装式配电箱安装距地 1.5m，暗装配电箱留洞尺寸仅为参考，具体尺寸应与电源开关箱厂家联系后确定。

4. 安全及接地

（1）本建筑低压配电系统接地形式采用"TN-C-S"系统，利用室外接地扁钢、角钢作主接地网。要求实测接地电阻小于 4 欧姆若不满足增加户外接地装置。所有经过漏电开关的工作零与保护地线应分开设置，不得混用。

（2）总等电位联结箱位于总箱旁，距地：0.5m，详见：DBJT 27—28。

（3）插座回路设置过电压及漏电保护装置。

5. 安装图均选用《建筑电气安装工程图集》有关大样：

（1）电缆进户做法见 JD5-111、112 页。

（2）电源开关箱安装见 JD3-005 页嵌入式安装。

（3）灯具安装见 JD9-101-104 页。

（4）暗装开关板。插座安装见 JD8-108 页。

（5）接地极及接地线安装见 JD10-125 页。

二、智能建筑系统

电话系统

（1）电话系统接市区电话网。

（2）电话进户管由地下室地板穿管引入。埋地暗敷设引至电话总箱。总箱 400×400×180，嵌入式安装，距地 0.5m，电话出线座安装距地 0.3m。

三、未说明部分均应严格按照国家有关电气施工规程、规范进行施工。

读图指导：

1. 结合电气说明，图例读图。

2. 一层电气照明配电箱 (AL1/F1)，暗装在①轴横墙的内侧。

3. (AL1/F1) 配电箱共引出 13 条分支回路，7 条照明，3 条插座，3 条备用。并由平面布置可以识读各路安装用电器的各项技术指标。同时由配电系统图识读干线将引至第二层。

4. 同样由平面布置中识读一层电话出线座⑭安装的位置。

(AL1/F1) XGM1R-2G.5E.3L
暗装照明配电箱

开关	线路	回路		功率
DZ216-63/1P-C10A	BV-2×2.5-SC15-CC	N1	AN 10插	0.76kW 照明
DZ216-63/1P-C10A	BV-2×2.5-SC15-CC	N2	BN 10插	0.8kW 照明
DZ216-63/1P-C10A	BV-2×2.5-SC15-CC	N3	CN 6插	0.36kW 照明
DZ216-63/1P-C10A	BV-2×2.5-SC15-CC	N4	AN 8插	0.64kW 照明
DZ216-63/1P-C10A	BV-2×2.5-SC15-CC	N5	BN 10插	0.8kW 照明
DZ216-63/1P-C10A	BV-2×2.5-SC15-CC	N6	CN 9插	0.68kW 照明
DZ216-63/1P-C10A	BV-3×2.5-SC15-CC	N7	AN 14插	0.28kW 照明
DZ216L-63/2P-16A-30mA	BV-3×2.5-SC15-FC	N8	BNPE 6插	0.6kW 插座
DZ216L-63/2P-16A-30mA	BV-3×2.5-SC15-FC	N9	CNPE 6插	0.6kW 插座
DZ216L-63/2P-16A-30mA	BV-3×2.5-SC15-FC	N10	CNPE 8插	0.8kW 插座
DZ216L-63/2P-16A-30mA		N11		备用
DZ216-63/1P-C10A		N12		备用
DZ216-63/3P-C20A		N13		备用

DZ216-63/3P-C32A

BV 4×25+16-SC40-WC BV 4×25+16-SC40-WC 至二层

P_e=7.44kW
K_x=0.8
$COS\phi$=0.7
P_{js}=5.95kW
I_{js}=12.06A

(AL1/F1) 箱配电系统图 1:150

××××建筑勘察设计咨询有限公司	工号	0340	电施	第 2 页
	日期	2003.9		共 4 页
制图			一层照明及电话平面布置图， (AL1/F1) 箱配电系统图， 电气说明
设计		
校对		社区综合服务楼
审核		

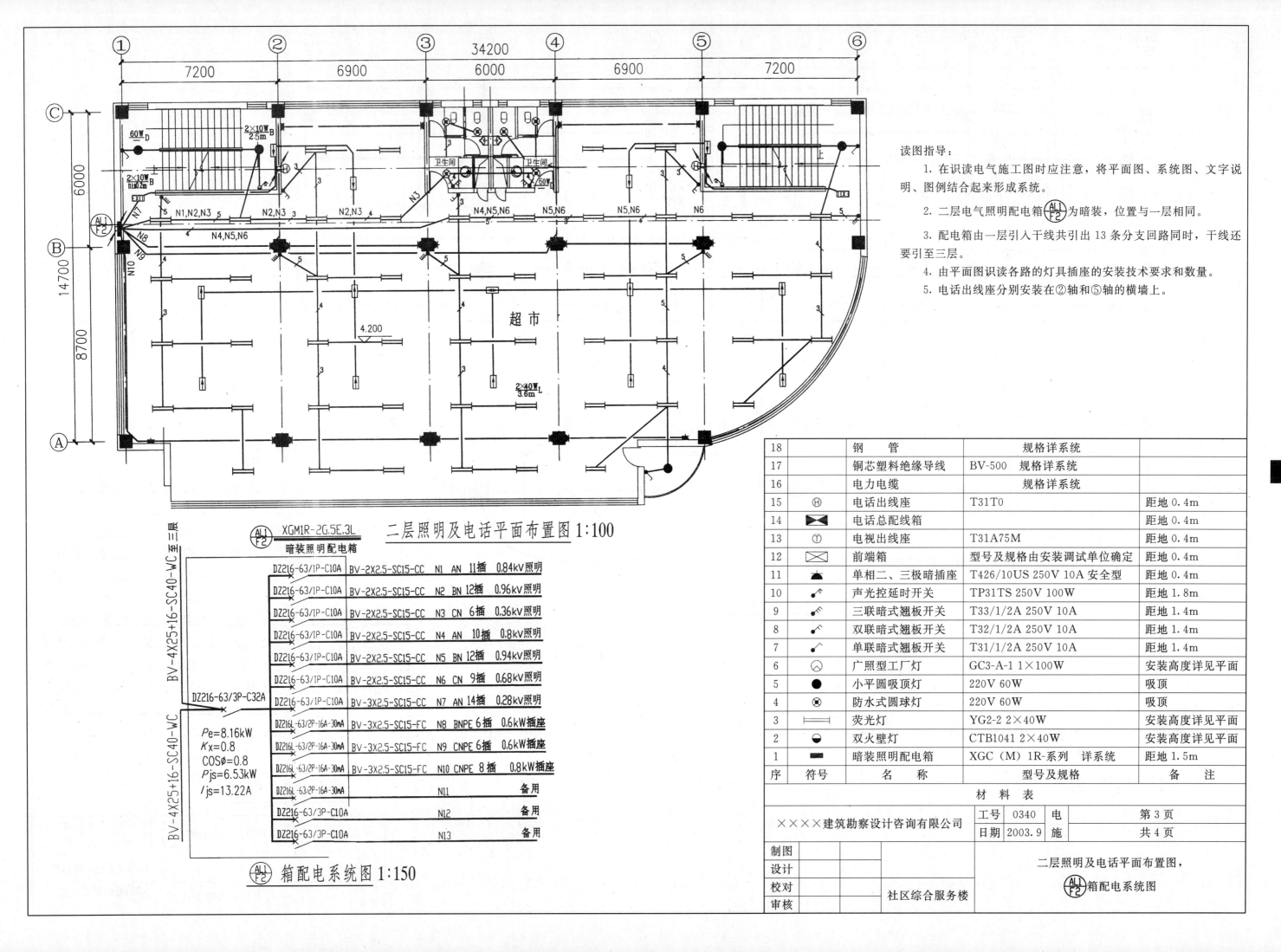

二层照明及电话平面布置图 1:100

读图指导：

1. 在识读电气施工图时应注意，将平面图、系统图、文字说明、图例结合起来形成系统。

2. 二层电气照明配电箱 AL1F2 为暗装，位置与一层相同。

3. 配电箱由一层引入干线共引出 13 条分支回路同时，干线还要引至三层。

4. 由平面图识读各路的灯具插座的安装技术要求和数量。

5. 电话出线座分别安装在②轴和⑤轴的横墙上。

AL1F2 XGM1R-2G.5E.3L 暗装照明配电箱

AL1F2 箱配电系统图 1:150

BV-4X25+16-SC40-WC 至三层
BV-4X25+16-SC40-WC

DZ216-63/3P-C32A

Pe=8.16kW
Kx=0.8
COSφ=0.8
Pjs=6.53kW
Ijs=13.22A

DZ216-63/1P-C10A	BV-2X2.5-SC15-CC	N1 AN 11插	0.84kV 照明
DZ216-63/1P-C10A	BV-2X2.5-SC15-CC	N2 BN 12插	0.96kV 照明
DZ216-63/1P-C10A	BV-2X2.5-SC15-CC	N3 CN 6插	0.36kV 照明
DZ216-63/1P-C10A	BV-2X2.5-SC15-CC	N4 AN 10插	0.8kV 照明
DZ216-63/1P-C10A	BV-2X2.5-SC15-CC	N5 BN 12插	0.94kV 照明
DZ216-63/1P-C10A	BV-2X2.5-SC15-CC	N6 CN 9插	0.68kV 照明
DZ216-63/1P-C10A	BV-3X2.5-SC15-CC	N7 AN 14插	0.28kV 照明
DZ216L-63/2P-16A-30mA	BV-3X2.5-SC15-FC	N8 BNPE 6插	0.6kW 插座
DZ216L-63/2P-16A-30mA	BV-3X2.5-SC15-FC	N9 CNPE 6插	0.6kW 插座
DZ216L-63/2P-16A-30mA	BV-3X2.5-SC15-FC	N10 CNPE 8插	0.8kW 插座
DZ216L-63/2P-16A-30mA		N11	备用
DZ216-63/3P-C10A		N12	备用
DZ216-63/3P-C10A		N13	备用

材料表

序	符号	名称	型号及规格	备注
18		钢管	规格详系统	
17		铜芯塑料绝缘导线	BV-500 规格详系统	
16		电力电缆	规格详系统	
15	⊕	电话出线座	T31T0	距地 0.4m
14	⊠	电话总配线箱		距地 0.4m
13	Ⓣ	电视出线座	T31A75M	距地 0.4m
12	⊠	前端箱	型号及规格由安装调试单位确定	距地 0.4m
11	■	单相二、三极暗插座	T426/10US 250V 10A 安全型	距地 0.4m
10	✎	声光控延时开关	TP31TS 250V 100W	距地 1.8m
9	✎	三联暗式翘板开关	T33/1/2A 250V 10A	距地 1.4m
8	✎	双联暗式翘板开关	T32/1/2A 250V 10A	距地 1.4m
7	✎	单联暗式翘板开关	T31/1/2A 250V 10A	距地 1.4m
6	⊗	广照型工厂灯	GC3-A-1 1×100W	安装高度详见平面
5	●	小平圆吸顶灯	220V 60W	吸顶
4	⊗	防水式圆球灯	220V 60W	吸顶
3	⊏⊐	荧光灯	YG2-2 2×40W	安装高度详见平面
2	◔	双火壁灯	CTB1041 2×40W	安装高度详见平面
1	▦	暗装照明配电箱	XGC（M）1R-系列 详系统	距地 1.5m

××××建筑勘察设计咨询有限公司	工号	0340	电	第 3 页
	日期	2003.9	施	共 4 页

制图			二层照明及电话平面布置图，
设计			AL1F2 箱配电系统图
校对		社区综合服务楼	
审核			

超市

75

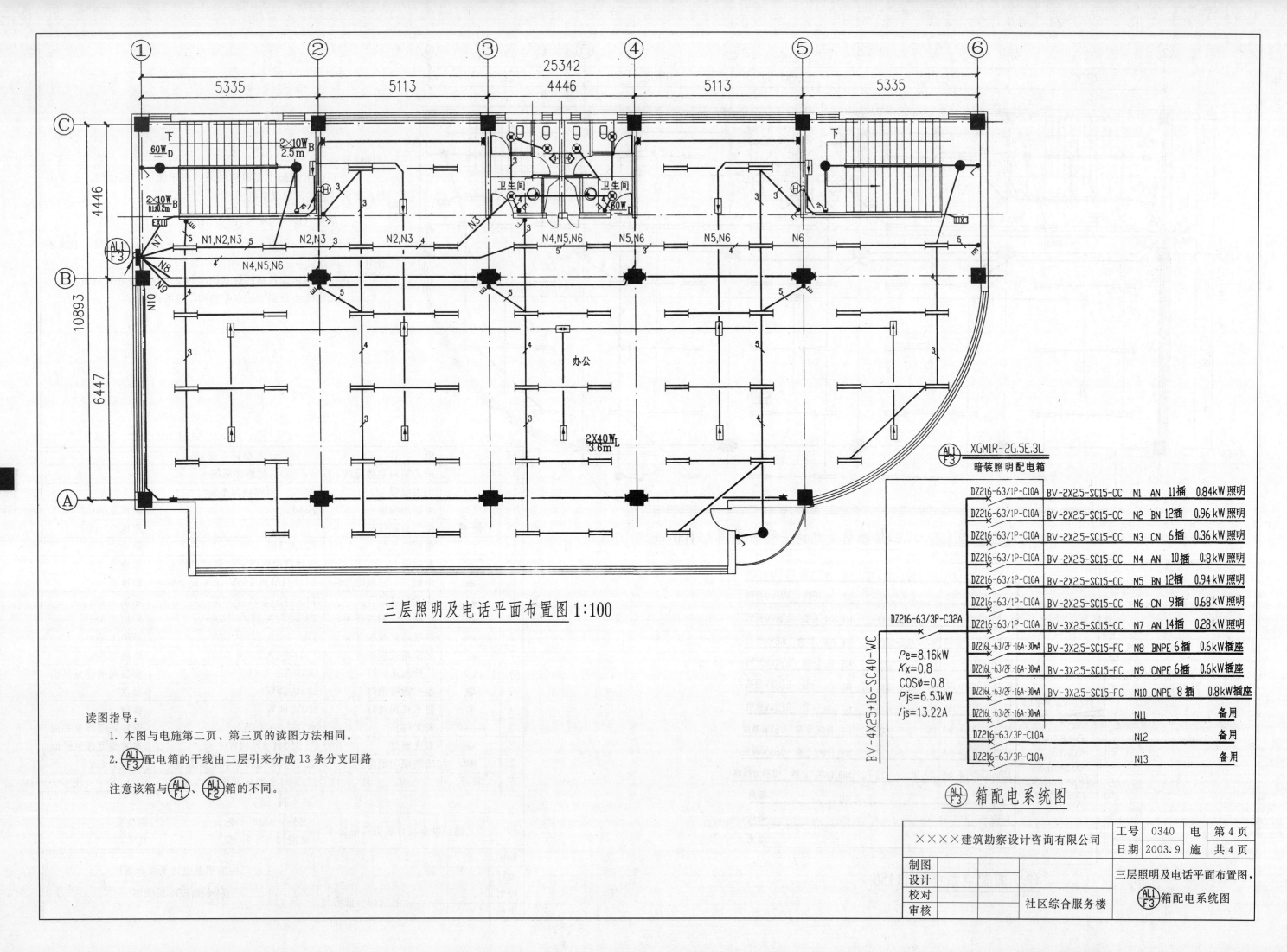

三层照明及电话平面布置图 1:100

读图指导:

1. 本图与电施第二页、第三页的读图方法相同。

2. ⒜⒧ 配电箱的干线由二层引来分成13条分支回路
   F3

   注意该箱与 ⒜⒧ 、⒜⒧ 箱的不同。
             F1   F2

⒜⒧ XGM1R-2G.5E.3L
F3 暗装照明配电箱

⒜⒧ 箱配电系统图
F3

DZ216-63/1P-C10A	BV-2X2.5-SC15-CC	N1 AN 11插	0.84kW照明
DZ216-63/1P-C10A	BV-2X2.5-SC15-CC	N2 BN 12插	0.96kW照明
DZ216-63/1P-C10A	BV-2X2.5-SC15-CC	N3 CN 6插	0.36kW照明
DZ216-63/1P-C10A	BV-2X2.5-SC15-CC	N4 AN 10插	0.8kW照明
DZ216-63/1P-C10A	BV-2X2.5-SC15-CC	N5 BN 12插	0.94kW照明
DZ216-63/1P-C10A	BV-2X2.5-SC15-CC	N6 CN 9插	0.68kW照明
DZ216-63/1P-C10A	BV-3X2.5-SC15-CC	N7 AN 14插	0.28kW照明
DZ216-63/2F-16A-30mA	BV-3X2.5-SC15-FC	N8 BNPE 6插	0.6kW插座
DZ216-63/2F-16A-30mA	BV-3X2.5-SC15-FC	N9 CNPE 6插	0.6kW插座
DZ216-63/2F-16A-30mA	BV-3X2.5-SC15-FC	N10 CNPE 8插	0.8kW插座
DZ216-63/2F-16A-30mA		N11	备用
DZ216-63/3P-C10A		N12	备用
DZ216-63/3P-C10A		N13	备用

DZ216-63/3P-C32A

P_e=8.16kW
K_x=0.8
COSφ=0.8
P_{js}=6.53kW
I_{js}=13.22A

BV-4X25+16-SC40-WC

××××建筑勘察设计咨询有限公司	工号	0340	电	第4页
	日期	2003.9	施	共4页
制图				
设计		社区综合服务楼	三层照明及电话平面布置图,	
校对			⒜⒧箱配电系统图	
审核			F3	

76

第四篇　实例三——某加工厂餐厨垃圾处置厂厂房

该加工厂为钢结构工业厂房，在荷载和其他条件相同的情况下，钢结构比其他结构的构件截面尺寸小，结构重量轻，便于运输、安装，特别适用于跨度大、荷载大、安装高度较高的结构。作为教学实例具有代表性，该工程的特点为：

1. 该厂房由于无吊车而采用了双坡门式轻型刚架结构。建筑面积 1440m²，耐火等级为 Ⅱ 级，建筑耐久年限为 50 年。

2. 该建筑的抗震设防烈度为 8 度（0.2g），设计地震分组为第一组，场地类别为 Ⅱ 类。

3. 该建筑屋盖系统用 C 形钢檩条及十字交叉圆钢支撑组成屋面横向水平支撑，墙面采用轻型结构外墙、屋面采用 $\delta = 0.426$mm 镀锌彩板 760 型，160mm 厚彩钢夹芯板。有组织外排水。

4. 该建筑采用了轻型彩钢夹心外墙板作为围护材料，重量轻、外观美、施工速度快。

图 纸 目 录
DRAWINGS LIST

建设单位 CLIENT		项目名称 PROJECT	厂房	设计阶段 DESIGN PHASE	施工图	版本编号 EDITION NO.	第 1 版	工程编号 PROJECT NO.	2003（一）-023	电脑编号 COMPUTER NO.	064	页　次 PAGE	第 01 页	日　期 DATE	2004-02

专业 SPECIALITY	序号 NO.	图纸编号 DRAWING NO.	图纸名称 DRAWING TITLE	图幅 DRAWING SIZE	版本编号 EDITION NO.	备注 REMARKS	专业 SPECIALITY	序号 NO.	图纸编号 DRAWING NO.	图纸名称 DRAWING TITLE	图幅 DRAWING SIZE	版本编号 EDITION NO.	备注 REMARKS
建筑专业	01	总施-01 页	总平面布置图　竖向设计图	A2	第 1 版			20	结施-12 页	檩条大样图	A2	第 1 版	
	02	建施-01 页	建筑设计总说明	A2	第 1 版			21	结施-13 页	屋面斜撑大样图	A2	第 1 版	
	03	建施-02 页	门窗统计表　干燥机基础图	A2	第 1 版			22	结施-14 页	屋面斜撑大样图及材料表	A2	第 1 版	
	04	建施-03 页	平面图　水箱布置图	A2	第 1 版			23	结施-15 页	柱间支撑大样图	A2	第 1 版	
	05	建施-04 页	立面图　剖面图　屋顶平面图	A2	第 1 版			24	结施-16 页	柱间支撑大样图及材料表	A2	第 1 版	
	06	建施-05 页	设备基础平面图	A2	第 1 版			25	结施-17 页	大样图（一）	A2	第 1 版	
	07	建施-06 页	大样图	A2	第 1 版			26	结施-18 页	大样图（二）	A2	第 1 版	
	08	建施-07 页	排水沟平面图　拖布池平面图	A2	第 1 版								
结构专业	09	结施-01 页	钢结构设计总说明	A2	第 1 版								
	10	结施-02 页	基础平面布置图	A2	第 1 版								
	11	结施-03 页	基础大样图　构造柱与墙体的拉接	A2	第 1 版								
	12	结施-04 页	4.20m 标高板配筋图　室内房间屋面檩条布置图	A2	第 1 版								
	13	结施-05 页	底座安装示意图　柱脚安装示意图	A2	第 1 版								
	14	结施-06 页	GJ-1 大样图	A2	第 1 版								
	15	结施-07 页	GJ-1 材料表　构造柱与钢架连接大样	A2	第 1 版								
	16	结施-08 页	屋面上弦水平支撑布置图　屋面檩条布置图	A2	第 1 版								
	17	结施-09 页	①轴、⑨轴线墙架及柱间支撑布置图	A2	第 1 版								
	18	结施-10 页	Ⓐ、Ⓔ轴线墙梁及柱间支撑布置图	A2	第 1 版								
	19	结施-11 页	墙梁大样图	A2	第 1 版								

地址 ADDRESS		邮政编码 POST CODE		互联网址 WEB SITE		电子邮箱 E-mail		电话 TEL.		传真 FAX	

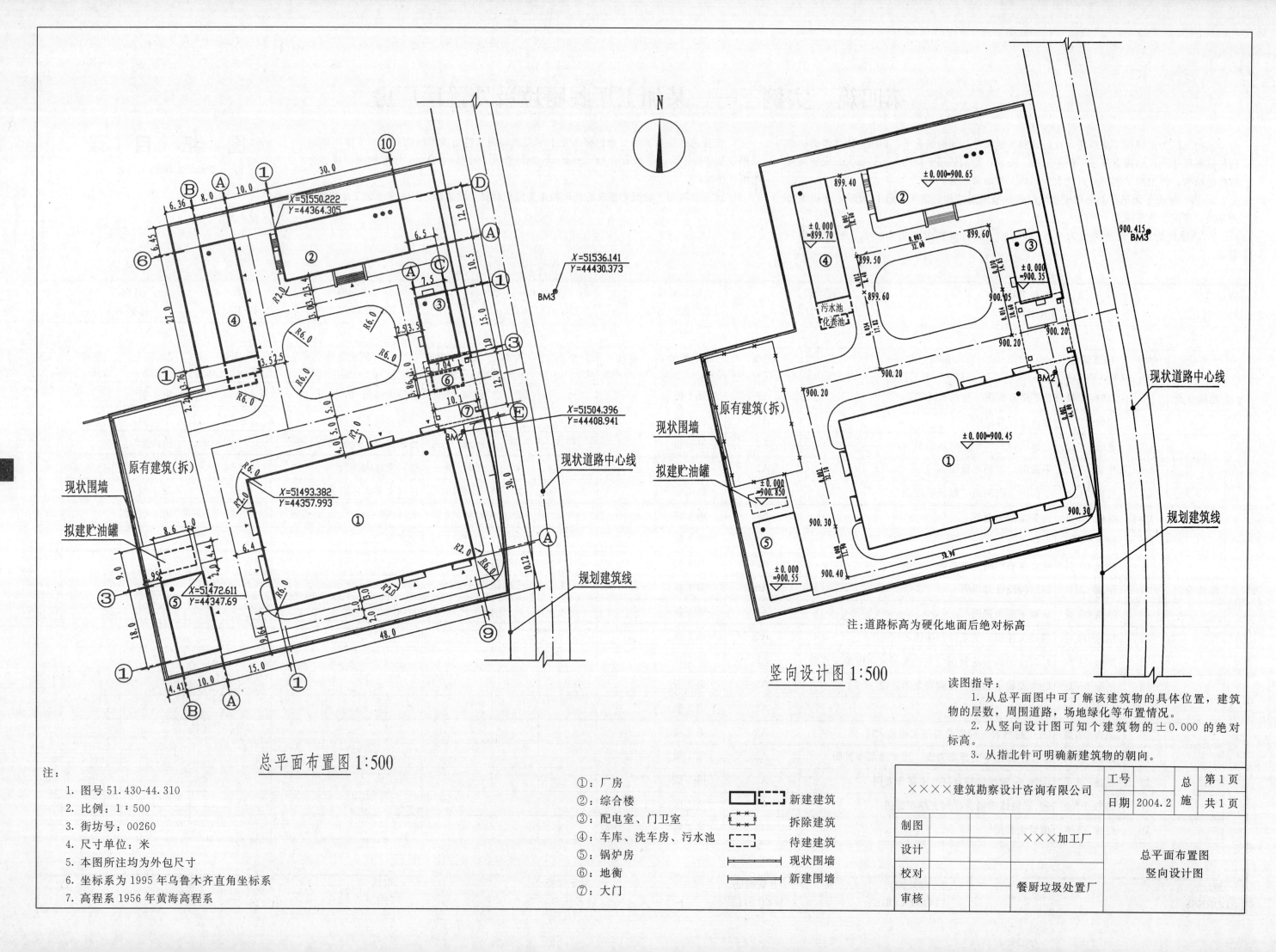

总平面布置图 1:500

竖向设计图 1:500

注:道路标高为硬化地面后绝对标高

现状道路中心线
现状围墙
原有建筑(拆)
拟建贮油罐
规划建筑线

读图指导:
1. 从总平面图中可了解该建筑物的具体位置,建筑物的层数,周围道路,场地绿化等布置情况。
2. 从竖向设计图可知个建筑物的±0.000 的绝对标高。
3. 从指北针可明确新建筑物的朝向。

注:
1. 图号 51.430-44.310
2. 比例:1:500
3. 街坊号:00260
4. 尺寸单位:米
5. 本图所注均为外包尺寸
6. 坐标系为1995年乌鲁木齐直角坐标系
7. 高程系1956年黄海高程系

①:厂房
②:综合楼
③:配电室、门卫室
④:车库、洗车房、污水池
⑤:锅炉房
⑥:地衡
⑦:大门

新建建筑
拆除建筑
待建建筑
现状围墙
新建围墙

××××建筑勘察设计咨询有限公司	工号		总	第1页
	日期	2004.2	施	共1页
制图		×××加工厂		总平面布置图
设计				竖向设计图
校对				
审核		餐厨垃圾处置厂		

78

建筑设计总说明

一、设计依据

1. 建设单位项目设计委托书
2. 初步设计
3. 《建筑制图标准》（GB/T 50104—2001）
4. 《民用建筑设计通则》（JGJ 37—87）
5. 《建筑抗震设计规范》（GB 50011—2001）
6. 《建筑设计防火规范》（GBJ 16—87〈2001年局部修订〉）
7. ××市规划局建筑设计红线图、业主委托及相关技术资料。

二、工程概况及设计范围

本工程系××市环卫城肥管理处餐厨垃圾处置厂项目工程，建筑使用年限50年，耐火等级二级，抗震设防烈度八度，结构类型为门式钢架，地上一层，建筑面积1440m²。

三、设计标高±0.000＝903.00（1956年黄海高程系）

四、建筑做法

（一）室外工程做法

1. 屋面做法（不上人屋面）

（采用δ＝0.426mm镀锌彩板760型）160mm厚彩钢夹芯板。

2. 外墙面做法

（1）＋2.00m标高以下为370mm厚砖墙砌筑。

（2）＋2.00m标高以上为160mm厚彩钢夹芯板外墙板。

3. 坡道做法：（自上而下）

30mm厚C20细石混凝土面层，横向抹120～150mm，宽15mm深锯齿形礓礤

120mm厚C20混凝土，分块690mm×440mm交错分缝

200mm厚12％石灰垫层

150mm厚9％石灰土

素土夯实

4. 散水做法（上而下）。

50mm厚C20细石混凝土面层，撒1：1水泥砂子压实赶光。

150mm厚5～32卵石灌M2.5混合砂浆，宽出面层300mm。

素土夯实，向外坡4％。

（二）室内工程做法

1. 内墙面做法

（1）＋2.00m标高以下及淋浴间做法：

白水泥擦缝；5mm厚釉面砖；5mm厚1：2建筑胶水泥砂浆粘结层；

20mm厚1：3水泥砂浆打底找平；聚氨酯涂膜防水层厚度不小于1.5mm，头道涂层后加一层无纺布；

20mm厚1：3水泥砂浆。

（2）＋2.00m标高以上为（采用δ＝0.426mm镀锌彩板900型）160mm厚彩钢夹芯板墙板。

（3）其余内墙为砖墙的饰面做法：

刷涂料二道饰面；封底漆一道；5mm厚1：0.5：2.5水泥石灰膏。

砂浆找平；9mm厚1：0.5：3水泥石灰膏砂浆打底扫毛或划出纹道。

2. 地面做法（自上而下）

（1）车间地面做法：a. 220mm厚C25混凝土面层分块捣制，随打随抹平，每块长度不大于6m，缝宽20mm，沥青砂子嵌缝；b. 30mm厚C15细石混凝土；c. 3mm厚氯化聚乙烯橡胶共混防水卷材一道；d. 最薄处30mm厚C15细石混凝土找坡向排水沟，坡度1％；e. 基层碾压，压实系数＞0.93。

（2）淋浴间地面做法：5～10mm厚铺地砖，稀水泥浆擦缝；6mm厚建筑水泥砂浆粘结层；35mm厚C15细石混凝土随打随抹；3mm厚高聚物改性沥青涂膜防水层；最薄处30mm厚C15细石混凝土，从门口处向地漏找2％坡；150mm厚5～32卵石灌M2.5混合砂浆；素土夯实。

（3）其他地面做法：20mm厚1：2.5水泥砂浆抹面压实赶光；素水泥浆一道；50mm厚C10混凝土；150mm厚5～32卵石灌M2.5混合砂浆；素土夯实。

3. 顶棚做法

普通房间板底刮腻子；淋浴间刮防水腻子，面层为聚氨酯液体瓷。

（三）其他

1. 钢材表面均做防火处理满足2h耐火极限（材料应选用国家认可的合格产品）。
2. 木材表面为油漆饰面，油漆由甲方选定品牌及颜色（按中等标准）。
3. 窗采用塑钢窗，由甲方选定厂家定做及安装（满足风压及抗震要求）。
4. 配电箱位置及洞口尺寸详电施图。
5. 消火栓安装位置及安装高度见设施图。

读图指导：

1. 从建筑设计总说明中可知该工程的概况、工程的性质、结构类型、设计依据。

2. 设计说明中的建筑做法是对室外工程做法（屋面、外墙面、坡道、散水），室内工程做法（内墙面、地面、顶棚等）及其他需说明的杂项提出一系列的说明与要求。

××××建筑勘察设计咨询有限公司		工号		建	第1页
		日期	2004.2	施	共7页
制图					
设计		×××加工厂			建筑设计总说明
校对					
审核		餐厨垃圾处置厂厂房			

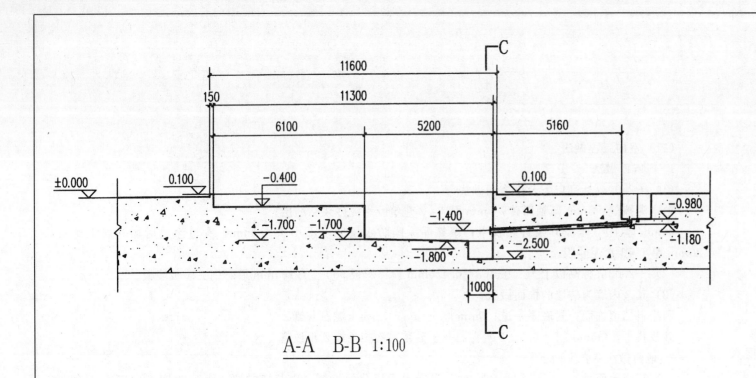

A-A B-B 1:100

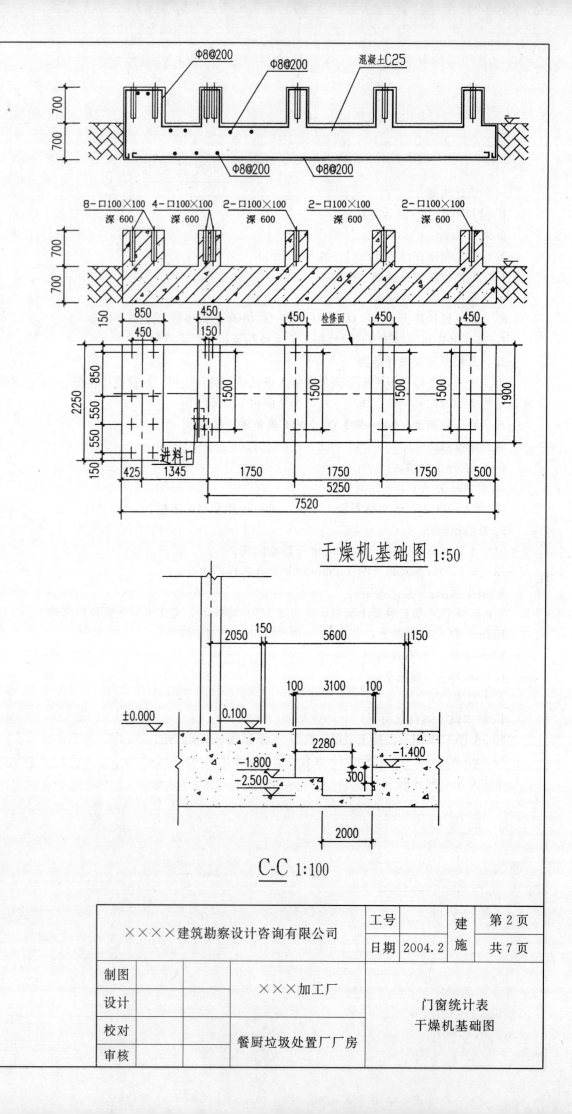

干燥机基础图 1:50

C-C 1:100

门窗统计表

类型	编号	洞口尺寸 (宽×高) (mm×mm)	数量	选用图集	备注
门	M1	4200×4200	4		甲方自定材料种类,由厂家订做
	M2	3000×4200	2		甲方自定材料种类,由厂家订做
	M3	1800×2700	1		甲方自定材料种类,由厂家订做
	M4	1500×2700	4		甲方自定材料种类,由厂家订做
	M5	900×2700	6		甲方自定材料种类,由厂家订做
窗	C1	3300×1200	4	参见 99J706	厂家订做
	C2	44260×1200	1	参见 99J706	厂家订做(二层通窗)
	C3	1800×1200	6	新 99J706-16-PCS-18N	
	C4	1200×1200	2	新 99J706-16-PCS-16N	

××××建筑勘察设计咨询有限公司		工号		建施	第2页
		日期 2004.2			共7页
制图		×××加工厂		门窗统计表 干燥机基础图	
设计					
校对		餐厨垃圾处置厂厂房			
审核					

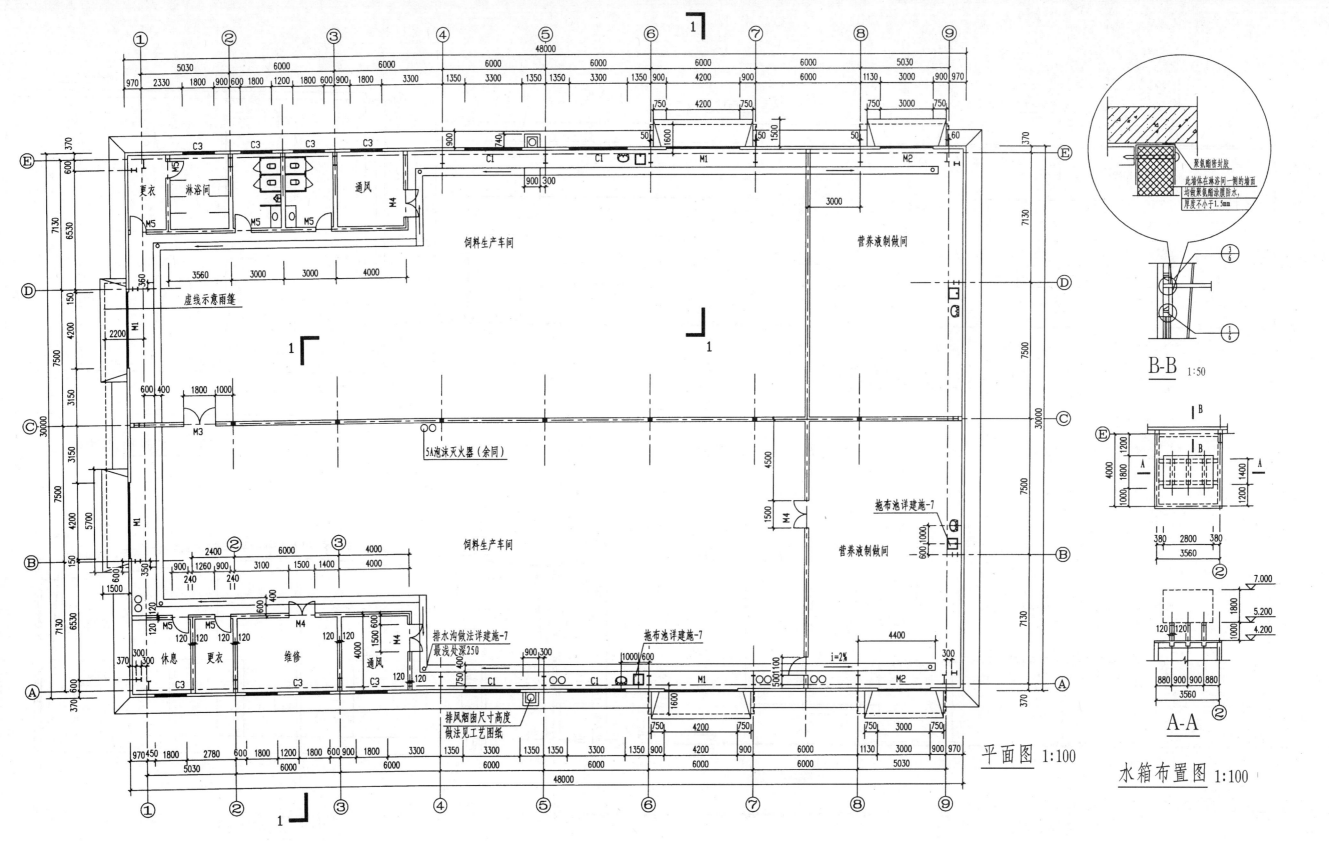

B-B 1:50

A-A

水箱布置图 1:100

平面图 1:100

饲料生产车间

营养液制做间

饲料生产车间

营养液制做间

更衣

淋浴间

通风

虚线示意雨篷

5A泡沫灭火器（余同）

拖布池详建施-7

排水沟做法详建施-7
最浅处深250

拖布池详建施-7

排风烟囱尺寸高度
做法见工艺图纸

休息　更衣　维修　通风

读图指导：

1. 该厂房平面外轮廓总长为48m，总宽为30m，在厂房的南、北、西面各有两个入口，由坡道进入厂内，厂房四周有散水。

2. 从入口进入厂房有四个功能区（两个饲料生产车间，两个营养液制做间）中间用砖墙隔断分隔。厂房西南角有通风、维修、更衣、休息室，西北角有通风、卫生间、淋浴间、更衣室。

3. 横向定位轴线由1～9轴，除两端开间为5030mm外，其余均为6000mm，纵向定位轴线从A～E轴，两端进深为7130mm，其余均为7500mm，由建筑说明可查阅内外墙及室内地面做法。

4. 1-1剖面为阶梯形剖面，表明大门入口、内门、窗及墙身另有剖面详图表示。

5. 在淋浴间上4.200～7.000m标高处有一水箱，其定位尺寸大样见详图。

6. 从指北针可明确新建筑物的朝向。

××××建筑勘察设计咨询有限公司		工号		建	第3页
		日期	2004.2	施	共7页
制图			×××加工厂		平面图
设计					水箱布置图
校对			餐厨垃圾处置厂厂房		
审核					

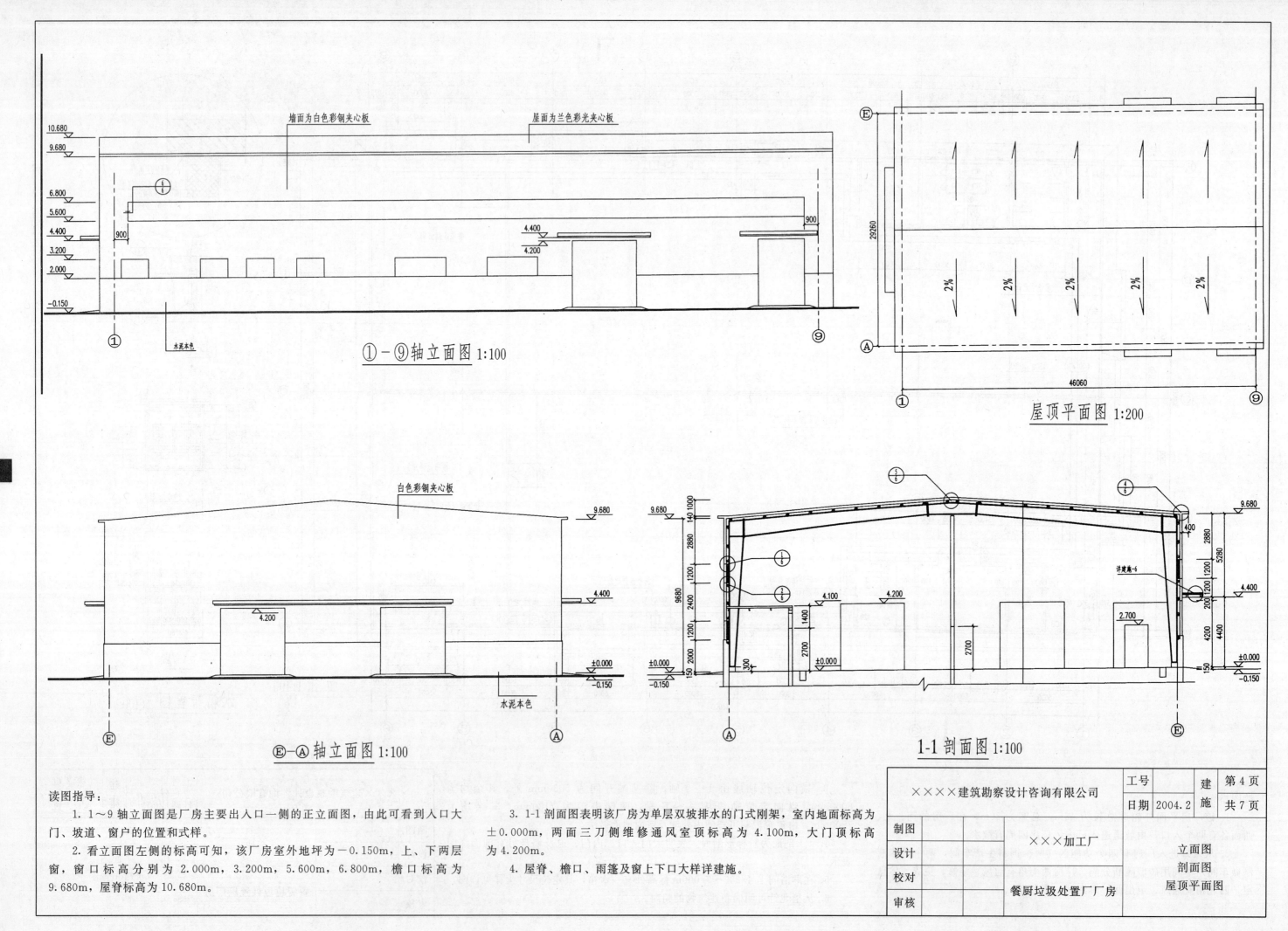

①－⑨轴立面图 1:100

墙面为白色彩钢夹心板

屋面为兰色彩光夹心板

10.680
9.680
6.800
5.600
4.400
3.200
2.000
−0.150

900

4.400
4.200

900

水泥本色

① ⑨

屋顶平面图 1:200

29260

46060

2% 2% 2% 2% 2%

① ⑨

Ⓔ Ⓐ

白色彩钢夹心板

9.680

4.400

4.200

水泥本色

Ⓔ－Ⓐ轴立面图 1:100

Ⓔ Ⓐ

1-1 剖面图 1:100

9.680

140 1000
140
2880
1200
2400
1200
9680

4.100
4.200
1400
2700
±0.000

±0.000
−0.150
150 2000
300

Ⓐ

2700

详建施-6

400
2880
1200 1200
5280
200 1200
4400

9.680

4.400

2.700

±0.000
−0.150
150

Ⓔ

读图指导：

1. 1～9轴立面图是厂房主要出入口一侧的正立面图，由此可看到入口大门、坡道、窗户的位置和式样。

2. 看立面图左侧的标高可知，该厂房室外地坪为−0.150m，上、下两层窗，窗口标高分别为 2.000m，3.200m，5.600m，6.800m，檐口标高为9.680m，屋脊标高为10.680m。

3. 1-1剖面图表明该厂房为单层双坡排水的门式刚架，室内地面标高为±0.000m，两面三刀侧维修通风室顶标高为 4.100m，大门顶标高为4.200m。

4. 屋脊、檐口、雨篷及窗上下口大样详建施。

××××建筑勘察设计咨询有限公司	工号		建	第 4 页
	日期 2004.2		施	共 7 页
制图			×××加工厂	立面图
设计				剖面图
校对				屋顶平面图
审核			餐厨垃圾处置厂厂房	

82

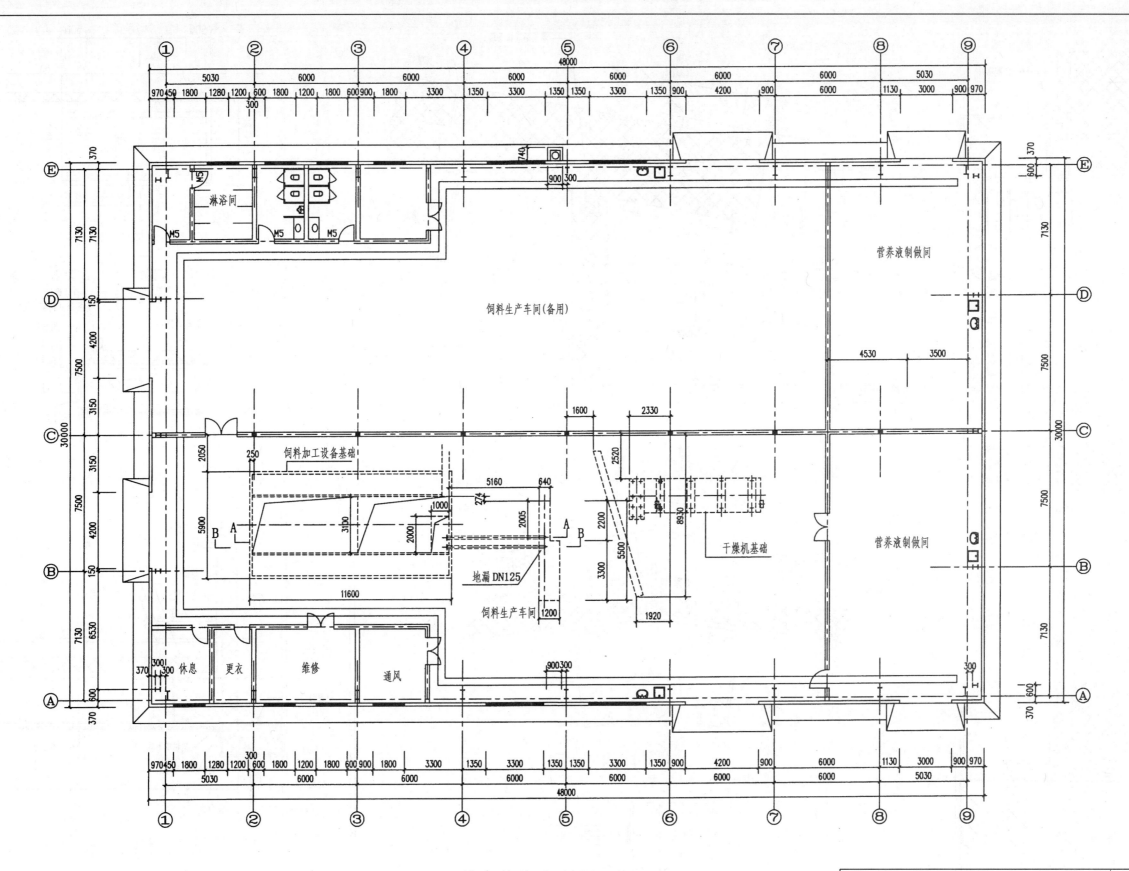

设备基础平面图 1:100

读图指导：
　　该图反映了饲料加工设备基础和干燥机基础的平面定位及尺寸，A-A、B-B剖面及干燥机基础详图见建施2。

××××建筑勘察设计咨询有限公司		工号		建 施	第5页
		日期	2004.2		共7页
制图		×××加工厂			
设计					设备基础平面图
校对		餐厨垃圾处置厂厂房			
审核					

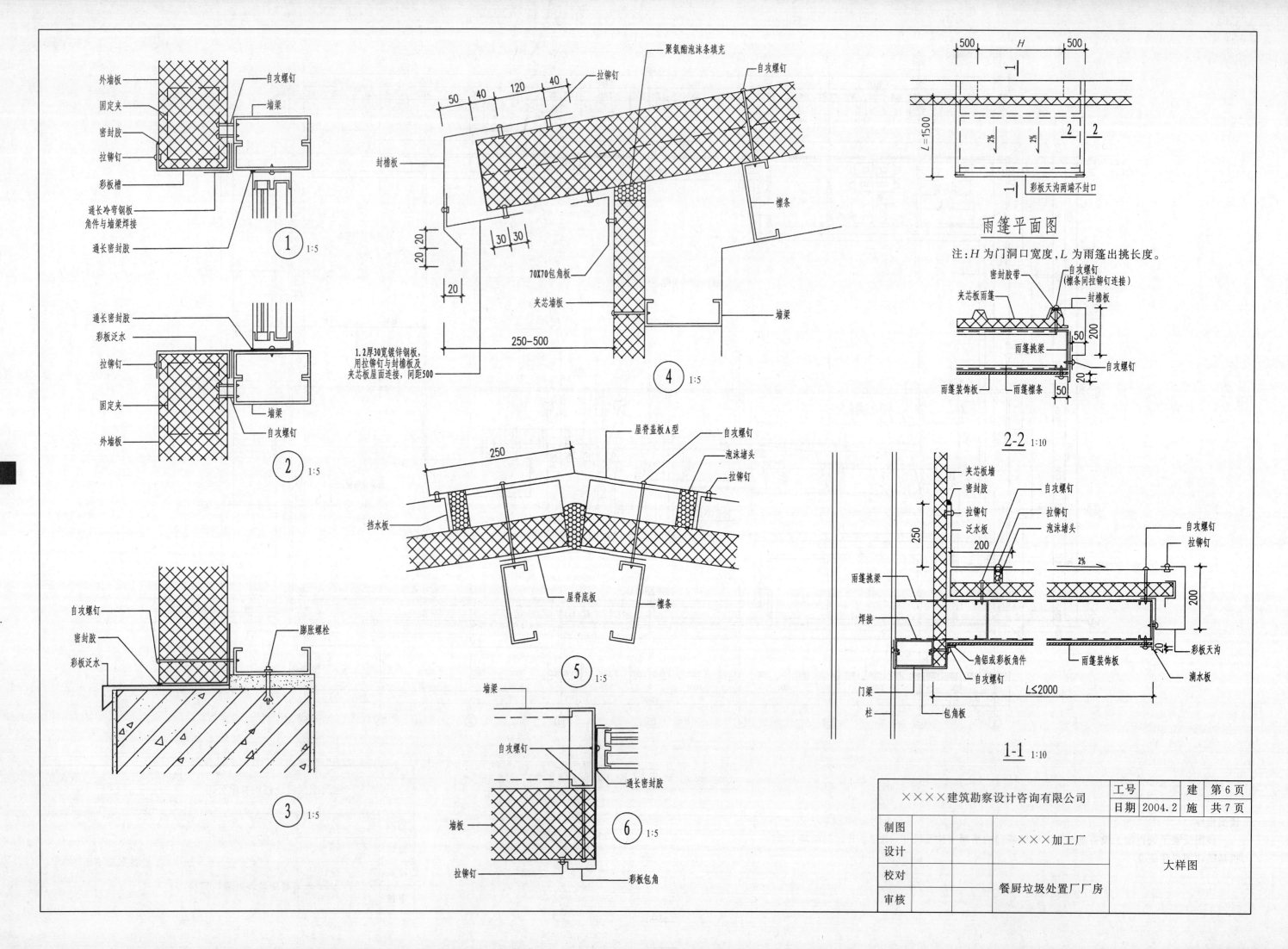

聚氨酯泡沫条填充

外墙板
固定夹
密封胶
拉铆钉
彩板槽
自攻螺钉
墙梁
通长冷弯钢板
角件与墙梁焊接
通长密封胶

① 1:5

通长密封胶
彩板泛水
拉铆钉
固定夹
外墙板
自攻螺钉
墙梁

② 1:5

自攻螺钉
密封胶
彩板泛水
墙梁
膨胀螺栓

③ 1:5

封墙板
50 40 120 40
拉铆钉
20 20
30 30
20
70×70包角板
夹芯墙板
250-500

1.2厚30宽镀锌钢板，
用拉铆钉与封墙板及
夹芯板屋面连接，间距500

④ 1:5

屋脊盖板A型
自攻螺钉
泡沫堵头
拉铆钉
挡水板
屋脊底板
檩条

⑤ 1:5

自攻螺钉
墙板
拉铆钉
通长密封胶
彩板包角

⑥ 1:5

500 H 500
L=1500
2% 2%
2 2
彩板天沟两端不封口

雨篷平面图

注：H为门洞口宽度，L为雨篷出挑长度。

密封胶带
自攻螺钉
（檩条同拉铆钉连接）
夹芯板雨篷
封墙板
雨篷挑梁
自攻螺钉
雨篷装饰板
雨篷檩条
200
50
50
20

2-2 1:10

夹芯板墙
密封胶
拉铆钉
泛水板
自攻螺钉
拉铆钉
泡沫堵头
自攻螺钉
拉铆钉
雨篷挑梁
焊接
门梁
柱
角铝或彩板角件
自攻螺钉
包角板
雨篷装饰板
彩板天沟
滴水板
250
200
2%
200
20
L≤2000

1-1 1:10

××××建筑勘察设计咨询有限公司		工号		建	第 6 页
日期	2004.2	施	共 7 页
制图		×××加工厂	
设计		
校对		餐厨垃圾处置厂厂房	大样图
审核		

84

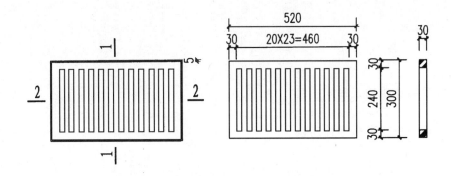

排水沟铁箅子平面图 1:40

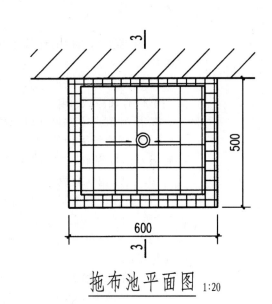

拖布池平面图 1:20

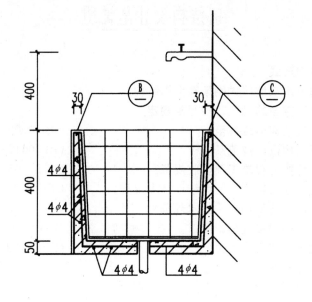

3-3 1:20

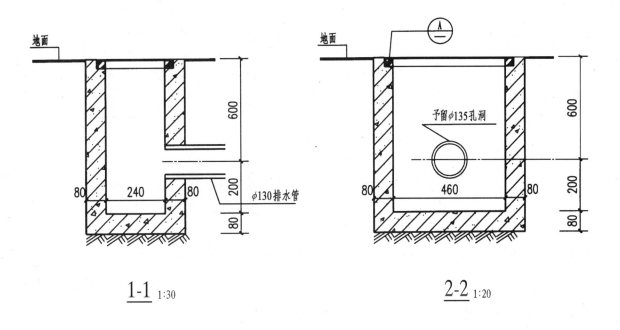

1-1 1:30

2-2 1:20

予留φ135孔洞

φ130排水管

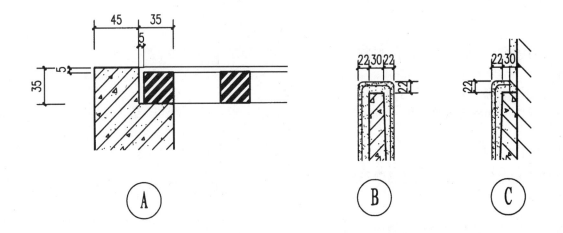

Ⓐ   Ⓑ   Ⓒ

注：
一、拖布池做法
1. 池身混凝土强度等级为C20，钢筋为HPB235级钢。
2. 面层做法：
9mm厚1：0.3：3水泥石灰膏砂浆打底，划出纹道，再用9mm厚1：0.3：2水泥石灰膏砂浆粘贴白色瓷砖，白水泥擦缝。
二、排水沟做法
1. 混凝土采用C20，内配φ6钢筋双向中距200mm。
2. 排水管就位后，与排水沟缝隙用1：1水泥砂浆勾缝。

××××建筑勘察设计咨询有限公司		工号		建	第7页
		日期	2004.2	施	共7页
制图			×××加工厂		排水沟平面图
设计					拖布池平面图
校对					
审核			餐厨垃圾处置厂厂房		

钢结构设计总说明

一、结构形式

主结构采用双坡门式刚架轻型钢结构。

二、设计遵循的规范、规程及规定

1. 《建筑结构荷载规范》 GB 50009—2001
2. 《钢结构设计规范》 GB 50017—2003
3. 《钢结构工程施工及验收规范》 GB 50205—2001
4. 《门式刚架轻型房屋钢结构技术规程》 CECS102：2002
5. 《冷弯薄壁型钢结构技术规范》 GBJ 50018—2002
6. 《钢结构焊接规程》 GJG 81—91
7. 《建筑抗震设计规范》 GB 50011—2001

三、设计荷载

1. 屋面恒荷： 0.30 kN/m²
2. 屋面活荷载： 0.50 kN/m²
3. 基本风压： 0.60 kN/m²，地面粗糙度按 B 级
4. 基本雪压： 0.80 kN/m²
5. 抗震基本烈度：8 度；设计基本地震加速度为 0.2g，设计地震分组为一组。

四、结构设计

1. 本工程采用轻型彩色压型钢板作为围护材料，以焊接 H 型钢变截面钢架作为承重体系。
2. 屋盖系统——C 形钢檩条及十字交叉圆钢支撑组成的屋面横向水平支撑。
3. 柱系统——柱为 H 形焊接实腹柱。

五、材料

1. 钢梁、钢柱的翼板、腹板及连接板采用 Q345，其力学性能及化学成分均应符合《碳素结构钢》（GB 8700—88）的要求，钢梁、钢柱一律采用焊接 H 型钢，檩条采用 Q235 冷弯薄壁 C 型钢，梁柱间支撑及屋面斜撑采用 Q235 钢。
2. 高强度螺栓采用摩擦型，其性能等级为 10.9 级，钢板摩擦面采用钢丝刷除锈。
3. 焊接材料：
   Q235 钢焊接：手工焊焊条采用 E43×× 焊条，其技术性能应符合《碳钢焊条》（GB 5117—85）的规定。自动焊焊丝采用 H08Mn₂Si 焊丝和相应的焊剂，焊丝应符合《气体保护电弧焊用碳钢、低合金焊丝》（GB 8110—1995）的规定。
4. 普通螺栓、螺母和垫圈采用 Q235 钢，永久螺栓须采用防松动垫圈。
5. 钢材、连接材料、焊丝、焊剂及螺栓、涂料底漆、面漆均应附有质量证明书。
6. 现浇板、现浇梁（XL）、构造柱（GZ）中纵向受力钢筋均为 HPB235 级热轧光圆钢筋。

六、钢结构的制作、运输与安装

1. 钢结构制作与安装应符合《钢结构工程施工及验收规范》（GB 50205—2001）中的有关规定，构件出厂前均应按此规定验收。
2. 焊接质量的检验等级：按（GB 50205—2001）二级检验。
3. 构件在运输过程中，应采取防止构件变形和损伤的措施，安装前应严格检验，如有变形及损伤应及时修补纠正。
4. 钢梁安装应从靠近有梁间支撑的两榀开始，安装完钢梁后，应将檩条、支撑、隔撑全部安装好，以此为起点顺序安装。
5. 各种支撑的拧紧程度，以不将构件拉弯为原则。

6. 柱与基础锚栓的连接采用双螺母加焊，压型板与檩条的连接采用自攻螺栓。
7. 所有梁柱连接的钢板必须保证平整，位置准确，所有高强螺栓连接面上不得有油漆或油垢。
8. 所有节点零件尺寸以现场放样为准。
9. 柱脚锚栓采用双螺母，待柱子安装、校正、定位后，将柱脚盖板与柱底板及螺母焊牢，在柱底板下灌 C30 细石混凝土。
10. 钢结构安装后，钢梁上不得附加额外荷载。
11. 翼板、腹板间采用单面焊接必须满足《门式刚架轻型房屋钢结构技术规程》（CECS102：2002）规定。
12. 钢梁分段由施工单位根据制造、安装、运输情况确定，不必要的螺栓应尽量减少。

七、防腐、防火

1. 加工前钢板表面须进行防锈处理，除锈等级达到 Sa2.5 级，加工完毕涂刷 2 道防锈底漆，安装完毕涂刷面漆，螺栓连接面和安装焊缝处不涂油漆。
2. 钢结构构件耐火等级二级，采用超薄膨胀型防火涂料，涂料厚度应保证耐火时间不小于 2h。
3. 构件除锈完成后在 8h（湿度较大时 2～4h）内，涂防锈漆，底漆充分干燥后，才容许次层涂装。但连接接头的接触面和工地焊缝两侧 50mm 范围内安装前不涂漆，待安装后补漆。安装完毕后未刷底漆的部分及补焊、擦伤、脱漆处应补刷底漆，然后刷调和面漆二度，面漆颜色为蓝色。在使用过程中应定期进行涂漆保护。

八、地基基础

1. 基础必须座落在未扰动的角砾层上，地基承载力特征值为 $f_{ak} = 300kPa$，基础底标高 −1.85m。
2. 混凝土基础采取三级防护：水泥采用抗硫酸盐水泥 370～400kg/m³，水灰比控制在 0.45，铝酸三钙 C₃A<3%，混凝土保护层 40mm，与土壤接触的钢构件表面应涂抹防腐涂料层。
3. 基础材料，强度等级：混凝土 C20，HPB235 级钢，垫层 C10 混凝土，围护墙采用 C15 毛石混凝土条形基础。
4. 墙体材料强度等级：MU10 砖，M7.5 水泥砂浆砌筑，墙体与钢柱拉结沿钢柱高度每隔 500mm 间距焊 2φ6 钢筋，长 1000mm 与砖墙拉结。

九、其他

1. 未经设计许可，有关各方均不得在结构上加荷载。
2. 厂房使用期限内，注意保护钢构件漆层，如发现锈蚀，应及时除锈补漆。
3. 本设计图中所有构件均应先放样确定细部尺寸后下料。
4. 所有钢构件必须由制造厂打上标签，位置位于构件两端，每端两处（正反面）。
5. 施工时应于工艺、建筑、水暖、电气等专业图纸密切配合。
6. 未尽事宜应严格按国家有关规定及标准执行。
7. 屋面及墙面压型钢板见厂家说明。

图中构件编号

构件	代号	构件	代号
檩条	LT	系杆	XG
屋面拉条	WLT	隔撑	YC
构造柱	GZ	墙梁	QL
现浇梁	XL	墙斜拉梁	QXL
刚架	GJ	墙拉条	QLT
水平支撑	SC	柱间支撑	ZC
屋面斜拉杆	WXL		

××××建筑勘察设计咨询有限公司	工号		结	第 1 页
	日期	2004.2	施	共 18 页
制图				
设计	×××加工厂			
校对			钢结构设计总说明	
审核	餐厨垃圾处置厂厂房			

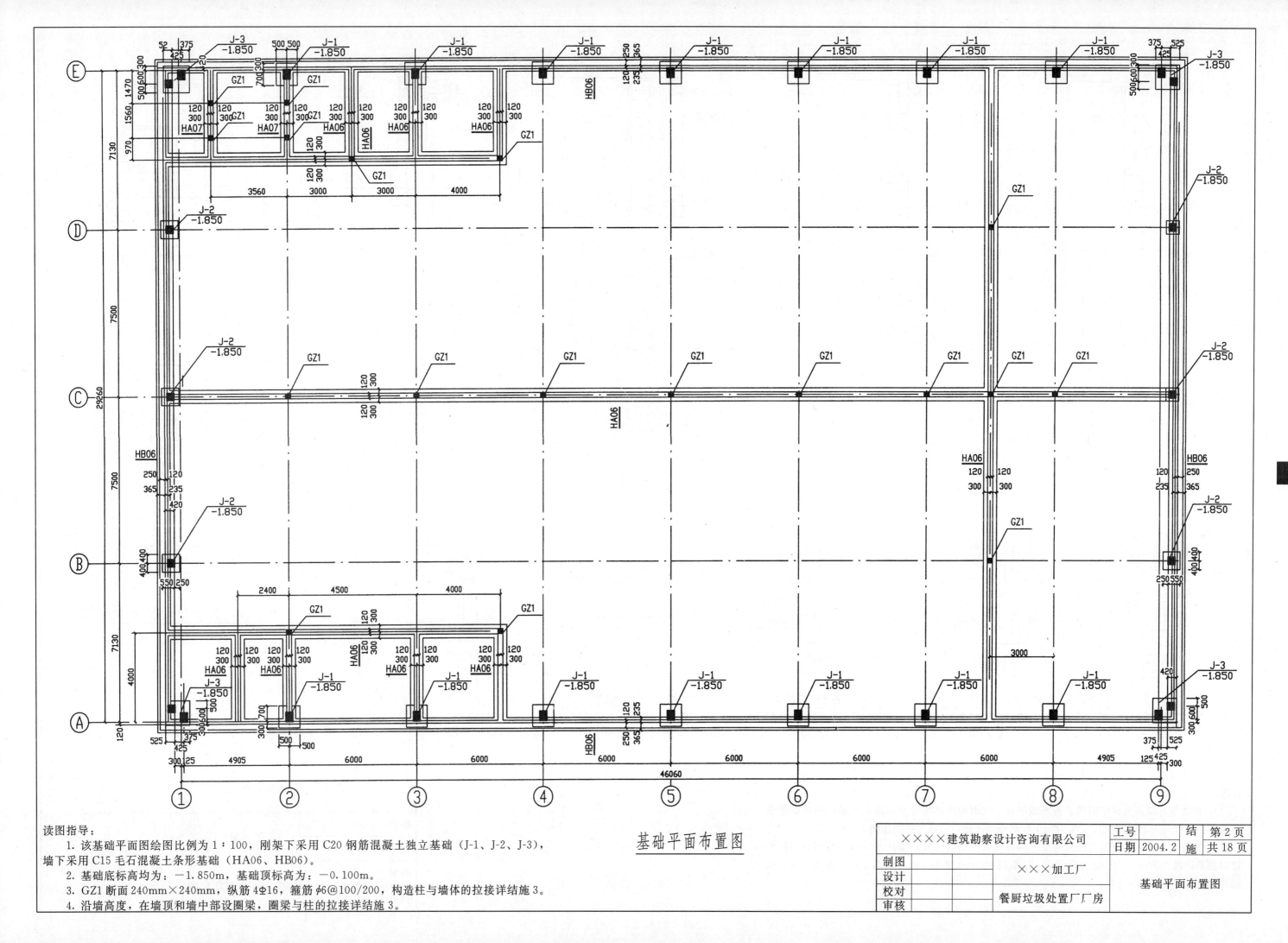

基础平面布置图

读图指导：
　1. 该基础平面图绘图比例为1：100，刚架下采用C20钢筋混凝土独立基础（J-1、J-2、J-3），墙下采用C15毛石混凝土条形基础（HA06、HB06）。
　2. 基础底标高均为：－1.850m，基础顶标高为：－0.100m。
　3. GZ1断面240mm×240mm，纵筋4Φ16，箍筋φ6@100/200，构造柱与墙体的拉接详施工3。
　4. 沿墙高度，在墙顶和墙中部设圈梁，圈梁与柱的拉接详施工3。

××××建筑勘察设计咨询有限公司	工号		结	第2页
	日期	2004.2	施	共18页
制图		×××加工厂		基础平面布置图
设计				
校对		餐厨垃圾处置厂厂房		
审核				

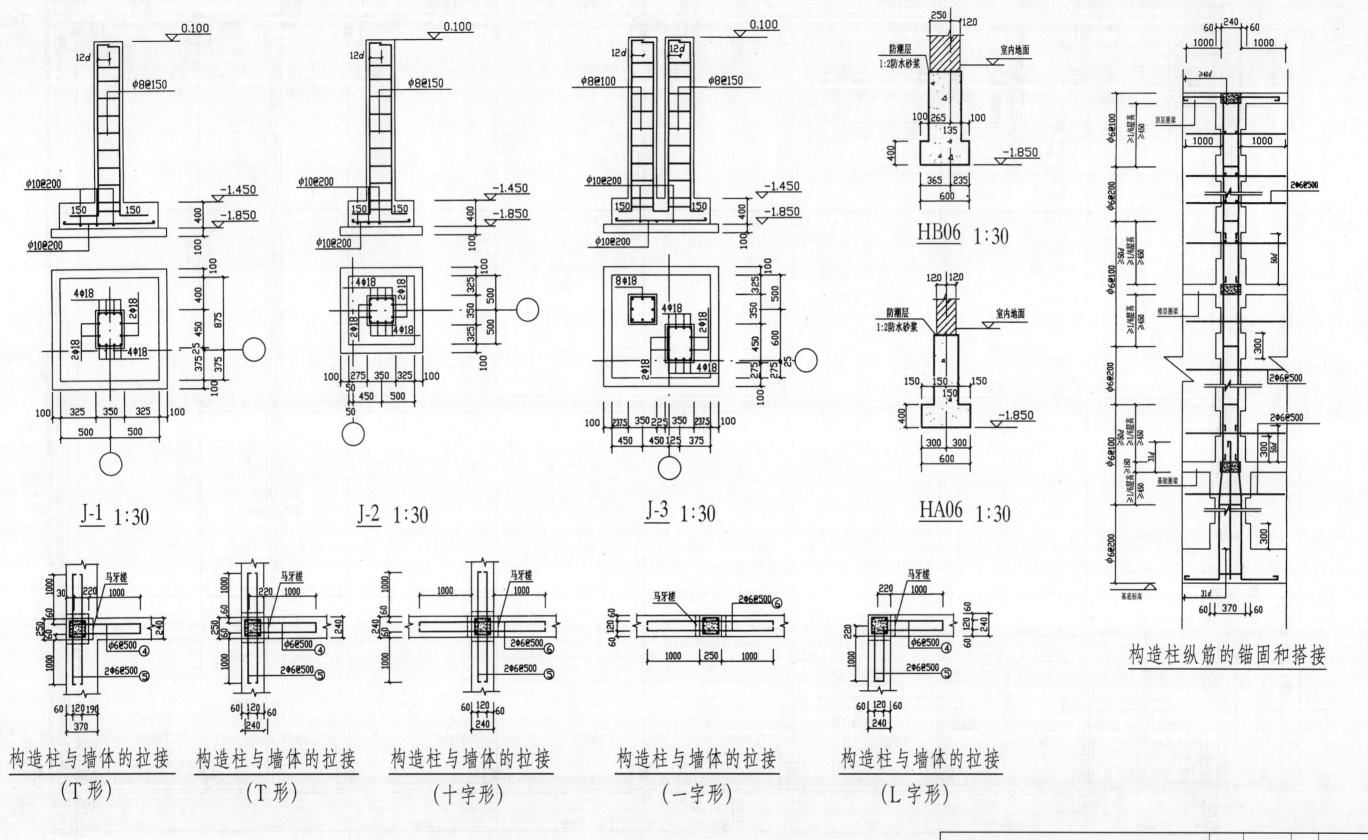

J-1 1:30 J-2 1:30 J-3 1:30 HA06 1:30

HB06 1:30

构造柱纵筋的锚固和搭接

构造柱与墙体的拉接
（T形）

构造柱与墙体的拉接
（T形）

构造柱与墙体的拉接
（十字形）

构造柱与墙体的拉接
（一字形）

构造柱与墙体的拉接
（L字形）

读图指导：

　　1. 各柱基、墙基大样图描述了各基础平面、立面的细部尺寸及标高，柱基中钢筋的配量及布置，由轴线至基础边缘的尺寸可为施工放线提供依据，基础大样图比例为1：30。

　　2. 构造柱与墙体的拉接大样及构造柱纵筋锚固和搭接大样，描述了构造柱与墙体与圈梁拉接时的具体施工方法，构造柱为马牙槎，沿墙高500mm放2φ6的拉结筋，施工方法为先砌墙后浇构造柱。

××××建筑勘察设计咨询有限公司		工号		结	第3页
		日期 2004.2		施	共18页
制图					
设计		×××加工厂		基础大样图	
校对				构造柱与墙体的拉接	
审核		餐厨垃圾处置厂厂房			

88

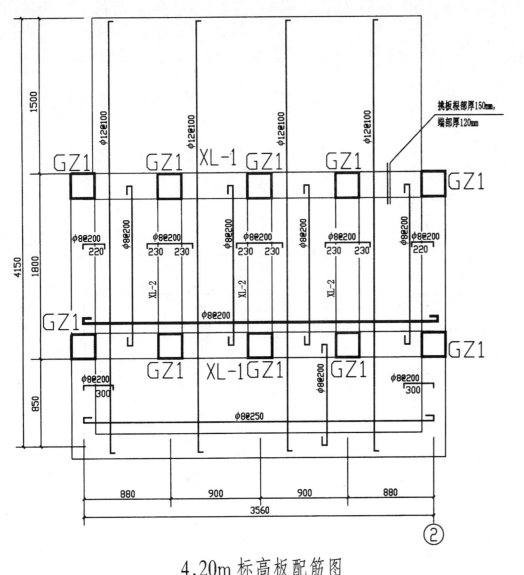

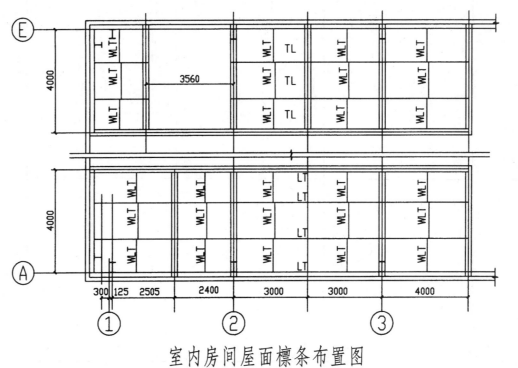

挑板根部厚150mm，端部厚120mm

4.20m标高板配筋图
注：板厚120；混凝土:C20

室内房间屋面檩条布置图
注：1. LT均为C形钢C160×60×20×3.0。
2. WLT均为φ12圆钢。
3. 内墙墙顶标高设圈梁，圈梁底标高3.64m。

读图指导：
1. 室内房间的屋面布置在卫生间。
2. 淋浴间顶为钢筋混凝土肋梁楼盖（因上部有水箱），板顶标高4.200m，板厚120mm，混凝土C20。
3. 现浇梁上构造柱的锚固见大样。

构造柱与梁连接

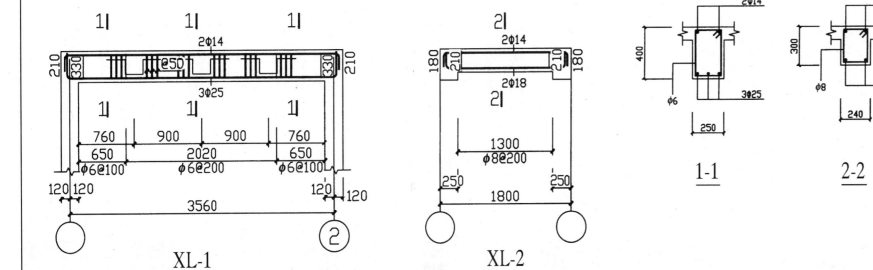

XL-1

XL-2

1-1

2-2

圈梁

××××建筑勘察设计咨询有限公司		工号		结	第4页
		日期	2004.2	施	共18页
制图					
设计		×××加工厂		4.20m标高板配筋图	
校对				室内房间屋面檩条布置图	
审核		餐厨垃圾处置厂厂房			

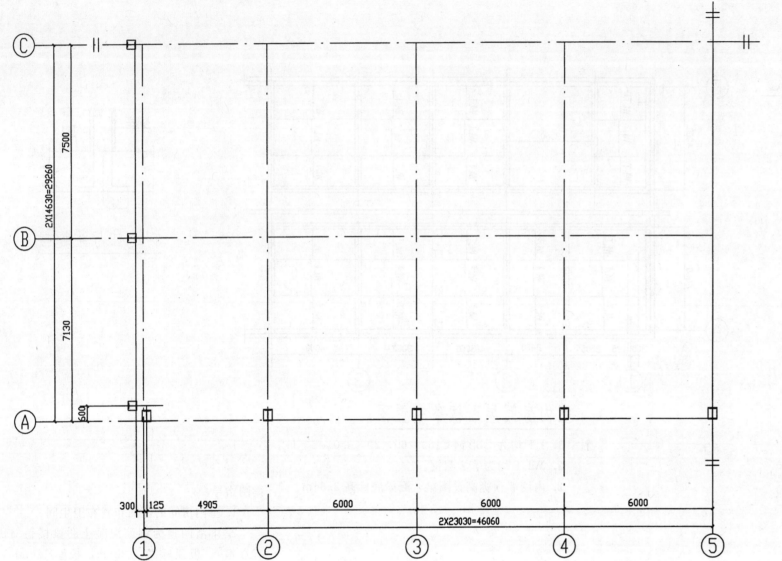

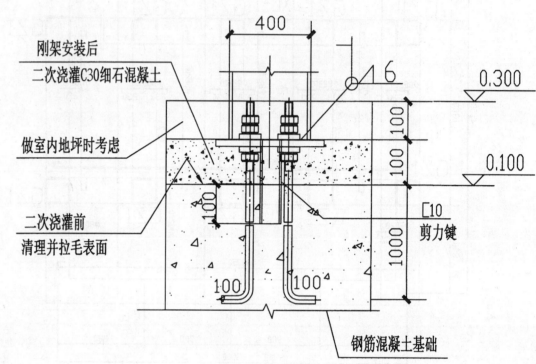

底座安装结构图 1:100

柱脚安装结构图

刚架安装后
二次浇灌C30细石混凝土
做室内地坪时考虑
二次浇灌前
清理并拉毛表面
钢筋混凝土基础

400
0.300
0.100
剪力键
[10

读图指导：
1. 底座安装结构图，表明了钢柱与各轴线的位置关系。
2. 柱脚安装结构图，表明钢筋混凝土基础与刚架安装时的锚固连接及施工方法。

××××建筑勘察设计咨询有限公司		工号		结	第5页
		日期	2004.2	施	共18页
制图					
设计		×××加工厂		底座安装示意图	
校对				柱脚安装示意图	
审核		餐厨垃圾处置厂厂房			

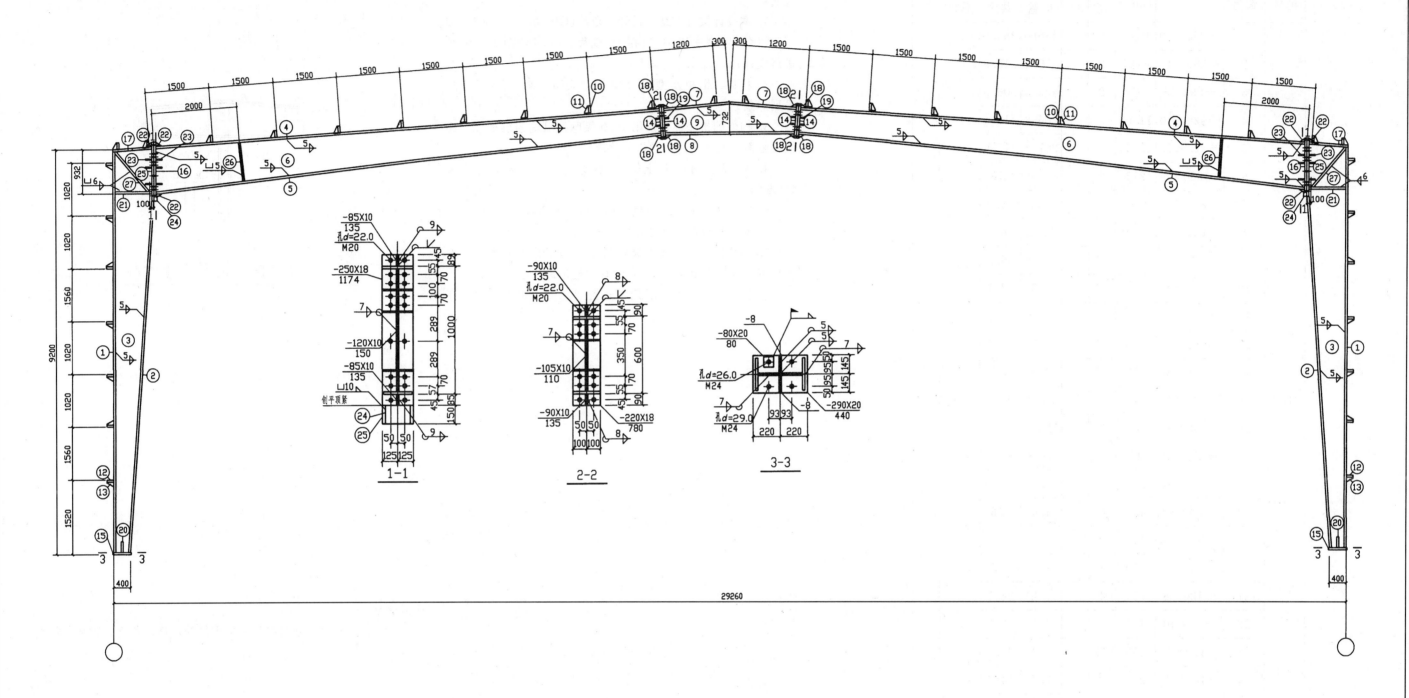

GJ-1 大样图 1：50

读图指导：

1. 该图为 29260mm 跨双坡门式刚架，采用钢板（Q235）焊接而成，翼缘与腹板的连接焊缝均为双面角焊缝，焊脚尺寸为 6mm。

2. 1-1 剖面表明钢柱与钢梁连接处采用 10.9 级摩擦型高强螺栓布置及施工图。2-2 剖面表明屋脊附近两处钢梁的拼接连接示意图。3-3 剖面表明柱脚节点板上螺柱孔的位置、孔径、垫板、加劲肋的位置及柱脚与节点板的连接方法。

××××建筑勘察设计咨询有限公司	工号		结	第 6 页
	日期	2004.2	施	共 18 页
制图				
设计		×××加工厂		GJ-1 大样图
校对				
审核		餐厨垃圾处置厂厂房		

				数量		重量（kg）			
构件编号	零件编号	规格	长度(mm)	正	反	单重	共重	总重	注

GJ-1 材料表

构件编号	零件编号	规格	长度(mm)	正	反	单重	共重	总重	注
	1	−250×10	9170	2		180.0	359.9		
	2	−250×10	8124	2		159.4	318.9		
	3	−998×8	9170	2		403.3	806.6		
	4	−220×10	11968	2		206.7	413.4		
	5	−220×10	12034	2		207.8	415.6		
	6	−980×6	12127	2		439	878		
	7	−220×10	1613	2		27.9	55.8		
	8	−220×10	3250	1		56.1	56.1		
	9	−712×6	3226	1		98.2	98.2		
	10	−160×6	200	18		1.5	27.1		
	11	−100×6	160	18		0.8	13.6		
	12	−160×6	200	14		1.5	21.1		
	13	−100×6	160	14		0.8	10.6		
GJ-1	14	−220×18	780	4		24.2	97.0	3995.7	
	15	−290×20	440	2		20.0	40.1		
	16	−250×18	1174	2		41.3	82.6		
	17	−250×10	1014	2		19.9	39.8		
	18	−90×10	135	8		1.0	7.6		
	19	−105×10	110	16		0.9	14.5		
	20	−141×8	250	4		2.2	8.9		
	21	−120×8	954	4		7.2	28.8		
	22	−85×10	135	3		0.9	2.7		
	23	−120×10	150	24		1.4	33.9		
	24	−150×30	200	2		7.1	14.2		
	25	−250×18	1370	2		48.2	96.4		
	26	−95×6	910	4		4.1	16.4		
	27	−120×8	1260	4		9.5	38.0		

注：材料表仅供参考，以实际放样为准。

说明：

1. 本设计按《钢结构设计规范》（GB 50017—2003）和《门式刚架轻型房屋钢结构技术规程》（CECS102：2002）进行设计；

2. 材料：钢板及型钢为 Q345、Q235 钢，焊条为 E43 系列焊条；

3. 构件的拼接连接采用 10.9 级摩擦型高强度螺栓，连接接触面的处理采用钢丝刷清除浮锈；

4. 柱脚基础混凝土强度等级为 C20，锚栓钢号为 Q235 钢；

5. 图中未注明的角焊缝最小厚度为 6mm，一律满焊；

6. 对接焊缝的焊缝质量不低于二级；

7. 钢结构的制作和安装需按照《钢结构工程施工及验收规范》（GB 50205—2002）的有关规定进行施工；

8. 钢构件表面除锈后用两道红丹打底，构件的防火等级按 2h 处理。

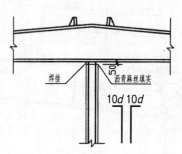

构造柱与钢架连接大样

读图指导：

材料表中表明了刚架中每一个零件的规格、长度、数量及重量。

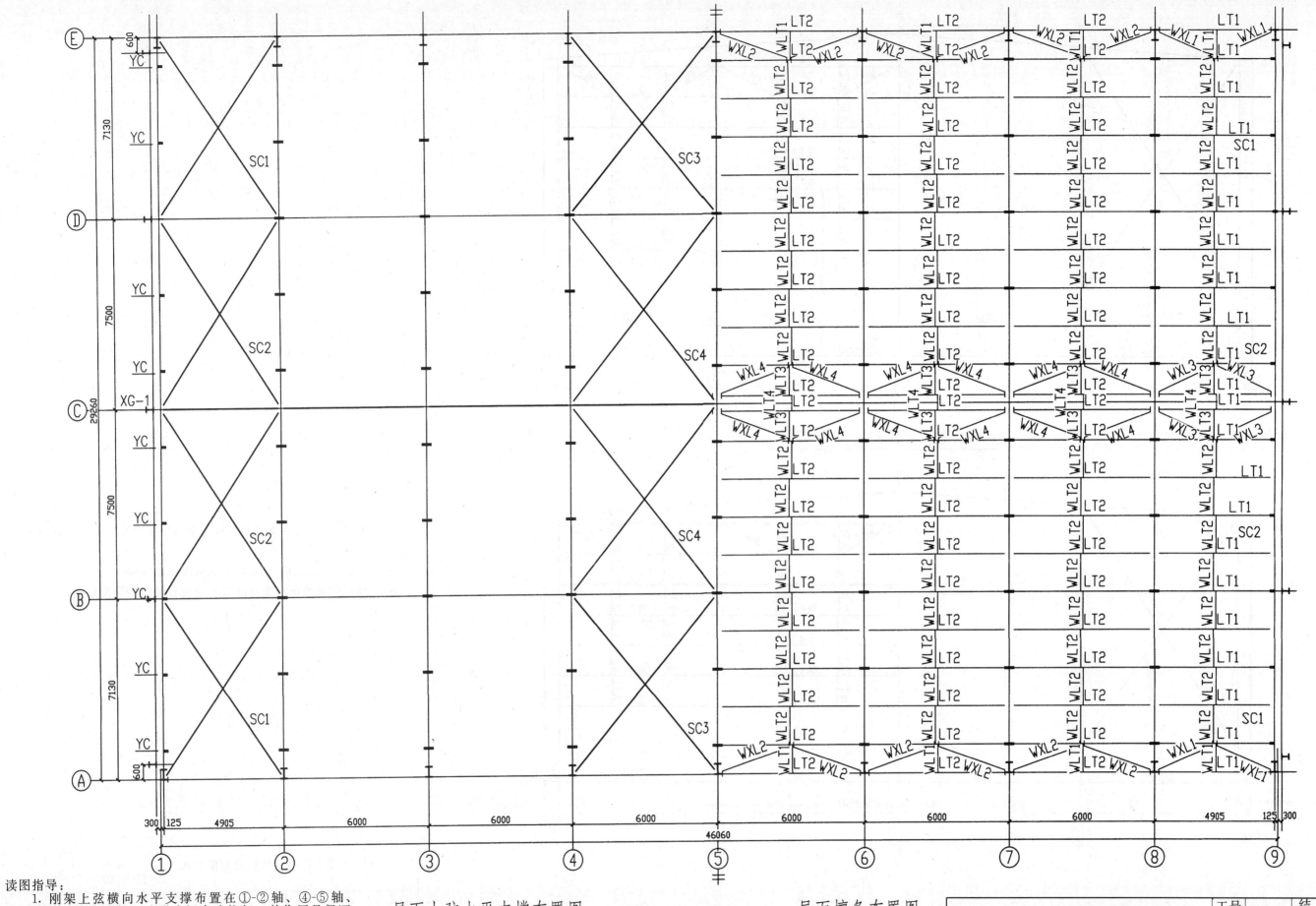

屋面上弦水平支撑布置图

屋面檩条布置图

读图指导：
1. 刚架上弦横向水平支撑布置在①-②轴、④-⑤轴、⑧-⑨轴间，它与刚架上弦形成闭合式桁架，其作用是保证刚架的侧向稳定，采用角钢制作。
2. 屋面檩条（LT）采用Q235冷弯薄壁C型钢，用于承托屋面板。
3. 为加强檩条（LT）侧向稳定，在A轴、C轴、E轴两边设置了屋面斜拉杆（WXL）和屋面檩条中部设拉条（WLT），屋面拉条均采用圆钢制作。

××××建筑勘察设计咨询有限公司

×××加工厂

餐厨垃圾处置厂厂房

工号		结	第8页
日期	2004.2	施	共18页
制图			
设计			
校对			
审核			

屋面上弦水平支撑布置图
屋面檩条布置图

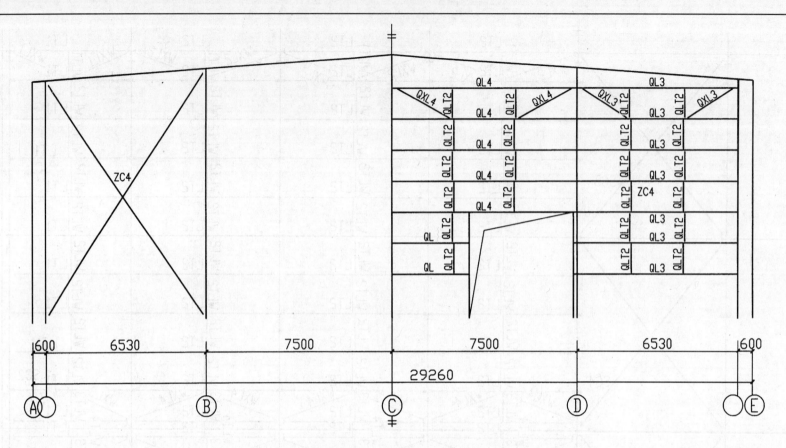

①轴线墙架及柱间支撑布置图

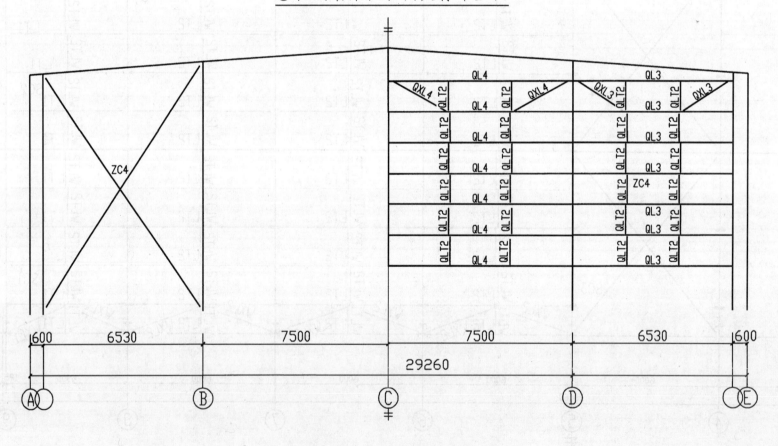

⑨轴线墙架及柱间支撑布置图

读图指导：

    1. 1轴、9轴柱间支撑是保证刚架的整体稳定，一般设在屋面水平支撑支的对应位置。

    2. 1轴、9轴墙梁（QL）是支承围护墙的构件。

    3. 墙梁间的墙梁拉条（QLT）是保证墙梁的侧向稳定。

××××建筑勘察设计咨询有限公司	工号	结	第9页
	日期 2004.2	施	共18页
制图	×××加工厂	①轴、⑨轴线墙架及柱间支撑布置图	
设计			
校对	餐厨垃圾处置厂厂房		
审核			

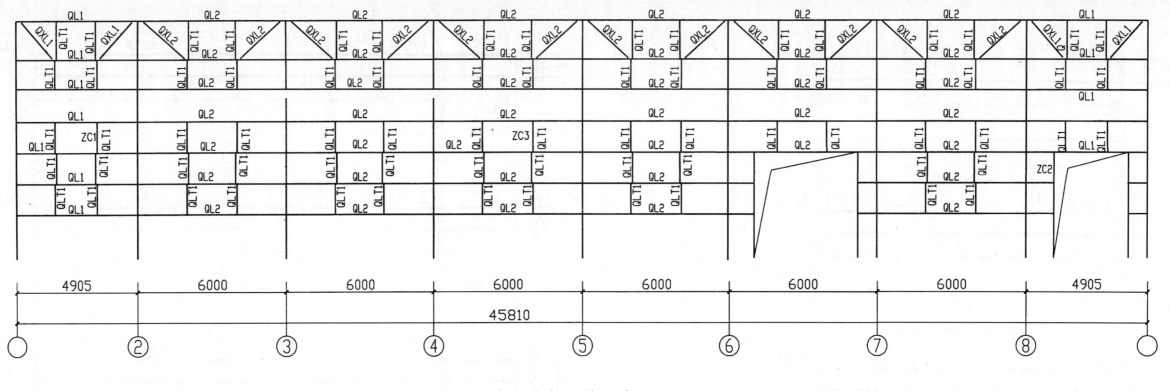

Ⓐ、Ⓔ轴线墙梁布置图

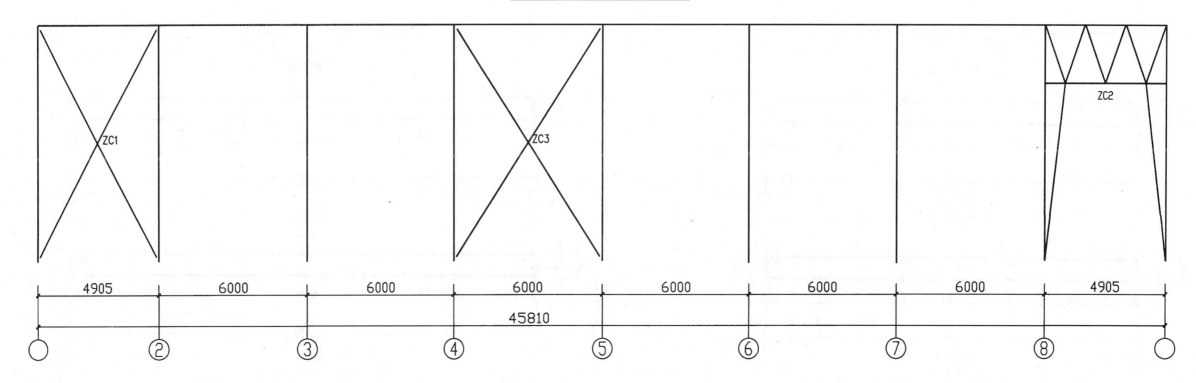

Ⓐ、Ⓔ轴线柱间支撑布置图

读图指导：

1. A轴，E轴柱间支撑是保证刚架的整体稳定，一般设在屋面水平支撑支的对应位置。

2. A轴，E轴墙梁（QL）是支承围护墙的构件。

3. 墙梁间的墙梁拉条（QLT）是保证墙梁的侧向稳定。

××××建筑勘察设计咨询有限公司		工号		结	第 10 页
		日期 2004.2		施	共 18 页
制图			×××加工厂		Ⓐ、Ⓔ轴线
设计					墙梁及柱间支撑布置图
校对			餐厨垃圾处置厂厂房		
审核					

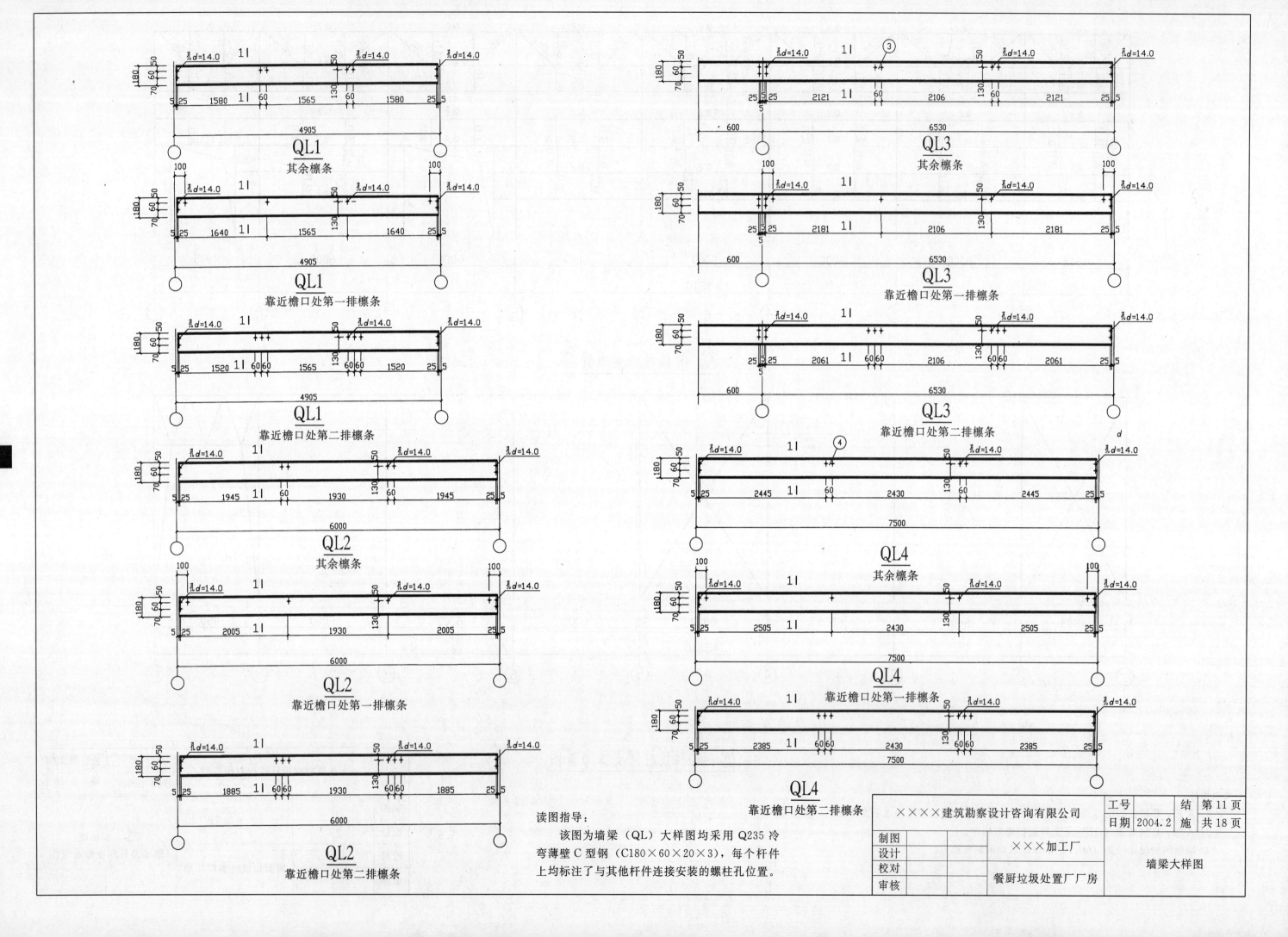

QL1
其余檩条

QL1
靠近檐口处第一排檩条

QL1
靠近檐口处第二排檩条

QL2
其余檩条

QL2
靠近檐口处第一排檩条

QL2
靠近檐口处第二排檩条

QL3
其余檩条

QL3
靠近檐口处第一排檩条

QL3
靠近檐口处第二排檩条

QL4
其余檩条

QL4
靠近檐口处第一排檩条

QL4
靠近檐口处第二排檩条

读图指导：
　　该图为墙梁（QL）大样图均采用 Q235 冷弯薄壁 C 型钢（C180×60×20×3），每个杆件上均标注了与其他杆件连接安装的螺柱孔位置。

××××建筑勘察设计咨询有限公司		工号		结	第 11 页
		日期	2004.2	施	共 18 页
制图		×××加工厂			
设计				墙梁大样图	
校对		餐厨垃圾处置厂厂房			
审核					

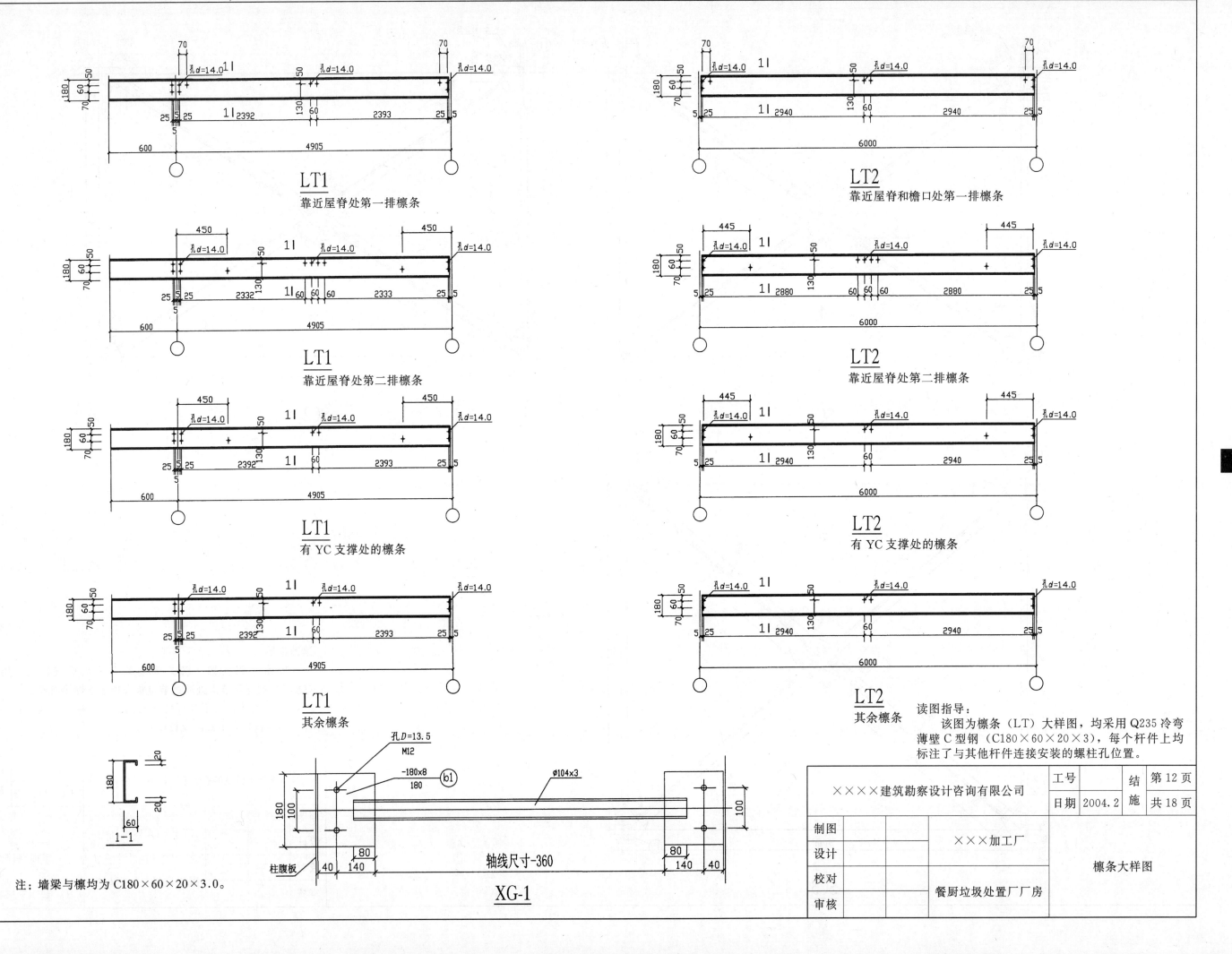

LT1
靠近屋脊处第一排檩条

LT2
靠近屋脊和檐口处第一排檩条

LT1
靠近屋脊处第二排檩条

LT2
靠近屋脊处第二排檩条

LT1
有 YC 支撑处的檩条

LT2
有 YC 支撑处的檩条

LT1
其余檩条

LT2
其余檩条

读图指导：
　　该图为檩条（LT）大样图，均采用 Q235 冷弯薄壁 C 型钢（C180×60×20×3），每个杆件上均标注了与其他杆件连接安装的螺柱孔位置。

1—1

孔 D=13.5
M12
-180×8
180
Ø104×3
b1
轴线尺寸-360
柱腹板
XG-1

注：墙梁与檩均为 C180×60×20×3.0。

××××建筑勘察设计咨询有限公司	工号		结	第 12 页
	日期 2004.2		施	共 18 页
制图		×××加工厂		檩条大样图
设计				
校对		餐厨垃圾处置厂厂房		
审核				

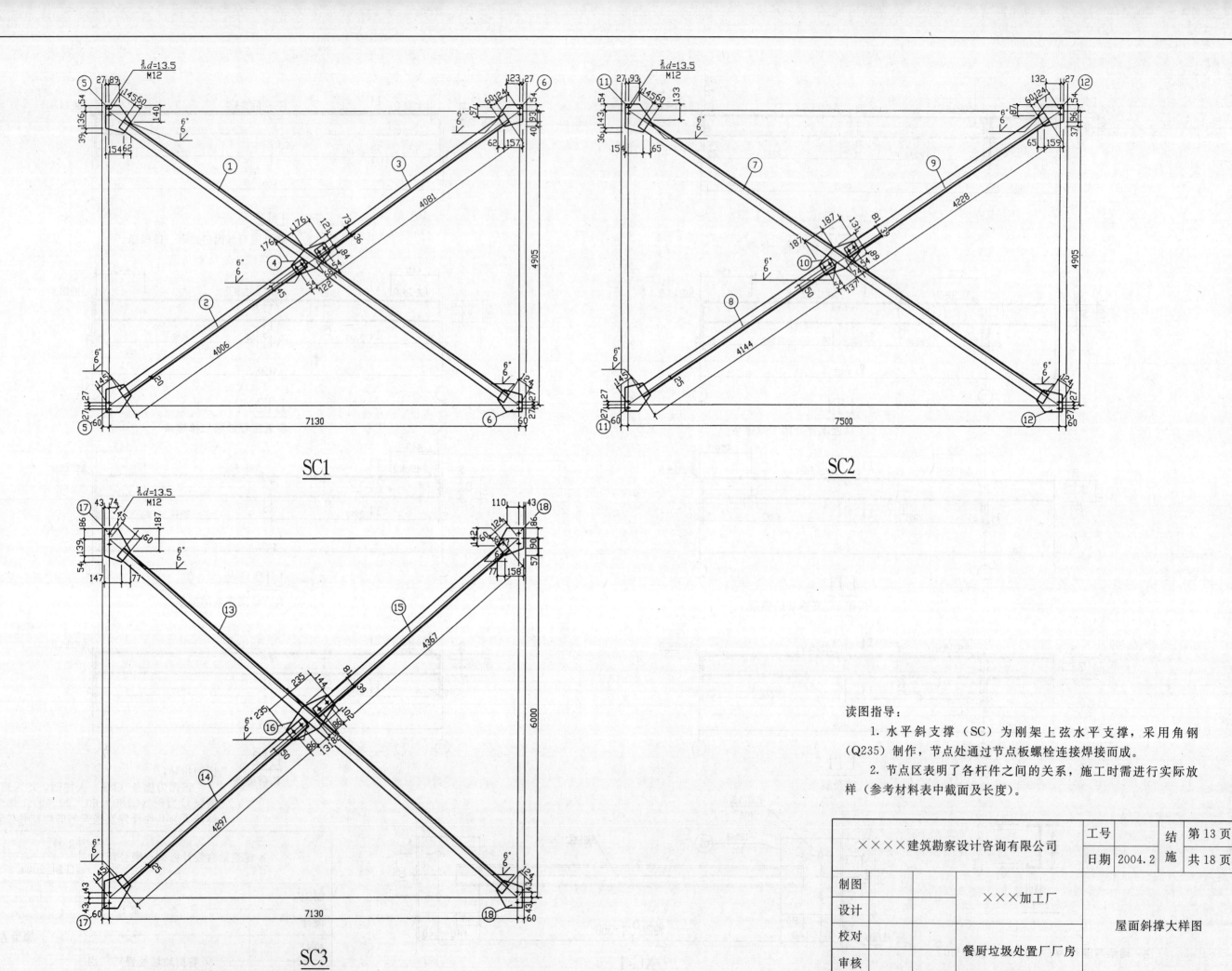

SC1

SC2

SC3

读图指导：

　　1. 水平斜支撑（SC）为刚架上弦水平支撑，采用角钢（Q235）制作，节点处通过节点板螺栓连接焊接而成。

　　2. 节点区表明了各杆件之间的关系，施工时需进行实际放样（参考材料表中截面及长度）。

××××建筑勘察设计咨询有限公司		工号		结	第 13 页
		日期	2004.2	施	共 18 页
制图		×××加工厂			
设计					屋面斜撑大样图
校对					
审核		餐厨垃圾处置厂厂房			

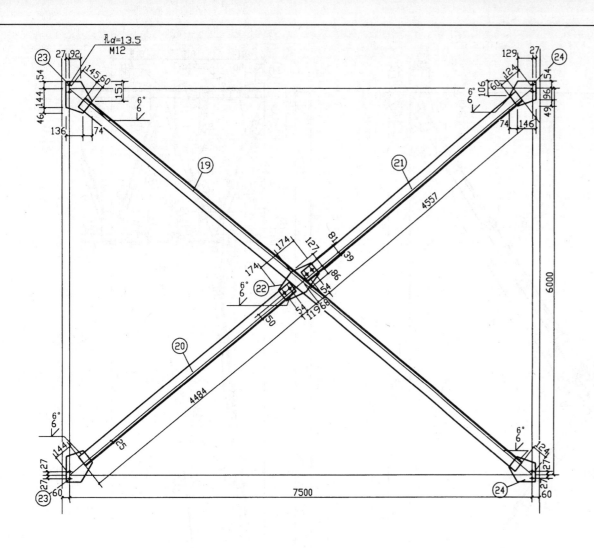

SC4

说明：

1. 切断边距为 2D（D 为螺栓直径）
2. 未注明的焊缝厚度为 5mm，长度一律满焊。

读图指导：

1. 水平斜支撑（SC）为刚架上弦水平支撑，采用角钢（Q235）制作，节点处通过节点板螺栓连接焊接而成。

2. 节点区表明了各杆件之间的关系，施工时需进行实际放样（参考材料表中截面及长度）。

材 料 表

构件编号	零件号	截　面	长度 (mm)	数量正	数量反	重量 (kg) 单重	重量 (kg) 总重	合计	备注
SC1	1	L80×5	8385	1		52.1	52.1	113.3	
	2	L80×5	4087	1		25.4	25.4		
	3	L80×5	4161	1		25.8	25.8		
	4	−204×5	352	1		2.8	2.8		
	5	−217×5	231	2		2.0	3.9		
	6	−188×5	220	2		1.6	3.3		
SC2	7	L90×6	8692	1		72.6	72.6	154.4	
	8	L90×6	4225	1		35.3	35.3		
	9	L90×6	4309	1		36.0	36.0		
	10	−220×5	374	1		3.2	3.2		
	11	−220×5	234	2		2.0	4.0		
	12	−188×5	225	2		1.7	3.3		
SC3	13	L90×6	9049	1		75.6	75.6	162.7	
	14	L90×6	4426	1		37.0	37.0		
	15	L90×6	4496	1		37.5	37.5		
	16	−238×5	486	1		3.4	3.4		
	17	−225×5	280	2		2.5	4.9		
	18	−235×5	236	2		2.2	4.3		
SC4	19	L90×6	9335	1		78.0	78.0	165.3	
	20	L90×6	4565	1		38.1	38.1		
	21	L90×6	4637	1		38.7	38.7		
	22	−213×5	348	1		2.9	2.9		
	23	−212×5	245	2		2.0	4.1		
	24	−200×5	221	2		1.7	3.5		
本图构件总重 595.7kg									

注：材料表仅供参考，以实际放样为准。

××××建筑勘察设计咨询有限公司		工号		结施	第 14 页
		日期	2004.2		共 18 页
制图			×××加工厂		屋面斜撑大样图及材料表
设计					
校对					
审核			餐厨垃圾处置厂厂房		

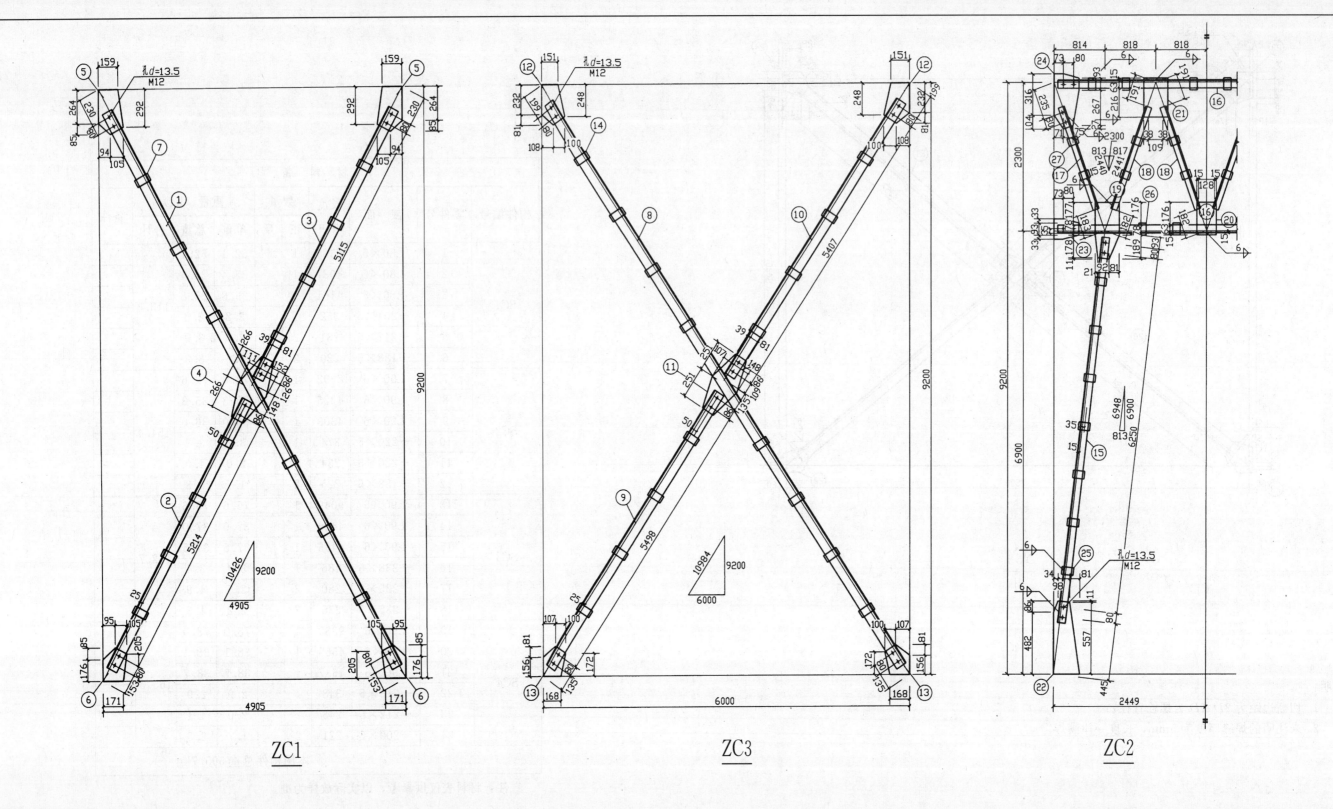

ZC1

ZC3

ZC2

读图指导：

1. 本图为柱间支撑（ZC）大样图，柱间支撑采用两个角钢中间用缀板焊接组成 T 形截面再与节点板连接（采用螺栓连接，焊接）与刚架形成桁架系统，以保证厂房的纵向稳定。

2. ZC1、ZC3、ZC4 为交叉式支撑，ZC2 为门式支撑。

××××建筑勘察设计咨询有限公司		工号		结 施	第 15 页
		日期	2004.2		共 18 页
制图			×××加工厂		柱间支撑大样图
设计					
校对			餐厨垃圾处置厂厂房		
审核					

<table>
<thead>
<tr><th colspan="9">材 料 表</th></tr>
<tr><th rowspan="2">构件编号</th><th rowspan="2">零件号</th><th rowspan="2">截　面</th><th rowspan="2">长度
(mm)</th><th colspan="2">数量</th><th colspan="2">重量（kg）</th><th rowspan="2">合计</th><th rowspan="2">备注</th></tr>
<tr><th>正</th><th>反</th><th>单重</th><th>总重</th></tr>
</thead>
<tbody>
<tr><td rowspan="7">ZC1</td><td>1</td><td>L90×6</td><td>10128</td><td>1</td><td>1</td><td>84.6</td><td>169.2</td><td rowspan="7">363.3</td><td></td></tr>
<tr><td>2</td><td>L90×6</td><td>4920</td><td>1</td><td>1</td><td>41.1</td><td>82.2</td><td></td></tr>
<tr><td>3</td><td>L90×6</td><td>5019</td><td>1</td><td>1</td><td>41.9</td><td>83.8</td><td></td></tr>
<tr><td>4</td><td>−254×8</td><td>546</td><td>1</td><td></td><td>6.4</td><td>6.4</td><td></td></tr>
<tr><td>5</td><td>−195×8</td><td>359</td><td>2</td><td></td><td>4.4</td><td>8.8</td><td></td></tr>
<tr><td>6</td><td>−201×8</td><td>262</td><td>2</td><td></td><td>3.3</td><td>6.6</td><td></td></tr>
<tr><td>7</td><td>−60×8</td><td>120</td><td>14</td><td></td><td>0.5</td><td>6.3</td><td></td></tr>
<tr><td rowspan="7">ZC2</td><td>8</td><td>L90×6</td><td>10735</td><td>1</td><td>1</td><td>89.6</td><td>179.3</td><td rowspan="7">383.5</td><td></td></tr>
<tr><td>9</td><td>L90×6</td><td>5243</td><td>1</td><td>1</td><td>43.8</td><td>87.6</td><td></td></tr>
<tr><td>10</td><td>L90×6</td><td>5334</td><td>1</td><td>1</td><td>44.5</td><td>89.1</td><td></td></tr>
<tr><td>11</td><td>−246×8</td><td>516</td><td>1</td><td></td><td>5.9</td><td>5.9</td><td></td></tr>
<tr><td>12</td><td>−209×8</td><td>314</td><td>2</td><td></td><td>4.1</td><td>8.2</td><td></td></tr>
<tr><td>13</td><td>−208×8</td><td>238</td><td>2</td><td></td><td>3.1</td><td>6.2</td><td></td></tr>
<tr><td>14</td><td>−60×8</td><td>120</td><td>16</td><td></td><td>0.5</td><td>7.2</td><td></td></tr>
<tr><td rowspan="13">ZC3</td><td>15</td><td>L63×5</td><td>6495</td><td>4</td><td></td><td>31.3</td><td>125.2</td><td rowspan="13">336.0</td><td></td></tr>
<tr><td>16</td><td>L63×5</td><td>4837</td><td>4</td><td></td><td>23.3</td><td>93.3</td><td></td></tr>
<tr><td>17</td><td>L50×4</td><td>2064</td><td>4</td><td></td><td>6.3</td><td>25.3</td><td></td></tr>
<tr><td>18</td><td>L50×4</td><td>2067</td><td>8</td><td></td><td>6.3</td><td>50.6</td><td></td></tr>
<tr><td>19</td><td>−195×6</td><td>444</td><td>2</td><td></td><td>4.1</td><td>8.2</td><td></td></tr>
<tr><td>20</td><td>−157×6</td><td>254</td><td>1</td><td></td><td>1.9</td><td>1.9</td><td></td></tr>
<tr><td>21</td><td>−186×6</td><td>294</td><td>2</td><td></td><td>2.6</td><td>5.1</td><td></td></tr>
<tr><td>22</td><td>−208×6</td><td>568</td><td>2</td><td></td><td>4.4</td><td>8.7</td><td></td></tr>
<tr><td>23</td><td>−159×6</td><td>196</td><td>2</td><td></td><td>1.5</td><td>2.9</td><td></td></tr>
<tr><td>24</td><td>−196×6</td><td>420</td><td>2</td><td></td><td>3.9</td><td>7.8</td><td></td></tr>
<tr><td>25</td><td>−60×6</td><td>93</td><td>14</td><td></td><td>0.3</td><td>3.7</td><td></td></tr>
<tr><td>26</td><td>−60×6</td><td>93</td><td>6</td><td></td><td>0.3</td><td>1.6</td><td></td></tr>
<tr><td>27</td><td>−60×6</td><td>80</td><td>8</td><td></td><td>0.2</td><td>1.8</td><td></td></tr>
<tr><td rowspan="7">ZC4</td><td>28</td><td>L100×6</td><td>11069</td><td>1</td><td>1</td><td>103.7</td><td>207.4</td><td rowspan="7">436.7</td><td></td></tr>
<tr><td>29</td><td>L100×6</td><td>5404</td><td>1</td><td>1</td><td>50.6</td><td>101.3</td><td></td></tr>
<tr><td>30</td><td>L100×6</td><td>5503</td><td>1</td><td>1</td><td>51.6</td><td>103.1</td><td></td></tr>
<tr><td>31</td><td>−231×8</td><td>378</td><td>1</td><td></td><td>5.5</td><td>5.5</td><td></td></tr>
<tr><td>32</td><td>−201×8</td><td>288</td><td>2</td><td></td><td>3.6</td><td>7.3</td><td></td></tr>
<tr><td>33</td><td>−201×8</td><td>207</td><td>2</td><td></td><td>2.6</td><td>5.2</td><td></td></tr>
<tr><td>34</td><td>−60×8</td><td>130</td><td>14</td><td></td><td>0.5</td><td>6.9</td><td></td></tr>
<tr><td colspan="9">本图构件总重 1519.6kg</td></tr>
</tbody>
</table>

注：材料表仅供参考，以实际放样为准。

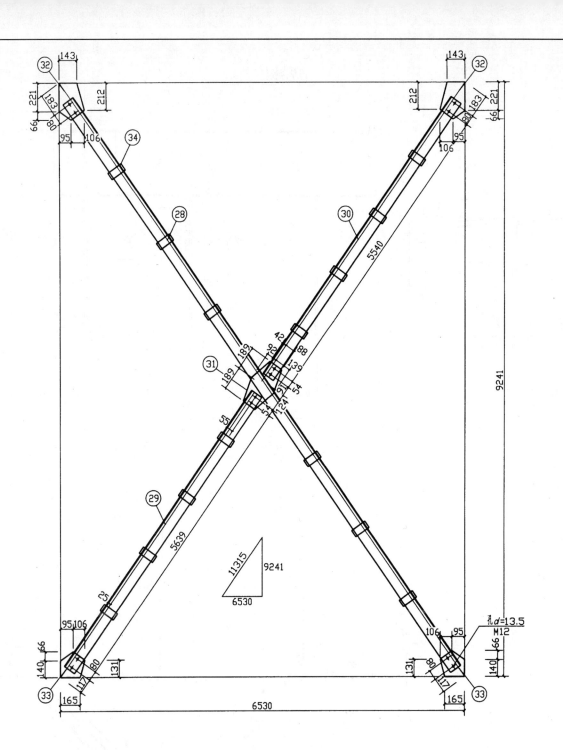

ZC4

说明：
1. 切断边距为 2D（D 为螺栓直径）。
2. 未注明的焊缝厚度为 5mm，长度一律满焊。

读图指导：
材料表供施工放样时参考，杆件具体尺寸以实际放样为准。

××××建筑勘察设计咨询有限公司	工号		结	第 16 页
	日期	2004.2	施	共 18 页
制图		×××加工厂		
设计				柱间支撑大样图及材料表
校对		餐厨垃圾处置厂厂房		
审核				

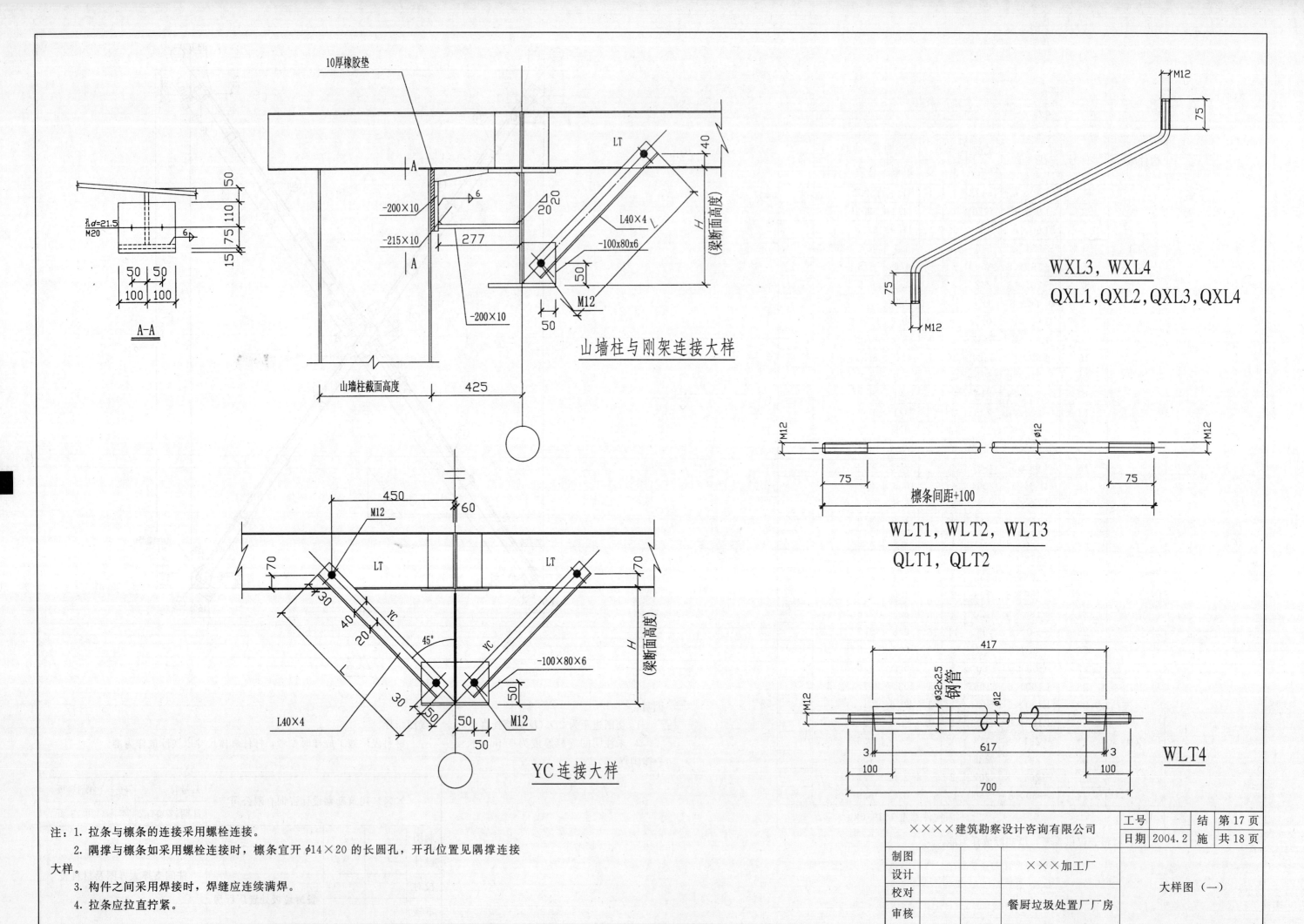

山墙柱与刚架连接大样

A-A

WXL3，WXL4
QXL1，QXL2，QXL3，QXL4

WLT1，WLT2，WLT3
QLT1，QLT2

YC连接大样

WLT4

注：1. 拉条与檩条的连接采用螺栓连接。
　　2. 隔撑与檩条如采用螺栓连接时，檩条宜开φ14×20的长圆孔，开孔位置见隔撑连接大样。
　　3. 构件之间采用焊接时，焊缝应连续满焊。
　　4. 拉条应拉直拧紧。

××××建筑勘察设计咨询有限公司		工号		结	第17页
日期	2004.2	施	共18页
制图		×××加工厂	
设计			大样图（一）
校对			
审核		餐厨垃圾处置厂厂房	

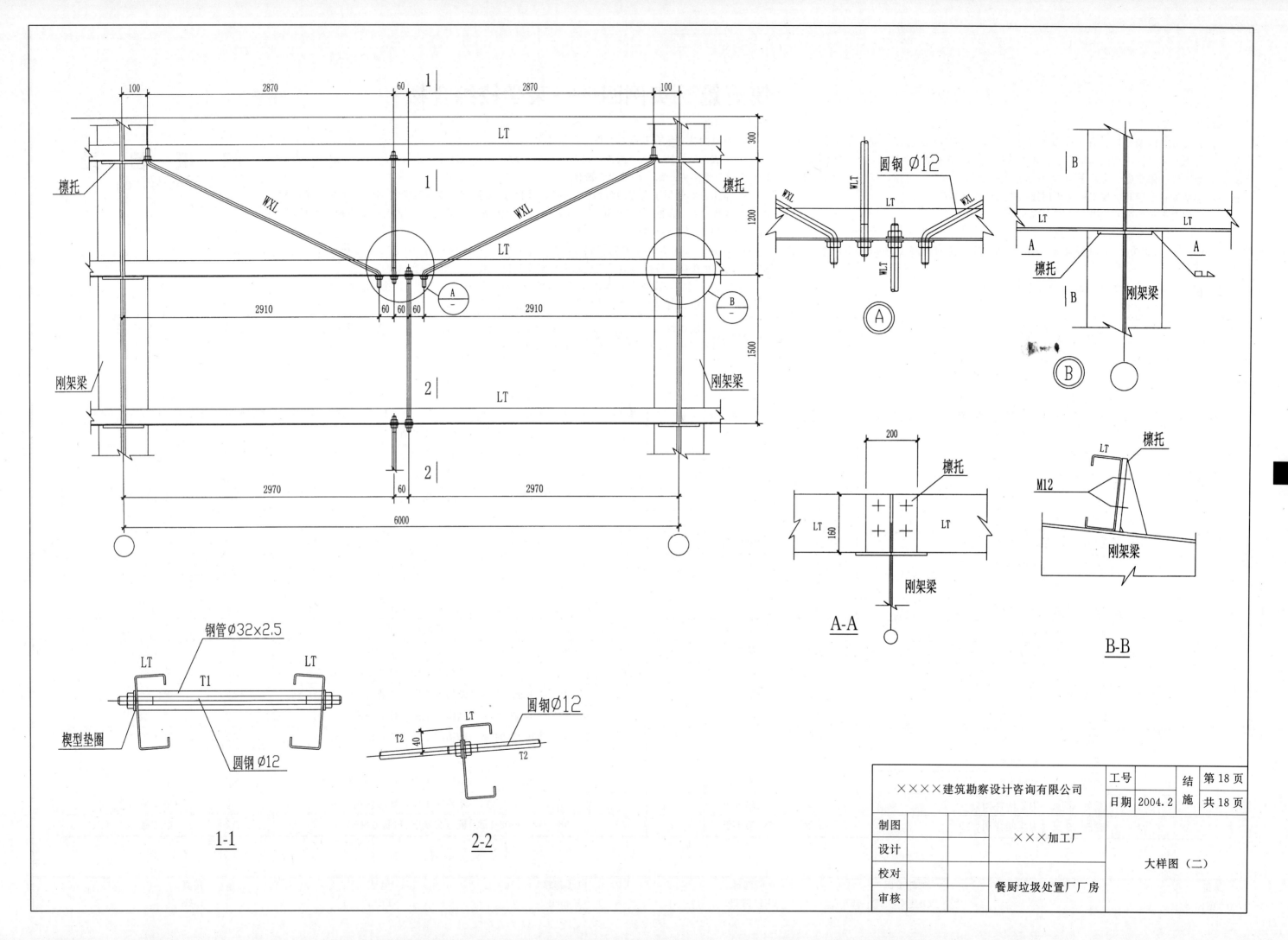

圆钢 Ø12

钢管 Ø32×2.5

楔型垫圈

圆钢 Ø12

圆钢 Ø12

1-1

2-2

A-A

B-B

檩托

刚架梁

M12

××××建筑勘察设计咨询有限公司		工号		结施	第18页
		日期 2004.2			共18页
制图		×××加工厂		大样图（二）	
设计					
校对		餐厨垃圾处置厂厂房			
审核					

第五篇 实例四——某学校综合楼

钢筋混凝土框架结构具有平面布置灵活，能够提供较大的房屋空间，便于房间分割，较易满足建筑使用功能和生产工艺要求等优点。特别适用于多层工业生产车间、大空间商场、公共停车库、会展礼堂以及住宅、办公楼、医院、旅馆、学校建筑等。因此，框架结构在单层和多层工业与民用建筑中得到广泛应用。

本案例为学校的公共建筑，工程概况与特点如下：

1. 建筑面积为 4853m²，占地面积为 795m²。建筑物共 6 层，宽 20.200m，长 39.050m，高 23.650m。室内相对标高±0.000 相当于绝对标高 4.700m，室内外高差为 0.300m。

2. 建筑物的耐火等级为二级，屋面防水等级为Ⅲ级。

3. 工程结构设计使用年限 50 年，安全等级为二级。

4. 基础为独立承台基础，主体为框架结构。

5. 工程抗震设防类别为丙类，抗震等级为三级，设防烈度为 7 度（0.10g），场地类别为Ⅳ类，设计地震为一组，场地土无液化。

6. 本工程案例位于南方沿海城市，地基加固采用工程桩。作为教学实例，本套图纸提供了预制钢筋混凝土方桩﹝(97)03G361 图集﹞、预应力管桩﹝2000 沪 G502 图集﹞两种工程桩，可供学习者按地域特点进行教学实训时选用。

7. 泵房为 51m² 的地下室，基底标高为−3.440m。本工程案例处在南方软土地基上，土质差，地下水位高，可作为学习建筑施工技术及其相关教学实训时的实例使用。

8. 本工程案例在设备方面有给水排水系统、建筑电气的强电系统、智能建筑的弱电系统、通风与空调系统、电梯等，可作为学习建筑设备及其相关教学实训时的案例使用。

图 纸 目 录
DRAWINGS LIST

建设单位 CLIENT	上海××学校	项目名称 PROJECT	综合楼	设计阶段 DESIGN PHASE	施工图	版本编号 EDITION NO.	第 1 版	工程编号 PROJECT NO.		电脑编号 COMPUTER NO.		页次 PAGE		日期 DATE	

地址 ADDRESS		邮政编码 POST CODE		互联网址 WEB SITE		电子邮箱 E-mail		电话 TEL.		传真 FAX	

图 纸 目 录
DRAWINGS LIST

建设单位 CLIENT	上海××学校	项目名称 PROJECT	综合楼	设计阶段 DESIGN PHASE	施工图	版本编号 EDITION NO.	第 1 版	工程编号 PROJECT NO.		电脑编号 COMPUTER NO.	页次 PAGE		日期 DATE

专业 SPECIALITY	序号 NO.	图纸编号 DRAWING NO.	图纸名称 DRAWING TITLE	图幅 DRAWING SIZE	版本编号 EDITION NO.	备注 ERMARKS	专业 SPECIALITY	序号 NO.	图纸编号 DRAWING NO.	图纸名称 DRAWING TITLE	图幅 PAGE	版本编号 EDITION NO.	备注 REMARKS
	39	结施-08-2 页	桩位布置图（预应力管桩）	A2	第 1 版			68	强电施-16 页	六层插座平面布线图	A2	第 1 版	
	40	结施-09 页	基础布置图	A2	第 1 版			69	强电施-17 页	六层照明平面布线图	A2	第 1 版	
	41	结施-10 页	承台详图	A2	第 1 版			70	强电施-18 页	屋面防雷平面布置图	A2	第 1 版	
	42	结施-11 页	柱配筋图	A2	第 1 版			71	强电施-19 页	接地平面布置图	A2	第 1 版	
	43	结施-12 页	二、三层板配筋图	A2	第 1 版			72	弱电施-1 页	底层弱电平面布线图	A2	第 1 版	
	44	结施-13 页	二、三层梁配筋图	A2	第 1 版			73	弱电施-2 页	二层弱电平面布线图	A2	第 1 版	
	45	结施-14 页	四～六层板配筋图	A2	第 1 版			74	弱电施-3 页	三层弱电平面布线图	A2	第 1 版	
	46	结施-15 页	四层梁配筋图	A2	第 1 版			75	弱电施-4 页	四层弱电平面布线图	A2	第 1 版	
	47	结施-16 页	五层梁配筋图	A2	第 1 版			76	弱电施-5 页	五层弱电平面布线图	A2	第 1 版	
	48	结施-17 页	六层梁配筋图	A2	第 1 版			77	弱电施-6 页	六层弱电平面布线图	A2	第 1 版	
	49	结施-18 页	屋面梁板配筋图	A2	第 1 版		设备专业	78	水总施-01 页	给水排水总平面	A2	第 1 版	
	50	结施-19 页	楼梯 A 平面图	A2	第 1 版		水施	79	水施-01 页	给水排水设计施工说明	A2	第 1 版	
	51	结施-20 页	楼梯 B 平面图	A2	第 1 版			80	水施-02 页	底层给水排水平面	A2	第 1 版	
	52	结施-21 页	板式楼梯梯段配筋做法	A2	第 1 版			81	水施-03 页	二层给水排水平面	A2	第 1 版	
电气专业	53	强电施-01 页	说明，图例	A2	第 1 版			82	水施-04 页	三层给水排水平面	A2	第 1 版	
	54	强电施-02 页	系统图（一）	A2	第 1 版			83	水施-05 页	四层给水排水平面	A2	第 1 版	
	55	强电施-03 页	系统图（二）	A2	第 1 版			84	水施-06 页	五层给水排水平面	A2	第 1 版	
	56	强电施-04 页	系统图（三）	A2	第 1 版			85	水施-07 页	六层给水排水平面	A2	第 1 版	
	57	强电施-05 页	水泵房	A2	第 1 版			86	水施-08 页	屋顶给水排水平面	A2	第 1 版	
	58	强电施-06 页	底层插座平面布线图	A2	第 1 版			87	水施-09 页	地下泵房给水排水平面,给水系统图	A2	第 1 版	
	59	强电施-07 页	底层照明平面布线图	A2	第 1 版			88	水施-10 页	污、废水系统图,雨水系统图,空调冷凝水系统图	A2	第 1 版	
	60	强电施-08 页	二层插座平面布线图	A2	第 1 版			89	水施-11 页	消防系统图	A2	第 1 版	
	61	强电施-09 页	二层照明平面布线图	A2	第 1 版			90	水施-12 页	地下泵房	A2	第 1 版	
	62	强电施-10 页	三层插座平面布线图	A2	第 1 版								
	63	强电施-11 页	三层照明平面布线图	A2	第 1 版								
	64	强电施-12 页	四层插座平面布线图	A2	第 1 版								
	65	强电施-13 页	四层照明平面布线图	A2	第 1 版								
	66	强电施-14 页	五层插座平面布线图	A2	第 1 版								
	67	强电施-15 页	五层照明平面布线图	A2	第 1 版								

传 真
FAX

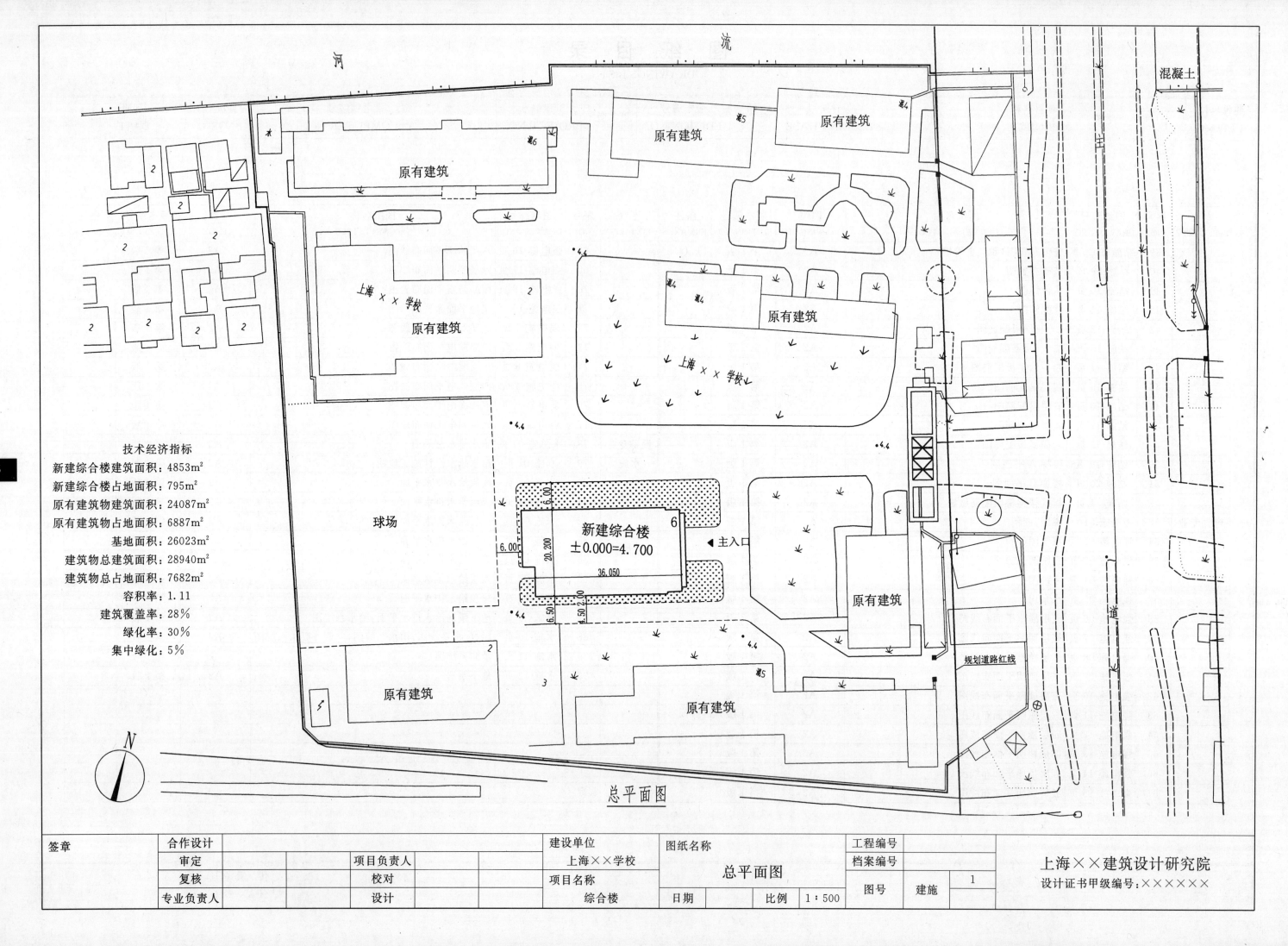

河 流

混凝土

原有建筑

原有建筑

原有建筑

原有建筑

原有建筑

上海××学校

原有建筑

上海××学校

技术经济指标

新建综合楼建筑面积：4853m²
新建综合楼占地面积：795m²
原有建筑物建筑面积：24087m²
原有建筑物占地面积：6887m²
基地面积：26023m²
建筑物总建筑面积：28940m²
建筑物总占地面积：7682m²
容积率：1.11
建筑覆盖率：28%
绿化率：30%
集中绿化：5%

球场

新建综合楼
±0.000=4.700

主入口

原有建筑

规划道路红线

原有建筑

原有建筑

道

N

总平面图

签章		合作设计				建设单位		图纸名称		工程编号		上海××建筑设计研究院
		审定		项目负责人		上海××学校		总平面图		档案编号		设计证书甲级编号：××××××
		复核		校对		项目名称				图号	建施 1	
		专业负责人		设计		综合楼		日期	比例 1:500			

建筑设计说明

一、建筑设计依据

上海市规划局，环保局，卫生防疫站等有关部门对方案设计的审核意见。

上海××学校对方案设计提出的要求。

二、定位与标高

本工程定位标高为室外地面 4.40m，室内地坪标高所注标高均为建筑完成面的相对标高。

室内外高差及室内地坪±0.000 标高与绝对标高之关系见表。

房号	层数	室内外高差	室外地坪	室内地坪
综合楼	6	0.300	4.400	4.700

建筑物的耐火极限：综合楼为框架结构，耐火等级为二级，屋面防水等级为Ⅲ级。

三、建筑面积

综 合 楼		综 合 楼	
建筑分类	面积	建筑分类	面积
二～四层	808m²×3=2424m²	六层	785m²
底层	798m²	五层	795m²
水泵房	51m²		
总建筑面积	4853m²		

四、本建筑所注尺寸除标高以米计算外，其余均以毫米为单位。

五、本工程实地放线如与图注不符，应及时通知设计院按现场尺寸进行调整。

六、墙身，防潮及防水

1. 防潮层：在−0.060m 处以 60mm 厚 C20 密实防水混凝土内配 2φ8 分布筋 φ4@300 作为墙身防潮层。

2. ±0.000 以下穿基础管道均须做好防水处理，套管四周加做涤纶布防水涂膜。

七、地面

1. 综合楼、底层地面为实铺地，先将素土夯实，在填土时，应分皮夯实，每皮不超过 300mm 高，再上做 80mm 厚渣夯实，100mm 厚 C20 素混凝土，再做 40mm 厚 C20 细石混凝土随捣随光。

2. 厕所间：为实铺地，先将素土夯实，在填土时，应分皮夯实，每皮不超过 300mm 高，再上做 80mm 厚渣夯实 100mm 厚 C20 素混凝土，再做 20mm 厚 1：2 水泥砂浆找平层。找坡 0.5%，最厚处不得大于 25mm。坡向地漏。

八、楼面

综合楼：楼面：1：2.5 水泥砂浆 15mm 厚，C15 细石混凝土 35mm 厚，1：3 水泥砂浆抹平，现浇钢筋混凝土楼板。

九、墙体

1. ±0.000 以下采用 Mu15 混凝土实心砖 C10 水泥砂浆砌筑。±0.000 以上内、外墙均采用 200mm 厚加气混凝土砌块墙，M7.5 混合砂浆砌筑。

2. 厕所、盥洗室的分隔墙楼地面做 200mm 高混凝土防水坎后砌加气混凝土隔墙 120mm 厚。

十、屋面

1. 屋面为不上人屋面。现捣钢筋混凝土屋面板；1：3 水泥砂浆找平层；1：8 水泥陶粒混凝土找坡 2%（最薄处 30mm 厚）；挤塑聚苯乙烯泡沫塑料板保温 20mm 厚；1：3 水泥砂浆找平层；防水层（1.5mm 厚三元乙丙防水卷材）。

2. 屋面防水基层必须干燥，含水率不大于 10%，表面应先清除积灰和松动疙瘩，清洗污垢，油污、铁锈应先用汽油等有机溶剂及钢丝刷，较大孔洞处应剔除浮动不实部分，并用 1：2.5 的水泥砂浆填实。

3. 屋面重点部位如出气管口、拐角处、屋脊、女儿墙、变形缝两侧 300mm 宽内加铺卷材一层，并确保整体防水的连续性，具体做法见国家标准设计《平屋面建筑构造（一）》有关节点。

十一、外墙粉刷

1. 综合楼外墙涂料：外粉刷的刮糙和面层做 20mm 厚 1：2.5 水泥砂浆，外墙涂料二度色另定。

2. 引线条，滴水线做外粉刷时引条线要求做到光洁挺直。

十二、内墙粉刷

1. 综合楼：15mm 厚 1：1：6 水泥、石灰、黄沙混合砂浆底。中层，石膏批嵌平整，上刷内墙涂料二度。厕所，盥洗间：15mm 厚 1：2.5 水泥砂浆掺 JCTA-300 陶瓷砖粘结剂贴瓷砖。刷 SP 防水涂料二度。

2. 所有管道井道待安装就位后，应在每层楼面位置用短钢筋为骨架，上铺钢筋网片，用 C20 细石混凝土封堵平整。

3. 护角：内墙阳角均先粉 2000mm 高暗水泥护角，门窗内墙阳角的护角均粉到天盘底，楼梯梁均先粉暗水泥护角，然后再做内粉刷。

4. 踢脚线：内墙面（包括楼梯间）均做 20mm 厚 150mm 高 1：2.5 水泥砂浆暗踢脚线。

十三、门窗及护栏

1. 本建筑所用门窗的材料规格均应符合规范要求，玻璃厚度应考虑本地区基本风压，配置的单层玻璃均为 6mm 厚净白片（特殊规格例外），卫生间配磨砂玻璃。窗玻璃面积大于 1.5m²，门玻璃面积大于 0.5m² 均采用安全玻璃。

2. 保护栅栏，外窗窗台距楼地面净高低于 0.90m 时，室内装不低于 1.050m 的栏杆。

十四、构件防腐及油漆

1. 预埋木砖需满浸水柏油，预埋铁件均刷防锈漆二度。

2. 凡露天木料均做一底两面聚氨油漆，铁器做防锈漆一度，醇酸磁漆面二度，色另定。

3. 铝合金窗出厂时应用塑料薄膜包装，竣工后除去包装膜。

十五、雨水管及水斗

1. 屋面雨水管采用 De=110 聚氯乙烯塑料管及 4 号塑料水斗。

2. 屋面雨水管和雨篷落水管必须分开设置。

十六、其他

室外坡道，按照沪 J001 施工。

十七、本说明与个案设计中有不同处，请见个案说明。

十八、工程施工安装必须遵守有关施工及验收规范，所有选用产品应有有关部门鉴定证书。

十九、土建及安装工程队密切配合，施工安装前先要全面清楚了解设计内容及要求（包括基础结构部分施工），协助发现设计中的错、漏、碰、缺，及时纠正，保证工程进度及质量。

二十、与厕所、盥洗间、浴室相邻用房的墙体交接处设 **200mm 高 C20 素混凝土与楼板一起浇捣，并在楼地面及墙体刷 SP 防水装饰涂料二度。**

签章	合作设计		建设单位	图纸名称		工程编号		
	审定	项目负责人	上海××学校	建筑施工说明		档案编号		上海××建筑设计研究院
	复核	校对	项目名称			图号	建施	2
	专业负责人	设计	综合楼	日期	比例			设计证书甲级编号：×××××××

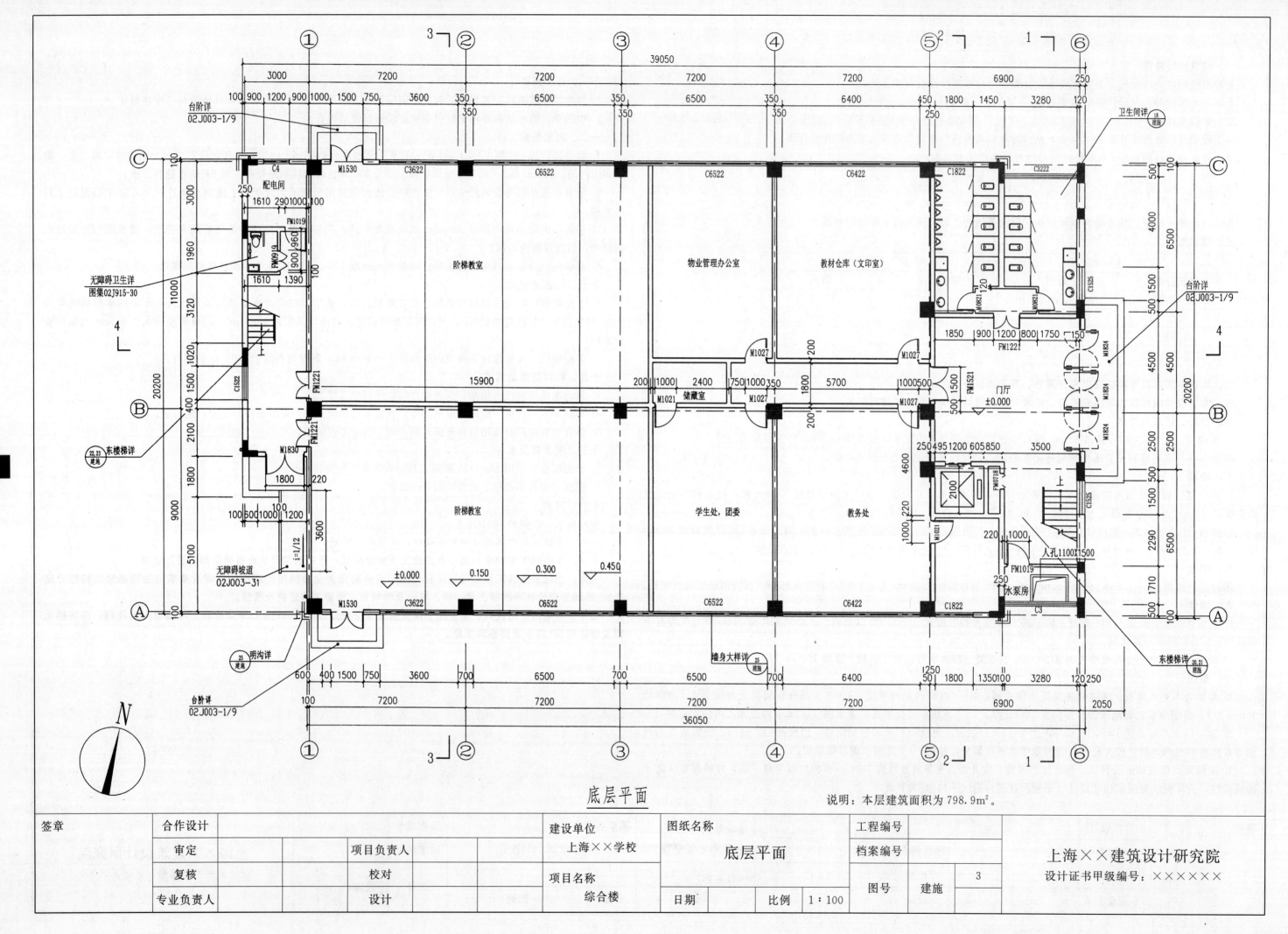

底层平面

说明：本层建筑面积为798.9m²。

签章		合作设计			建设单位	图纸名称		工程编号		
		审定		项目负责人		上海××学校	底层平面		档案编号	
		复核		校对		项目名称				图号	建施	3
		专业负责人		设计		综合楼	日期	比例	1：100	

上海××建筑设计研究院
设计证书甲级编号：××××××

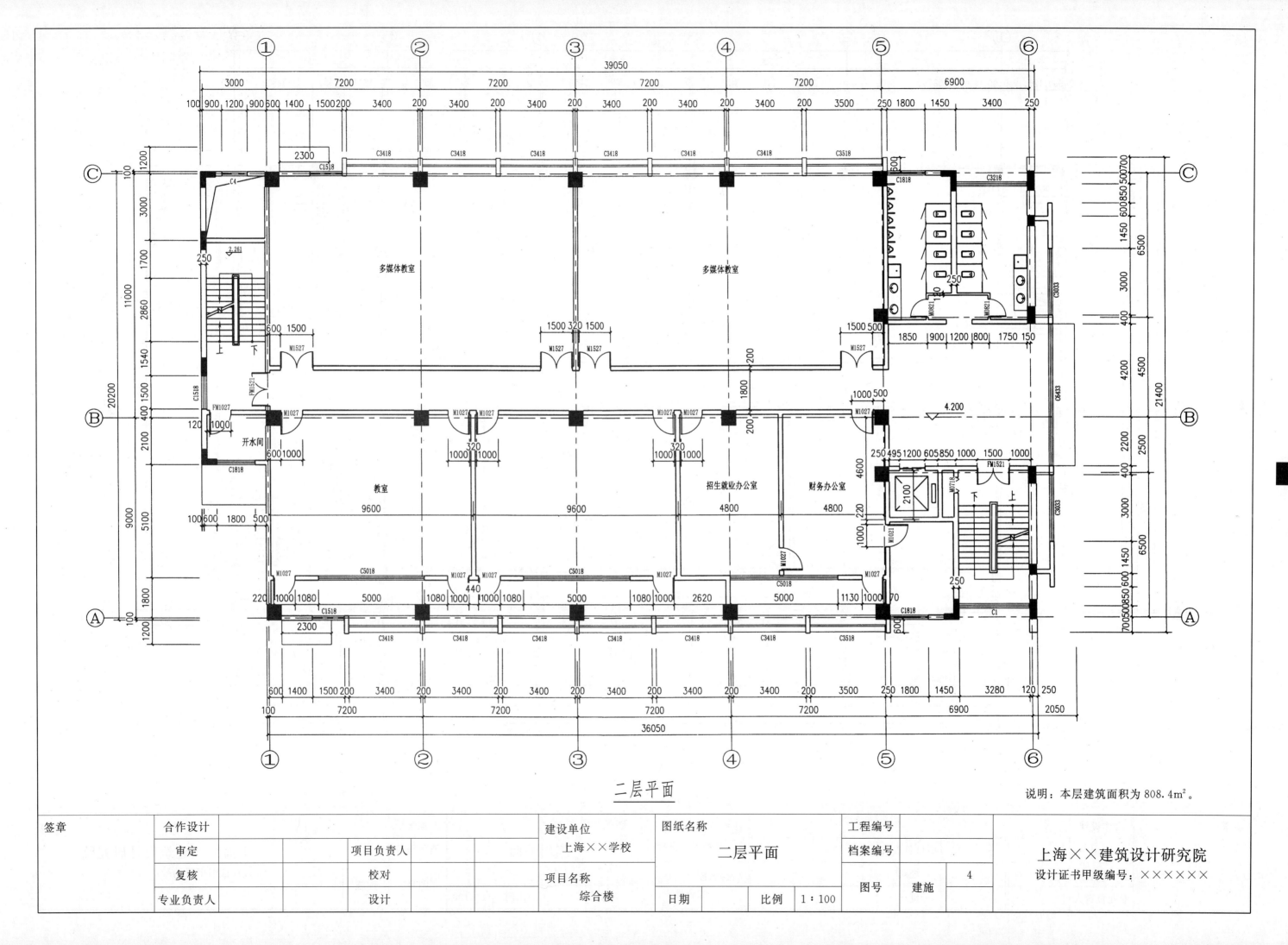

二层平面

说明：本层建筑面积为808.4m²。

109

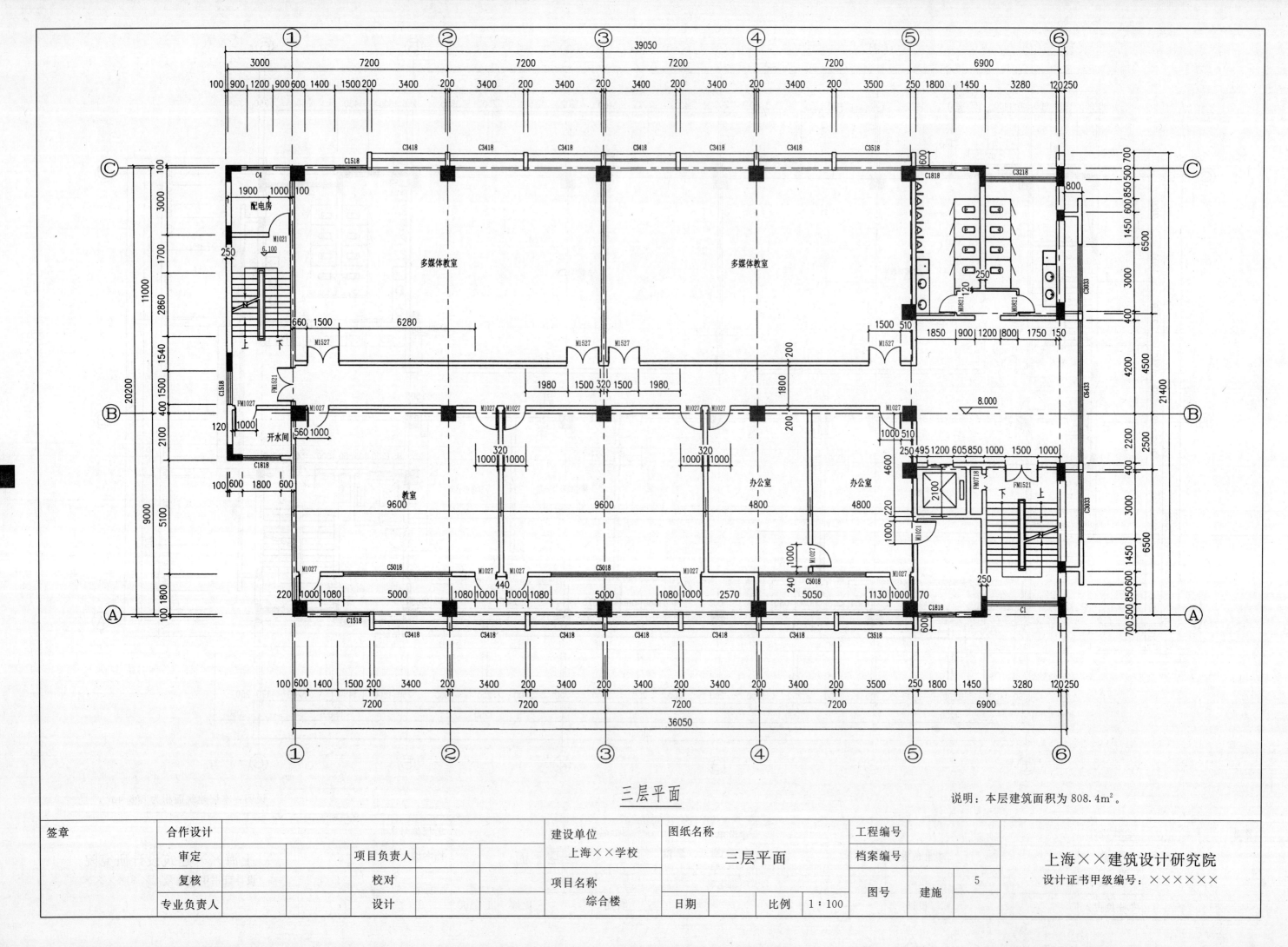

三层平面

说明：本层建筑面积为808.4m²。

签章		合作设计				建设单位	图纸名称		工程编号		上海××建筑设计研究院
		审定		项目负责人		上海××学校	三层平面		档案编号		设计证书甲级编号：××××××
		复核		校对		项目名称			图号	建施 5	
		专业负责人		设计		综合楼	日期	比例 1：100			

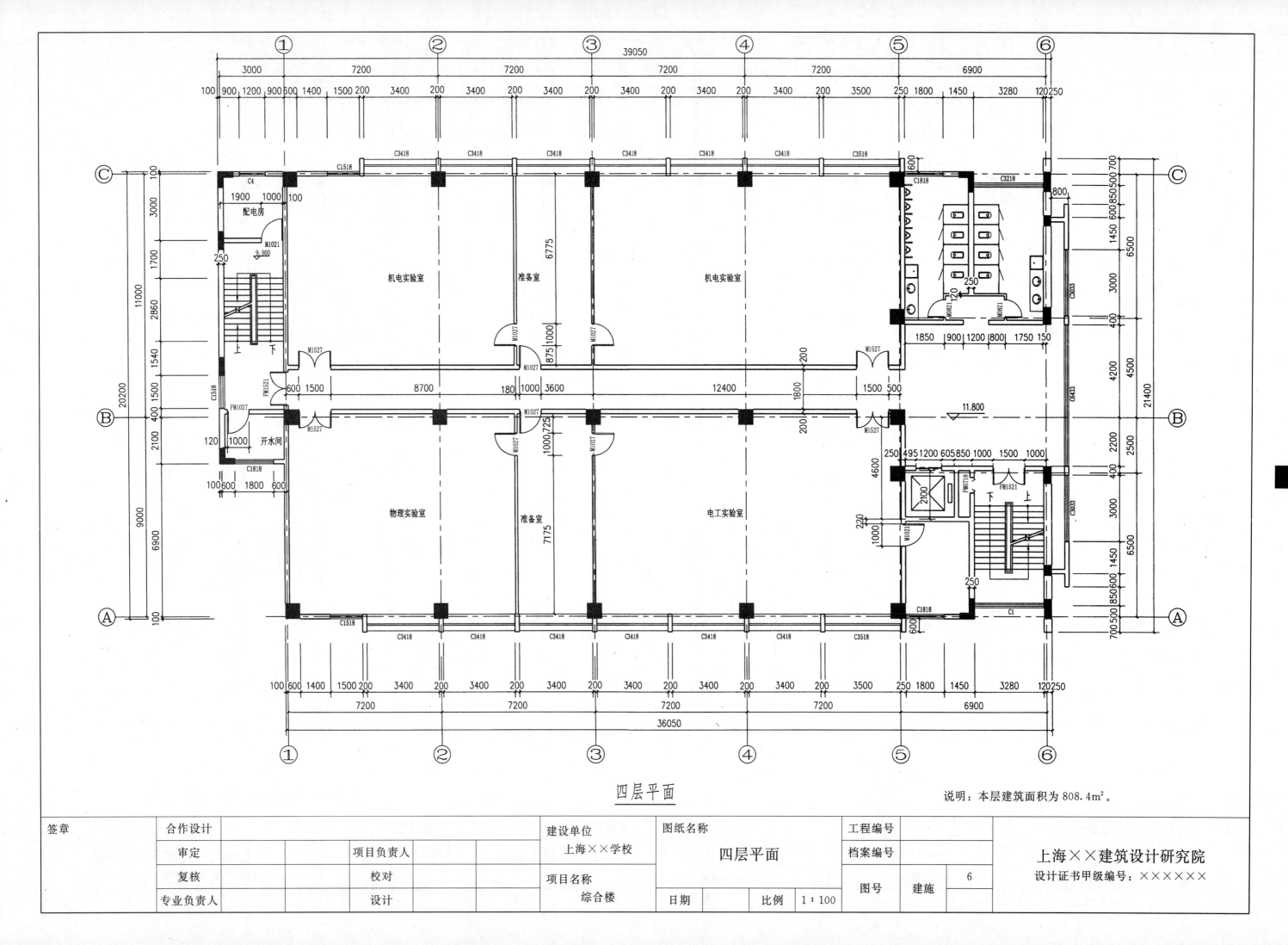

四层平面

说明：本层建筑面积为808.4m²。

签章		合作设计			建设单位	图纸名称	工程编号		上海××建筑设计研究院
		审定		项目负责人		上海××学校	四层平面	档案编号		设计证书甲级编号：××××××
		复核		校对		项目名称		图号	建施	6
		专业负责人		设计		综合楼	日期		比例	1：100

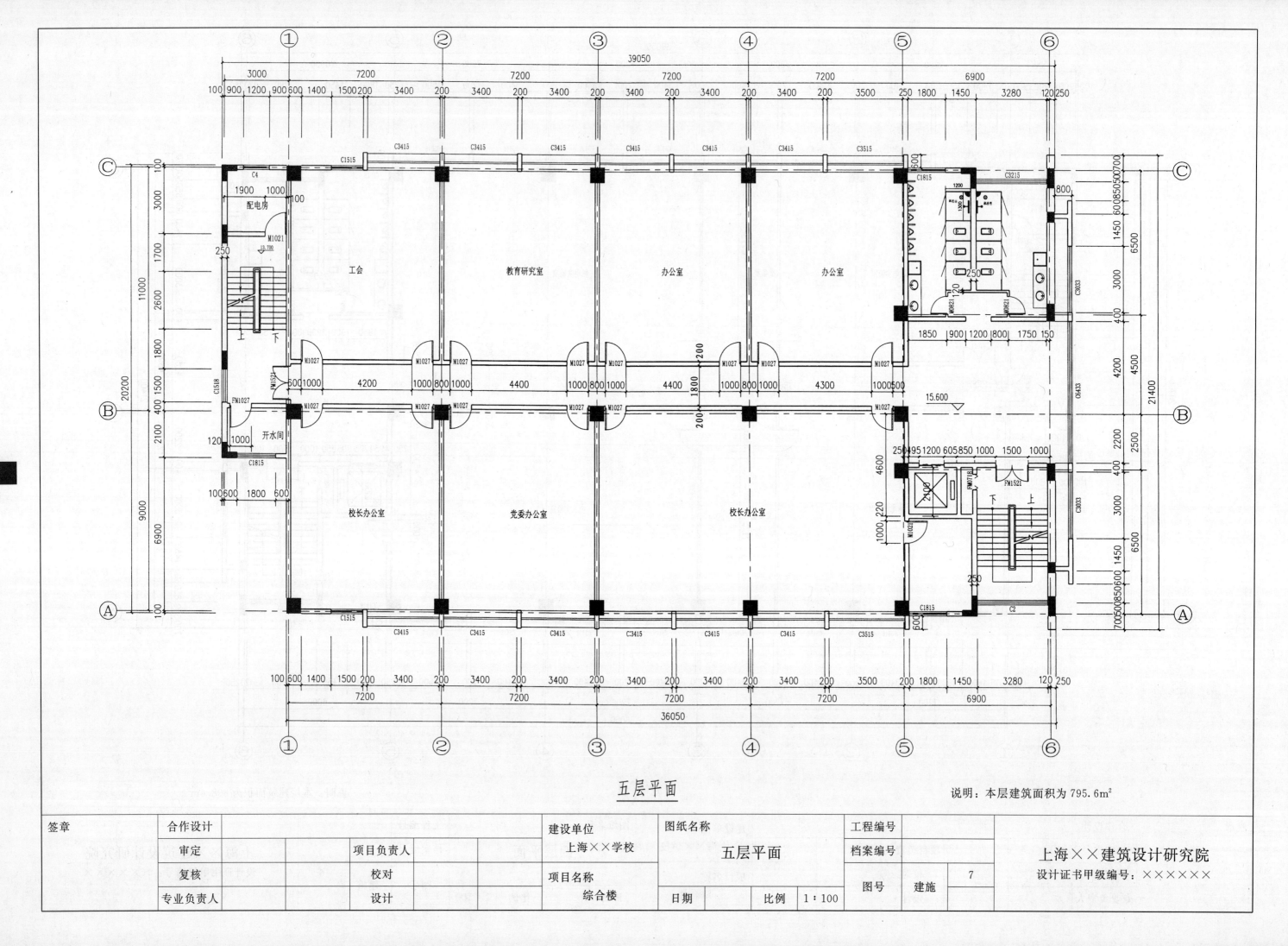

五层平面

说明：本层建筑面积为795.6m²

签章	合作设计			建设单位	图纸名称	工程编号		上海××建筑设计研究院
	审定		项目负责人	上海××学校	五层平面	档案编号		设计证书甲级编号：××××××
	复核		校对	项目名称		图号	建施 7	
	专业负责人		设计	综合楼	日期	比例 1：100		

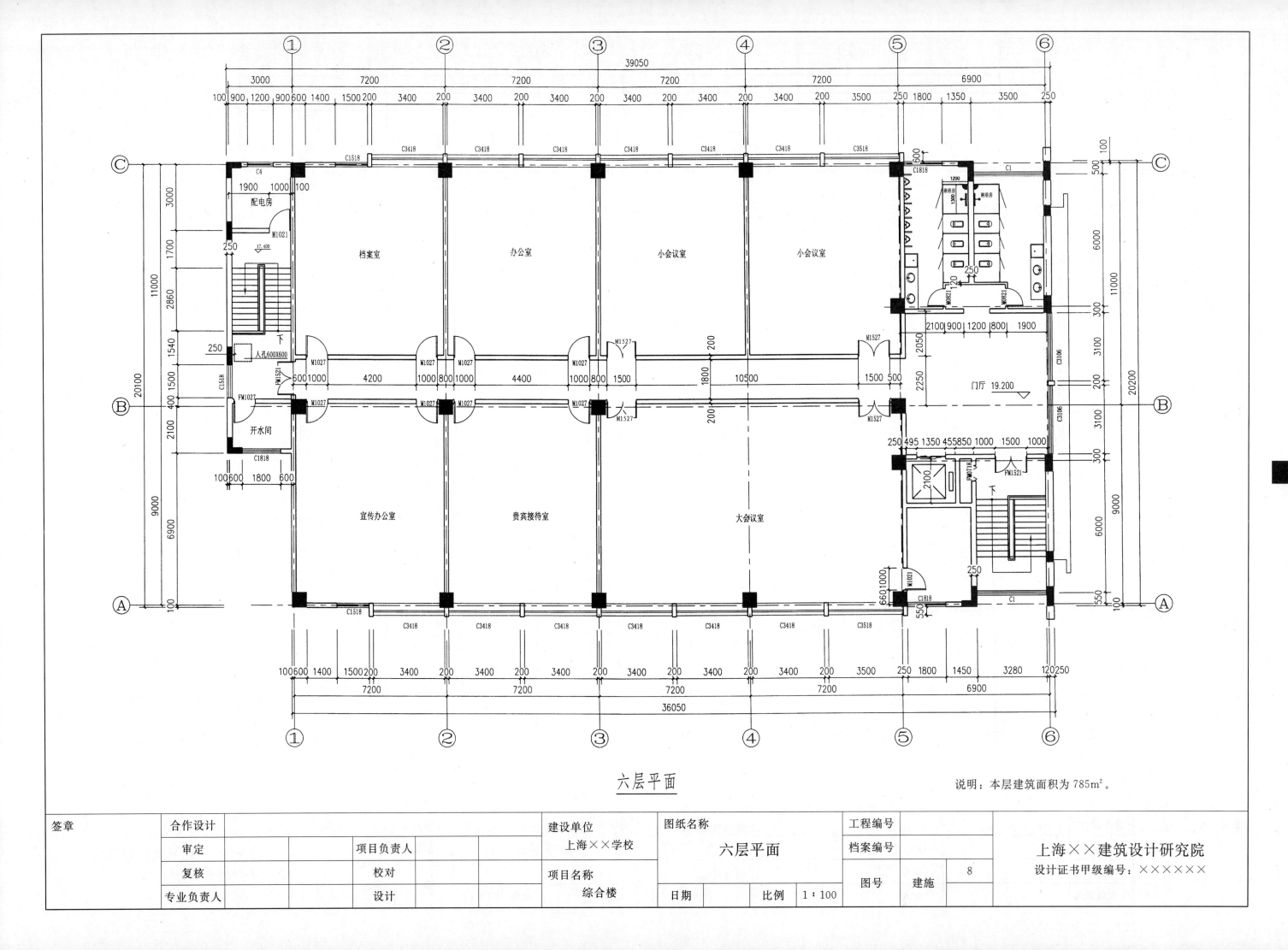

六层平面

说明：本层建筑面积为785m²。

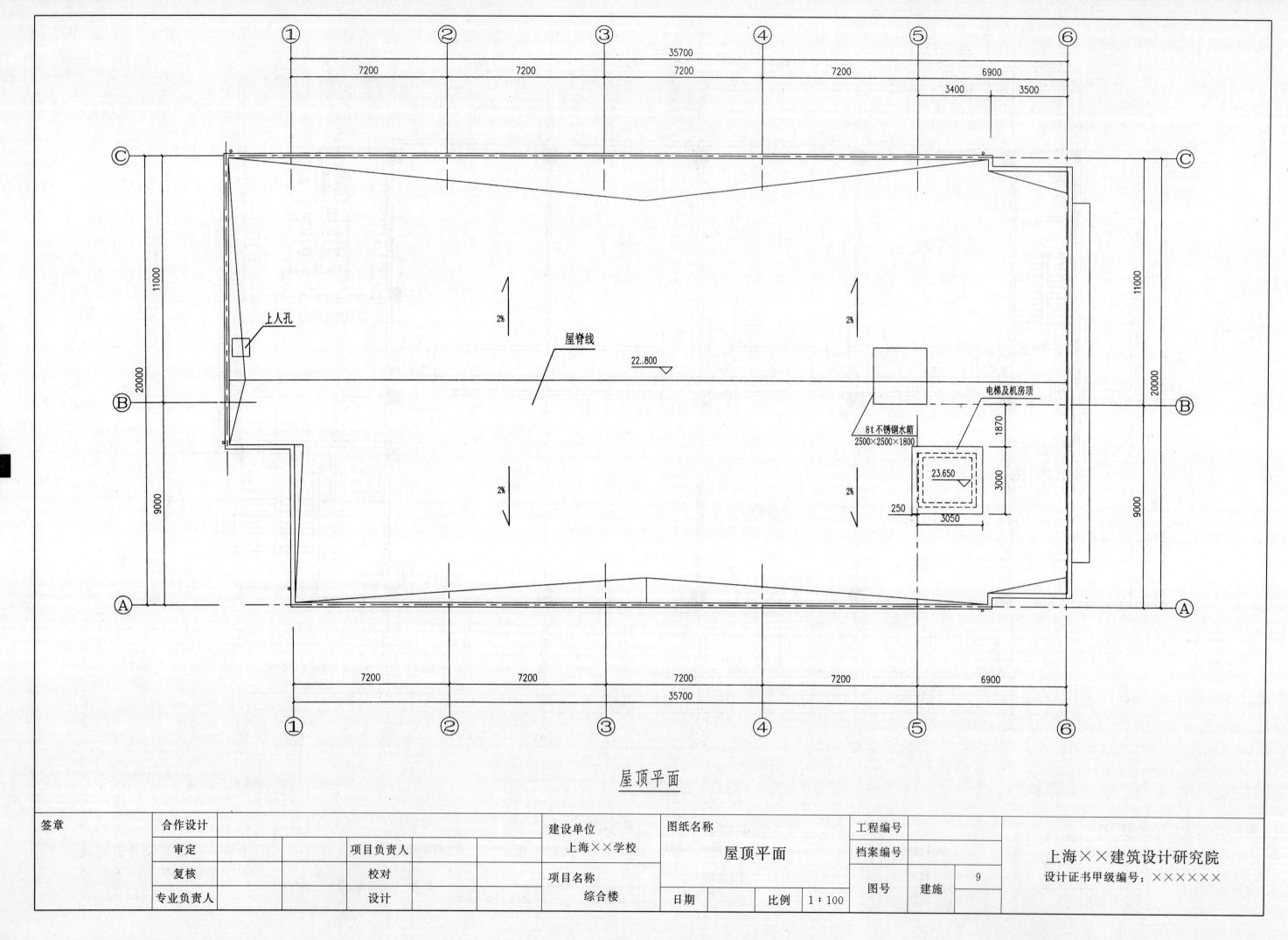

屋顶平面

签章		合作设计				建设单位	图纸名称		工程编号			上海××建筑设计研究院
		审定		项目负责人		上海××学校	屋顶平面		档案编号			设计证书甲级编号：××××××
		复核		校对		项目名称			图号	建施	9	
		专业负责人		设计		综合楼	日期	比例 1：100				

上人孔

屋脊线

22..800

8t不锈钢水箱
2500×2500×1800

电梯及机房顶

23.650

2%

35700

7200　7200　7200　7200　6900

3400　3500

11000

20000

9000

1870

3000

250　3050

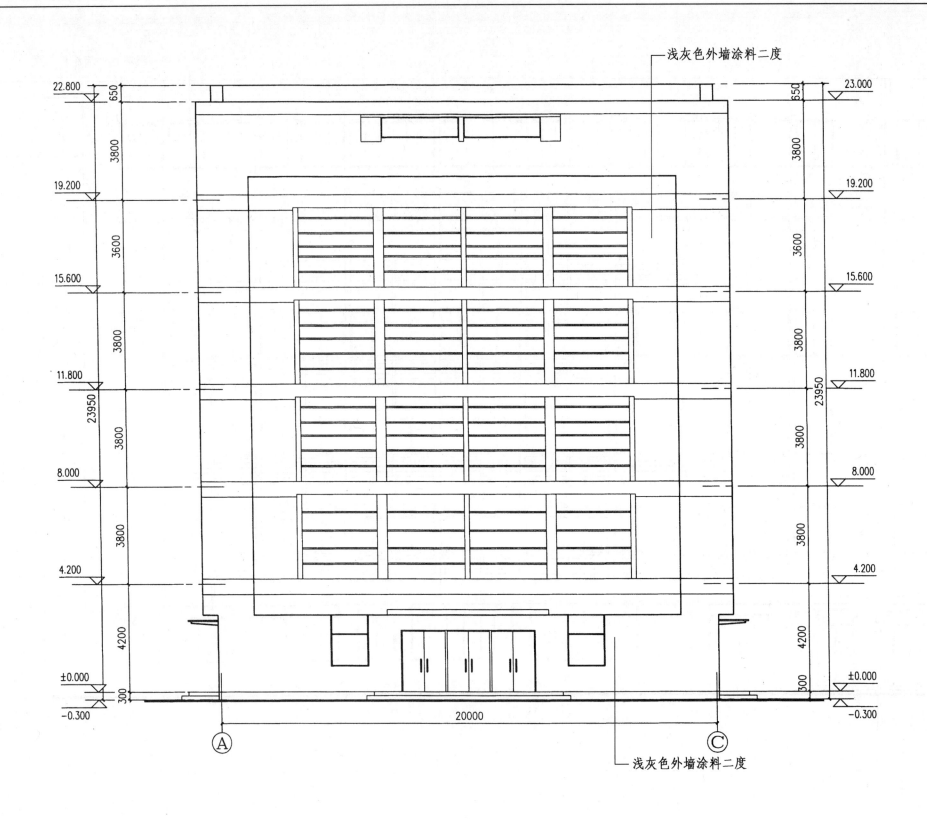

浅灰色外墙涂料二度

22.800 650
3800
19.200
3600
15.600
3800
11.800
3800
8.000
3800
4.200
4200
±0.000
300
-0.300

23950

23.000 550
3800
19.200
3600
15.600
3800
11.800
3800
8.000
3800
4.200
4200
±0.000
300
-0.300

23950

Ⓐ

20000

Ⓒ

浅灰色外墙涂料二度

东立面

签章	合作设计			建设单位	图纸名称		工程编号			上海××建筑设计研究院
	审定		项目负责人		上海××学校	**东立面**	档案编号			设计证书甲级编号：××××××
	复核		校对		项目名称		图号	建施	10	
	专业负责人		设计		综合楼	日期	比例	1∶100		

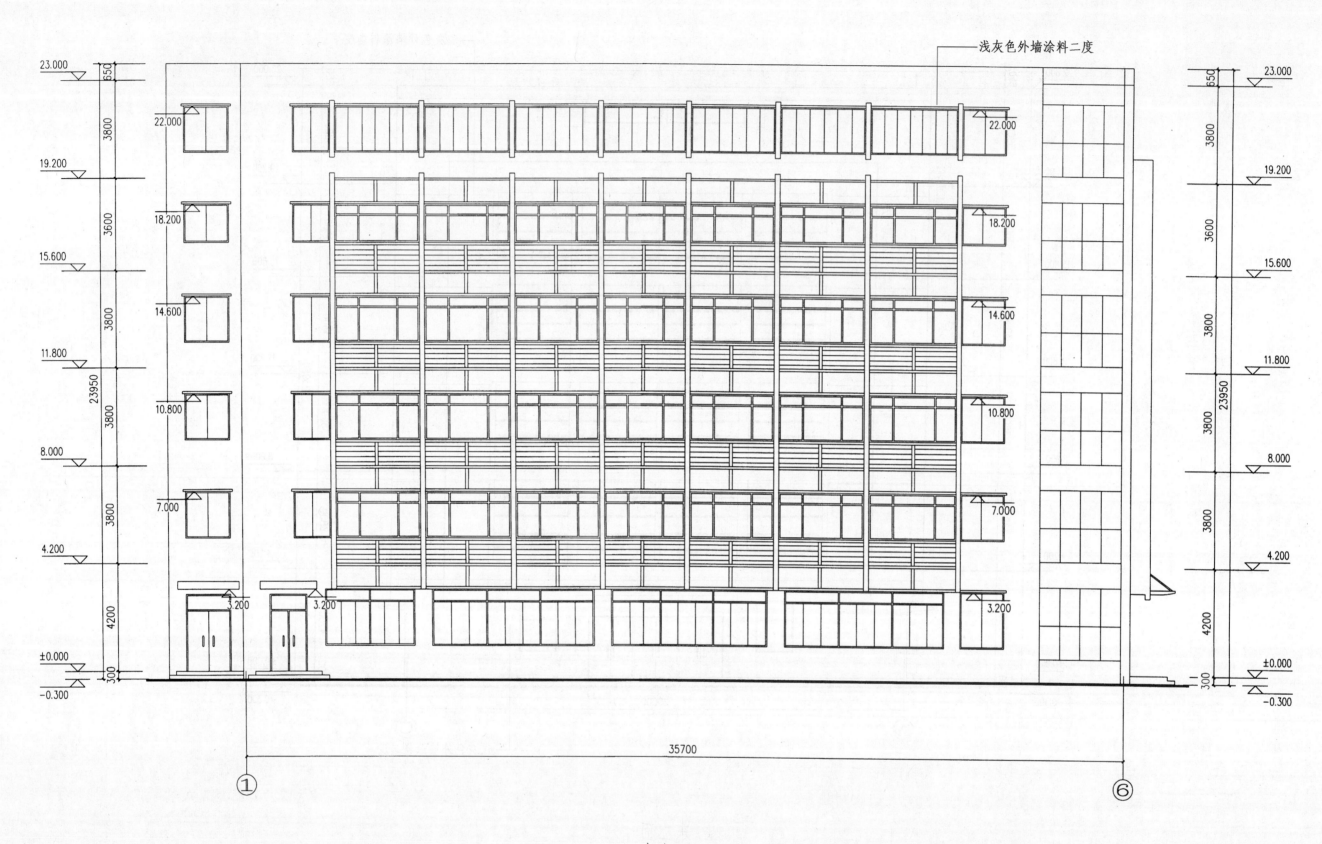

浅灰色外墙涂料二度

南立面

签章		合作设计			建设单位	图纸名称		工程编号			上海××建筑设计研究院
		审定			上海××学校	南立面		档案编号			
		复核		项目负责人							
				校对	项目名称			图号	建施	11	设计证书甲级编号：××××××
		专业负责人		设计	综合楼	日期	比例	1：100			

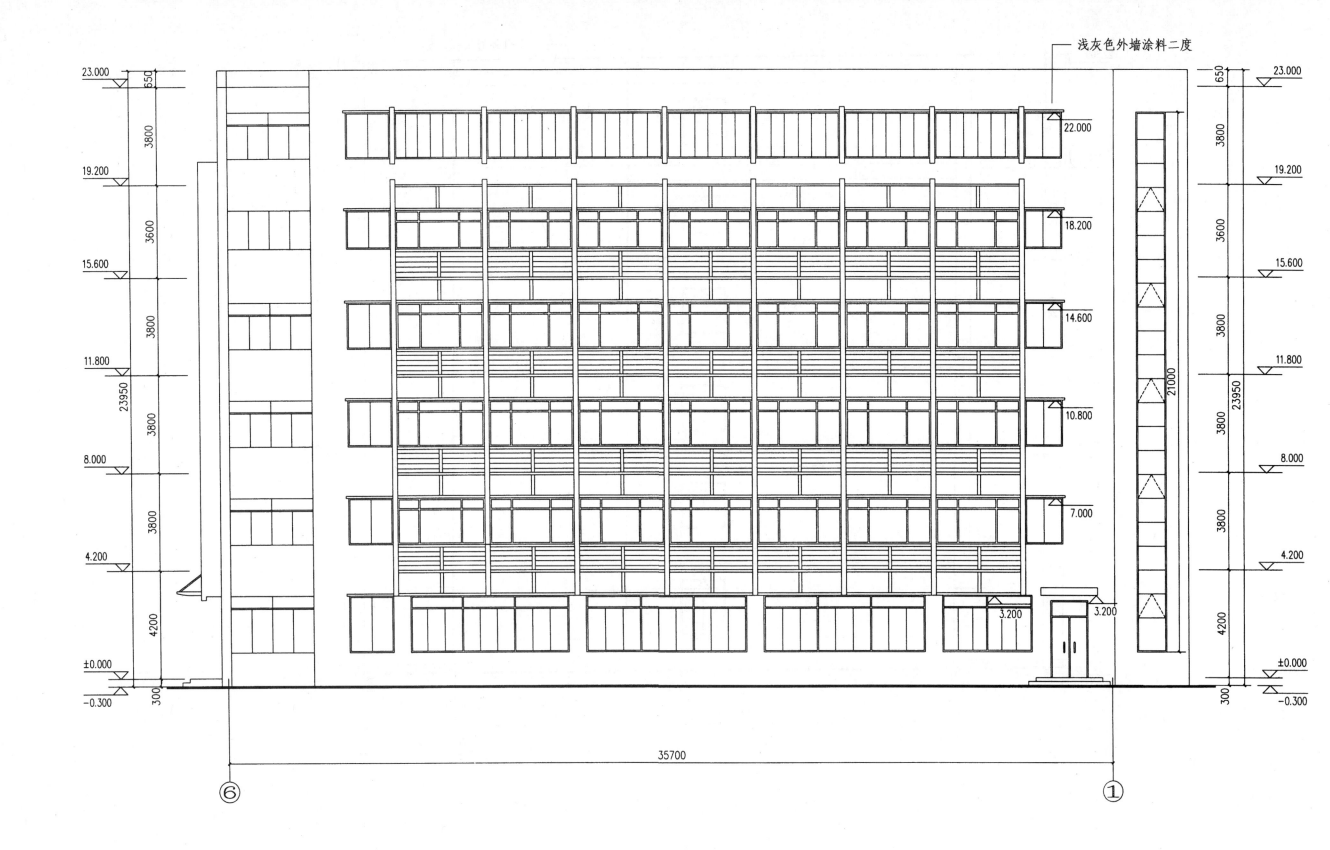

浅灰色外墙涂料二度

北立面

签章	合作设计			建设单位	图纸名称		工程编号			上海××建筑设计研究院
	审定		项目负责人		上海××学校	北立面	档案编号			设计证书甲级编号：××××××
	复核		校对		项目名称		图号	建施	12	
	专业负责人		设计		综合楼	日期	比例	1：100		

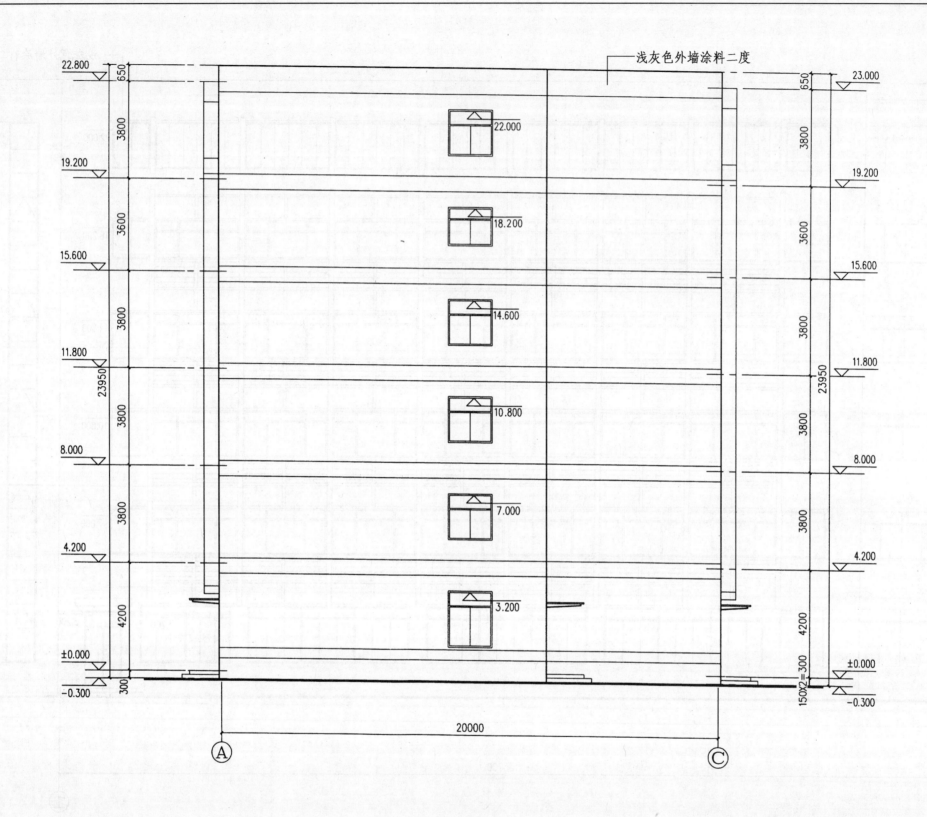

浅灰色外墙涂料二度

22.800

23.000

650

650

22.000

3800

3800

19.200

19.200

3600

3600

18.200

15.600

15.600

3800

3800

14.600

11.800

11.800

23950

23950

3800

3800

10.800

8.000

8.000

3800

3800

7.000

4.200

4.200

3800

3800

3.200

±0.000

±0.000

4200

4200

-0.300

300

150X2=300

-0.300

20000

Ⓐ

Ⓒ

西立面

签章	合作设计			建设单位	图纸名称	工程编号		上海××建筑设计研究院
	审定		项目负责人		上海××学校	西立面	档案编号		设计证书甲级编号：×××××××
	复核		校对		项目名称		图号	建施	13
	专业负责人		设计		综合楼	日期	比例	1：100	

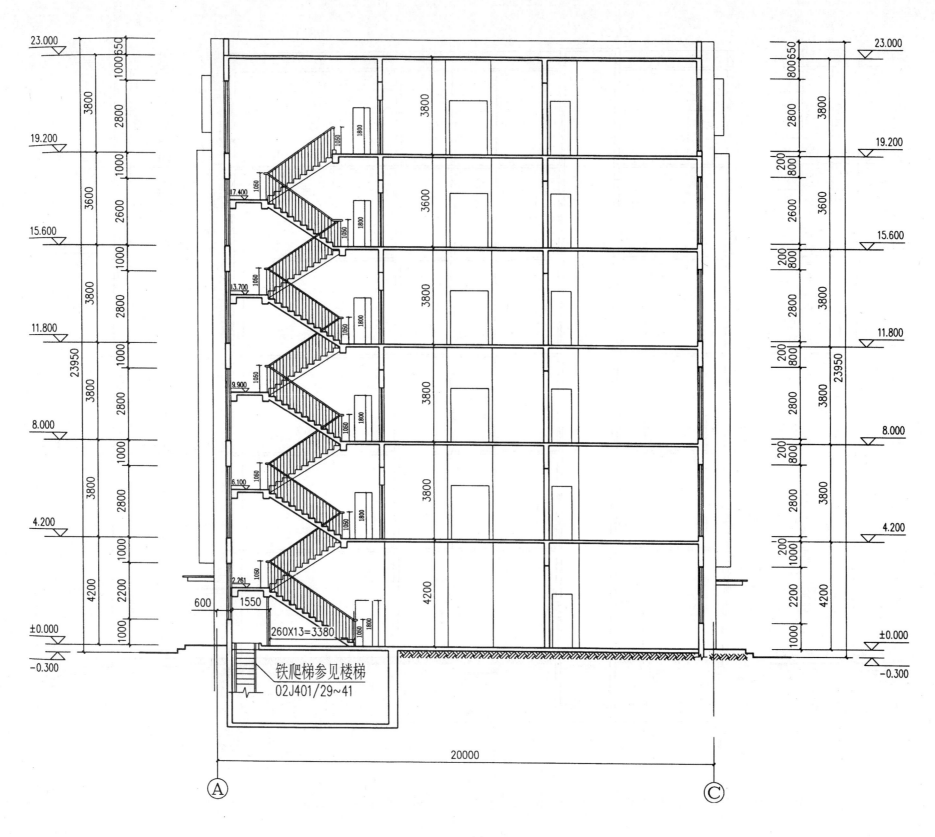

铁爬梯参见楼梯
02J401/29~41

260X13=3380

20000

Ⓐ　　　　　　　　　　　　　　Ⓒ

1-1 剖面

签章		合作设计			建设单位	图纸名称		工程编号			上海××建筑设计研究院
		审定		项目负责人		上海××学校	1-1 剖面		档案编号		
		复核		校对		项目名称			图号	建施 14	设计证书甲级编号：××××××
		专业负责人		设计		综合楼	日期	比例 1：100			

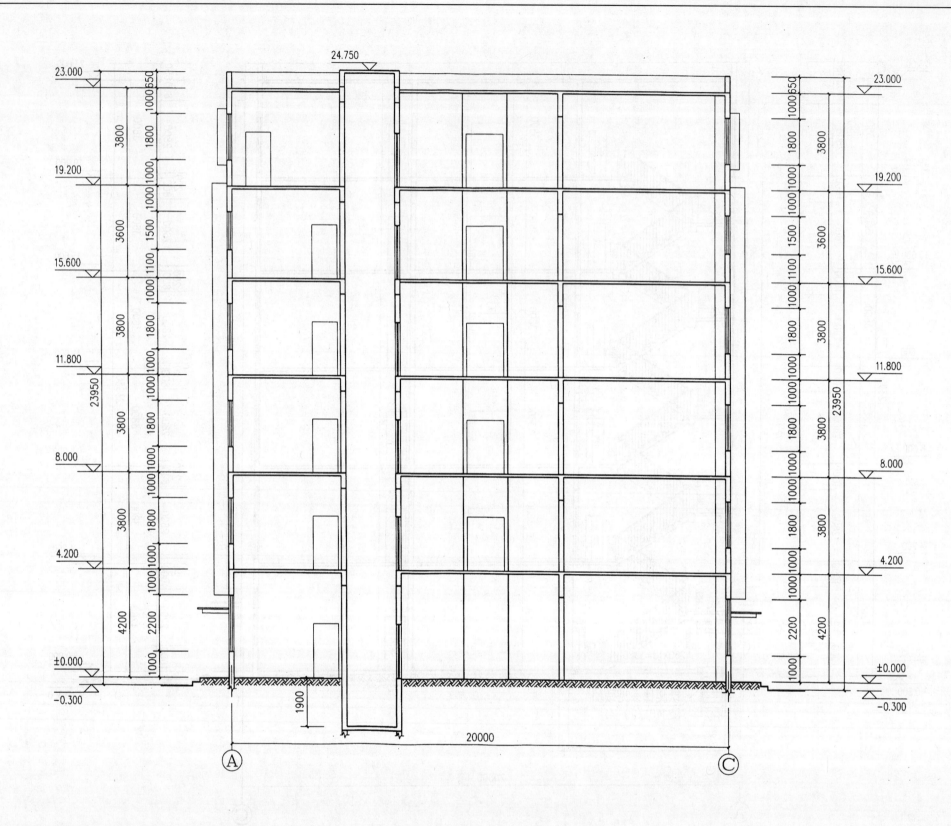

2-2 剖面

签章	合作设计		建设单位	图纸名称		工程编号		上海××建筑设计研究院
	审定	项目负责人	上海××学校	2-2 剖面		档案编号		设计证书甲级编号：××××××
	复核	校对	项目名称			图号	建施	
	专业负责人	设计	综合楼	日期	比例 1：100		15	

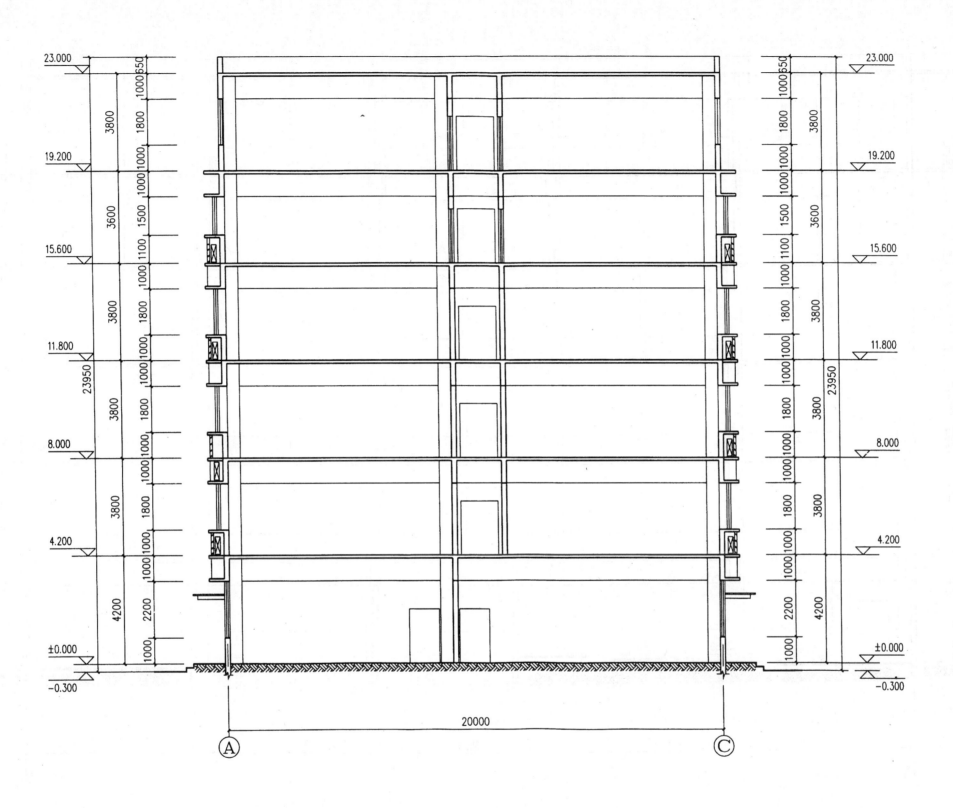

3-3 剖面

签章		合作设计				建设单位	图纸名称		工程编号			上海××建筑设计研究院
		审定		项目负责人		上海××学校	3-3 剖面		档案编号			设计证书甲级编号：××××××
		复核		校对		项目名称			图号	建施	16	
		专业负责人		设计		综合楼	日期	比例 1：100				

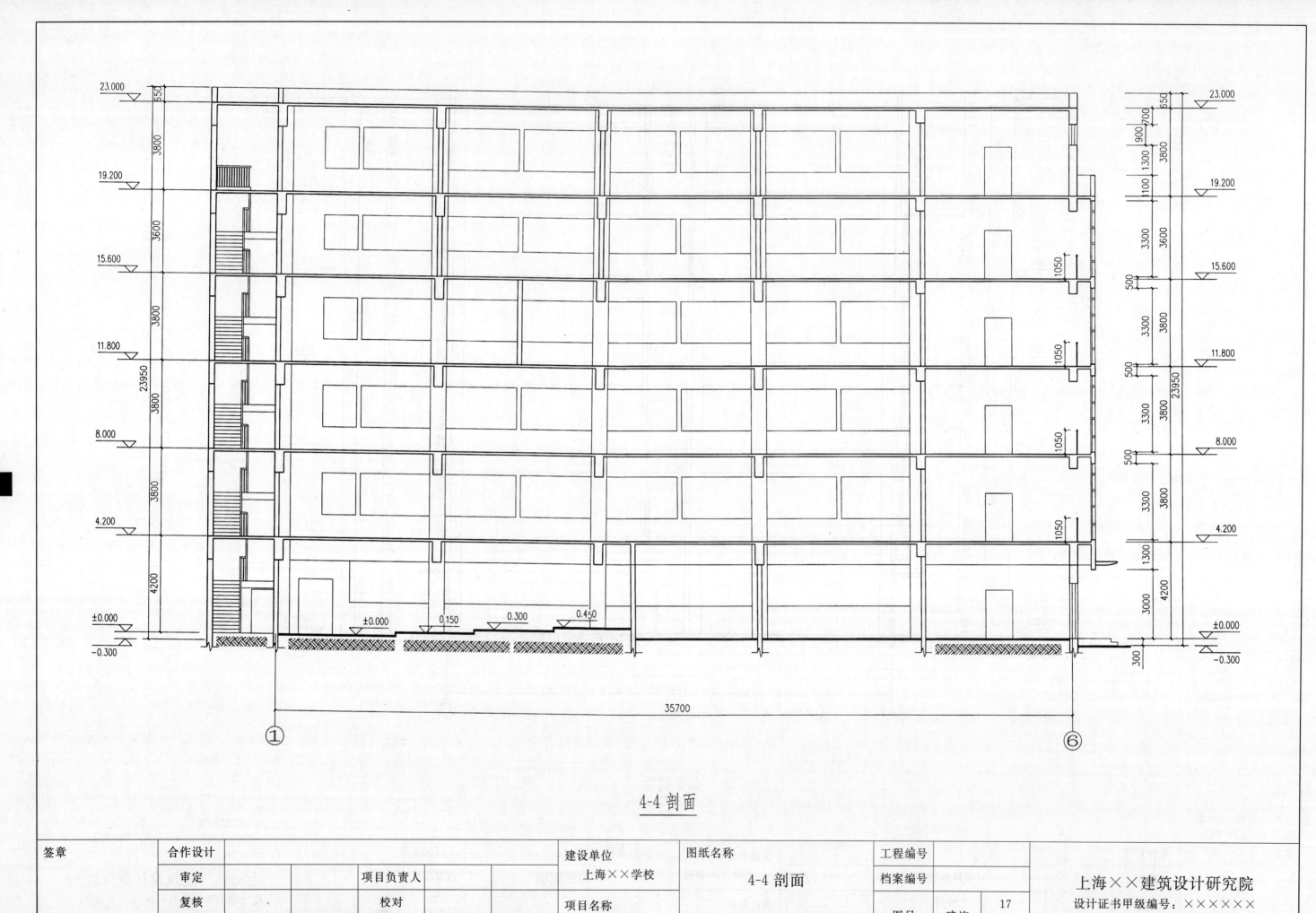

4-4 剖面

签章		合作设计			建设单位	图纸名称		工程编号		上海××建筑设计研究院
		审定		项目负责人		上海××学校	4-4 剖面	档案编号		
		复核		校对		项目名称		图号	建施 17	设计证书甲级编号：××××××
		专业负责人		设计		综合楼	日期 比例 1：100			

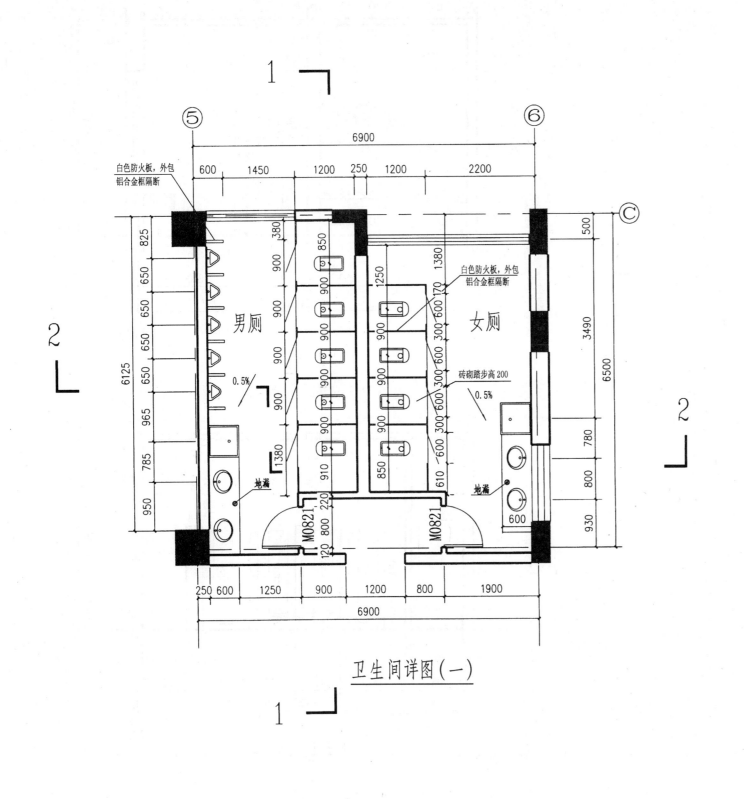

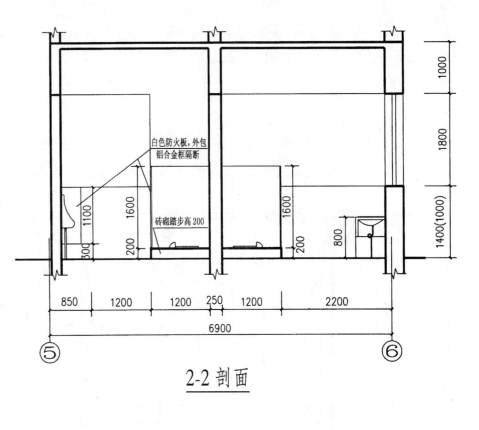

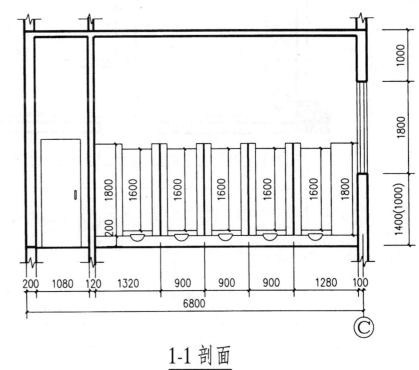

男厕

女厕

白色防火板,外包
铝合金框隔断

白色防火板,外包
铝合金框隔断

砖砌踏步高200

地漏

地漏

0.5%

0.5%

M0821

M0821

卫生间详图(一)

2-2 剖面

1-1 剖面

白色防火板,外包
铝合金框隔断

砖砌踏步高200

签章	合作设计			建设单位 上海××学校	图纸名称 卫生间详图(一)	工程编号		上海××建筑设计研究院 设计证书甲级编号:××××××
	审定		项目负责人			档案编号		
	复核		校对	项目名称 综合楼		图号	建施 18	
	专业负责人		设计			日期	比例 1:50	

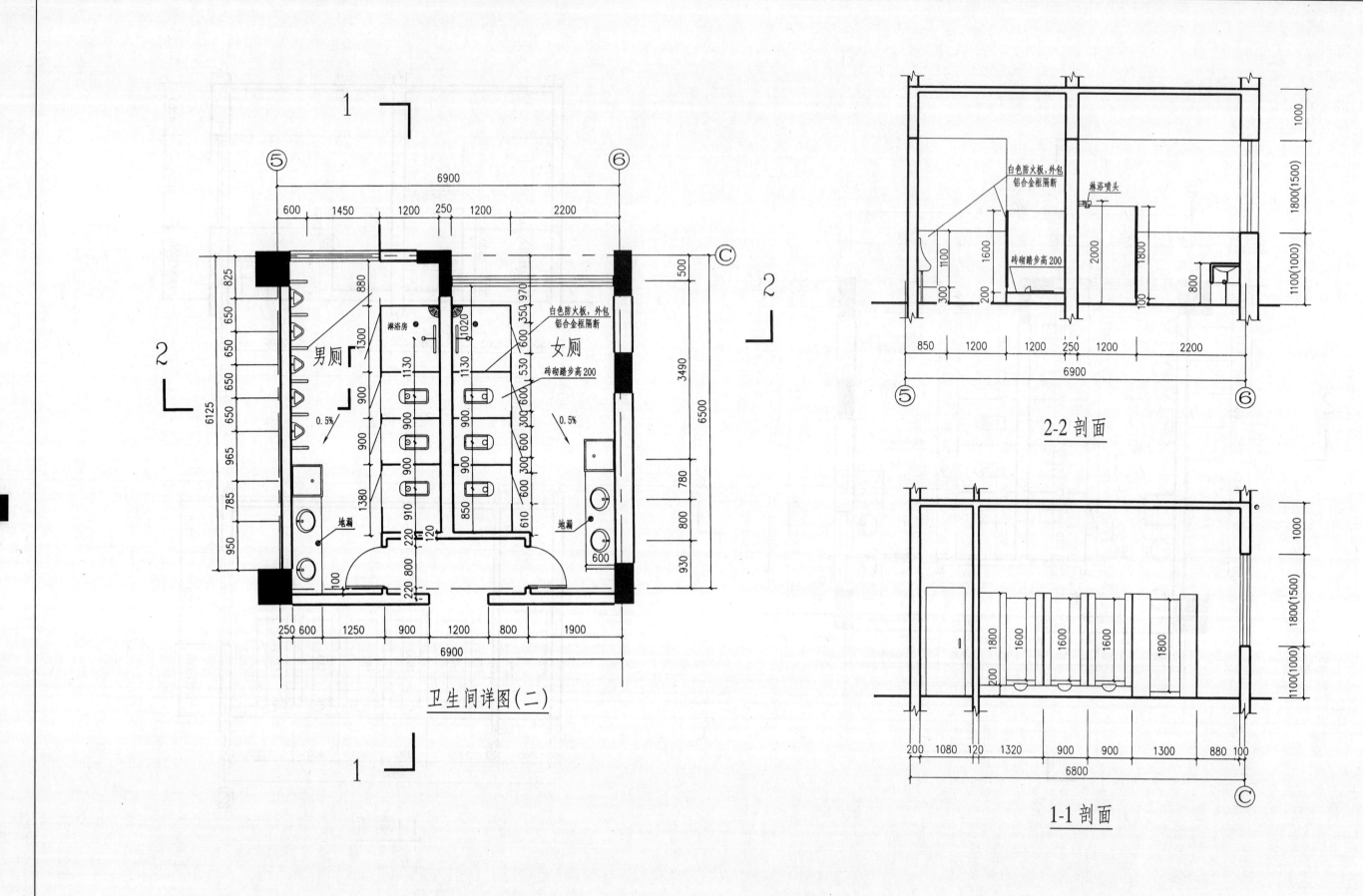

男厕

女厕

白色防火板，外包铝合金框隔断

砖砌踏步高200

淋浴房

地漏

卫生间详图(二)

白色防火板，外包铝合金框隔断

淋浴喷头

砖砌踏步高200

2-2剖面

1-1剖面

签章	合作设计				建设单位	图纸名称		工程编号			
	审定		项目负责人		上海××学校	卫生间详图（二）		档案编号			上海××建筑设计研究院
	复核		校对		项目名称			图号	建施	19	设计证书甲级编号：××××××
	专业负责人		设计		综合楼	日期	比例 1：50				

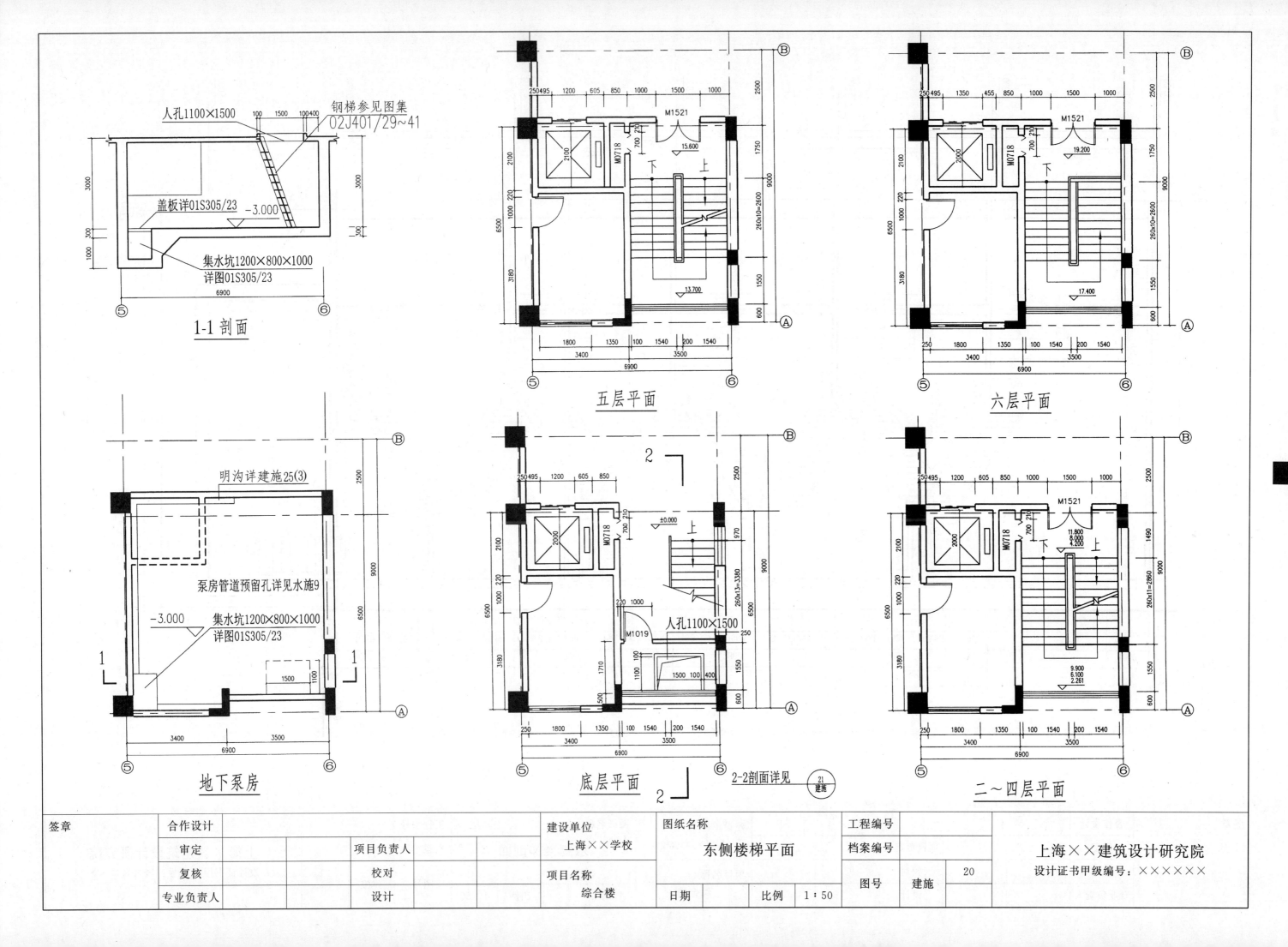

人孔1100×1500
钢梯参见图集
02J401/29~41

盖板详01S305/23

集水坑1200×800×1000
详图01S305/23

1-1剖面

明沟详建施25(3)

泵房管道预留孔详见水施9

集水坑1200×800×1000
详图01S305/23

地下泵房

五层平面

六层平面

底层平面

2-2剖面详见 ㉑建施

二~四层平面

签章		合作设计			建设单位	图纸名称		工程编号			
		审定		项目负责人		上海××学校	东侧楼梯平面	档案编号			上海××建筑设计研究院
		复核		校对		项目名称		图号	建施	20	设计证书甲级编号：××××××
		专业负责人		设计		综合楼		日期		比例 1:50	

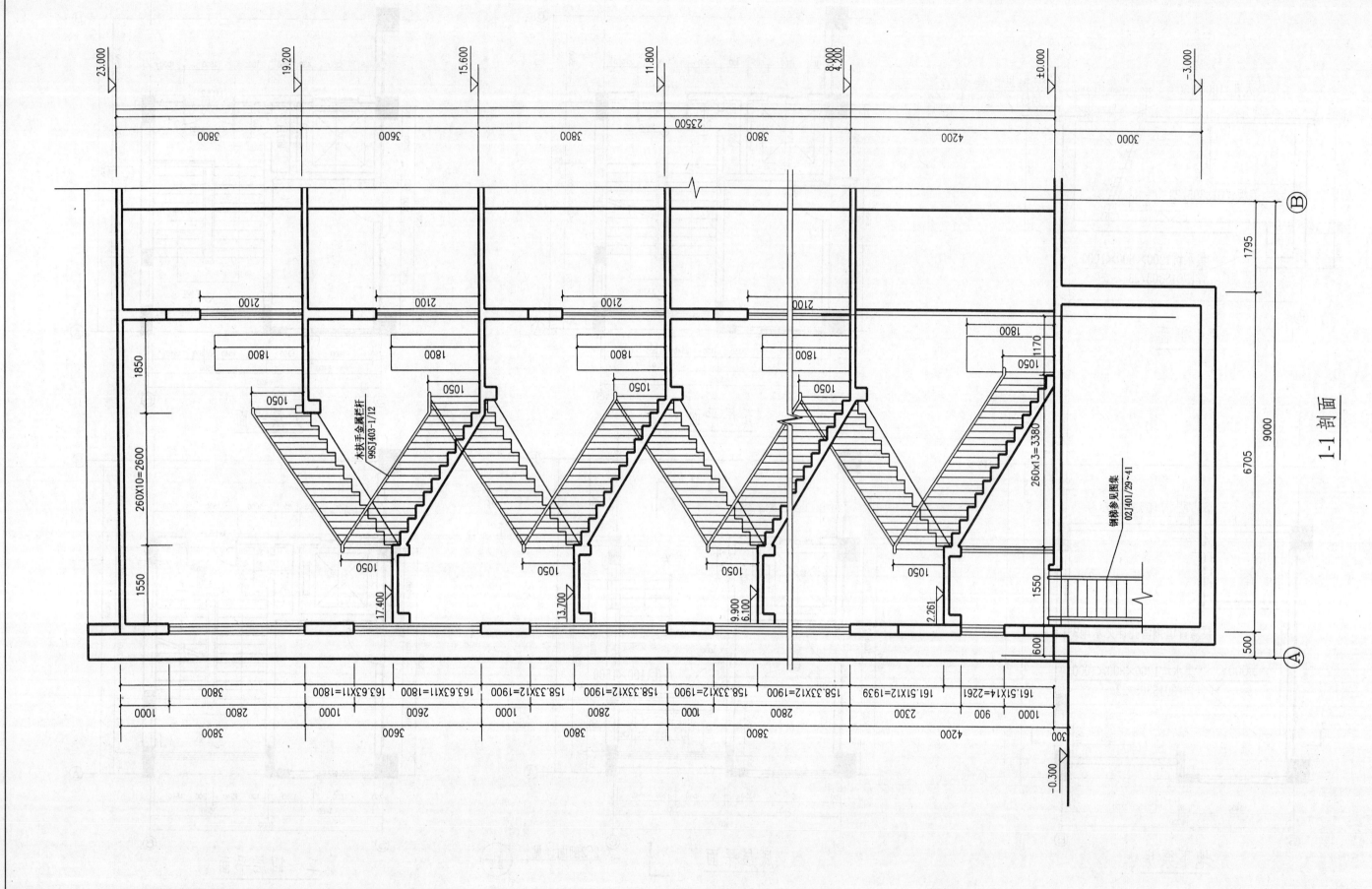

东侧楼梯剖面

1-1 剖面

签章		合作设计				建设单位	图纸名称		工程编号		
		审定		项目负责人		上海××学校	**东侧楼梯剖面**		档案编号		
		复核		校对		项目名称			图号	建施	21
		专业负责人		设计		综合楼	日期	比例 1：50			

上海××建筑设计研究院
设计证书甲级编号：××××××

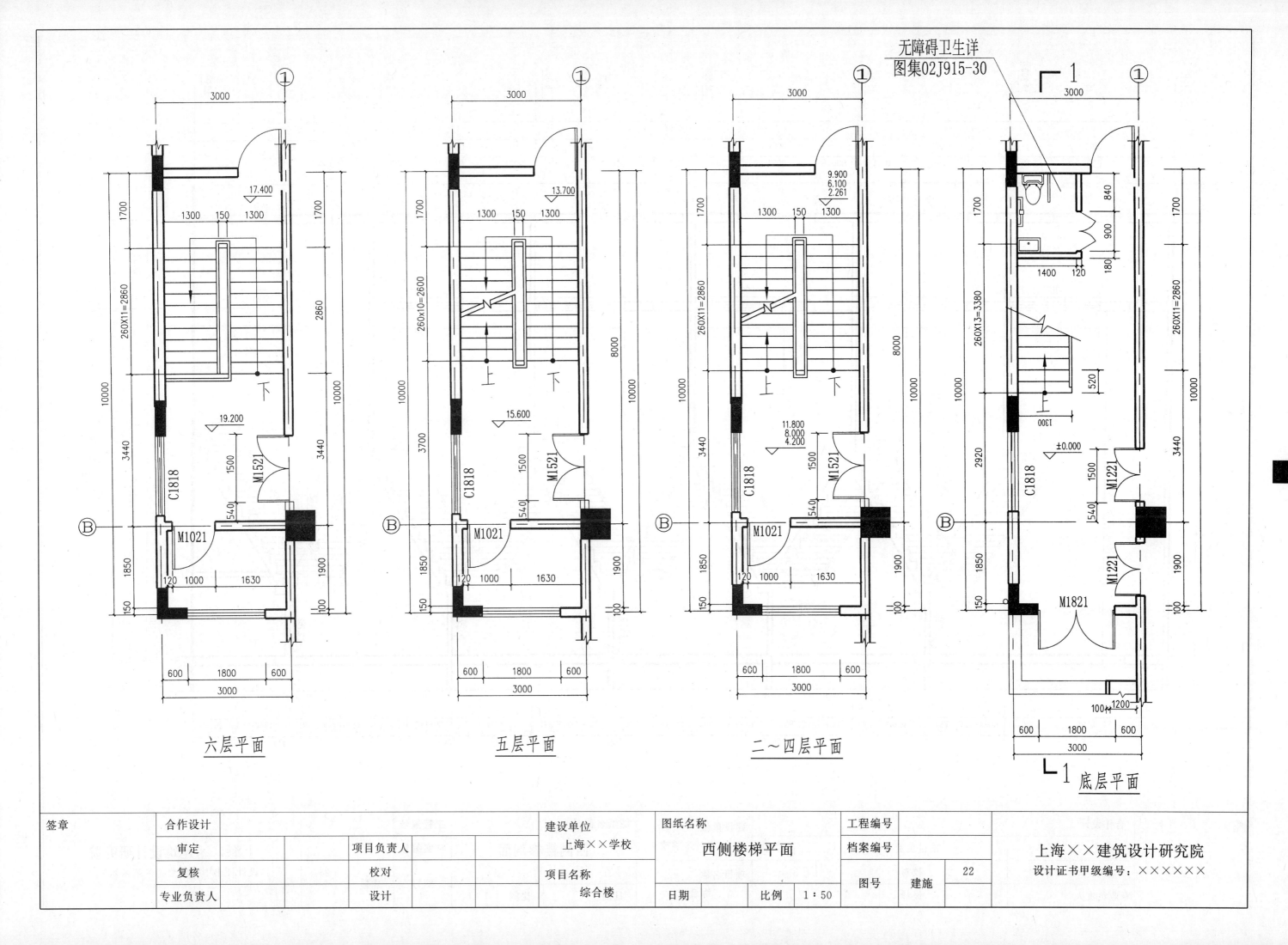

无障碍卫生详
图集02J915-30

六层平面

五层平面

二～四层平面

底层平面

签章		合作设计			建设单位	图纸名称		工程编号			上海××建筑设计研究院
		审定		项目负责人		上海××学校	西侧楼梯平面	档案编号			
		复核		校对		项目名称		图号	建施	22	设计证书甲级编号：××××××
		专业负责人		设计		综合楼	日期		比例	1:50	

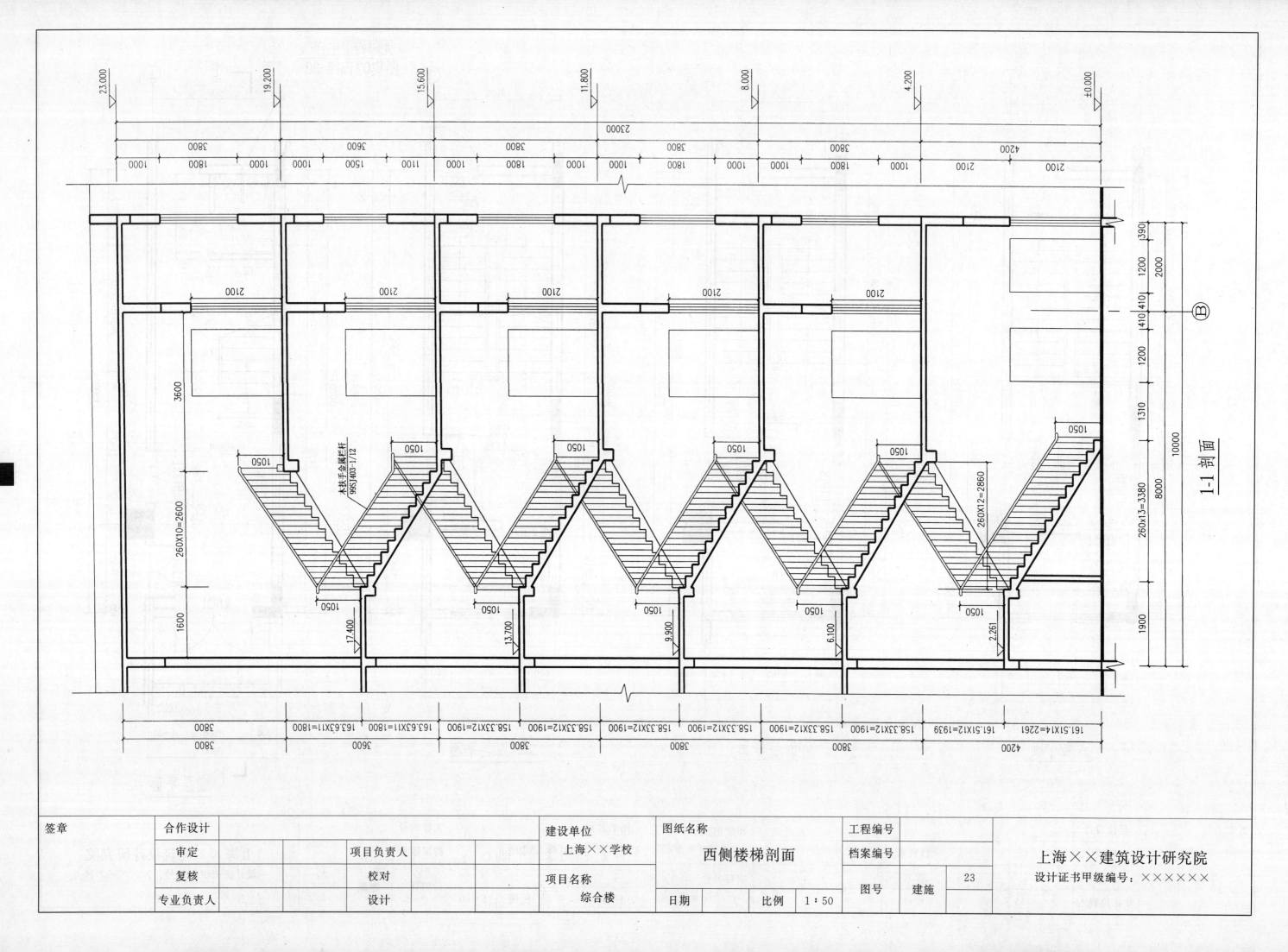

西侧楼梯剖面

1-1 剖面

木扶手金属栏杆
98SJ403-1/12

签章					建设单位	图纸名称		工程编号		
合作设计					上海××学校	**西侧楼梯剖面**		档案编号		
审定		项目负责人								上海××建筑设计研究院
复核		校对			项目名称			图号	建施 23	设计证书甲级编号：××××××
专业负责人		设计			综合楼	日期	比例 1：50			

128

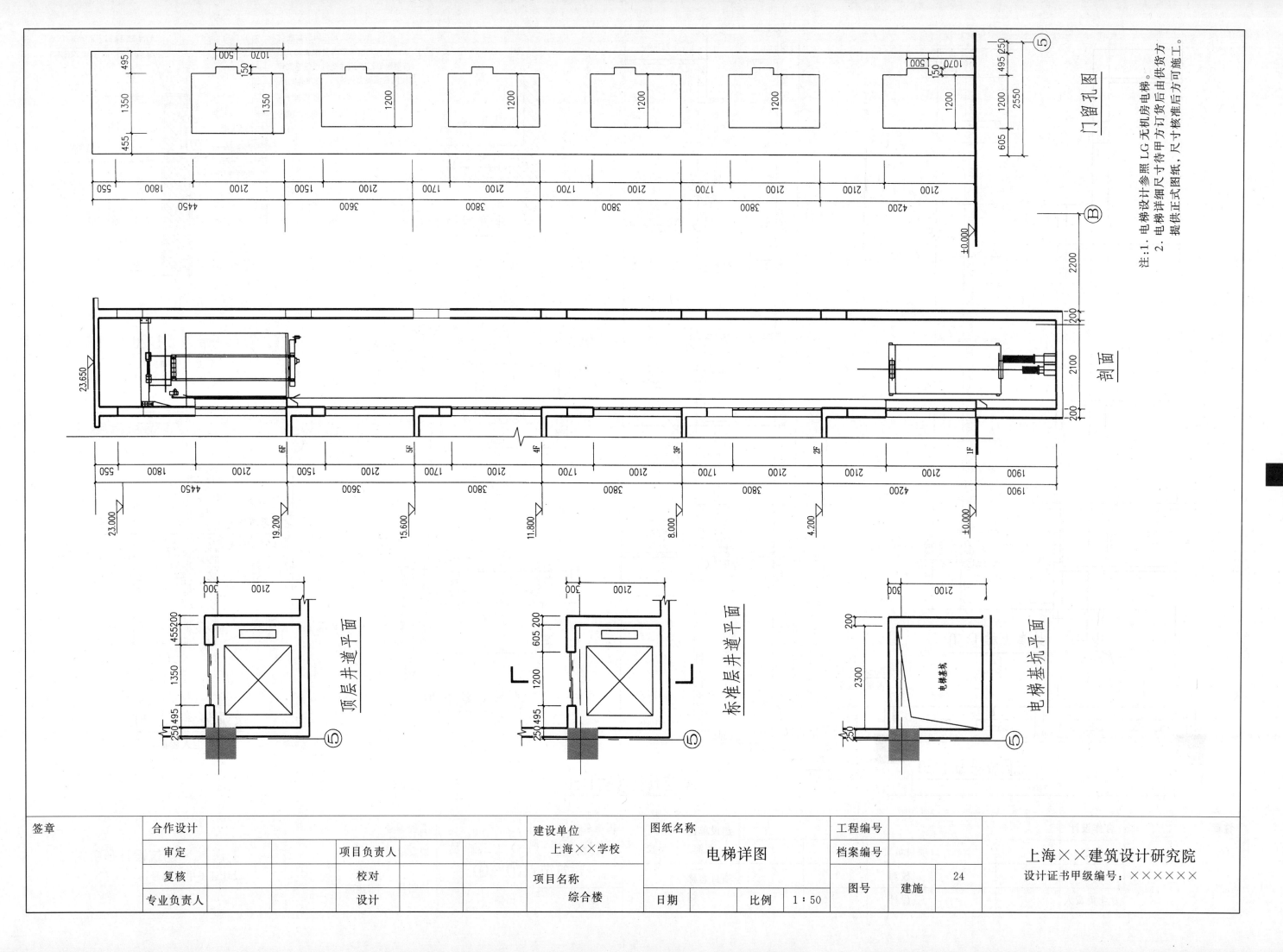

注:1. 电梯设计参照LG无机房电梯。
2. 电梯详细尺寸待甲方订货后由供货方
提供正式图纸，尺寸核准后方可施工。

门留孔图

剖 面

顶层井道平面

标准层井道平面

电梯基坑平面

签章		合作设计			建设单位	图纸名称		工程编号			上海××建筑设计研究院
		审定		项目负责人		上海××学校	电梯详图	档案编号			设计证书甲级编号：××××××
		复核		校对		项目名称		图号	建施	24	
		专业负责人		设计		综合楼		日期		比例	1：50

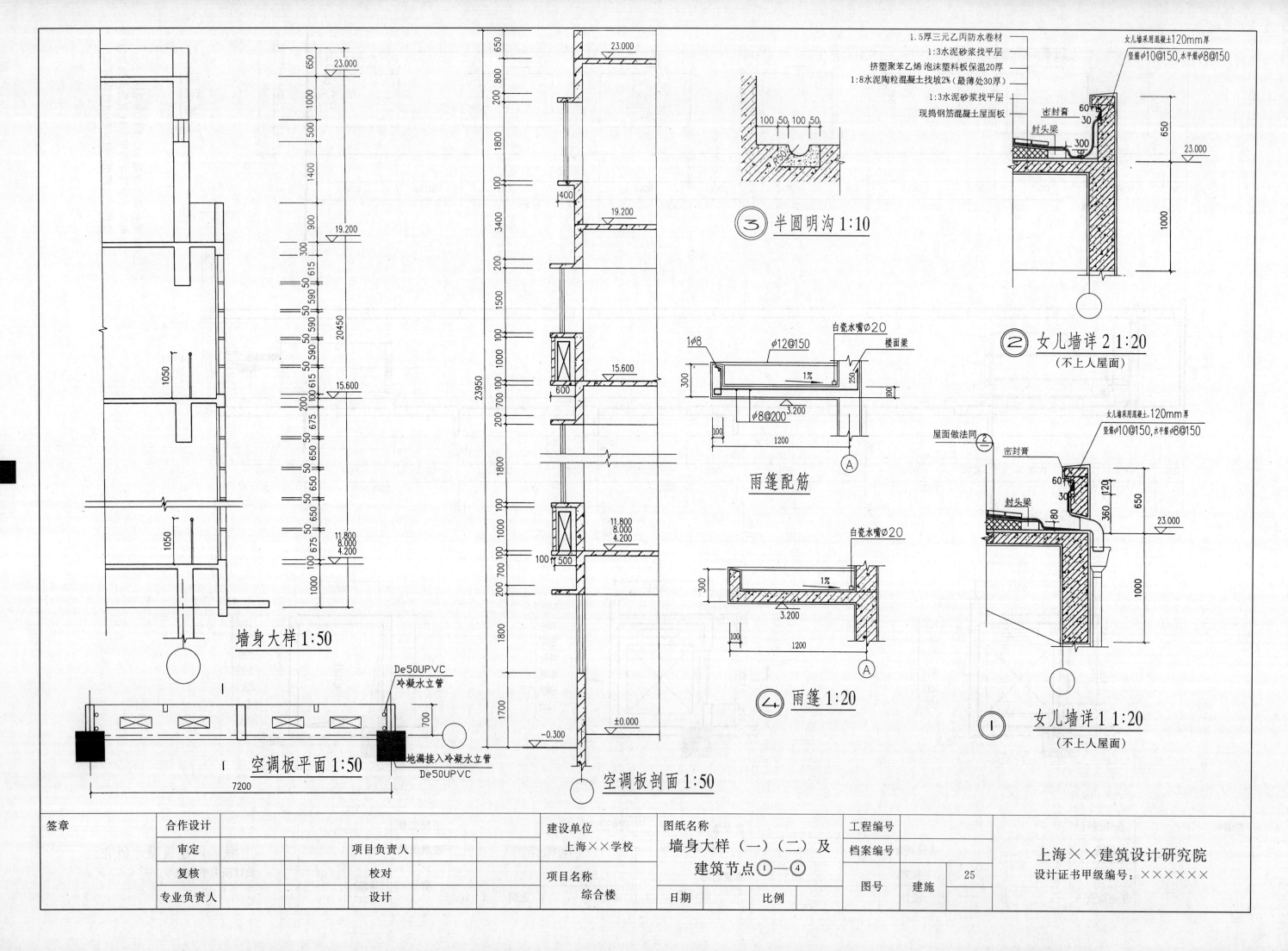

墙身大样 1:50

De50UPVC
冷凝水立管

700

空调板平面 1:50

地漏接入冷凝水立管
De50UPVC

7200

空调板剖面 1:50

1.5厚三元乙丙防水卷材
1:3水泥砂浆找平层
挤塑聚苯乙烯泡沫塑料板保温20厚
1:8水泥陶粒混凝土找坡2%（最薄处30厚）
1:3水泥砂浆找平层
现捣钢筋混凝土屋面板

女儿墙采用混凝土120mm厚
竖筋φ10@150,水平筋φ8@150

密封膏
封头梁

③ 半圆明沟 1:10

② 女儿墙详 2 1:20
（不上人屋面）

1φ8
白瓷水嘴φ20
φ12@150
楼面梁

1%

φ8@200
3.200

1200

雨篷配筋

屋面做法同
密封膏
封头梁

女儿墙采用混凝土,120mm厚
竖筋φ10@150,水平筋φ8@150

白瓷水嘴φ20

1%

3.200

1200

④ 雨篷 1:20

① 女儿墙详 1 1:20
（不上人屋面）

签章	合作设计			建设单位	图纸名称	工程编号		上海××建筑设计研究院
	审定		项目负责人	上海××学校	墙身大样（一）（二）及 建筑节点①—④	档案编号		
	复核		校对	项目名称		图号	建施 25	设计证书甲级编号：××××××
	专业负责人		设计	综合楼		日期	比例	

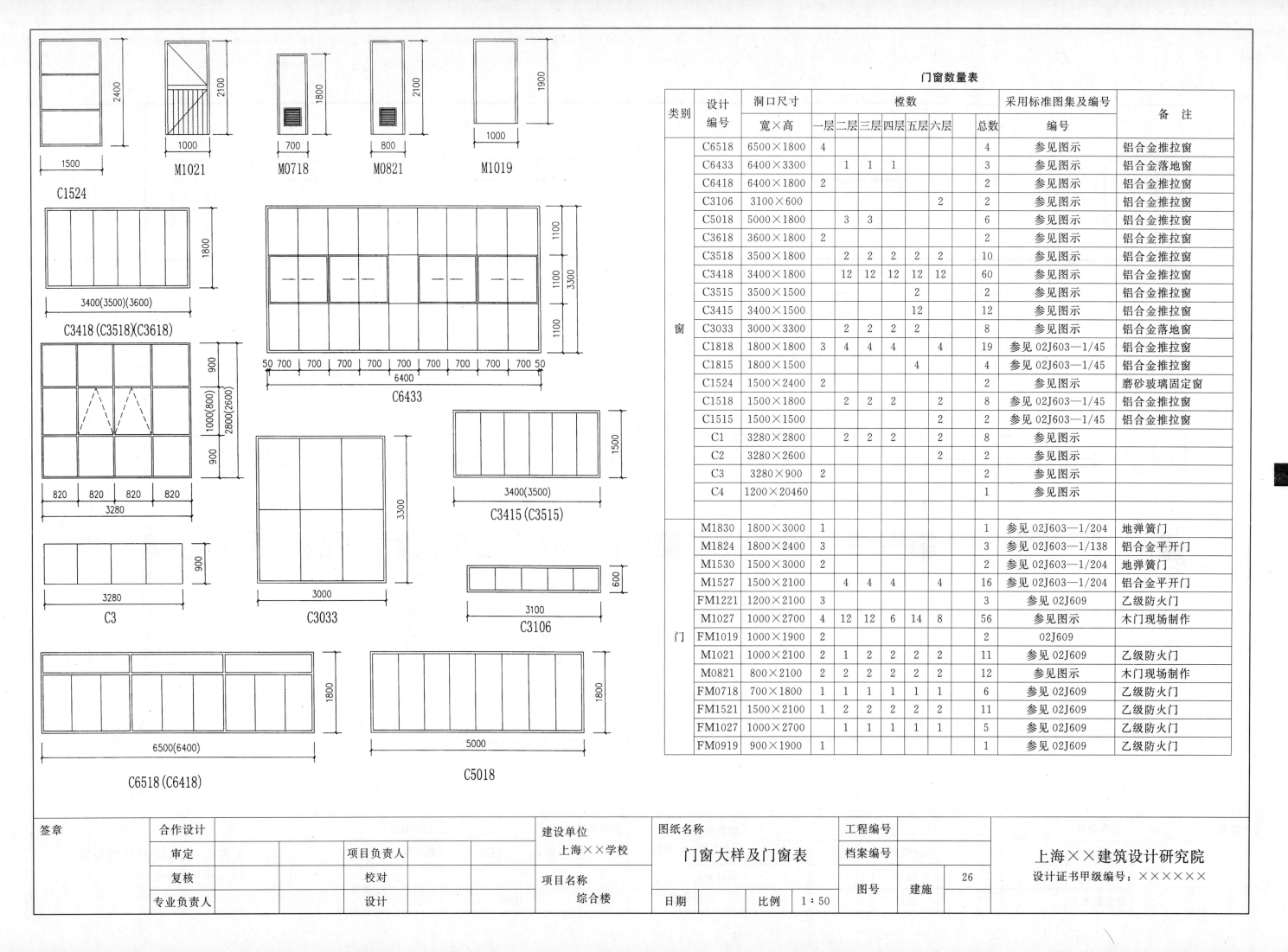

C1524 M1021 M0718 M0821 M1019
C3418(C3518)(C3618) C6433 C3415(C3515) C3 C3033 C3106 C6518(C6418) C5018

门窗数量表

类别	设计编号	洞口尺寸 宽×高	一层	二层	三层	四层	五层	六层	总数	采用标准图集及编号 编号	备注
窗	C6518	6500×1800	4						4	参见图示	铝合金推拉窗
	C6433	6400×3300		1	1	1			3	参见图示	铝合金落地窗
	C6418	6400×1800	2						2	参见图示	铝合金推拉窗
	C3106	3100×600					2		2	参见图示	铝合金推拉窗
	C5018	5000×1800		3	3				6	参见图示	铝合金推拉窗
	C3618	3600×1800	2						2	参见图示	铝合金推拉窗
	C3518	3500×1800		2	2	2	2	2	10	参见图示	铝合金推拉窗
	C3418	3400×1800		12	12	12	12	12	60	参见图示	铝合金推拉窗
	C3515	3500×1500					2		2	参见图示	铝合金推拉窗
	C3415	3400×1500					12		12	参见图示	铝合金推拉窗
	C3033	3000×3300		2	2	2	2		8	参见图示	铝合金落地窗
	C1818	1800×1800	3	4	4	4		4	19	参见02J603—1/45	铝合金推拉窗
	C1815	1800×1500				4			4	参见02J603—1/45	铝合金推拉窗
	C1524	1500×2400	2						2	参见图示	磨砂玻璃固定窗
	C1518	1500×1800		2	2	2		2	8	参见02J603—1/45	铝合金推拉窗
	C1515	1500×1500					2		2	参见02J603—1/45	铝合金推拉窗
	C1	3280×2800		2	2	2		2	8	参见图示	
	C2	3280×2600					2		2	参见图示	
	C3	3280×900	2						2	参见图示	
	C4	1200×20460							1	参见图示	
门	M1830	1800×3000	1						1	参见02J603—1/204	地弹簧门
	M1824	1800×2400	3						3	参见02J603—1/138	铝合金平开门
	M1530	1500×3000	2						2	参见02J603—1/204	地弹簧门
	M1527	1500×2100		4	4	4		4	16	参见02J603—1/204	铝合金平开门
	FM1221	1200×2100	3						3	参见02J609	乙级防火门
	M1027	1000×2700	4	12	12	6	14	8	56	参见图示	木门现场制作
	FM1019	1000×1900	2						2	02J609	
	M1021	1000×2100	2	1	2	2	2	2	11	参见02J609	乙级防火门
	M0821	800×2100	2	2	2	2	2	2	12	参见图示	木门现场制作
	FM0718	700×1800	1	1	1	1	1	1	6	参见02J609	乙级防火门
	FM1521	1500×2100	1	2	2	2	2	2	11	参见02J609	乙级防火门
	FM1027	1000×2700		1	1	1	1	1	5	参见02J609	乙级防火门
	FM0919	900×1900	1						1	参见02J609	乙级防火门

签章		合作设计		建设单位 上海××学校	图纸名称 门窗大样及门窗表	工程编号	
		审定		项目负责人		档案编号	
		复核		校对	项目名称 综合楼	图号 建施 26	
		专业负责人		设计	日期	比例 1:50	

上海××建筑设计研究院
设计证书甲级编号：××××××

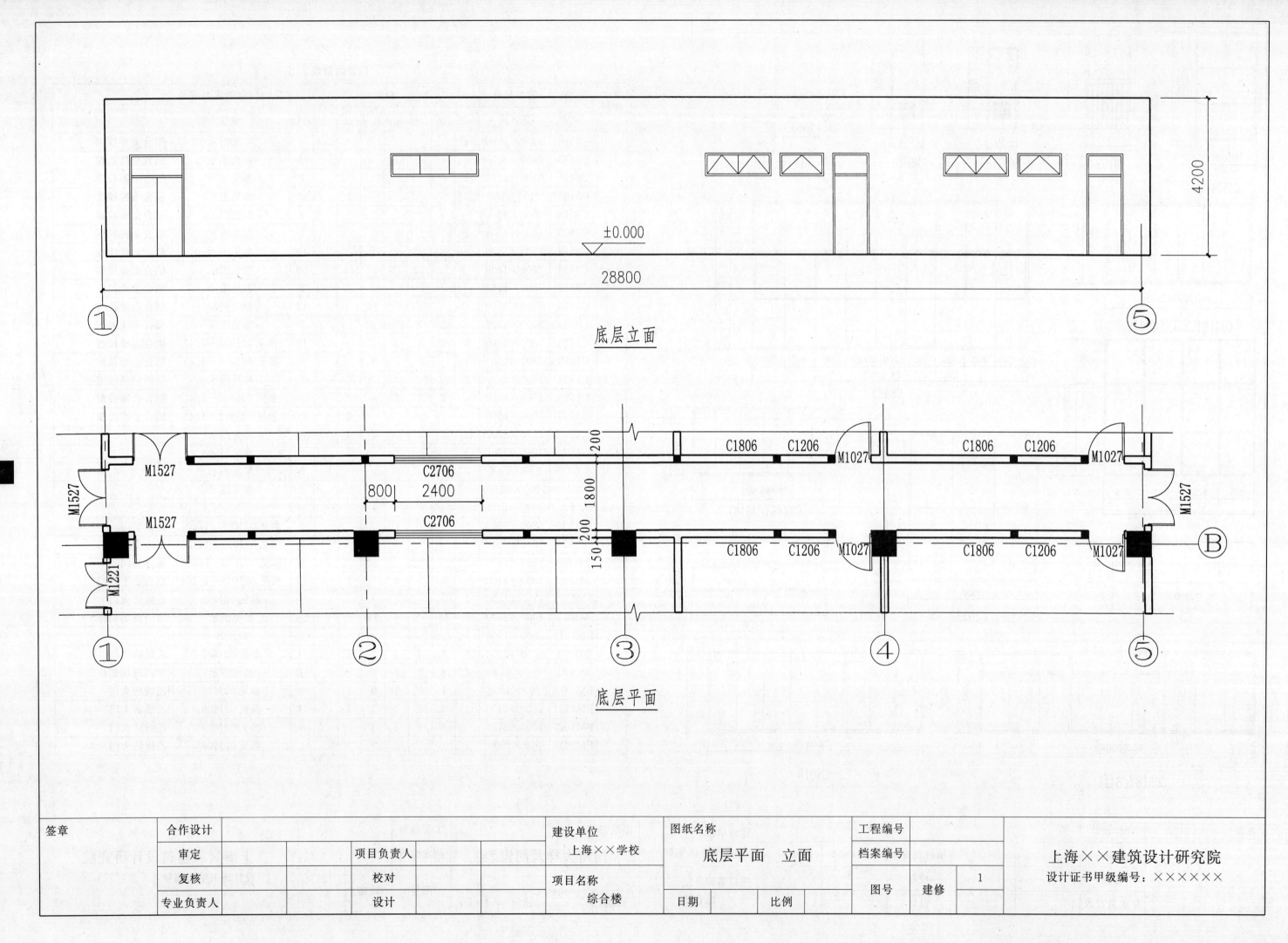

±0.000

4200

28800

① ⑤

底层立面

M1527

M1527

M1527

M1527

M1221

M1527

M1527

C2706

800 2400

C2706

200

1800

200

150

C1806 C1206 M1027

C1806 C1206 M1027

C1806 C1206 M1027

C1806 C1206 M1027

B

① ② ③ ④ ⑤

底层平面

132

签章		合作设计				建设单位	图纸名称		工程编号			上海××建筑设计研究院
		审定		项目负责人		上海××学校	底层平面 立面		档案编号			设计证书甲级编号：××××××
		复核		校对		项目名称			图号	建修	1	
		专业负责人		设计		综合楼	日期	比例				

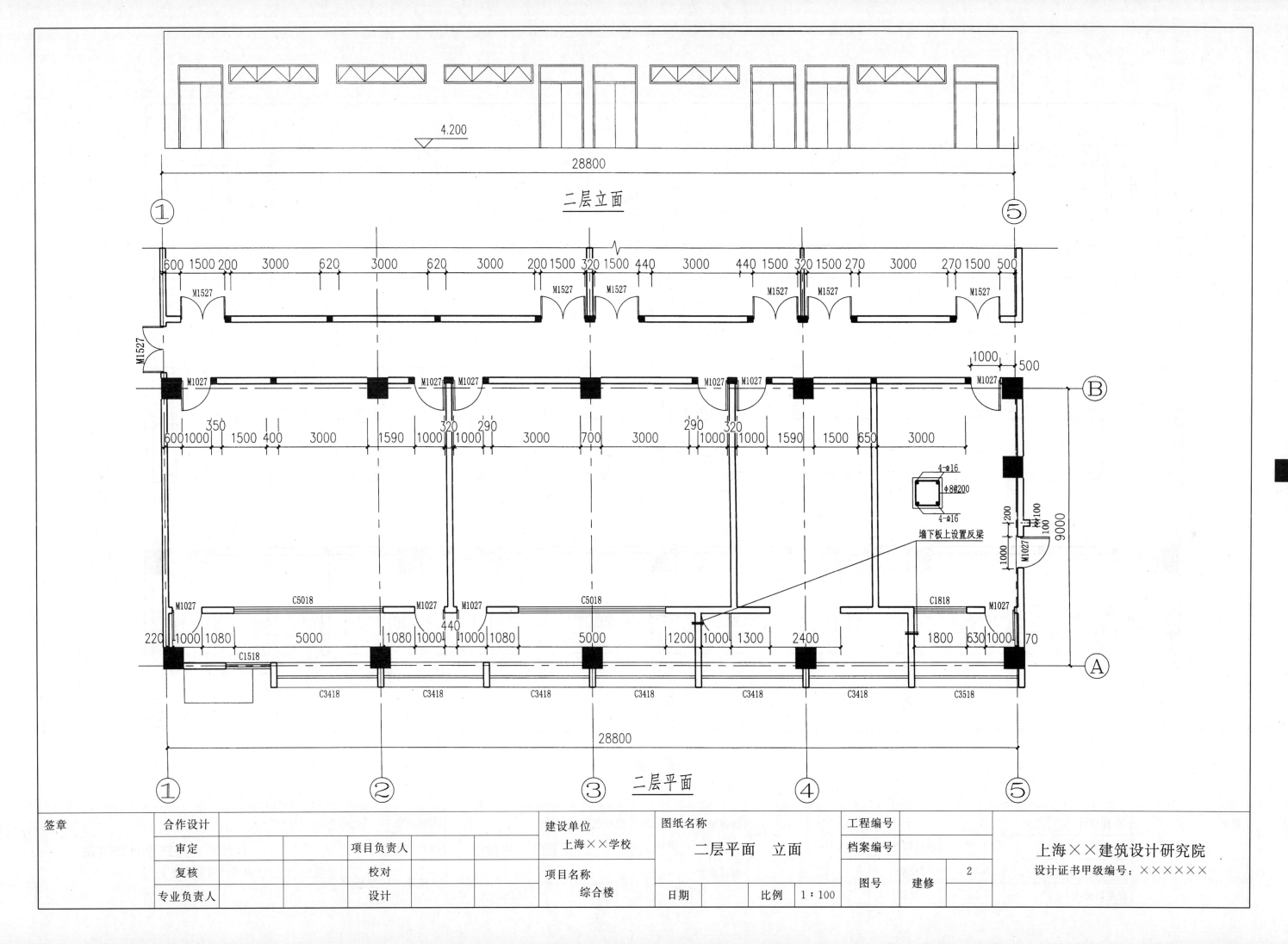

二层立面

4.200

28800

① ⑤

600 1500 200　3000　620　3000　620　3000　200 1500 320 1500 440　3000　440 1500 320 1500 270　3000　270 1500 500

M1527　　　　　　　　　　　　　M1527　M1527　　　　　M1527　M1527　　　　　M1527

M1527

1000　500

M1027　　　　　　　　M1027 M1027　　　　　　　　M1027 M1027　　　　　　　　M1027　　　　　　　　M1027　Ⓑ

600 1000　350　1500 400　　3000　　1590 1000 320 1000 290　3000　700　3000　290 1000 320 1000 1590　1500 650　　3000

4-Φ16

Φ8@200

1000

1200

100

1000

M1027

9000

4-Φ16

墙下板上设置反梁

M1027　　　　C5018　　　M1027 M1027　　　C5018　　　　　　　　　　　　　　　C1818　M1027

220 1000 1080　　5000　　1080 1000 440 1000 1080　　5000　　1200 1000 1300　2400　　1800 630 1000 70

C1518

C3418　　　C3418　　　C3418　　　C3418　　　C3418　　　C3418　　　C3518　Ⓐ

28800

① ② ③ 二层平面 ④ ⑤

签章		合作设计			建设单位	图纸名称		工程编号		
		审定		项目负责人		上海××学校	二层平面　立面	档案编号		上海××建筑设计研究院
		复核		校对		项目名称		图号	建修	设计证书甲级编号：××××××
		专业负责人		设计		综合楼	日期　　比例　1：100		2	

133

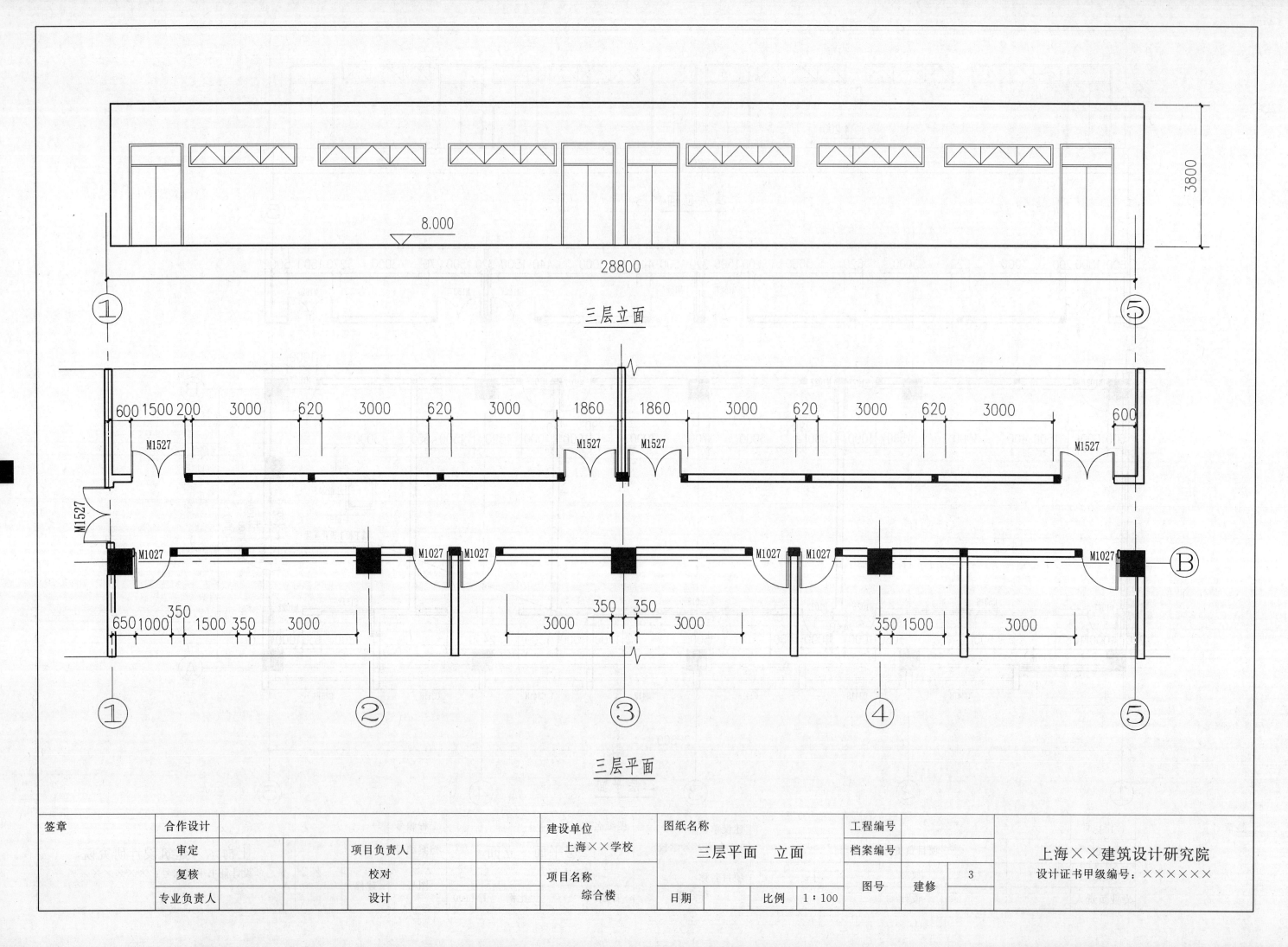

8.000

28800

3800

三层立面

①   ⑤

600 1500 200   3000   620   3000   620   3000   1860 1860   3000   620   3000   620   3000   600

M1527   M1527   M1527   M1527

M1527

M1027   650 1000 350 1500 350   3000   M1027 M1027   3000   350 350   3000   M1027 M1027   350 1500   3000   M1027   Ⓑ

①   ②   ③   ④   ⑤

三层平面

签章		合作设计				建设单位	图纸名称			工程编号			上海××建筑设计研究院
		审定		项目负责人		上海××学校	三层平面 立面			档案编号			设计证书甲级编号：××××××
		复核		校对		项目名称				图号	建修	3	
		专业负责人		设计		综合楼	日期		比例 1：100				

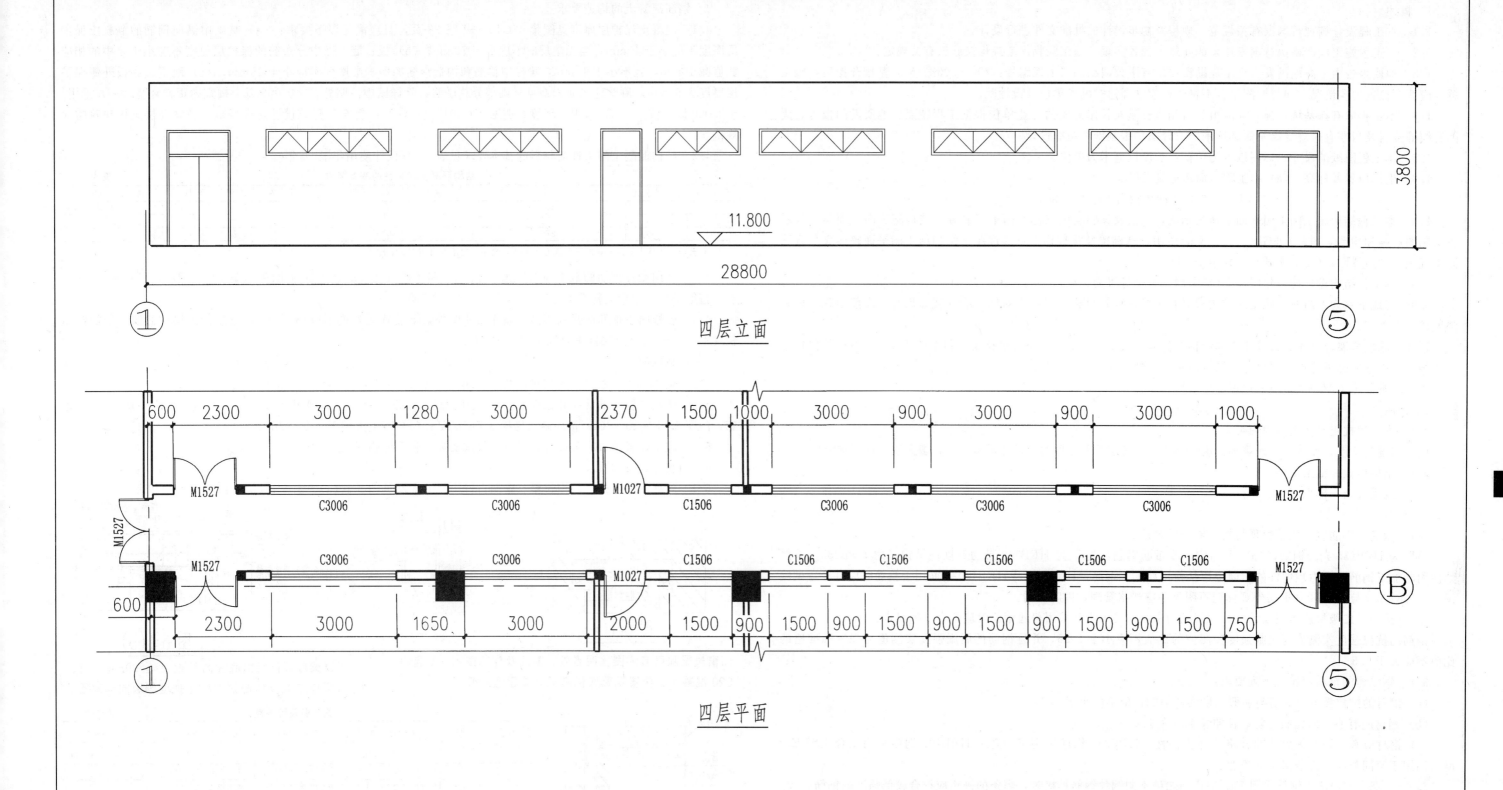

四层立面

3800

11.800

28800

四层平面

签章		合作设计			建设单位	图纸名称		工程编号		上海××建筑设计研究院
		审定		项目负责人		上海××学校	四层平面 立面	档案编号		
		复核		校对		项目名称		图号	建修 4	设计证书甲级编号：××××××
		专业负责人		设计		综合楼	日期 比例 1：100			

结构施工图设计总说明（一）

1 概述

1.1 本工程设计按现行国家有关规范、规程及初步设计的批准文件进行设计。

1.2 本工程施工应严格执行国家颁发的建筑工程各类现行施工验收规范规程及施工有关规定。

1.3 地质报告由上海地昌岩岩土工程勘察技术有限公司编制（工程编号：2005—03—16），基槽开挖后，施工单位应认真检查地质情况，如与勘测报告不符时，应立即通知勘察单位及设计院。

1.4 本工程如有深基坑，施工前应由具有相应资质及技术经验的专业单位根据工程特点、地质勘测报告、周围管线等资料及当地有关规定绘制深基坑围护设计图和编制施工组织设计。

1.5 本工程图纸的尺寸：标高以米为单位，长度以毫米为单位。

1.6 坐标位置及标高：(a) 本工程平面座标见总图。
(b) 本工程±0.000 标高相当于绝对标高 4.700m。

1.7 本工程结构施工图采用平面整体表示法，构造及详图与国家标准图集《混凝土结构施工图平面整体表示方法制图规则和构造详图》（03G101—1）配套使用。基础梁及筏板构造见《混凝土结构施工图平面整体表示方法制图规则和构造详图》（筏形基础）（04G101—3）。

1.8 本工程结构设计使用年限按 50 年考虑，安全等级为二级。

1.9 当地下室为人防时，施工时应按战时和平时两种状况施工图纸作对照，取其截面尺寸、配筋面积、材料强度较大者施工。

1.10 玻璃幕墙、金属构架等非主体结构构件应由具备资质的专业单位承担设计和生产及安装，本单位仅负责主体结构中由工艺提供的预埋件设计，结构计算已包括这些构件的重量。

1.11 本套施工图须经审图公司审图后方可施工。

2 抗震

2.1 本工程抗震设防类别为丙类。
设防烈度为 7 度，设计基本地震加速度值 0.10g，场地类别为Ⅳ类，设计地震一组，■无液化；□有液化。

2.2 结构形式：框架结构。

2.3 抗震等级：框架三级。

3 材料

3.1 钢筋：钢筋应选用符合现行规范要求的钢筋：
"φ"为 HPB235 光圆钢筋，"Φ"为 HRB335 带肋钢筋，"Φ"为 HRB400 带肋钢筋；吊钩采用 HPB235，并严禁使用冷加工钢筋。受力预埋件的钢筋也严禁使用冷加工钢筋。HRB335 及 HRB400 钢筋用于箍筋时应有冷弯试验保证，HRB335 与 HRB400 钢筋外观标记不明显，应严格管理，以防混淆。

3.2 按一、二级抗震等级设计时，框架结构中纵向受力钢筋采用普通钢筋时应符合下列要求：
钢筋的抗拉强度实测值与屈服强度实测值的比值不应小于 1.25，并且钢筋的屈服强度实测值与强度标准值的比值不应大于 1.3。

3.3 钢结构的钢材应符合下列要求：
(a) 钢材的抗拉强度实测值与屈服强度实测值的比值不应小于 1.2。
(b) 钢材应有明显的屈服台阶，且伸长率应大于 20%。
(c) 钢材应有良好的可焊性和合格的冲击韧性。HRB335 钢筋采用 E50 型；HRB400 钢筋采用低合金钢 E55 型；当用于窄间隙时，焊条采用 E60 型。

3.4 焊条：HPB235 钢筋采用 E43 型；当二种不同钢种钢筋焊接时，焊条的采用应符合较低强度的钢筋。
钢筋与型钢焊接随钢筋定焊条。

3.5 混凝土强度等级见图中注明。
如混凝土采用添加剂时，此添加剂应符合相应的规范及规程的要求。

4 钢筋混凝土的构造要求

4.1 混凝土保护层厚度见图集 03G101—1 第 33 页，且应满足以下要求：(a) 基础中纵向钢筋的混凝土保护层厚度不应小于 40mm；当无垫层时不应小于 70mm；(b) 板、墙、壳中分布筋的保护层厚度不应小于表中的相应数值减 10mm，且不小于 10mm，梁柱中箍筋和构造钢筋的保护层厚度不应小于 15mm；(c) 地下室底板外侧保护层厚度为 50mm，侧壁迎水面构造见基础部分总说明，除详图中注明外，±0.000 以上按室内正常环境（一）采用，±0.000 以下按（二 a）采用，环境类别见 03G101—1；(d) 应符合《建筑设计防火规范》及《高层民用建筑防火规范》。

4.2 结构混凝土耐久性对材料的基本要求见表 4-2（设计使用年限 50 年）。

结构混凝土耐久性的基本要求 表 4-2

环境类别	最大水灰比	最小水泥用量(kg/m³)	最低混凝土强度等级	最大氯离子含量(%)含量	最大碱(kg/m³)
一	0.65	225	C20	1.0	不限制
二 a	0.60	250	C25	0.3	3.0
二 b	0.55	275	C30	0.2	3.0

注：预应力构件中的最大氯离子含量为 0.06%，最小水泥用量为 300kg/m³。

4.3 纵向受拉钢筋的最小锚固长度（l_{ae}、l_a）和搭接长度（L_{le} 及 L_1）见图集 03G101—1 第 33、34 页。
箍筋及拉筋弯钩的构造均见图集 03G101—1 第 35 页。

4.4 楼板内主钢筋应锚入梁内，除详图注明外，下筋锚固长度不应小于 10d，且须伸过梁中心线；上筋锚固长度不应小于 L_a，且端部垂直段不应小于 10d。

5 荷载取值

5.1 基本风压：单层、多层建筑及高层建筑（高层＜60m）为 0.55kN/m²。

5.2 楼面、屋面的活荷载标准值：(1) 办公室，教室，会议室 2.0kN/m²；(2) 卫生间 2.5kN/m²；(3) 走廊，门厅 2.5kN/m²；(4) 消防疏散楼梯 3.5kN/m²；(5) 不上人屋面 0.5kN/m²。

5.3 施工荷载超过有关设计荷载时必须按实际荷载取临时加固措施。

6 门窗过梁及洞口

6.1 除详图注明外，门窗过梁（含洞口过梁）的配筋见图 6-1 (a)、图 6-1 (b)、图 6-1 (c) 和表 6-1。

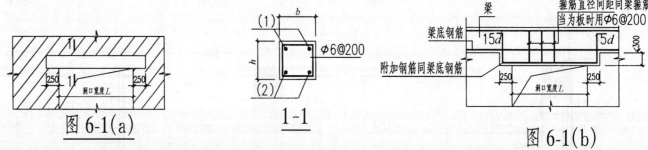

图 6-1(a)　　1-1　　图 6-1(b)

门窗过梁除已有详图注明者外，断面及配筋按表 6-1 选用 C20 混凝土，位置及梁底标高见有关建施图纸

当过梁底标高与梁底标高接近（≤500mm）时，过梁应与梁整体浇筑混凝土强度等级同框架梁

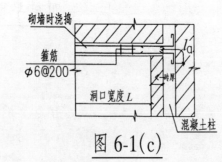

图 6-1(c)

过梁断面及配筋表 表 6-1

L(mm)	b=墙厚 (1)	b=120mm (2)	h(mm)	b=200mm (1)	(2)	h(mm)	b=240mm (1)	(2)	h(mm)	b=450mm (1)	(2)	h(mm)
≤1200	2φ8	2Φ10	120	2φ8	2Φ10	120	2φ8	2Φ12	120			
≤1500	2φ8	2Φ12	150	2φ8	2Φ12	150	2φ8	2Φ12	150			
≤1800	—	—	—	2Φ10	2Φ12	180	2Φ10	2Φ14	180			
≤2400	—	—	—	2Φ10	2Φ14	240	2Φ10	2Φ16	240			
≤2700	—	—	—	—	—	—	2Φ10	2Φ16	240			
≤6400	—	—	—	—	—	—	—	—	—	2Φ18	2Φ20	450

签章	合作设计		建设单位	图纸名称	工程编号		上海××建筑设计研究院
	审定	项目负责人	上海××学校	结构施工图设计总说明(一)	档案编号		设计证书甲级编号：××××××
	复核	校对	项目名称		图号	结施	1
	专业负责人	设计	综合楼	日期	比例		

6.2 门洞构造——100、120mm厚的墙，当洞口宽度大于等于1200mm时；200mm厚的墙，当洞口宽度大于等于1500mm时；240mm厚的墙，当洞口宽度大于等于2100mm时，应设置C20钢筋混凝土门框，除详图注明外按图6-2构造。

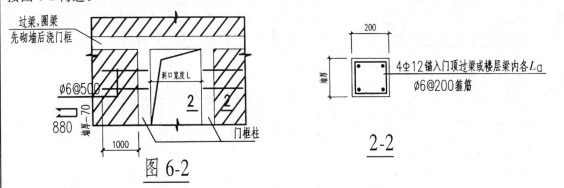

图6-2

2-2

7 节点构造及说明

7.1 梁上开洞口的构造加固见图7-1（a）、图7-1（b），洞口边距柱边距离须大于1.5倍梁高。

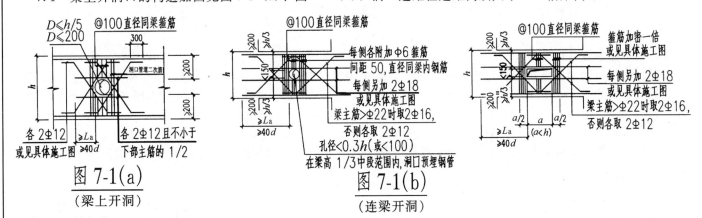

图7-1（a）
（梁上开洞）

图7-1（b）
（连梁开洞）

7.2 悬臂梁当梁端有次梁搁置时，纵筋锚固构造见03G101—1图集第66页，并按图7-2修改。当悬挑梁由楼屋面梁延伸出来时，其悬挑端上部主筋必须锚入相应楼屋面梁内2L（L为悬挑长度）的长度。当悬臂长度大于1.5m时，应按图7-2增设鸭筋。

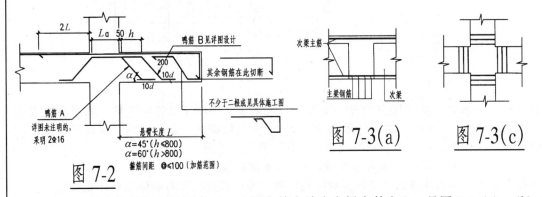

图7-2

图7-3（a）   图7-3（c）

7.3 （a）当次梁与主梁同高时，次梁主筋应放在主梁主筋之上，见图7-3（a）。（b）除图中注明外，次梁与主梁相交处，均须在主梁内附加6个箍筋，直径同梁内箍筋。见03G101—1第62、63、64、65页。（c）等高十字交叉梁在交叉处应按图7-3（c）加密箍筋，每侧附加3个箍筋，直径同梁内箍筋。（d）梁与方柱斜交或与圆柱相交时，箍筋起始位置见03G101—1第62、63页。（e）主次梁斜交时箍筋构造见03G101—1第65页。

7.4 折梁的内折角配筋构造除详图注明外按图7-4处理。

7.5 楼板开洞：当洞口尺寸小于300mm×300mm时，洞边不加钢筋，但板内钢筋不得切断，应沿洞边通过；当1000mm×1000mm大于洞口尺寸大于300mm×300mm时，洞口加筋要求见图7-5。

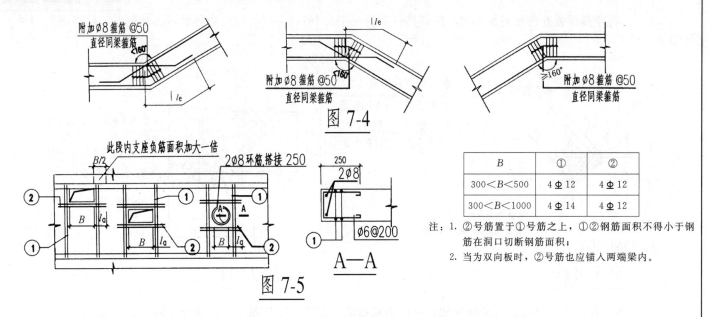

图7-4

图7-5

A—A

B	①	②
300<B<500	4Φ12	4Φ12
300<B<1000	4Φ14	4Φ12

注：1. ②号筋置于①号筋之上，①②钢筋面积不得小于钢筋在洞口切断钢筋面积；
2. 当为双向板时，②号筋也应锚入两端梁内。

7.6 管道井在管道安装验收后，按图7-6封堵严密，混凝土强度等级应提高一级。

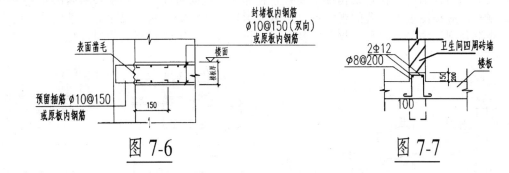

图7-6   图7-7

7.7 卫生间四周砖墙下（除门洞外）用混凝土垫高150mm，宽度同墙宽，和楼板一起浇捣，见图7-7，屋面露台与室内交界处墙下用混凝土垫高200mm，具体见建筑施工图。

7.8 楼、屋面板单元外墙转角，须另加扇形筋间距@100，详见图7-8（a），钢筋直径等于板负钢筋直径，根数≥10根，且此范围内板钢筋间距改为100mm，楼板配筋图中不另行标注。当楼板上有半砖墙（包括厚度200mm以下的轻质砌块墙体容重小于7kN/m³），未设置梁而直接支承在板上（墙高须<3m）时，楼板板底除详图注明外应沿砖墙方向加筋，见图7-8（b）。当柱角或墙阳角突出到板内时，应沿柱边或墙阳角边布置钢筋，钢筋大小同相应边梁上板负筋，见图7-8（c）。

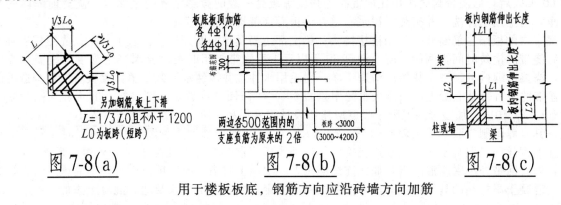

图7-8（a）   图7-8（b）   图7-8（c）

用于楼板板底，钢筋方向应沿砖墙方向加筋

签章	合作设计		图纸名称	工程编号		上海××建筑设计研究院
	审定		建设单位 上海××学校			
	复核	项目负责人	结构施工图设计总说明(二)	档案编号		
	专业负责人	校对	项目名称 综合楼	图号 结施 2		设计证书甲级编号：××××××
		设计		日期 比例		

7.9　一般异形板板处的板另加钢筋，除详图注明外见7-9（a）；一般带拐角的异形板另加钢筋，除详图注明外见图7-9（b）。

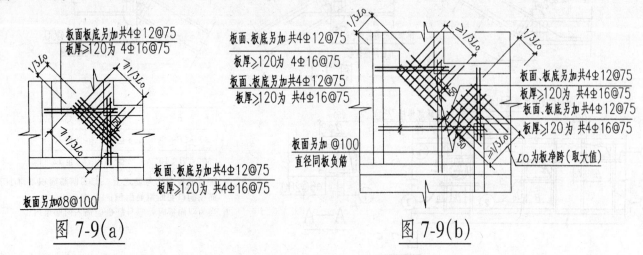

图 7-9(a)　　　　图 7-9(b)

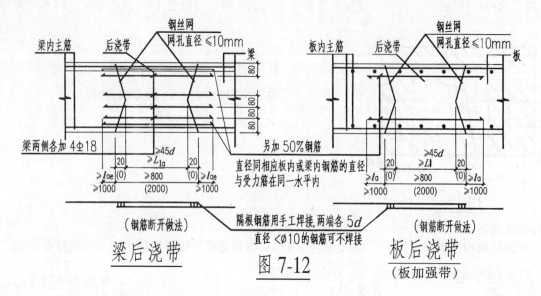

梁后浇带　　图 7-12　　板后浇带
（钢筋断开做法）　　（板加强带）

7.10　本工程如设有沉降缝，沉降缝两侧从屋面到基础的所有构件应全部脱开，沉降缝内严禁垃圾、砖块、混凝土、木头等杂物落入；如为伸缩缝，仅基础构件不断开，相邻建筑应同时施工，其余要求同沉降缝。

7.11　沉降观测——应按图纸上设置的观测点（用▲表示）进行沉降观测，观测应从基础施工起直到建筑物沉降基本稳定为止，在沉降观测中如发现异常情况应及时通知设计人员，沉降观测点的埋设见图7-11（b）。

7.13　屋面女儿墙

7.13.1　钢筋混凝土屋面女儿墙沿长度方向，除建筑图中有规定外，如无温度缝，应每隔12m设置后浇带一条（后浇带宽800mm），或参见图7-13（a）设置诱导缝，缝宽20mm，缝深15mm，钢筋不断开，并与建筑立面统一；当墙长≥30m时，板须设置温度缝，缝宽30mm，钢筋断开，同时应每隔12m设置后浇带一条（后浇带宽800mm），或参见图7-13（a）设置缝，缝宽20mm，缝深15mm，钢筋不断开，并与建筑立面统一。

7.13.2　砌体屋面女儿墙下的混凝土梁应用混凝土浇高150mm，与屋面梁板一起浇筑，见图7-13（b）。

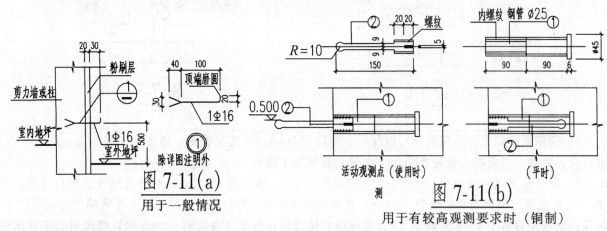

图 7-11(a)　　图 7-11(b)
用于一般情况　　用于有较高观测要求时（铜制）

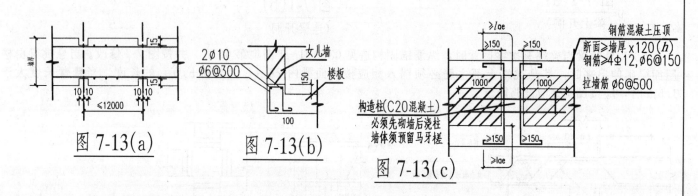

图 7-13(a)　　图 7-13(b)　　图 7-13(c)

7.12　后浇带及加强带构造

（a）后浇带内的板墙主筋断开，采用搭接接头；梁主筋不断开统长。除详图注明外，后浇带的浇筑时间为两侧混凝土浇筑60天以后，后浇带封闭时用比原混凝土强度等级高一级的微膨胀混凝土捣实，浇捣前缝内的浮渣杂物等应清理干净，凿毛用水冲洗，并接纯水泥浆一道，梁板后浇带构造见图7-12。

（b）后浇带内的板墙主筋断开，采用搭接接头；梁上部主筋及腰筋断开搭接。且上部钢筋先搭接后补焊，除详图注明外，后浇带的浇筑时间为两侧混凝土浇筑60天以后，后浇带封闭时用比原混凝土强度等级高一级的微膨胀混凝土捣实，浇捣前缝内的浮渣杂物等应清理干净，凿毛用水冲洗并接纯水泥浆一道，梁板后浇带构造见图7-12。

（c）加强带的所有带外混凝土均须掺入水泥用量的 6%～8%HEO 抗裂防水剂浇筑，其水养限制膨胀率 7 天≥0.032%、28 天≤0.10%。加强带内混凝土强度应比原设计强度提高一级，并在混凝土掺入 10%～12% HEO 抗裂防水剂浇筑，其水养限制膨胀率 7 天≥0.04%、28 天≤0.10%。加强带做法见图7-12，施工时，先确定膨胀加强带的位置并挂上钢丝网，混凝土从一边推进浇捣，当带外小膨胀混凝土浇至加强带时，改用加强带大膨胀混凝土，加强带浇毕，再改回带外小膨胀混凝土，如此连续浇捣，一次施工完毕。施工单位应有详细的施工组织措施，并报设计院。以上混凝土添加剂的具体比例应经专门的试验后确定，并应满足国家及地方混凝土添加剂标准。

7.13.3　砌体女儿墙高度≥500mm时，除详图注明外，女儿墙应每隔不大于3m设置构造柱，构造柱要求见图7-13（c）。女儿墙高度≤1000mm时，用4Φ12主筋，箍筋φ6@200；女儿墙高度＞1000m时，见设计详图。构造柱主筋均必须锚入屋面梁及压顶内各为 L_{ae}。女儿墙钢筋混凝土压顶见建筑施工图。

7.13.4　当屋面女儿墙为砖墙时，采用 MU10 承重标准砖，M7.5 水泥砂浆。

7.14　砌体端部如不能与框架柱、剪力墙拉结，应设置封头构造柱，并设置拉结筋与墙体拉结，见图7-14。

7.15　构造柱做法应先砌墙，并留有马牙槎，然后再浇筑混凝土构造柱，构造柱上下端钢筋必须锚入相应的梁内 L_{ae}。

7.16　所有砖墙的纵横交接及转角处均应错缝搭砌。无构造柱处应用钢筋拉结，见图7-16。

7.17　浇筑阳台板、挑檐、天沟、雨篷等悬臂构件时，必须设置可靠的支撑体系，板顶及梁顶的钢筋严禁踩踏，以保证负钢筋的高度，混凝土强度达到100%设计强度后方能拆模。

签章		合作设计			建设单位		图纸名称		工程编号		
		审定		项目负责人		上海××学校	结构施工图设计总说明(三)		档案编号		上海××建筑设计研究院
		复核		校对		项目名称				3	设计证书甲级编号：×××××××
		专业负责人		设计		综合楼	日期	比例	图号	结施	

7.18 外挑的现浇檐口或悬挑板（如雨罩），板长≥12m时，施工应采取措施加强养护，如无温度缝，应每隔12m设置后浇带一条，或参见7.13.1条设置缝，缝宽20mm，缝深15mm，钢筋不断开，并与建筑立面统一；当板长≥30m时，板须设置温度缝，缝宽30mm，钢筋断开，同时应每隔12m设置后浇带一条，或参见7.13.1条设置缝，缝宽20mm，缝深15mm，钢筋不断开，并与建筑立面统一。

7.19 圈梁钢筋不允许在门窗洞口及其两边500mm范围内搭接，圈梁钢筋应锚入钢筋混凝土柱，墙内 L_{ae}。

7.20 图中未注明的梁均为轴线居于梁中，未注明的预埋件、套管和留洞标注均为中心位置。

7.21 除注明外楼板中的分布钢筋根据板厚或受力钢筋直径按表7-21套用。

表 7-21

板厚	$t \leqslant 160$	$160 \leqslant t < 220$	$230 \leqslant t < 260$
受力钢筋直径	≤Φ12	≤Φ14	≤Φ16
分布筋	φ8@200	φ8@150	Φ10@150

7.22 双向板的短跨下排主筋应设置在长跨下排主筋之下，上排主筋应设置在长跨上排主筋之上。

7.23 凡是屋面为上翻梁结构的，须按顺水方向在梁内预留洞口，不得后凿，见详图设计。

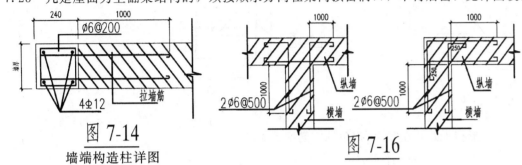

图 7-14
墙端构造柱详图

图 7-16

7.24 楼面和屋面板开孔的详图设计中，如须做翻口时，做法见图7.24，孔位置和大小见平面图。

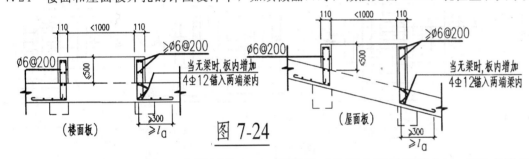

图 7-24
（楼面板）　（屋面板）

7.25 楼板中线管必须布置于钢筋网片上（双层双向时布置在下层钢筋上），交叉布线处可采用线盒，线管不宜立体交叉穿越，预埋管线处应采取增设钢筋网加强措施，见图7-25。

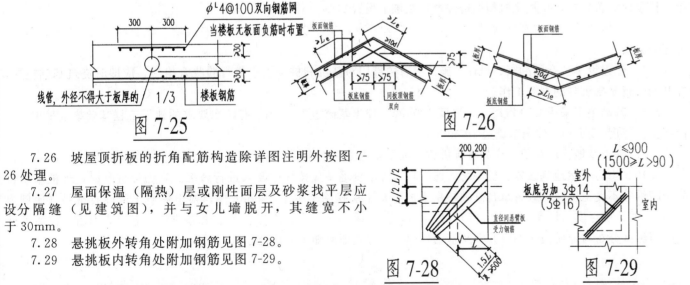

图 7-25

图 7-26

7.26 坡屋顶折板的折角配筋构造除详图注明外按图7-26处理。

7.27 屋面保温（隔热）层或刚性面层及砂浆找平层应设分隔缝（见建筑图），并与女儿墙脱开，其缝宽不小于30mm。

7.28 悬挑板外转角处附加钢筋见图7-28。

7.29 悬挑板内转角处附加钢筋见图7-29。

图 7-28

图 7-29

7.30 悬挑长度≥1200mm的悬挑板均须配置φ8@200的板底筋。

7.31 当电梯井内填充墙高度大于电梯轨道连接要求时，须在电梯井四周（除门洞外）增设水平圈梁，见图7-31。圈梁标高应根据电梯型号设置。

7.32 电梯井道的电梯门处须增设牛腿时，见图7-32，e_1，e_2 尺寸见电梯图。

7.33 电梯机房须设吊钩时，见图7-33。

7.34 雨篷梁与上部砖墙连接处按图7-34增设钢筋混凝土翻口。

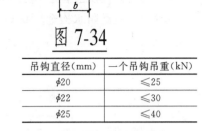

图 7-34

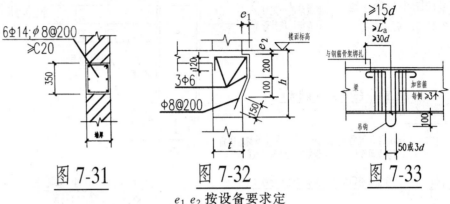

图 7-31

图 7-32

图 7-33

e_1 e_2 按设备要求定

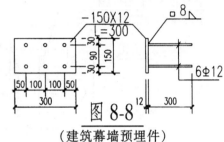

吊钩直径（mm）	一个吊钩吊重（kN）
φ20	≤25
φ22	≤30
φ25	≤40

8 其他说明

8.1 建筑设计中如采用轻质隔墙，应按相应的轻质墙体有关规程和构造及建筑施工图要求施工。

8.2 所有门窗、楼梯、楼板洞口及空调板的栏杆预埋件见建筑图。

8.3 厨房、卫生间及水箱留孔图及楼屋面板上预留洞口尺寸小于300mm×300mm的除详图注明外，均见水施及建施等相关图纸。

8.4 防雷接地措施：利用结构构件中梁、柱、剪力墙和桩的主筋电焊连接，各构件主筋间用二根≥φ14钢筋相互焊接连接，焊接长度≥60mm，接地点及构件表面预埋钢板等的具体位置及构造见电施有关图纸。

8.5 电梯订货时必须符合本图提供的洞口尺寸及吊钩位置，订货后应将厂方提供的土建资料与本图核对无误后方可施工。电梯井道内净尺寸只允许正公差并保证电梯的土建要求。

8.6 本工程在结构施工过程中必须经由施工单位的水、暖、电等有关工种进行密切配合，在梁、柱、板、墙施工时，应由相关工种对所须预理的铁件、套管，预留孔洞等进行核对，确认无误后方可浇捣混凝土。

8.7 详图中未注明的构造及详图均见03G101—1图集及其他套用图集和相应规范。

8.8 建筑幕墙所需预理件见图8-8。

8.9 当房屋为无地下室的住宅建筑时：ⓐ底层的厨房间周边（与室外相邻边除外）与相邻房间连接墙体及与燃气引入管贴邻或相邻的墙体±0.000以下，详图中砖墙均应改为C20混凝土墙体。ⓑ所有管道的房间，均应为填土，详图中如为架空板也应为填土，做法见建筑图。

8.10 基础梁应按反梁施工，梁顶钢筋应在支座搭接，梁底钢筋应在跨中搭接，详见图集04G101—3。

8.11 混凝土墙柱及梁与填充墙相邻处及在两种不同材料连接处，在粉刷时应设置钢丝网片，宽度大于300mm。

8.12 当柱（墙）梁混凝土强度等级不一致时，应保证梁柱（墙）节点的混凝土强度等级同柱（墙），若板、梁、柱、墙混凝土强度等级不同时，应先浇筑强度等级高的构件，其分界按图8-12施工。

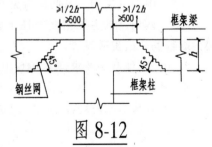

图 8-8
（建筑幕墙预埋件）

图 8-12

签章	合作设计			建设单位	上海××学校	图纸名称		工程编号		上海××建筑设计研究院
	审定		项目负责人			结构施工图设计总说明(四)		档案编号		
	复核		校对	项目名称	综合楼			图号	结施 4	设计证书甲级编号：××××××
	专业负责人		设计			日期	比例			

结构施工图设计总说明（五）

地下基础部分一

1 桩基：

1.1 桩与承台连接构造。

1.1.1 灌注桩与承台连接见图1-1（a）。

1.1.2 预制方桩与承台连接见图1-1（b）。

1.1.3 如桩顶遇基坑放坡斜面时，可按图1-1（c）施工。

1.1.4 桩基防水构造见04G101—3第58页。

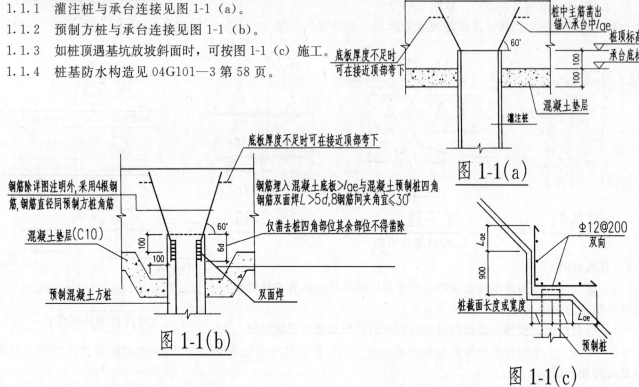

图 1-1(a)

图 1-1(b)

图 1-1(c)

2 基础梁及筏板构造：

2.1 梁、板编号原则见04G101—3图集第6页。

2.2 基础梁构造见04G101—3第28～38页。

2.3 基础梁与柱结合部侧腋构造见04G101—3第31页。

2.4 柱和墙插筋在基础主梁中的锚固构造见04G101—3第32页。

2.5 基础筏板构造见04G101—3第38～47页。

2.6 柱和墙插筋在基础平板中的锚固构造见04G101—3第45页。

2.7 下柱墩 XZD 构造见04G101—3第51、52页。

2.8 附加（反扣）吊筋构造见04G101—3第35页。

2.9 两向基础主梁相交的柱下区域，应有一向截面较高的基础主梁
按梁端箍筋全面贯通设置。

2.10 其他有关要求详见04G101—3及详图要求。

3 基础：

3.1 条形基础若埋深不同，应按1：2放坡，详见图3-1。

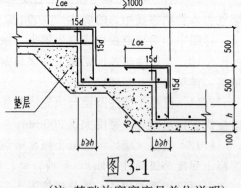

图 3-1

（注：基础放宽宽度见单位说明）

3.2 非承重内隔墙若未设基础或基础梁，则将该处混凝土地坪加厚，详见图3-2。

3.3 钢筋混凝土条形基础在纵横交接处的厚度取较宽基础的厚度，基础底板在转角另加钢筋 2 Φ 14（且直径须大于底板受力钢筋直径），两端各伸入暗梁内，详见图3-3。

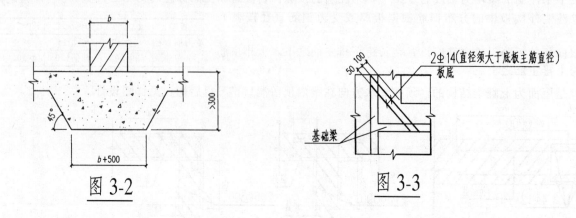

图 3-2

图 3-3

3.4 条形基础在 T 形、L 形接头处及在非 90°拐角处钢筋配置见图3-4。

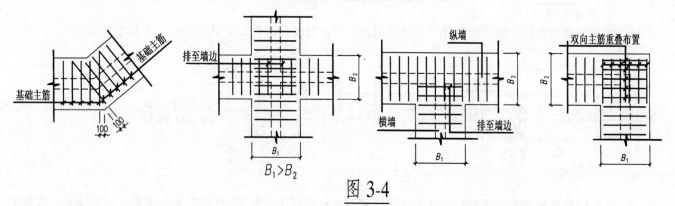

图 3-4

3.5 机械挖土时应按上海市地基基础设计规范有关要求分层进行，坑底应保留 200～300mm 厚土层用人工开挖，桩顶应妥善保护防止挖土机械撞击并严禁在桩上设置支撑。

3.6 基槽超挖或槽内有暗浜时，应将淤泥清除干净，换以粗砂或粗砂石分层回填，分层厚度宜＜300mm，并经充分夯实。

3.7 经建设单位会同勘察、设计、施工等有关部门对基坑和桩基工程进行验收合格后，应即时浇筑基础垫层，并开始进行基础沉降的观测工作。

3.8 基础垫层采用C10混凝土，厚度100mm，伸出基础边100mm。有防水要求的地下工程基础垫层采用C15混凝土，厚度150mm，伸出基础边100mm。

3.9 基础及地坪回填前，应先将有机质土等杂填土去除干净后方可回填，回填土压实系数≥0.95。

3.10 当为天然地基或复合桩基时，遇明暗浜等不良地基应按详图要求进行施工。当为纯桩基时，若桩基承台处于暗浜等不良土层时，应将承台基础垫层下的不良土层挖除不少于 500mm 厚，换填黏质土或砂石材料（比例为6：4），并分层夯实（压实系数≥0.95）；桩承台若处在明浜时，应将浜底腐殖土全部挖除至老土表面后，按暗浜处理，当浜区分布与地质报告不符并涉及基础处理时，应立即通知设计单位。

签章		合作设计		建设单位	图纸名称		工程编号		上海××建筑设计研究院
		审定	项目负责人	上海××学校	结构施工图设计总说明(五)		档案编号		
		复核	校对	项目名称			图号	结施 5	设计证书甲级编号：××××××
		专业负责人	设计	综合楼	日期	比例			

4 地下室工程：

4.1 设后浇带时，后浇带一侧的混凝土应一次浇捣完成。

4.2 地下室底板受力钢筋宜采用机械连接或焊接，小于Φ20的钢筋可采用搭接，搭接长度为L_{ae}，同一截面内接头数量不得大于50％。

4.3 基础底板及地下室侧壁施工时，应在混凝土中掺入水泥用量的6％～8％ HEO 抗裂防水剂，其水养限制膨胀率7天≥0.032％、28天≤0.10％，防止混凝土产生收缩裂缝，混凝土要浇捣密实，混凝土浇捣过程中应防止雨水等对浇筑的不利影响，混凝土浇筑完毕后应立即加以养护。地下室底板后浇带做法见图4-3（a），后浇带混凝土强度应比原设计强度提高一级，并用微膨胀混凝土掺入10％～12％ HEO 抗裂防水剂浇筑，其水养限制膨胀率7天≥0.04％、28天≤0.10％，除详图注明外，后浇带内混凝土封闭时间见 G3 说明。地下室外墙后浇带做法见图4-3（b），后浇带混凝土强度应比原设计强度提高一级，并用微膨胀混凝土掺入10％～12％ HEO 抗裂防水剂浇筑，其水养限制膨胀率7天≥0.04％、28天≤0.10％，除详图注明外，后浇带内混凝土封闭时间见 G2 说明。以上混凝土添加剂的具体比例应做专门的试验后确定，并应满足国家及地方混凝土添加剂标准。

4.4 凡属大体积混凝土的地下室底板施工时，应采取措施保证混凝土浇捣质量。

4.5 地下室外墙每层水平施工缝间混凝土应一次浇捣完，混凝土应分层浇捣，分层振捣夯实，不得在墙体内留任何竖向施工缝（不包括设计要求的施工后浇带）。

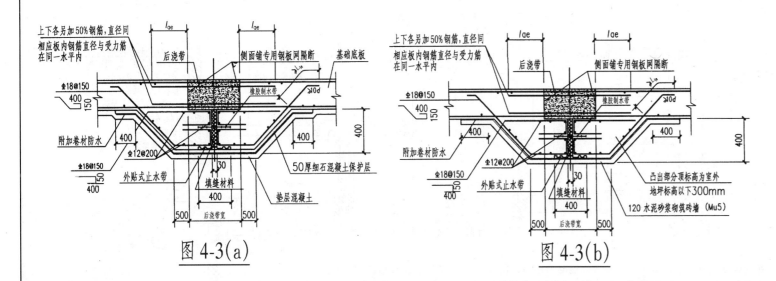

图 4-3(a)　　　　图 4-3(b)

4.6 地下室外墙的迎水面处保护层厚度须大于50mm，并增设钢筋网片，见图4-6，详图中不再另行标注，有防水要求的地下室底板迎水面钢筋保护层厚度为50mm，并在基础梁处增设ϕ4@200双向钢筋网片。

4.7 地下室底板与外墙板施工缝做法见图4-7。

4.8 集水井构造除详图注明外，按图4-8及图集04G101—3第57页施工，图中钢筋同底板钢筋。

4.9 埋设件端部的混凝土厚度不得小于250mm，当厚度小于250mm时须局部加厚，按02J301第56页要求施工。

5 管线施工：

地下室外墙预留预埋的设备管道套管及留洞位置详见有关各专业图纸，混凝土浇筑前有关施工安装单位应互相配合核对相关图纸，以免遗漏或差错，具体做法见02J301第45～55页及相关专业图纸和图集的要求。

6 地下室基础施工，应做好降水排水和基坑支护工作，地下水位应降到基底设计标高以下500mm，降低地下水位应遵守《建筑地基基础设计规范》（GB 50007—2002）有关规定，并注意降水对相邻建筑物的不良影响。基坑支护应有专门设计与严格施工，以确保安全可靠。

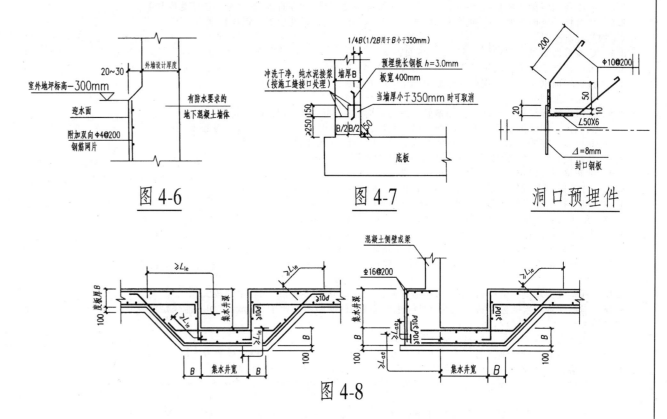

图 4-6　　　　图 4-7　　　　洞口预埋件

图 4-8

7 为减少地下室基础施工时对邻近建筑、道路及地下管线的影响，施工时应对邻近建筑物及管线等进行监测，并根据所测资料及时分析，指导施工。

8 深基坑开挖应有详细的施工组织设计，开挖前基坑围护及支撑构件均必须达到设计强度，开挖过程中应采取措施组织好基坑排水及防止地面雨水的流入。

9 基坑外壁以及基础沉降缝间空隙均应分层夯实。

10 地下室完工后应即时回填土，回填应相对两方向同时进行，分层夯实，密实度大于0.95。

141

签章	合作设计		建设单位	图纸名称	工程编号		上海××建筑设计研究院
	审定	项目负责人	上海××学校	结构施工图设计总说明(六)	档案编号		设计证书甲级编号：××××××
	复核	校对	项目名称		图号	结施 6	
	专业负责人	设计	综合楼	日期　　比例			

1 本工程施工图采用平面整体表示方法制图，具体制图规则见03G101—1图集总说明，未注明构造及详图见03G101—1及其他相应图集。

2 钢筋混凝土柱：
2.1 柱编号原则见03G101—1图集第7页。
2.2 抗震等级为一、二、三、四级的框架柱构造要求见03G101—1图集第36～46页。
2.3 当柱净高与柱宽之比小于4时，箍筋全长加密为@100。
2.4 一级及二级框架的角柱和一、二、三、四级抗震楼层错层处的柱，箍筋全长加密为@100。
2.5 所有柱的竖向钢筋均应伸至基础底面，应有100mm直钩，并应满足锚固长度 L_{aE}。

3 钢筋混凝土梁：
3.1 梁编号原则见03G101—1第22、23页。
3.2 抗震楼层框架梁纵向钢筋构造见03G101—1第54、61页。
3.3 抗震屋面框架梁纵向钢筋构造见03G101—1第55、56、61页。
3.4 框架梁加腋构造见03G101—1第60页。
3.5 一级抗震等级梁、箍筋、附加箍筋、吊筋等构造见03G101—1图集第62页。
3.6 二、三、四级抗震等级梁、箍筋、附加箍筋、吊筋等构造见03G101—1图集第63页。
3.7 非抗震梁箍筋、附加箍筋、吊筋等构造见03G101—1图集第64、65页。
3.8 非抗震梁纵向钢筋配筋构造见03G101—1第57、58、59、66页。
3.9 框架梁平面错位时，主筋锚固构造要求见图3-9。
3.10 井字梁JZL配筋构造见03G101—1第68页。
3.11 框支柱及框支梁配筋构造见03G101—1第67页。
3.12 梁侧面纵向构造筋和拉筋当 $h_w \geq 450$ 时，在梁的两个侧面应沿高度配置纵向构造钢筋，纵向构造钢筋间距不大于200mm，见图3-12。
3.13 框架梁支座负钢筋为二排三排时，详图箍筋直径为 $\phi 8$ 时改为 $\phi 10$。
3.14 悬臂梁端配筋构造见03G101—1图集第66页。当悬臂长度大于1.5m时，应增设鸭筋，见图3-14。
3.15 框架梁为扁梁（ $b>h$ ），则梁箍筋加密区长度取2.5h 及500mm 二者中的较大者。
3.16 当框架梁或次梁配有抗扭纵筋（N）时，抗扭筋的间距不应大于200mm，如不能满足此要求，应加构造纵筋 $2\Phi 14@200$ ，拉结筋相同。
3.17 双向框架扁梁在柱边的箍筋做法见图3-17。
3.18 当梁主筋一排放不下时，按图3-18布置成二排，二排放不下时，也可放为三排钢筋。
3.19 当梁偏于框架柱一边时，并且梁宽度小于柱宽1/2时，按图3-19处理。
3.20 当梁与柱外平（或与柱等宽）时，梁内主筋须置于柱主筋内侧，钢筋锚固须满足相应抗震等级要求。
3.21 当框架梁箍筋加密区箍筋肢距未满足以下要求时（一级≤200mm，二、三级≤250mm，四级≤300mm），可另加单肢箍及所需拉结纵筋（≥Φ12）。

4 梁上柱 LZ 纵筋构造见03G101—1第39页。
5 构造柱、填充墙、抗震构造、填充墙、墙柱连接等构造：

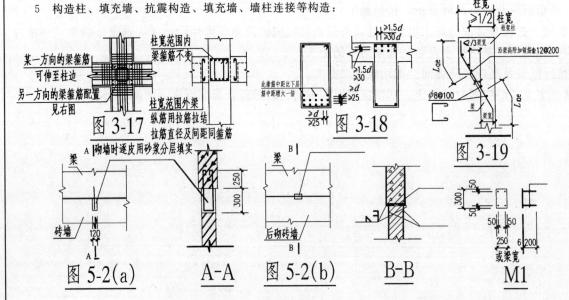

图3-17　　图3-18　　图3-19

图5-2(a)　　A-A　　图5-2(b)　　B-B　　M1

框架结构部分

5.1 砖墙顶端斜砌砖必须在其下部所砌砖墙约5d后再砌顶端斜砖，顶端斜砖必须逐块敲紧砌实。
5.2 梁下砖墙长度大于5m时，砖墙与梁底须有拉结措施，见图5-2（a）或图5-2（b）。

框架结构部分

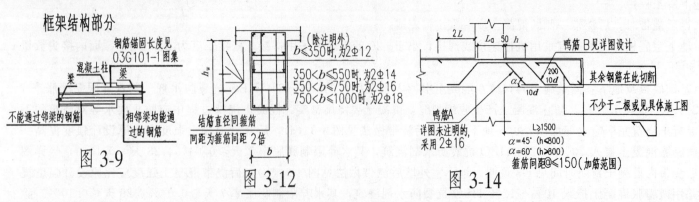

图3-9　　图3-12　　图3-14

5.3 构造柱与填充墙抗震连接：填充墙构造柱的设置位置，断面尺寸见各层建筑平面及相关结施图纸，除有图纸已注明者外，构造柱断面尺寸可据墙身厚度按图5-3选用。构造柱应先砌墙后浇柱体混凝土，除详图注明混凝土强度等级外，均用C20混凝土，砌墙时，构造柱与墙连接处应加拉结筋，构造柱上部与梁板连接处应设插筋，均见图5-3。
5.4 构造柱位置除图中注明外，当为100、120、200mm墙厚且墙长超过4m或超过层高2倍时，应在墙长度中部位置处设置构造柱，当为240mm 厚且墙长超过6m或超过层高2倍时，也必须在墙长度中部位置处设置构造柱。当墙为100、120、200mm厚时，墙高 $H>2.1$m 时，应在墙高中间位置处设置圈梁 QL，当240mm 厚，$H\geq 4$m 时，也应在墙高中间位置处设置圈梁 QL（标高可与门窗洞标高统一）。

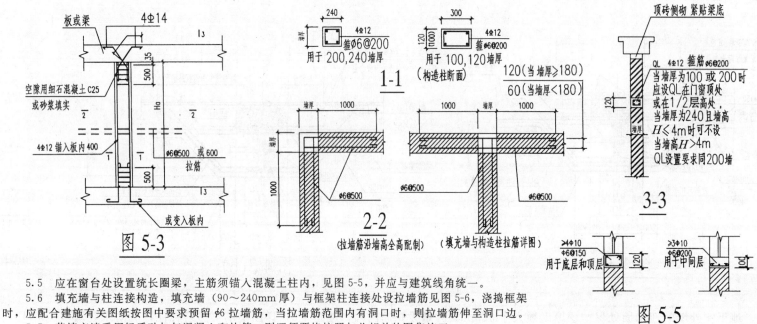

图5-3

5.5 应在窗台处设置统长圈梁，主筋须锚入混凝土柱内，见图5-5，并应与建筑线角统一。
5.6 填充墙与柱连接构造，填充墙（90～240mm 厚）与框架柱连接处拉墙筋见图5-6，浇捣框架时，应配合建施有关图纸按图中要求预留 $\phi 6$ 拉结筋，当拉墙筋范围内有洞口时，则拉墙筋伸至洞口边。
5.7 若填充墙采用轻质砂加气混凝土砌块等，则还须严格按照与此相关的图集施工。
5.8 填充墙采用小型空心砌块时，则还须严格按照02SG614《框架结构填充小型空心砌块墙体结构构造》图集有关节点施工。

图5-5

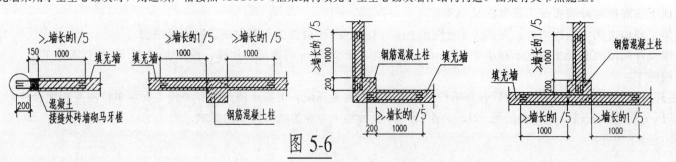

图5-6

签章	合作设计			建设单位	图纸名称		工程编号		上海××建筑设计研究院
	审定		项目负责人	上海××学校	结构施工图设计总说明(七)		档案编号		
	复核		校对	项目名称			图号	结施	设计证书甲级编号：××××××
	专业负责人		设计	综合楼	日期	比例		7	

142

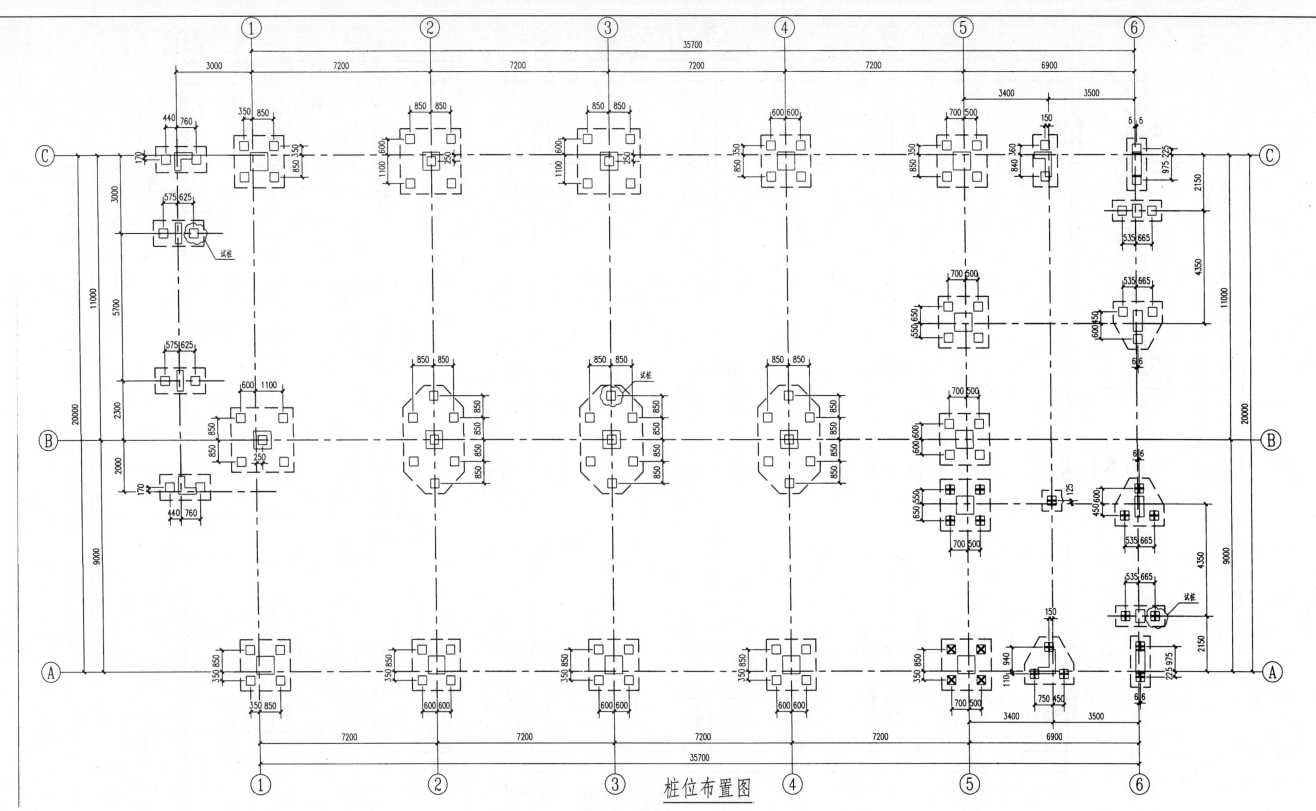

桩位布置图

说明：

1. 本建筑物±0.00标高相当于绝对标高4.700m，桩基持力层为⑦层。

2. 本工程桩采用预制方桩（JAZHb-335-﹡）详见97（03）G361图集。

3. 本图中工程桩表示方法：

"□"桩顶标高−1.900。采用350mm×350mm预制方桩（JAZHb-335-12127B），混凝土采用C30，桩长31m（12+12+7）。单桩承载力设计值1150kN，总桩数89根。

"田"桩顶标高−3.940。采用350mm×350mm预制方桩（JAZHb-335-12125B），混凝土采用C30，桩长29m（12+12+5）。单桩承载力设计值1150kN，总桩数15根。

"⊠"桩顶标高−4.940。采用350mm×350mm预制方桩（JAZHb-335-12124B），混凝土采用C30，桩长28m（12+12+4）。单桩承载力设计值1150kN，总桩数4根。

4. 本工程桩施工方法采用压桩，施工时须对附近道路、建筑物及管道进行监控，并采取必要的保护措施。

5. 本工程桩需进行低应变动测，数量为总桩数的30％。抽样方式：每个承台基础必须有一根，随机、均匀抽检，并应有足够代表性。若桩质另有问题，应加做小应变试验，数量另定。

6. 本工程采用静载荷试验，方法要求如下：

（1）采用堆载法；

（2）要求做静载试验的桩数为3根，详见桩平面图；

（3）试桩前必须用低应变动测法对桩身进行检查；

（4）试桩的最大加载量为1840kN；

（5）沉桩后至静载荷试验时间为28d以上。

7. 本单体最大沉降量为100mm。

8. 若试桩结果同设计不符，请及时通知设计，以便作桩位调整。

签章		合作设计			建设单位	图纸名称		工程编号		上海××建筑设计研究院
		审定		项目负责人	上海××学校	桩位布置图		档案编号		
		复核		校对				图号	结施	8—1
		专业负责人		设计	项目名称 综合楼	日期	比例 1：100			设计证书甲级编号：××××××

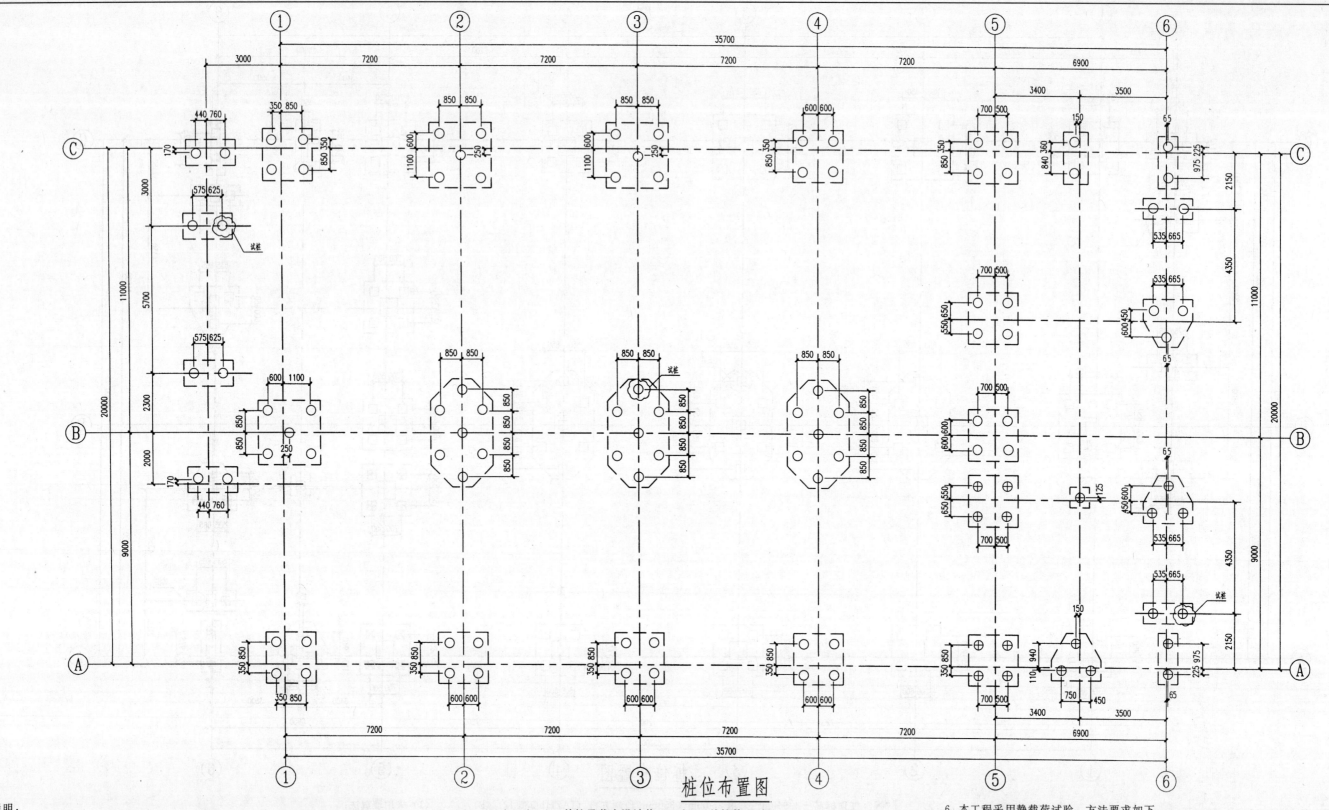

桩位布置图

说明：
1. 本建筑物±0.000标高相当于绝对标高4.700m，桩基持力层为⑦层。
2. 本工程桩采用预应力管桩（PHC-A400（80）-*）详见2000沪G502图集。
钢桩靴及管桩与承台连接参见2000沪G502图集做法，其中开口桩靴图中：L₁=300mm，L=400mm，δ=10mm。
管桩与承台连接构造示意图中：混凝土填芯为C30微膨胀混凝土，其中①钢筋为6Φ20，S=1500mm，h=800mm。
3. 本图中工程桩表示方法：
"○"桩顶标高-1.900。采用Φ400PHC预应力管桩［PHC-A400（80）-32］，桩长32m（11+11+10）。单桩承载力设计值1150kN，总桩数89根。
"⊕"桩顶标高-3.900。采用Φ400PHC预应力管桩［PHC-A400（80）-30］，桩长30m（10+10+10），单桩承载力设计值1150kN，总桩数19根。
4. 本工程桩施工方法采用压桩，施工时须对附近道路、建筑物及管道进行监控，并采取必要的保护措施。
5. 本工程桩需进行低应变动测，数量为总桩数的30%。抽样方式：每个承台基础必须有一根、随机、均匀抽检，并应有足够代表性。若桩质有问题，应加做小应变试验，数量另定。
6. 本工程采用静载荷试验，方法要求如下：
（1）采用堆载法；
（2）要求做静载试验的桩数为3根，详见桩平面图；
（3）试桩前必须用低应变动测法对桩身进行检查；
（4）试桩的最大加载量为1840kN；
（5）沉桩后至静载荷试验时间为28d以上。
7. 本单体最大沉降量为100mm。
8. 若试桩结果同设计不符，请及时通知设计，以便作桩位调整。

签章		合作设计			项目负责人		建设单位	图纸名称		工程编号		
		审定					上海××学校	桩位布置图		档案编号		上海××建筑设计研究院
		复核			校对		项目名称			图号	结施 8—2	设计证书甲级编号：××××××
		专业负责人			设计		综合楼	日期	比例 1：100			

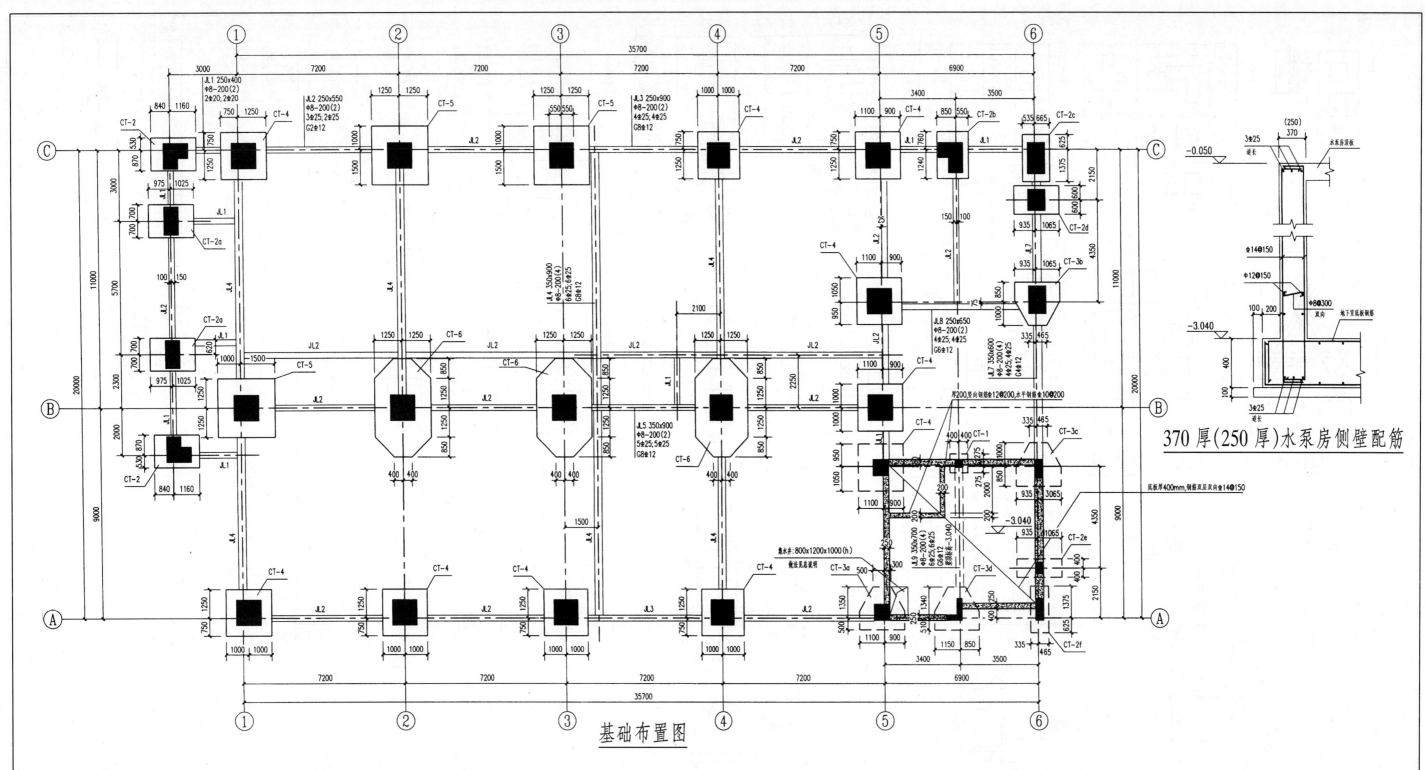

基础布置图

370厚(250厚)水泵房侧壁配筋

说明：

1. 基础混凝土采用C30，垫层混凝土采用C15。其中地下室部分采用密实防水混凝土。抗渗等级S6，钢筋，"φ"为HPB235钢，"Φ"为HRB335钢。

2. 承台CT-1～6详见-结施3。

3. 现浇基础梁必须与基础承台整体浇捣施工。

4. 基础梁未注明尺寸者均以轴线对中。

5. 基础梁相交处，在主梁上附加箍筋6φ8@50，另加吊筋2Φ14。

6. 基础梁JL-*梁顶标为－1.000。(注明者除外)

签章	合作设计				建设单位	图纸名称		工程编号			上海××建筑设计研究院
	审定		项目负责人		上海××学校	**基础布置图**		档案编号			设计证书甲级编号：×××××××
	复核		校对		项目名称			图号	结施	9	
	专业负责人		设计		综合楼	日期	比例 1:100				

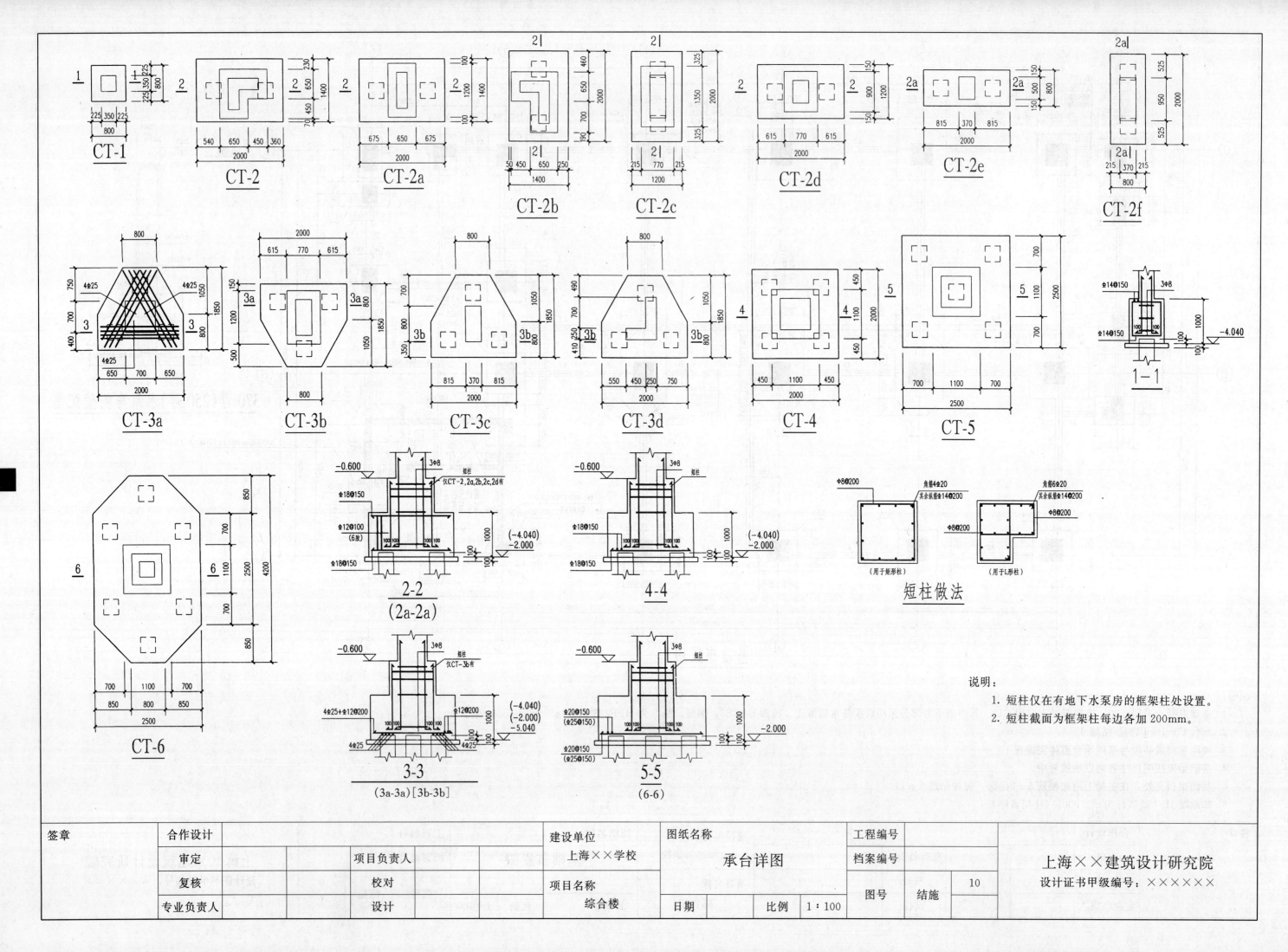

CT-1 CT-2 CT-2a CT-2b CT-2c CT-2d CT-2e CT-2f

CT-3a CT-3b CT-3c CT-3d CT-4 CT-5

1—1

CT-6

2-2
(2a-2a)

4-4

短柱做法

3-3
(3a-3a)〔3b-3b〕

5-5
(6-6)

（用于矩形柱） （用于L形柱）

说明：
1. 短柱仅在有地下水泵房的框架柱处设置。
2. 短柱截面为框架柱每边各加200mm。

签章	合作设计		建设单位	图纸名称	工程编号		
	审定	项目负责人	上海××学校	承台详图	档案编号		上海××建筑设计研究院
	复核	校对	项目名称		图号	结施	设计证书甲级编号：××××××
	专业负责人	设计	综合楼	日期	比例 1：100		10

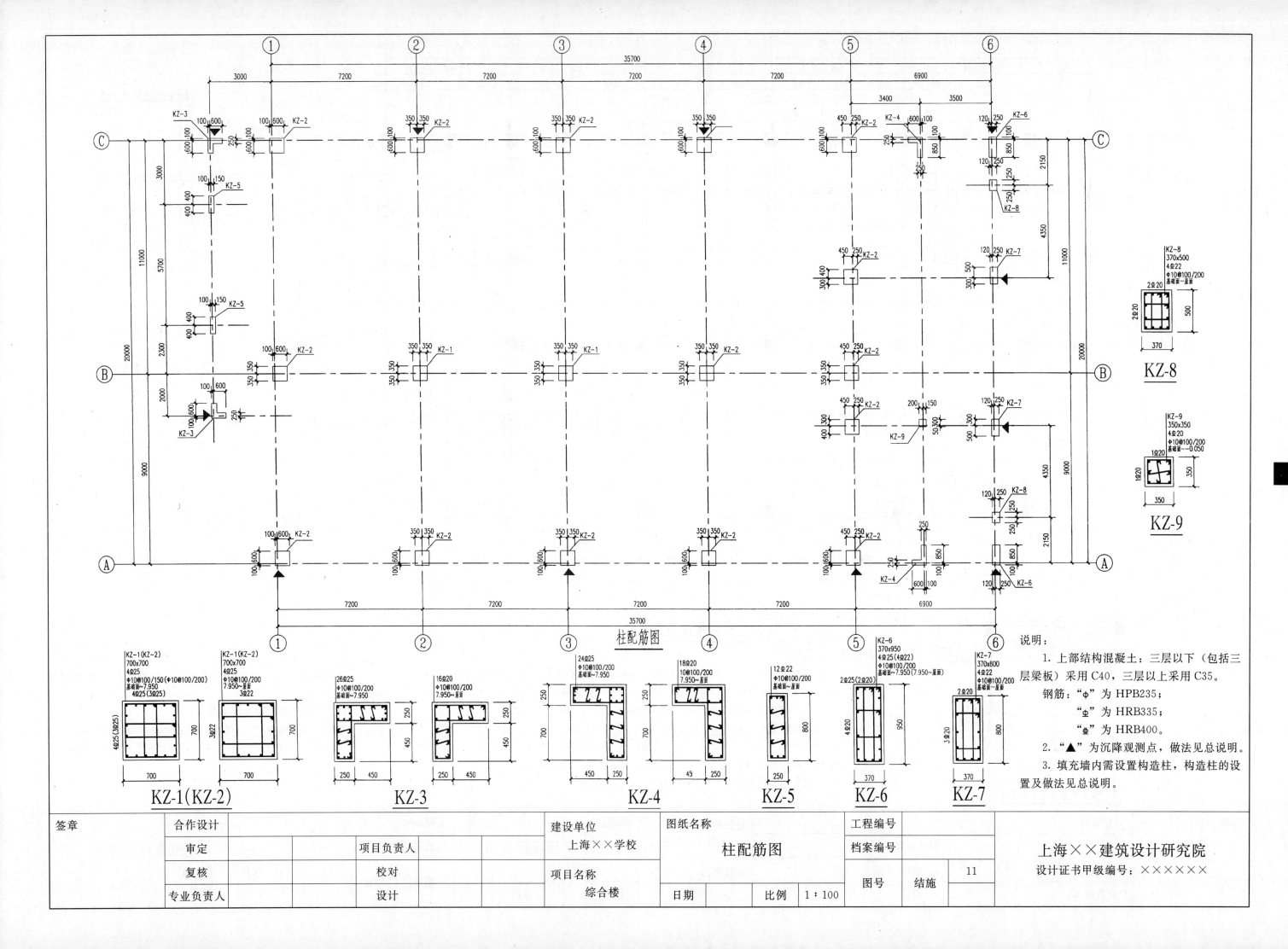

柱配筋图

说明:
1. 上部结构混凝土:三层以下(包括三层梁板)采用C40,三层以上采用C35。

钢筋:"φ"为HPB235;
"Φ"为HRB335;
"Φ"为HRB400。
2. "▲"为沉降观测点,做法见总说明。
3. 填充墙内需设置构造柱,构造柱的设置及做法见总说明。

KZ-8
370x500
4Φ22
Φ10@100/200
基础面~屋面

KZ-9
350x350
4Φ20
Φ10@100/200
基础面~-0.050

KZ-1(KZ-2)
700x700
4Φ25
Φ10@100/150(Φ10@100/200)
基础面~7.950
4Φ25(3Φ25)

KZ-1(KZ-2)
700x700
4Φ25
Φ10@100/200
7.950~屋面
3Φ22

KZ-3
26Φ25
Φ10@100/200
基础面~7.950

16Φ20
Φ10@100/200
7.950~屋面

KZ-4
24Φ25
Φ10@100/200
基础面~7.950

18Φ20
Φ10@100/200
7.950~屋面

KZ-5
12Φ22
Φ10@100/200
基础面~屋面

KZ-6
370x950
4Φ25(4Φ22)
Φ10@100/200
基础面~7.950(7.950~屋面)

2Φ25(2Φ20)
4Φ20

KZ-7
370x800
4Φ20
Φ10@100/200
基础面~屋面

3Φ20

签章		合作设计		建设单位	图纸名称		工程编号	
		审定	项目负责人	上海××学校	柱配筋图		档案编号	
		复核	校对	项目名称			图号	结施
		专业负责人	设计	综合楼	日期	比例 1:100		11

上海××建筑设计研究院
设计证书甲级编号:××××××

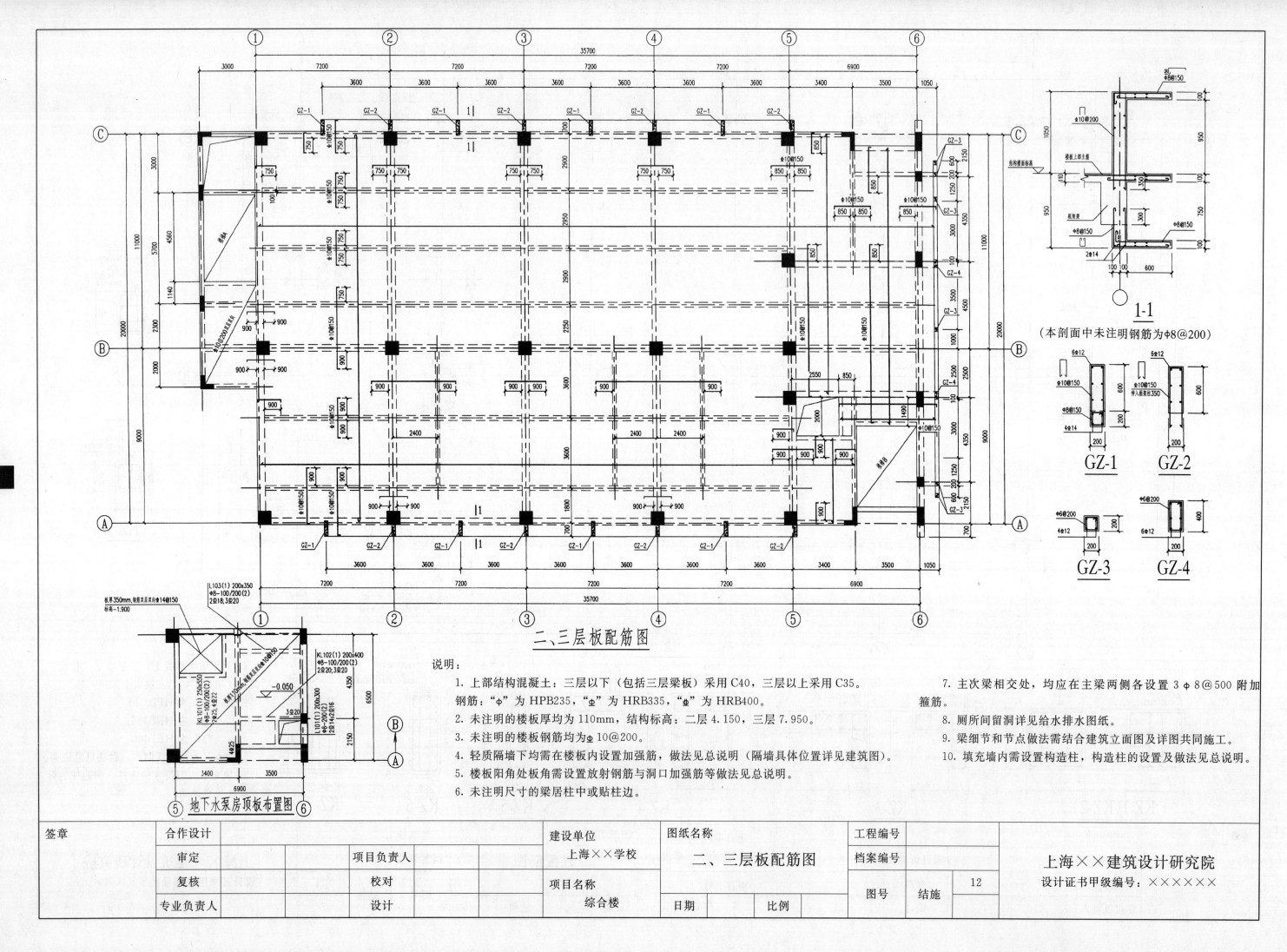

二、三层板配筋图

说明:

1. 上部结构混凝土:三层以下(包括三层梁板)采用C40,三层以上采用C35。钢筋:"φ"为HPB235,"Φ"为HRB335,"Φ"为HRB400。
2. 未注明的楼板厚均为110mm,结构标高:二层4.150,三层7.950。
3. 未注明的楼板钢筋均为φ10@200。
4. 轻质隔墙下均需在楼板内设置加强筋,做法见总说明(隔墙具体位置详见建筑图)。
5. 楼板阳角处板角需设置放射钢筋与洞口加强筋等做法见总说明。
6. 未注明尺寸的梁居柱中或贴柱边。
7. 主次梁相交处,均应在主梁两侧各设置3φ8@500附加箍筋。
8. 厕所间留洞详见给水排水图纸。
9. 梁细节和节点做法需结合建筑立面图及详图共同施工。
10. 填充墙内需设置构造柱,构造柱的设置及做法见总说明。

地下水泵房顶板布置图

1-1

(本剖面中未注明钢筋为φ8@200)

GZ-1   GZ-2   GZ-3   GZ-4

签章		合作设计			建设单位	图纸名称		工程编号		上海××建筑设计研究院
		审定		项目负责人		上海××学校	二、三层板配筋图	档案编号		
		复核		校对		项目名称		图号	结施 12	设计证书甲级编号:××××××
		专业负责人		设计		综合楼	日期	比例		

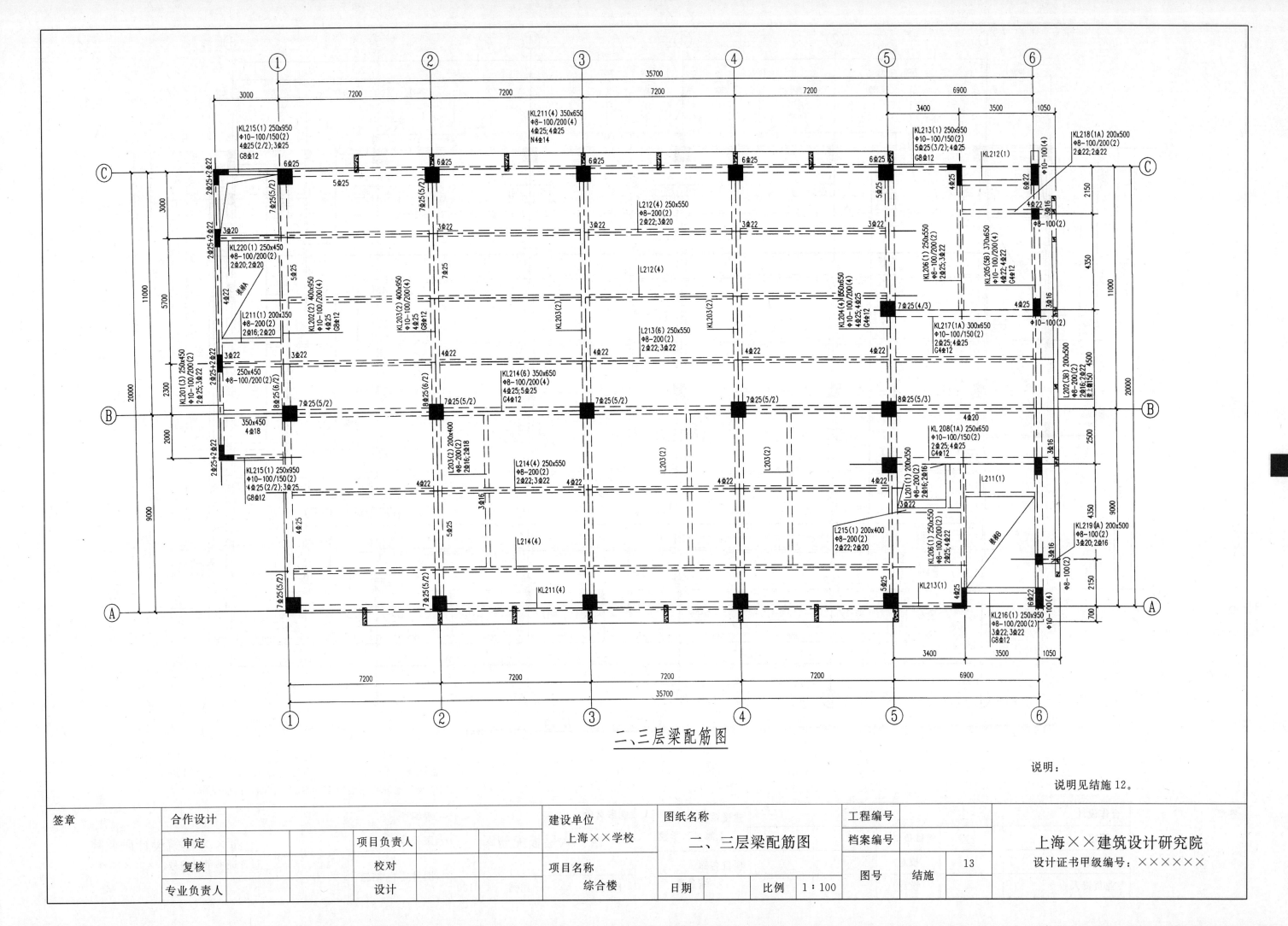

二、三层梁配筋图

说明：
说明见结施12。

签章	合作设计		建设单位		图纸名称		工程编号		上海××建筑设计研究院
	审定		项目负责人		上海××学校	二、三层梁配筋图	档案编号		
	复核		校对		项目名称		图号	结施 13	设计证书甲级编号：××××××
	专业负责人		设计		综合楼		日期	比例 1：100	

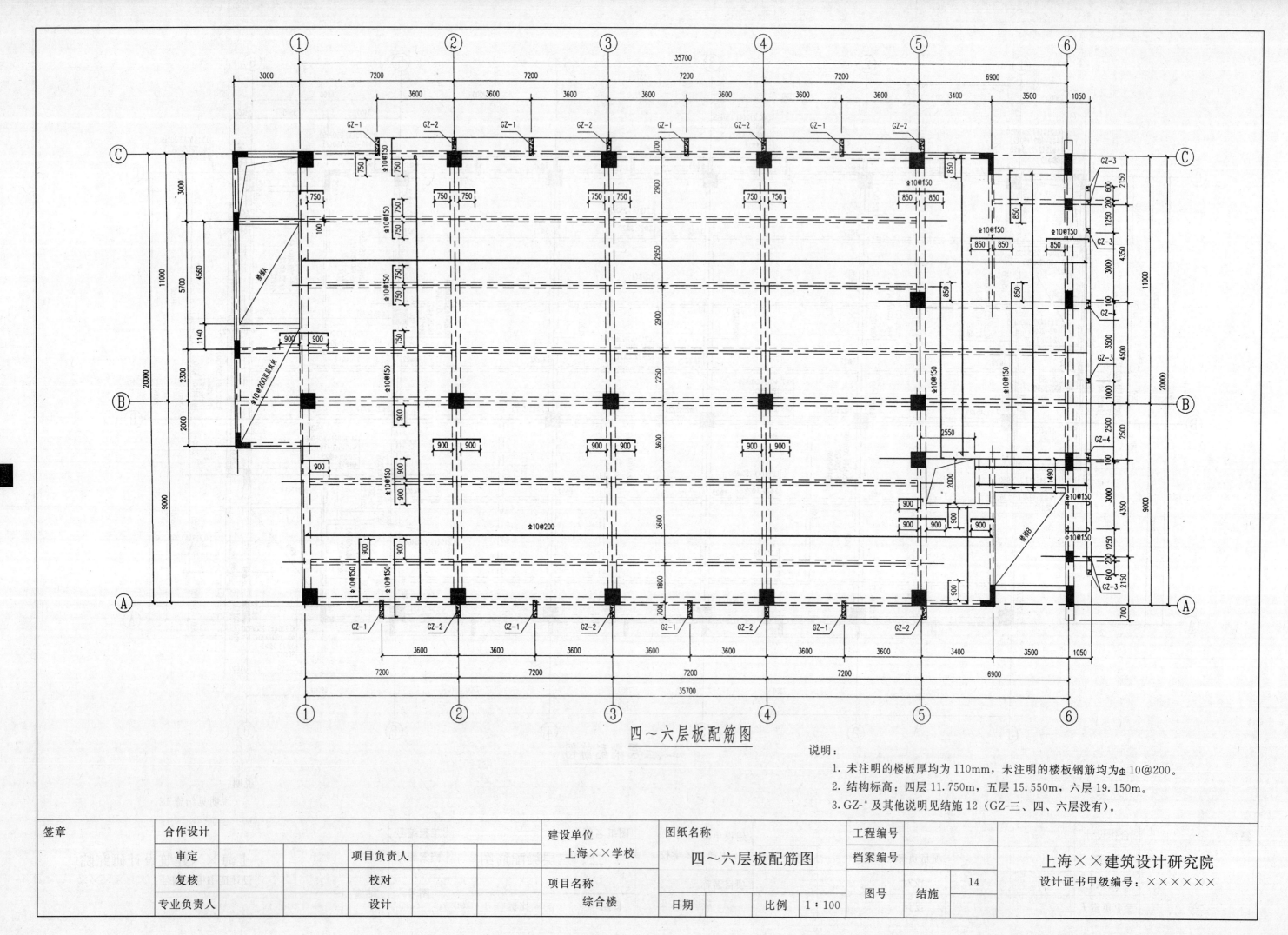

四～六层板配筋图

说明：
1. 未注明的楼板厚均为110mm，未注明的楼板钢筋均为φ10@200。
2. 结构标高：四层11.750m，五层15.550m，六层19.150m。
3. GZ-*及其他说明见结施12（GZ-三、四、六层没有）。

签章	合作设计			建设单位	图纸名称		工程编号		上海××建筑设计研究院
	审定		项目负责人	上海××学校	四～六层板配筋图		档案编号		
	复核		校对	项目名称			图号	结施 14	设计证书甲级编号：××××××
	专业负责人		设计	综合楼	日期	比例 1：100			

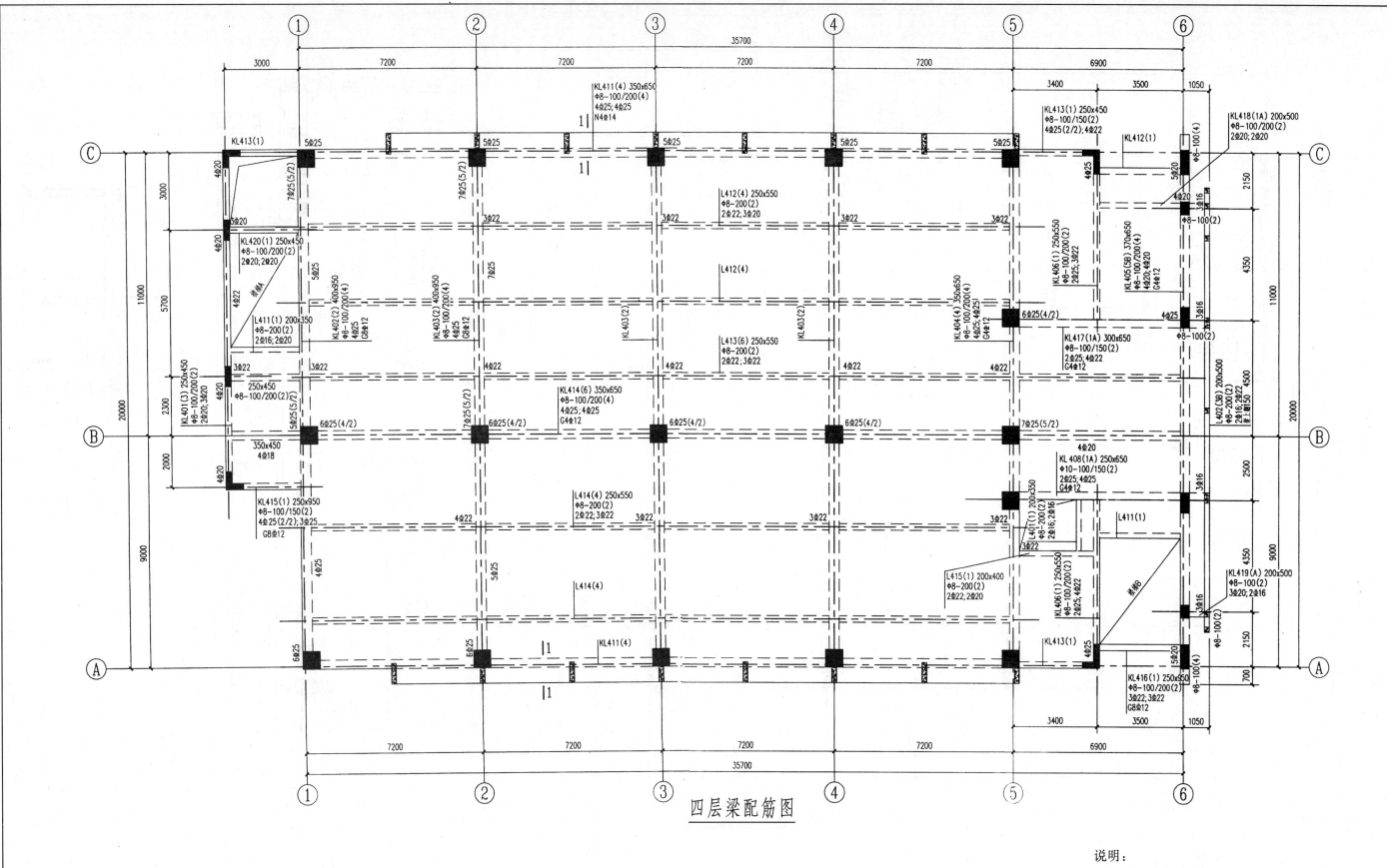

四层梁配筋图

说明：
1-1剖面及说明见结施12。

签章		合作设计			建设单位	图纸名称		工程编号			上海××建筑设计研究院
		审定		项目负责人		上海××学校	四层梁配筋图	档案编号			
		复核		校对		项目名称		图号	结施	15	设计证书甲级编号：××××××
		专业负责人		设计		综合楼		日期	比例	1：100	

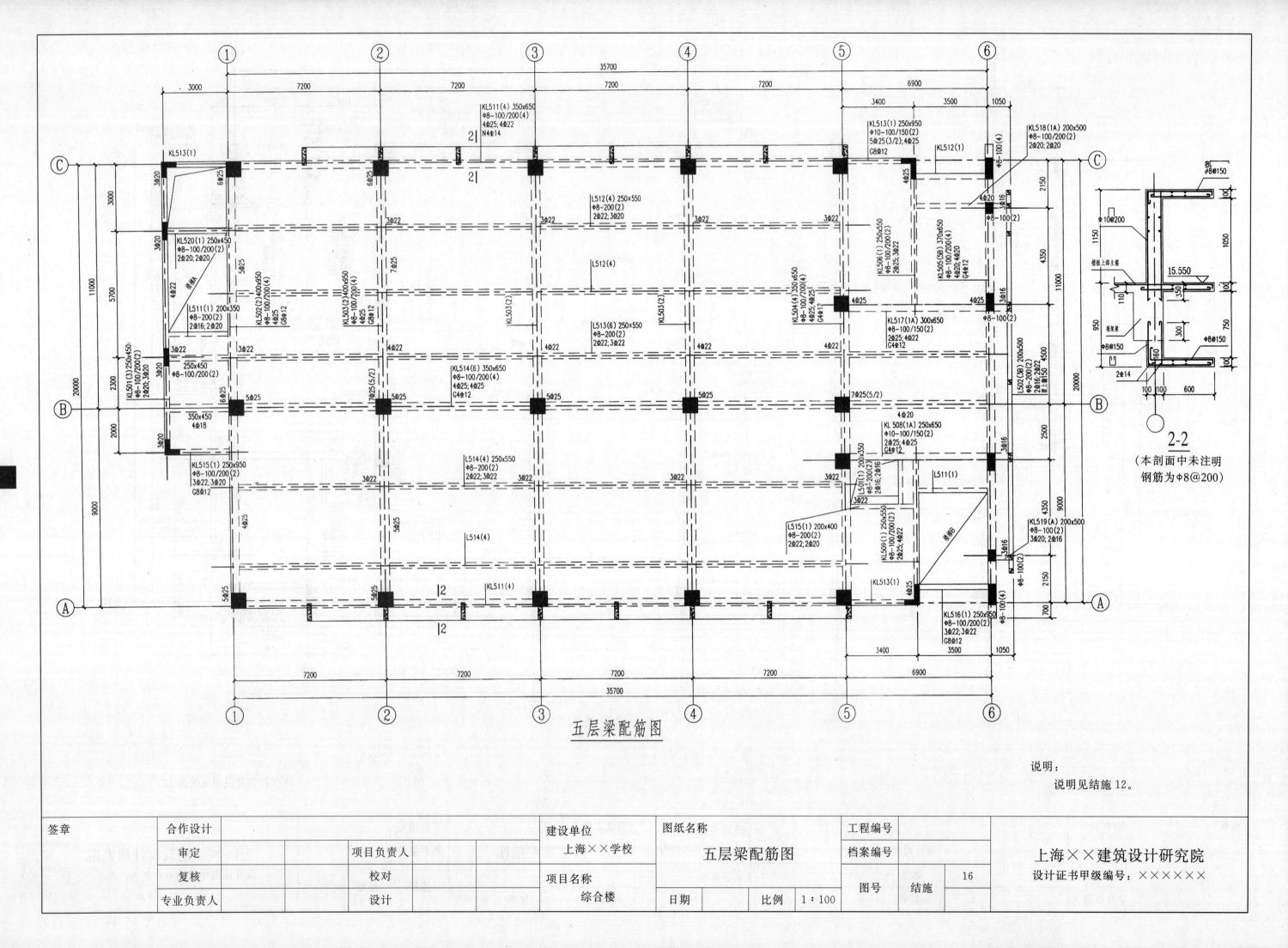

五层梁配筋图

2-2
(本剖面中未注明
钢筋为Φ8@200)

说明:
说明见结施12。

签章	合作设计		项目负责人		建设单位 上海××学校	图纸名称 五层梁配筋图	工程编号		上海××建筑设计研究院 设计证书甲级编号：××××××
	审定						档案编号		
	复核		校对		项目名称 综合楼		图号	结施 16	
	专业负责人		设计			日期	比例 1：100		

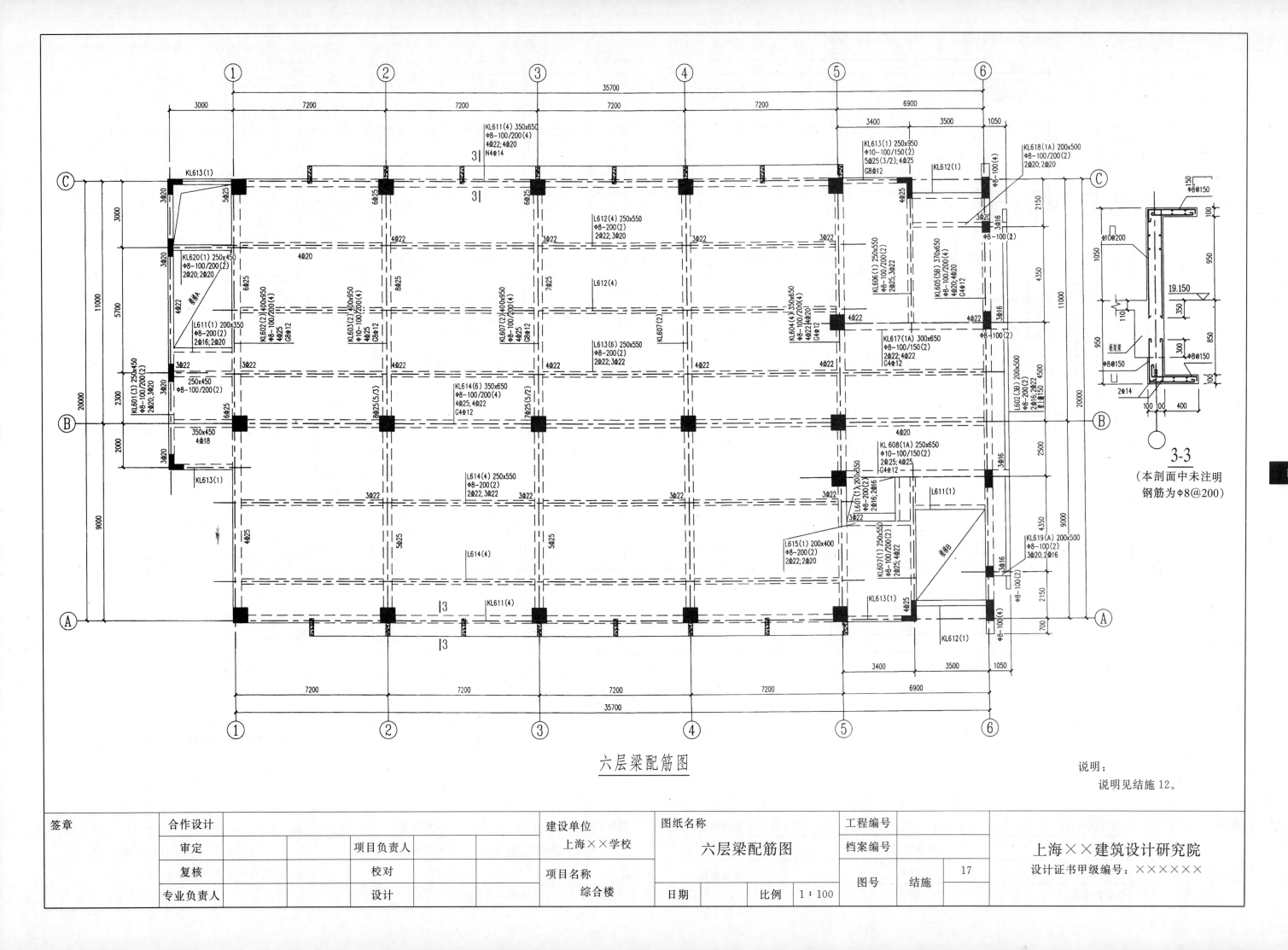

六层梁配筋图

说明:
说明见结施12。

签章	合作设计			建设单位	图纸名称	工程编号		
	审定		项目负责人	上海××学校	六层梁配筋图	档案编号		上海××建筑设计研究院
	复核		校对	项目名称		图号	结施	17
	专业负责人		设计	综合楼	日期	比例	1:100	设计证书甲级编号:××××××

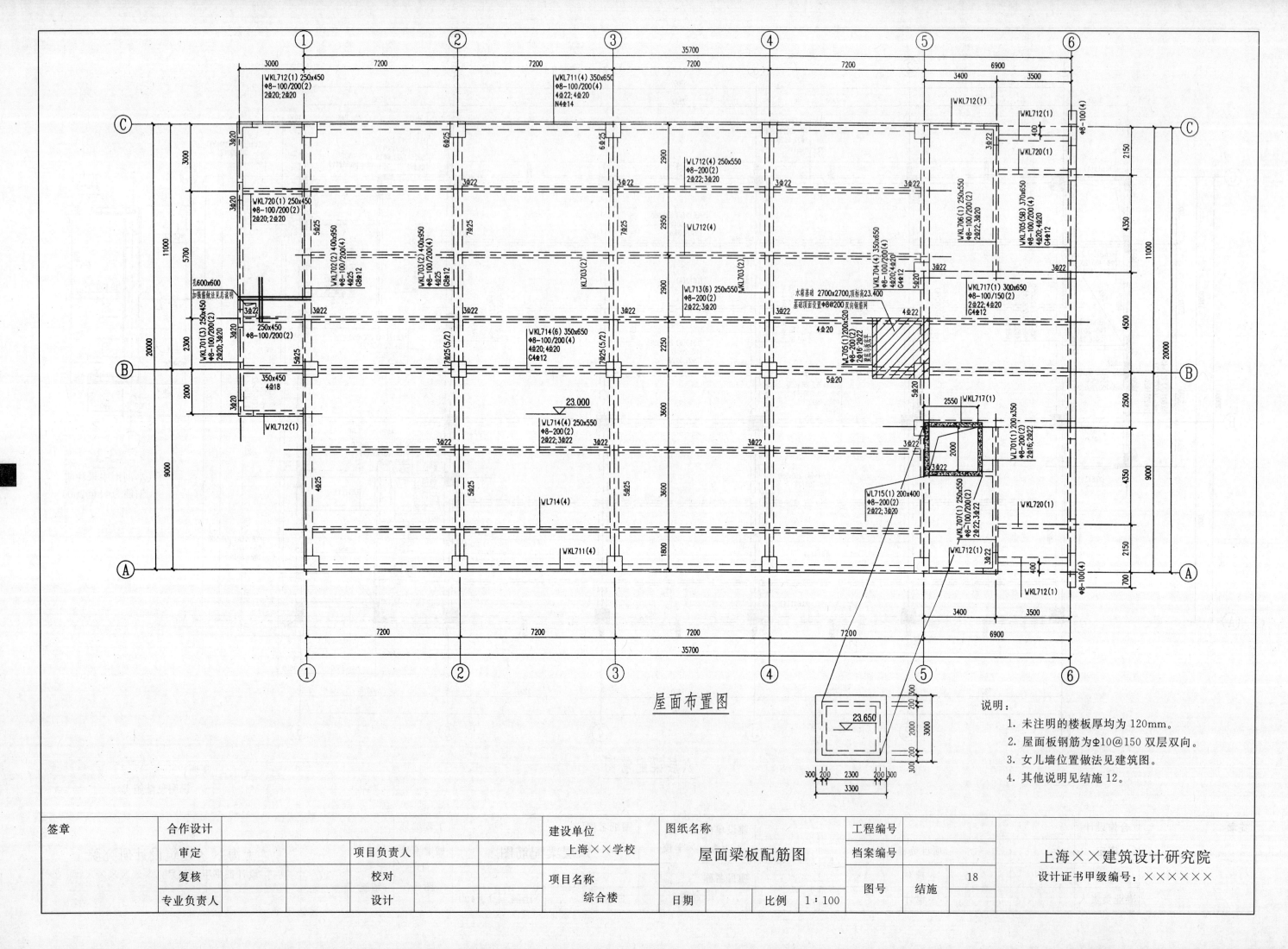

屋面布置图

说明:
1. 未注明的楼板厚均为120mm。
2. 屋面板钢筋为Φ10@150 双层双向。
3. 女儿墙位置做法见建筑图。
4. 其他说明见结施 12。

签章		合作设计			建设单位	图纸名称		工程编号			
		审定		项目负责人		上海××学校	屋面梁板配筋图	档案编号			上海××建筑设计研究院
		复核		校对		项目名称		图号	结施	18	设计证书甲级编号:××××××
		专业负责人		设计		综合楼		日期		比例 1:100	

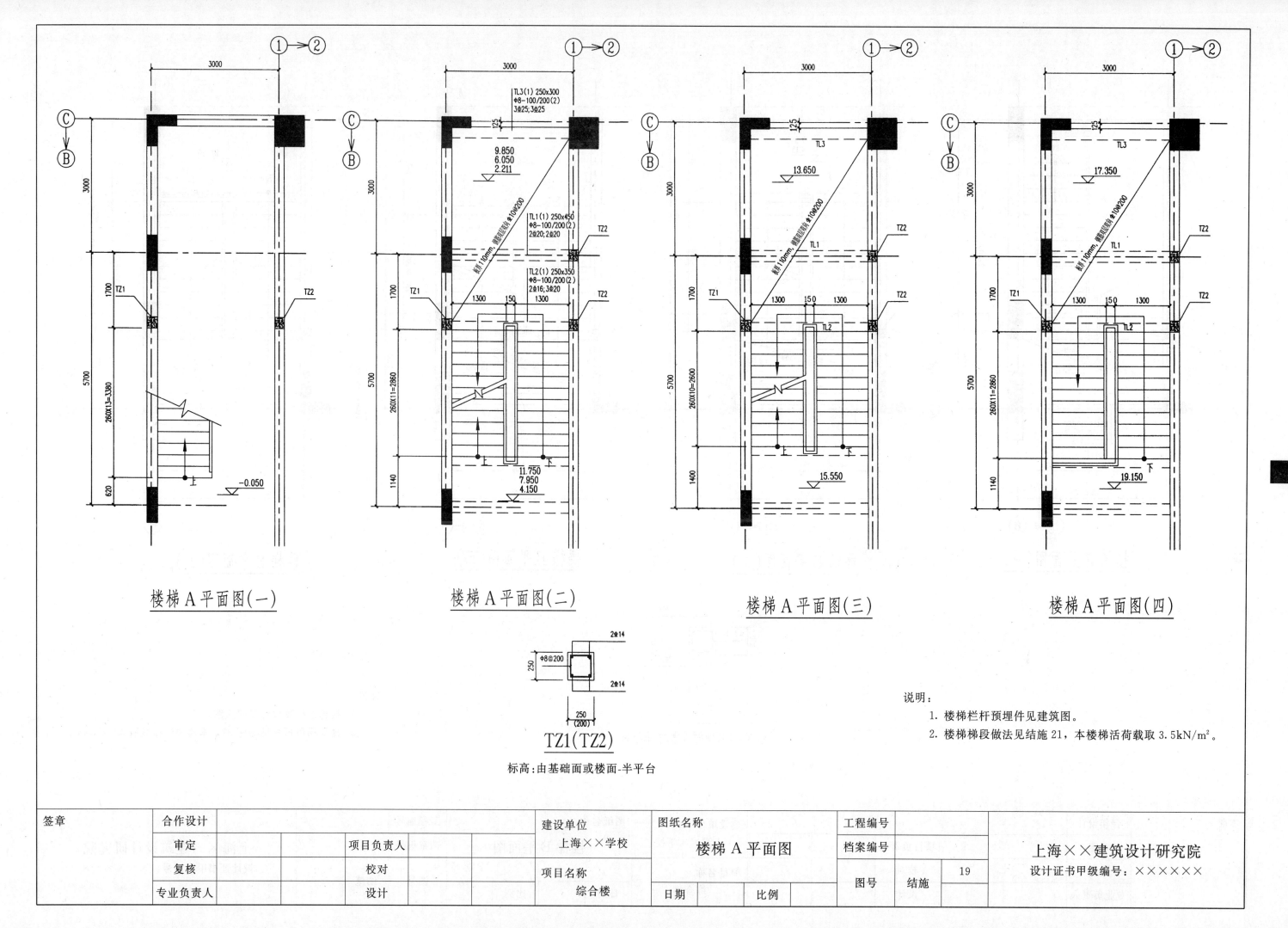

楼梯A平面图(一)

楼梯A平面图(二)

楼梯A平面图(三)

楼梯A平面图(四)

TZ1(TZ2)

标高:由基础面或楼面-半平台

说明:
1. 楼梯栏杆预埋件见建筑图。
2. 楼梯梯段做法见结施21,本楼梯活荷载取 3.5kN/m²。

155

签章		合作设计				建设单位	图纸名称		工程编号			上海××建筑设计研究院
		审定		项目负责人		上海××学校	楼梯 A 平面图		档案编号			
		复核		校对		项目名称			图号	结施	19	设计证书甲级编号:××××××
		专业负责人		设计		综合楼	日期	比例				

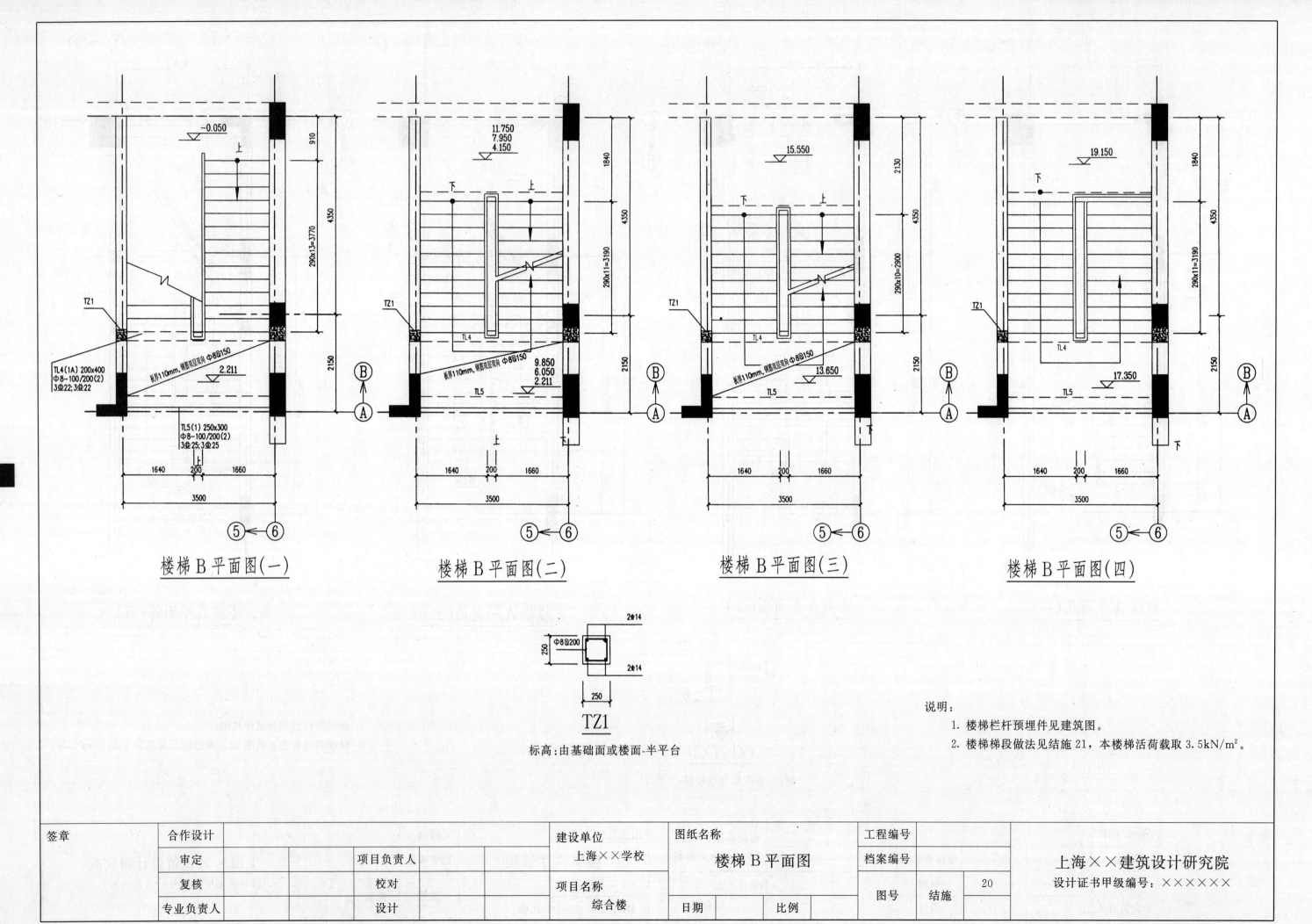

楼梯 B 平面图(一)

楼梯 B 平面图(二)

楼梯 B 平面图(三)

楼梯 B 平面图(四)

TZ1

标高:由基础面或楼面-半平台

说明:

1. 楼梯栏杆预埋件见建筑图。

2. 楼梯梯段做法见结施 21，本楼梯活荷载取 3.5kN/m²。

签章	合作设计			建设单位	图纸名称		工程编号			上海××建筑设计研究院
	审定		项目负责人	上海××学校	楼梯 B 平面图		档案编号			
	复核		校对	项目名称			图号	结施	20	设计证书甲级编号：×××××××
	专业负责人		设计	综合楼	日期	比例				

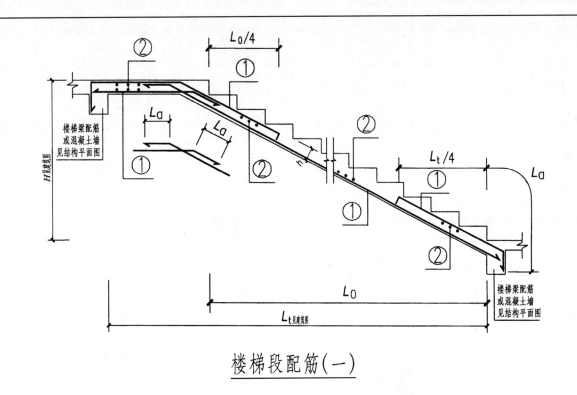

楼梯段配筋(一)

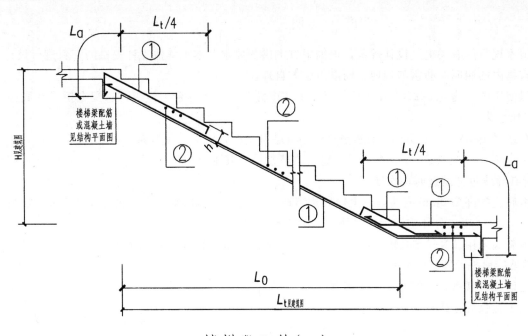

楼梯段配筋(二)

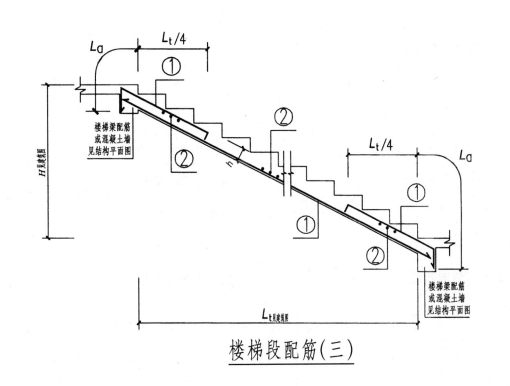

楼梯段配筋(三)

板式楼梯梯段配筋做法

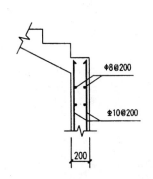

楼梯段板基础插筋示意

梯段号	楼梯板水平跨度 $L_{t(m)}$	板厚 h(mm)	均布活荷载标准值			
			2.0kN/m²	2.5kN/m²	3.5kN/m²	②
			①			
TB1	$L_t \leqslant 3.0$	110	Φ10@130	Φ10@125	Φ10@110	φ6@200
TB2	$3.0 < L_t \leqslant 3.5$	120	Φ12@150	Φ12@140	Φ12@130	φ6@200
TB3	$3.5 < L_t \leqslant 4.0$	140	Φ12@130	Φ12@125	Φ12@120	φ6@200
TB4	$4.0 < L_t \leqslant 4.5$	150	Φ12@120	Φ12@110	Φ12@100	φ6@200
TB5	$4.5 < L_t \leqslant 5.0$	170	Φ12@100	Φ14@130	Φ14@125	φ6@200
TB6	$5.0 < L_t \leqslant 5.5$	180	Φ14@120	Φ14@110	Φ14@100	φ8@200
TB7	$5.5 < L_t \leqslant 6.0$	200	Φ14@110	Φ14@100	Φ14@100	φ8@200

说明:

1. 楼梯间平面布置见楼梯平面图,梯段剖面详见建筑图。
2. 梯段板②分布筋不得伸入主体结构。
3. 楼梯梁 TLx 配筋均见结构平面图。
4. 楼梯采用 C30 混凝土。
5. 受拉锚固长度 $L_a = 35d$。
6. 休息平台上带有梯段的做法见楼梯段配筋(一)、(二)。

签章	合作设计		建设单位 上海××学校	图纸名称 板式楼梯梯段配筋做法	工程编号		上海××建筑设计研究院
	审定	项目负责人			档案编号		
	复核	校对	项目名称 综合楼		图号	结施 21	设计证书甲级编号:××××××
	专业负责人	设计			日期	比例	

说 明

1. 设计依据：根据国家现行的有关电气设计规范，根据甲方提供的要求及本院其他工种提供的资料进行设计。
2. 设计范围：本建筑物内的照明、防雷与接地。弱电由甲方自理。
3. 配电方式：本工程使用电压为380/220V，负荷等级：消防电源为二级，其余为三级，总配电柜设在底层配电房间内，进线由厂区变电所引来。
4. 敷线方式：照明布线采用 BV-2×2.5mm² 铜芯塑料线穿阻燃型塑料管沿墙、顶暗敷，2~4根穿 φ20，5~8根穿 φ25，插座布线采用 ZC-BV-2×2.5+E2.5mm² 穿管沿地、墙暗敷设，其他导线均采用 BV-450/750 型铜芯塑料线穿管埋地或沿墙暗敷，所有导线过伸缩缝时均作处理。
5. 安装方式：配电柜底边抬高200mm安装，配电箱底边离地1.2m安装，DCX插座箱底边离地1.4m安装，二三组合插座离地0.3m，三眼插座（分体空调用）离地2.2m安装。
6. 防雷与接地：接地制式采用 TN-C-S 系统，本工程采用联合接地方式，接地电阻小于等于1Ω，本工程为第三类防雷建筑，具体说明详见接地平面图。
7. 施工时若遇到问题请及时联系，以便及早解决问题。
8. 说明未详之处按施工验收规范执行。

电力负荷计算表

用电设备名称	设备容量(kW)	计算系数			计算负荷		导线截面(mm²)
	Pe	Kx	cosφ	tgφ	P30(kW)	计算电流(A)I30	
1	2	3	4	5	6	7	8
N1 进线	20.7	1	0.8	0.75	20.7	39	ZC-YJV-1-4×25+E16 T
N2,N3 进线	15.9	1	0.8	0.75	15.9	30	ZC-YJV-1-4×25+E16 T
N4 进线	17.3	1	0.8	0.75	17.3	33	ZC-YJV-1-4×25+E16 T
N5,N6 进线	20.3	1	0.8	0.75	20.3	38.5	ZC-YJV-1-4×25+E16 T
K1 进线	49	1	0.8	0.75	49	93	ZC-YJV-1-4×70+E35 T
K2,K3 进线	42	1	0.8	0.75	42	80	ZC-YJV-1-4×50+E25 T
K4,K5,K6 进线	34	1	0.8	0.75	34	65	ZC-YJV-1-4×35+E16 T
N 进线	146.2	0.8	0.8	0.75	117	222	YJV22-1-4x185 进户时穿 SC150 管保护
K 进线	235	0.8	0.8	0.75	188	357	YJV22-1-2(4x120)进户时穿 2SC100 管保护
SB 进线	35.8	1	0.8	0.75	35.8	68	YJV22-1-4x50 进户时穿 SC70F 管保护

说明：本电力负荷表根据需用系数法计算而得。

图 例

图例	名 称 及 型 号	安 装 方 式	单位	数量
	XGL-3 配电柜（箱）	抬高200安装(底边离地1.2m安装)	台	13
	DCX 插座箱	底边离地1.4m安装	台	7
	2×36W 细管荧光灯	吸顶安装	只	395
	2×36W 细管荧光灯（自带镍铬电池供电时间不少于20min）	吸顶安装	只	7
◐	吸壁灯 40W	吸壁安装	只	1
●	JXD6A 凌型罩灯 32W	吸顶安装	只	82
⊗	花式灯 32W	吸顶安装	只	54
⊗	防潮灯 32W	吸顶安装	只	36
◎	安全型工厂灯 75W（自带镍铬电池供电时间不少于20min）	吸顶安装	只	3
	应急灯（供电时间不少于20min）	离地2.8m安装		
	诱导灯（供电时间不少于20min）	门框上方0.1m或离地0.5m		
	同一开关操作的两个灯			
	安全防护型 10A,250V 二、三眼组合插座	离地0.3m安装	只	266
	安全防护型 16A,250V 三眼空调插座	离地2.2m安装	只	100
	单控单联开关	离地1.3m安装		
	单控双联开关	离地1.3m安装		
	单控三联开关	离地1.3m安装		
	单控三联防潮开关	离地1.3m安装		
	单控单联防潮开关	离地1.3m安装		
	200×100 金属线槽		m	220
	400×200 电缆桥架		m	20
	500×200 电缆桥架		m	10

158

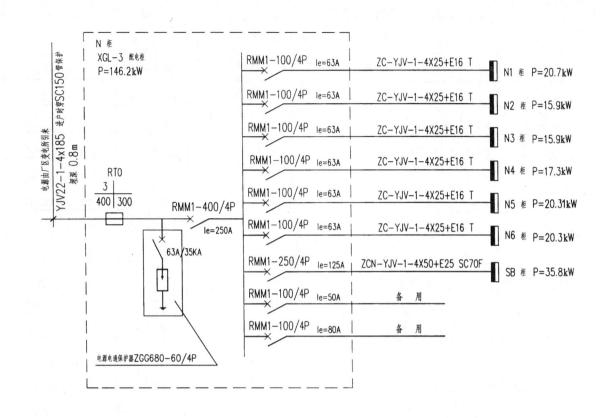

N柜 XGL-3 配电柜 P=146.2kW

电源由厂区变电所引来 YJV22-1-4×185 进户时穿SC150管保护 埋深 0.8m

RT0 3 400/300
RMM1-400/4P Ie=250A
63A/35KA
电源电涌保护器ZGG680-60/4P

RMM1-100/4P Ie=63A	ZC-YJV-1-4X25+E16 T	N1柜 P=20.7kW
RMM1-100/4P Ie=63A	ZC-YJV-1-4X25+E16 T	N2柜 P=15.9kW
RMM1-100/4P Ie=63A	ZC-YJV-1-4X25+E16 T	N3柜 P=15.9kW
RMM1-100/4P Ie=63A	ZC-YJV-1-4X25+E16 T	N4柜 P=17.3kW
RMM1-100/4P Ie=63A	ZC-YJV-1-4X25+E16 T	N5柜 P=20.31kW
RMM1-100/4P Ie=63A	ZC-YJV-1-4X25+E16 T	N6柜 P=20.3kW
RMM1-250/4P Ie=125A	ZCN-YJV-1-4X50+E25 SC70F	SB柜 P=35.8kW
RMM1-100/4P Ie=50A	备用	
RMM1-100/4P Ie=80A	备用	

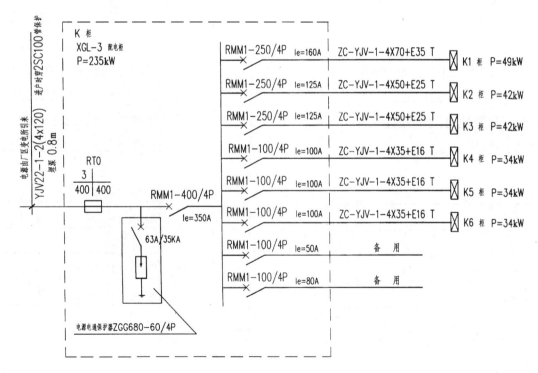

K柜 XGL-3 配电柜 P=235kW

电源由厂区变电所引来 YJV22-1-2(4×120) 进户时穿2SC100管保护 埋深 0.8m

RT0 3 400/400
RMM1-400/4P Ie=350A
63A/35KA
电源电涌保护器ZGG680-60/4P

RMM1-250/4P Ie=160A	ZC-YJV-1-4X70+E35 T	K1柜 P=49kW
RMM1-250/4P Ie=125A	ZC-YJV-1-4X50+E25 T	K2柜 P=42kW
RMM1-250/4P Ie=125A	ZC-YJV-1-4X50+E25 T	K3柜 P=42kW
RMM1-100/4P Ie=100A	ZC-YJV-1-4X35+E16 T	K4柜 P=34kW
RMM1-100/4P Ie=100A	ZC-YJV-1-4X35+E16 T	K5柜 P=34kW
RMM1-100/4P Ie=100A	ZC-YJV-1-4X35+E16 T	K6柜 P=34kW
RMM1-100/4P Ie=50A	备用	
RMM1-100/4P Ie=80A	备用	

N1柜 XGL-3 配电柜 P=20.7kW

电源由N柜配电引来 ZC-YJV-1-4x25+E16 T/FPC50-WC
RMM1-100/4P Ie=50A

RMC1B-C16	P1回路	灯	1000瓦	A相
RMC1B-C16	P2回路	灯	1000瓦	B相
RMC1B-C16	P3回路	灯	1000瓦	C相
RMC1B-C16	P4回路	灯	1000瓦	A相
RMC1B-C16	P5回路	灯	1000瓦	B相
RMC1B-C16	P6回路	灯	1000瓦	C相
RMC1B-C16	P7回路	诱导灯	500瓦	A相
RMC1B-C16	P8回路	灯	1000瓦	B相
RMC1B-C16	P9回路	灯	1000瓦	C相
RMC1B-C16	P10回路	灯	1000瓦	A相
RMC1B-C16	P11回路	灯	1000瓦	B相
RMC1B-C16	P12回路	灯	1000瓦	C相
RMC1B-C16	P13回路	灯	1000瓦	A相
RMC1BL-C16(30MA)	P14回路	4插座	800瓦	B相
RMC1BL-C16(30MA)	P15回路	4插座	800瓦	C相
RMC1BL-C16(30MA)	P16回路	3插座	600瓦	A相
RMC1BL-C16(30MA)	P17回路	4插座	800瓦	B相
RMC1BL-C16(30MA)	P18回路	5插座	1000瓦	C相
RMC1BL-C16(30MA)	P19回路	5插座	1000瓦	A相
RMC1BL-C16(30MA)	P20回路	3插座	600瓦	B相
RMC1BL-C16(30MA)	P21回路	5插座	1000瓦	C相
RMC1BL-C16(30MA)	P22回路	3插座	600瓦	A相
RMC1BL-C16(30MA)	P23回路	5插座	1000瓦	B相
RMC1B-C16	备用			C相
RMC1BL-C16(30MA)	备用			B相
RMC1BL-C16(30MA)	备用			C相
RMC1B-C16	备用			A相
RMC1BL-C16(30MA)	备用			B相
RMC1BL-C16(30MA)	备用			A相

签章	合作设计		建设单位 上海××学校	图纸名称	工程编号	上海××建筑设计研究院
	审定	项目负责人		系统图（一）	档案编号	设计证书甲级编号：××××××
	复核	校对	项目名称 综合楼		图号 强电施 / 2	
	专业负责人	设计		日期 / 比例 1:100		

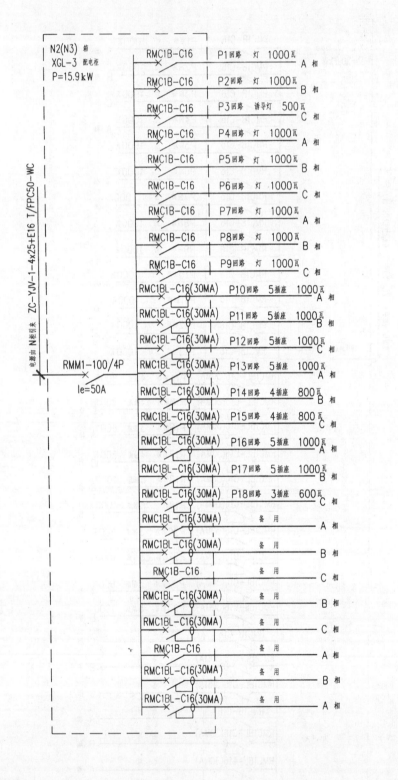

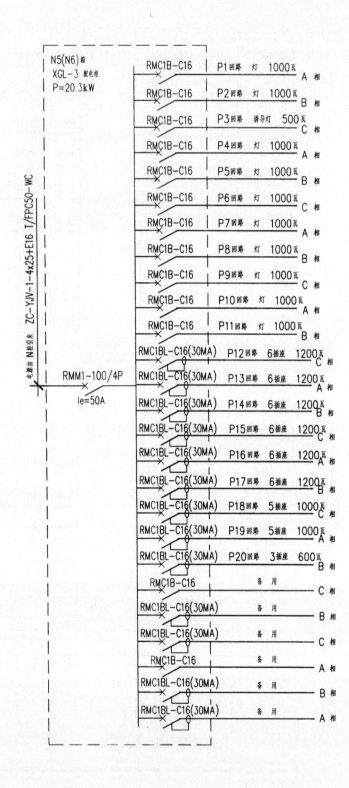

签章		合作设计		建设单位	图纸名称		工程编号		上海××建筑设计研究院
		审定	项目负责人	上海××学校	系统图（二）		档案编号		设计证书甲级编号：×××××××
		复核	校对	项目名称	日期	比例 1：100	图号	强电施 3	
		专业负责人	设计	综合楼					

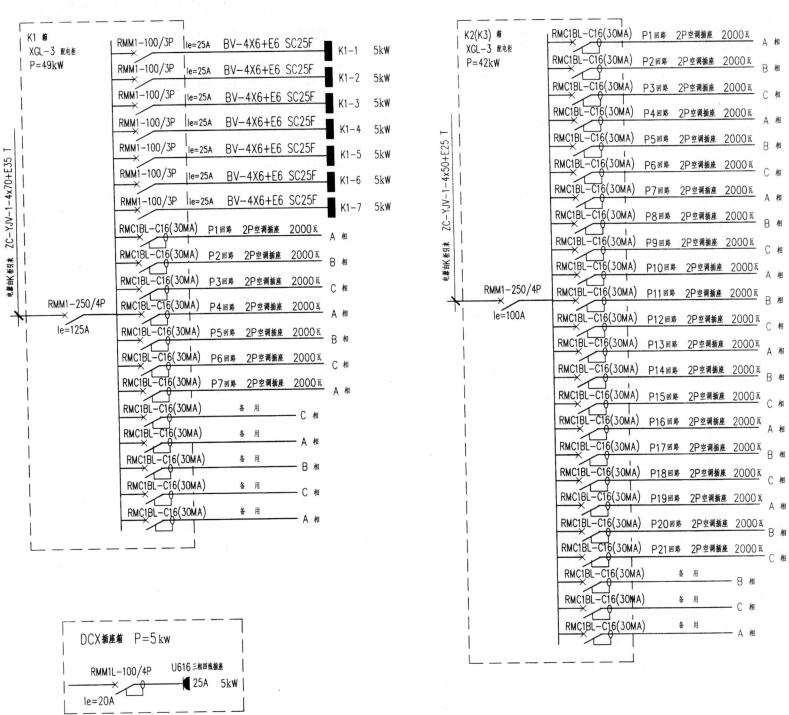
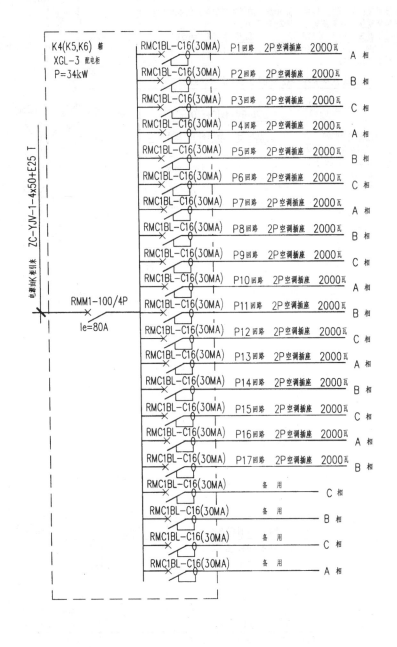

K1-1～K1-7 插座箱

签章	合作设计		建设单位	图纸名称	工程编号		上海××建筑设计研究院
	审定	项目负责人	上海××学校	系统图（三）	档案编号		设计证书甲级编号：××××××
	复核	校对	项目名称		图号	强电施 4	
	专业负责人	设计	综合楼	日期	比例 1：100		

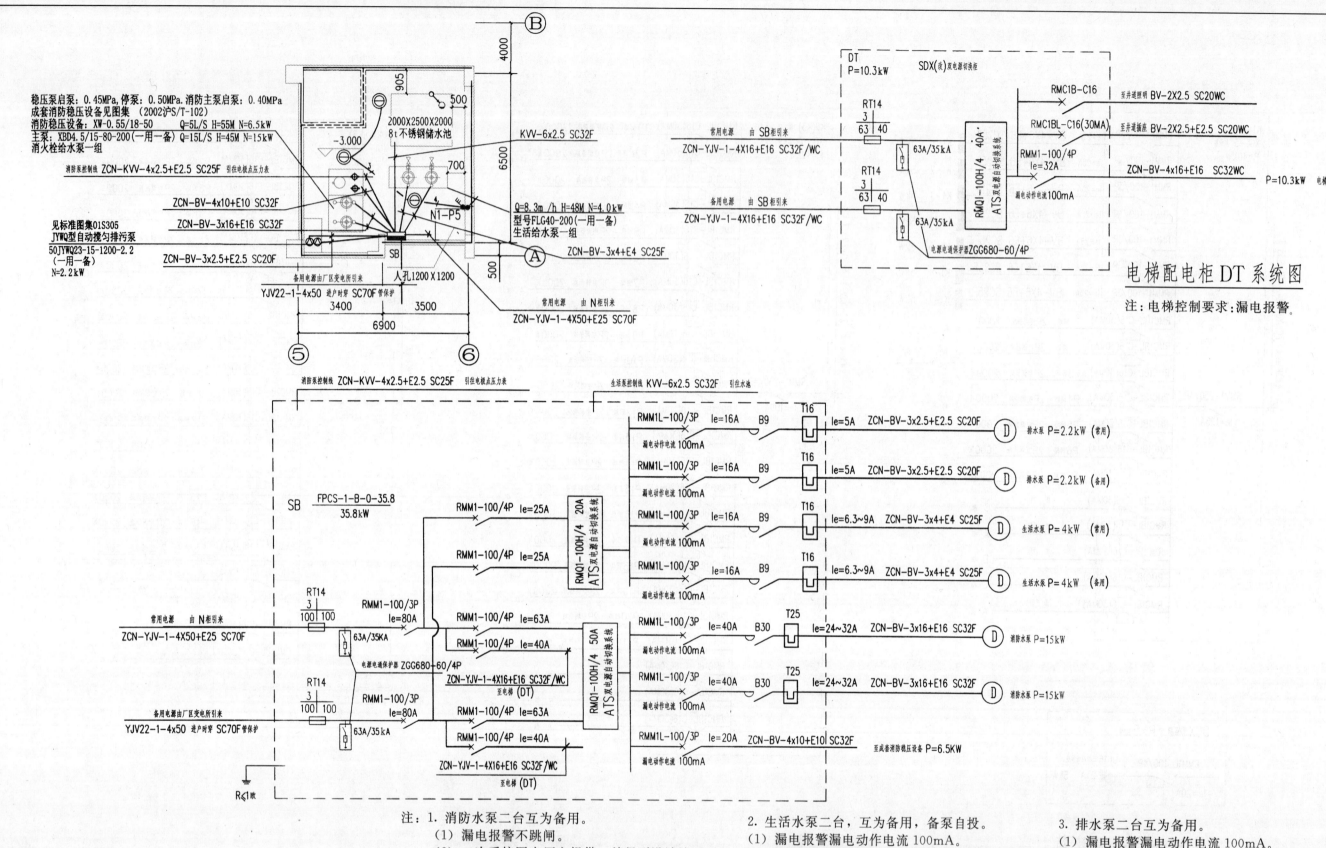

稳压泵启泵：0.45MPa，停泵：0.50MPa，消防主泵启泵：0.40MPa
成套消防稳压设备见图集（2002沪S/T-102）
消防稳压设备：XW-0.55/18-50　Q=5L/S H=55M H=6.5kW
主泵：XBD4.5/15-80-200（一用一备）Q=15L/S H=45M N=15kW
消火栓给水泵一组

消防泵控制线 ZCN-KVV-4x2.5+E2.5 SC25F 引往电极点压力表

见标准图集01S305
JYWQ型自动搅匀排污泵
50JYWQ23-15-1200-2.2
（一用一备）
N=2.2kW

ZCN-BV-4x10+E10 SC32F
ZCN-BV-3x16+E16 SC32F
ZCN-BV-3x2.5+E2.5 SC20F

备用电源由厂区变电所引来
YJV22-1-4x50　进户时穿 SC70F管保护
3400　　3500
6900

2000X2500X2000
8t 不锈钢储水池
KVV-6x2.5 SC32F

Q=8.3m³/h H=48M N=4.0kW
型号FLG40-200（一用一备）
生活给水泵一组

人孔1200 X 1200

ZCN-BV-3x4+E4 SC25F

常用电源　由 N柜引来
ZCN-YJV-1-4X50+E25 SC70F

电梯配电柜DT系统图

注：电梯控制要求：漏电报警。

DT
P=10.3kW
SDX(夜)双电源切换柜

常用电源　由 SB柜引来
ZCN-YJV-1-4X16+E16 SC32F/WC

备用电源　由 SB柜引来
ZCN-YJV-1-4X16+E16 SC32F/WC

RT14 3 63 40
RT14 3 63 40
63A/35kA
63A/35kA

RMQ1-100H/4　40A
ATS双电源自动切换系统
Ie=32A

电源通道保护器ZGG680-60/4P

RMC1B-C16　至井道照明 BV-2X2.5 SC20WC
RMC1BL-C16(30MA)　至井道插座 BV-2X2.5+E2.5 SC20WC

ZCN-BV-4x16+E16　SC32WC
P=10.3kW　电梯

消防泵控制线 ZCN-KVV-4x2.5+E2.5 SC25F 引往电极点压力表

生活泵控制线 KVV-6x2.5 SC32F 引往水池

SB
FPCS-1-B-0-35.8
35.8kW

常用电源　由 N柜引来
ZCN-YJV-1-4X50+E25 SC70F

备用电源由厂区变电所引来
YJV22-1-4x50　进户时穿 SC70F管保护

RT14 3 100 100
RT14 3 100 100
63A/35KA
63A/35kA

电源通道保护器 ZGG680-60/4P

R≤1欧

RMM1-100/3P Ie=80A
RMM1-100/3P Ie=80A
RMM1-100/4P Ie=25A
RMM1-100/4P Ie=25A
RMM1-100/4P Ie=63A
RMM1-100/4P Ie=40A
RMM1-100/4P Ie=63A
RMM1-100/4P Ie=40A

RMQ1-100H/4　20A
ATS双电源自动切换系统
RMQ1-100H/4　50A
ATS双电源自动切换系统

ZCN-YJV-1-4X16+E16 SC32F/WC
至电梯（DT）
ZCN-YJV-1-4X16+E16 SC32F/WC
至电梯（DT）

RMM1L-100/3P Ie=16A B9 T16 Ie=5A ZCN-BV-3x2.5+E2.5 SC20F 排水泵 P=2.2kW（常用）
漏电动作电流100mA
RMM1L-100/3P Ie=16A B9 T16 Ie=5A ZCN-BV-3x2.5+E2.5 SC20F 排水泵 P=2.2kW（备用）
漏电动作电流100mA
RMM1L-100/3P Ie=16A B9 T16 Ie=6.3~9A ZCN-BV-3x4+E4 SC25F 生活水泵 P=4kW（常用）
漏电动作电流100mA
RMM1L-100/3P Ie=16A B9 T16 Ie=6.3~9A ZCN-BV-3x4+E4 SC25F 生活水泵 P=4kW（备用）
漏电动作电流100mA
RMM1L-100/3P Ie=40A B30 T25 Ie=24~32A ZCN-BV-3x16+E16 SC32F 消防水泵 P=15kW
漏电动作电流100mA
RMM1L-100/3P Ie=40A B30 T25 Ie=24~32A ZCN-BV-3x16+E16 SC32F 消防水泵 P=15kW
漏电动作电流100mA
RMM1L-100/3P Ie=20A ZCN-BV-4x10+E10 SC32F 至成套消防稳压设备 P=6.5KW
漏电动作电流100mA

注：1. 消防水泵二台互为备用。
　　（1）漏电报警不跳闸。
　　（2）二次系统图由厂方提供，并得到设计认可。
　　（3）控制要求：A：由水压力启动消火栓泵；
　　　　　　　　　B：就地控制柜手动控制消火栓泵；
　　　　　　　　　C：电动机启动方式为直接启动。

2. 生活水泵二台，互为备用，备泵自投。
　（1）漏电报警漏电动作电流100mA。
　（2）接地故障时跳闸。
　（3）二次系统图由供货方提供，并得到设计认可。
　（4）控制要求：A：电动机启动方式为直接启动；
　　　　　　　　B：水泵平时由干簧液位自动控制。

3. 排水泵二台互为备用。
　（1）漏电报警漏电动作电流100mA。
　（2）接地故障时跳闸。
　（3）二次系统图由厂方提供，并得到设计认可。
　（4）控制要求：A：电动机启动方式为直接启动；
　　　　　　　　B：水泵平时由干簧液位自动控制。

签章	合作设计				建设单位	图纸名称		工程编号			
	审定		项目负责人		上海××学校			档案编号		上海××建筑设计研究院	
	复核		校对			**水泵房**				设计证书甲级编号：××××××	
	专业负责人		设计		项目名称 综合楼	日期	比例 1：100	图号	强电施	5	
										X	

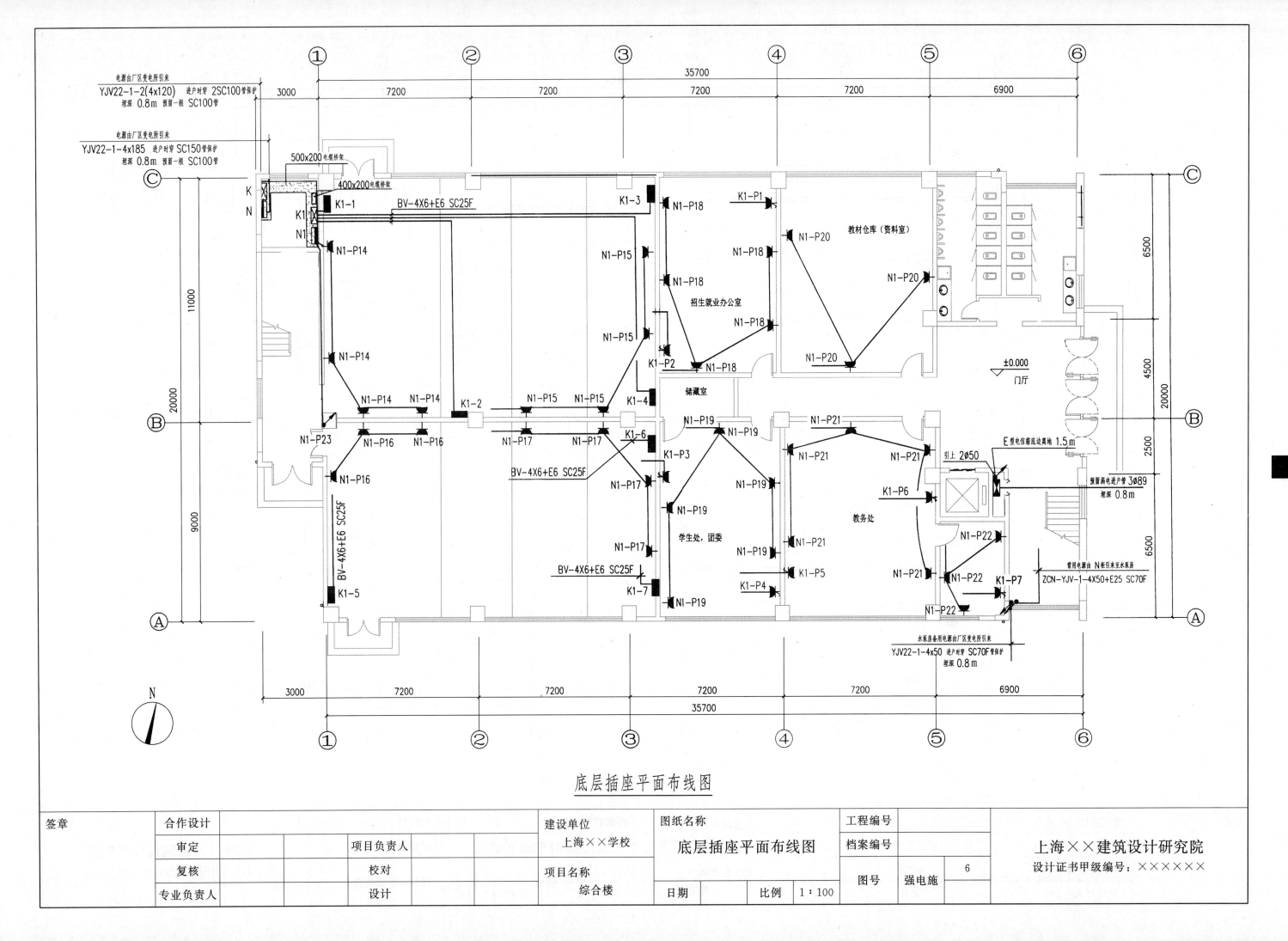

底层插座平面布线图

签章	合作设计		项目负责人		建设单位 上海××学校	图纸名称 底层插座平面布线图	工程编号		上海××建筑设计研究院 设计证书甲级编号：××××××
	审定						档案编号		
	复核		校对		项目名称 综合楼		图号	强电施	6
	专业负责人		设计			日期		比例	1：100

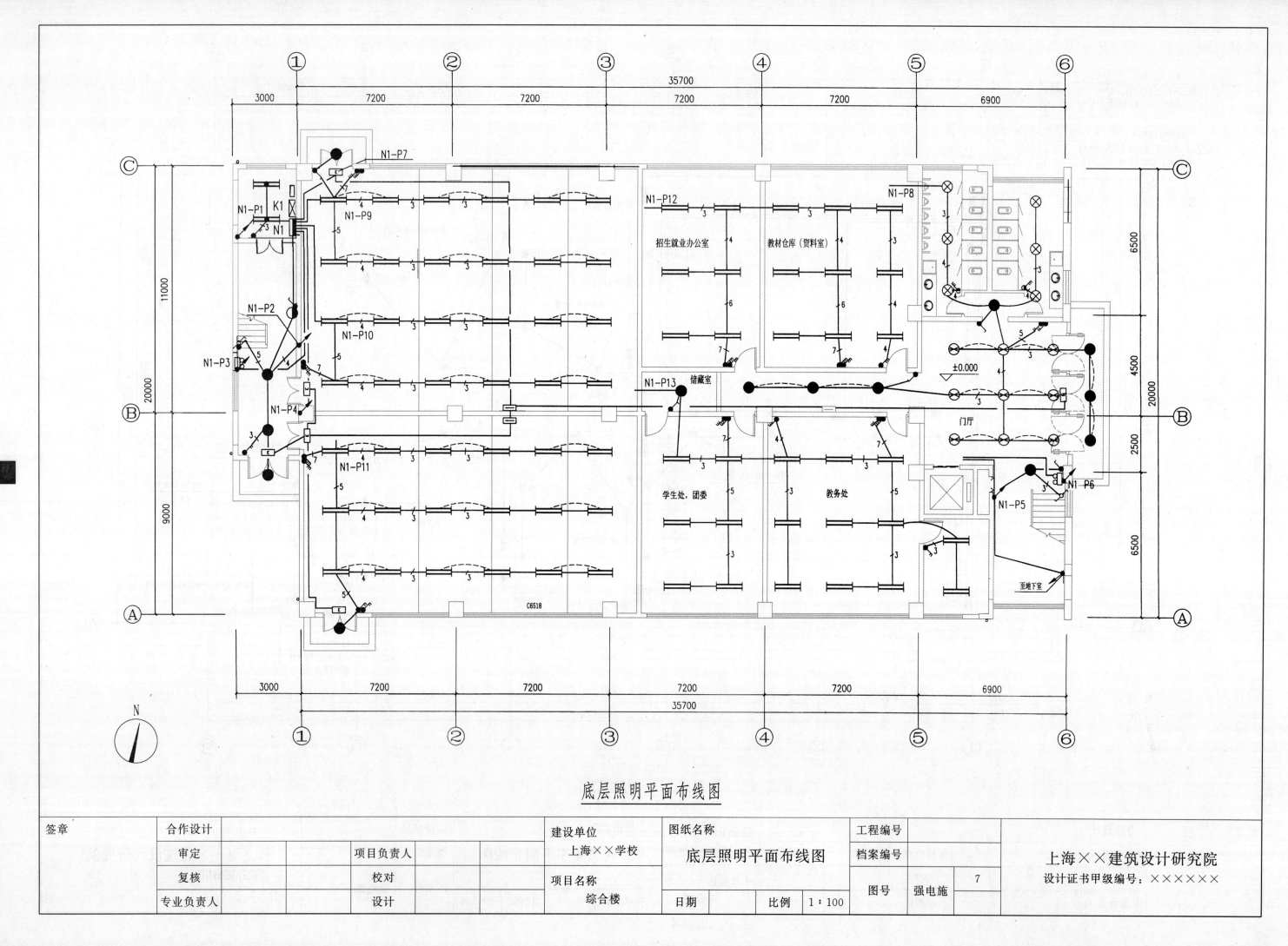

底层照明平面布线图

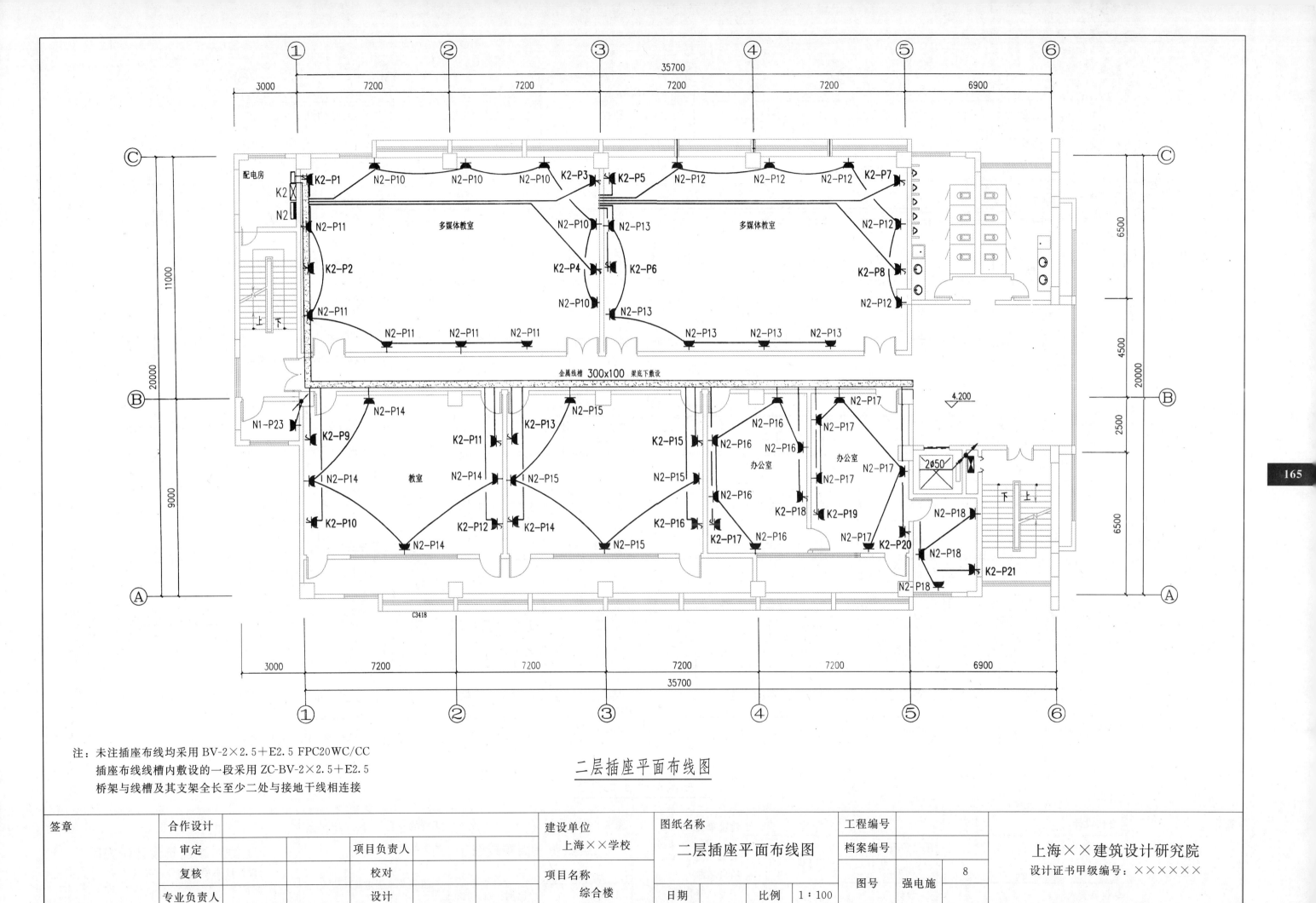

二层插座平面布线图

注：未注插座布线均采用 BV-2×2.5＋E2.5 FPC20WC/CC
插座布线线槽内敷设的一段采用 ZC-BV-2×2.5＋E2.5
桥架与线槽及其支架全长至少二处与接地干线相连接

签章	合作设计		项目负责人		建设单位 上海××学校	图纸名称 二层插座平面布线图	工程编号		上海××建筑设计研究院 设计证书甲级编号：××××××
	审定						档案编号		
	复核		校对		项目名称 综合楼		图号	强电施	8
	专业负责人		设计			日期	比例 1：100		

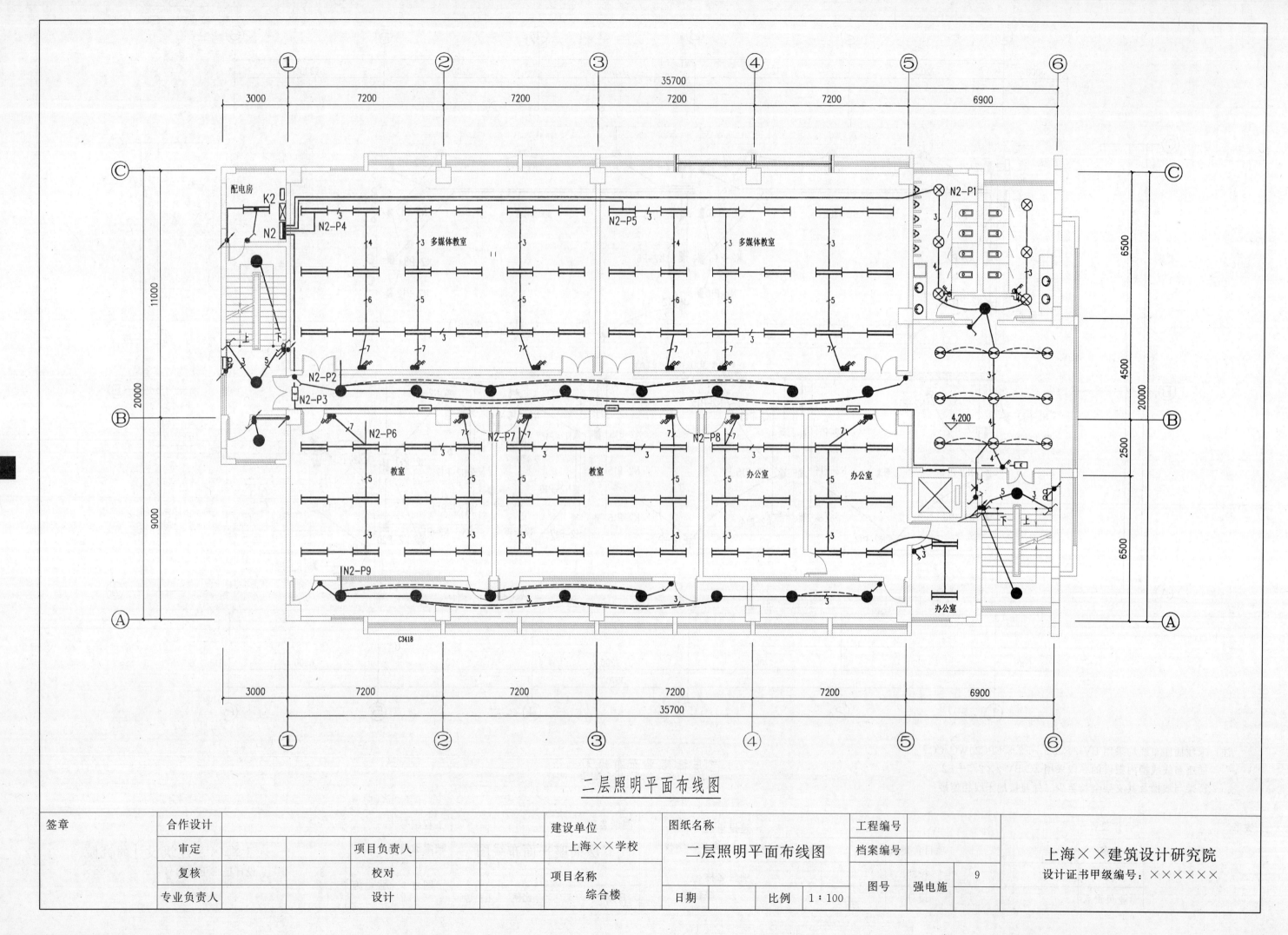

二层照明平面布线图

签章		合作设计				建设单位	图纸名称		工程编号		上海××建筑设计研究院
		审定		项目负责人		上海××学校	二层照明平面布线图		档案编号		
		复核		校对		项目名称			图号	强电施	设计证书甲级编号：××××××
		专业负责人		设计		综合楼	日期	比例 1：100		9	

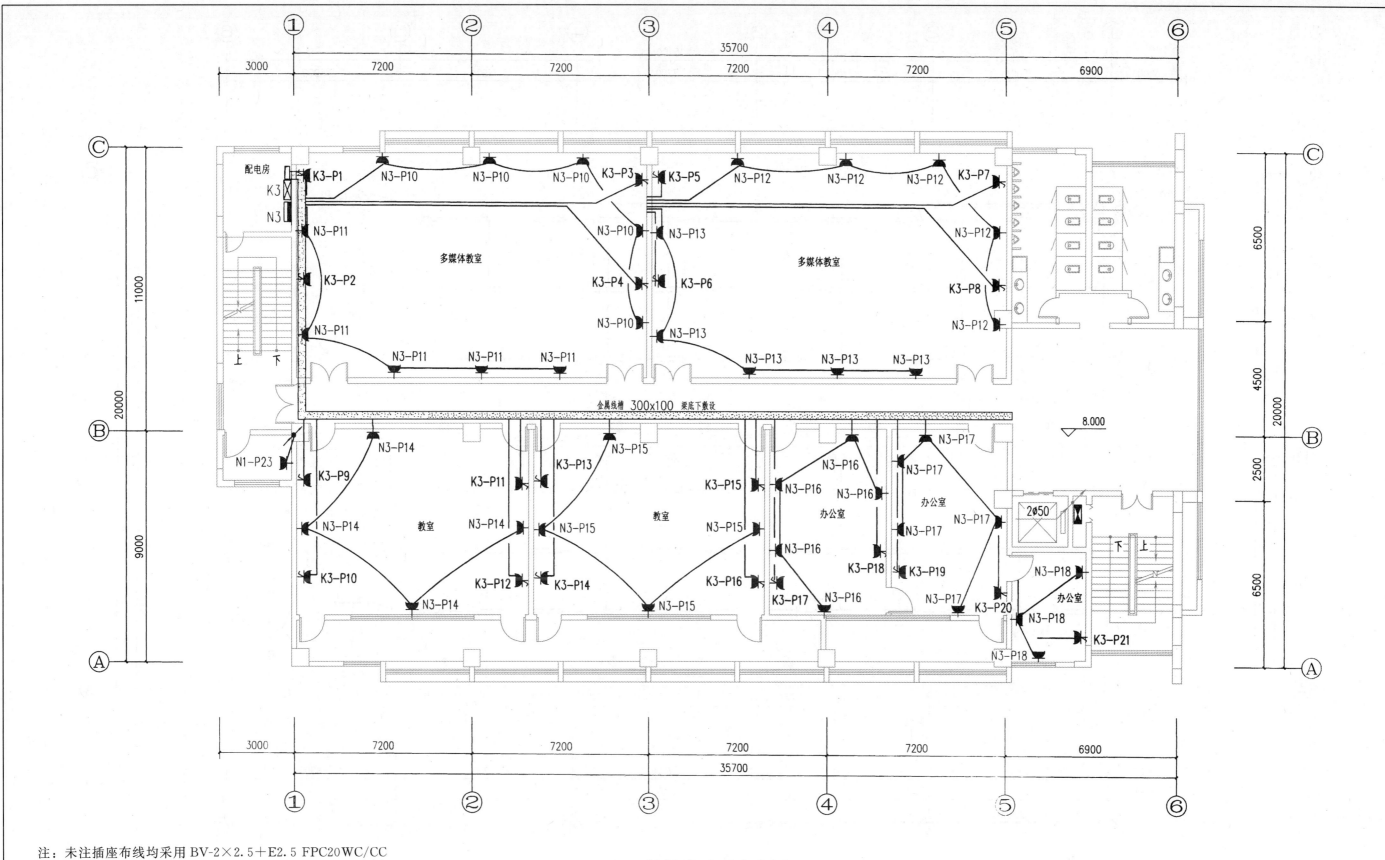

三层插座平面布线图

注：未注插座布线均采用 BV-2×2.5＋E2.5 FPC20WC/CC
　　插座布线线槽内敷设的一段采用 ZC-BV-2×2.5＋E2.5
　　桥架与线槽及其支架全长至少二处与接地干线相连接

签章	合作设计		建设单位	图纸名称	工程编号		上海××建筑设计研究院
	审定	项目负责人	上海××学校	三层插座平面布线图	档案编号		设计证书甲级编号：××××××
	复核	校对	项目名称		图号	强电施 10	
	专业负责人	设计	综合楼	日期	比例	1：100	

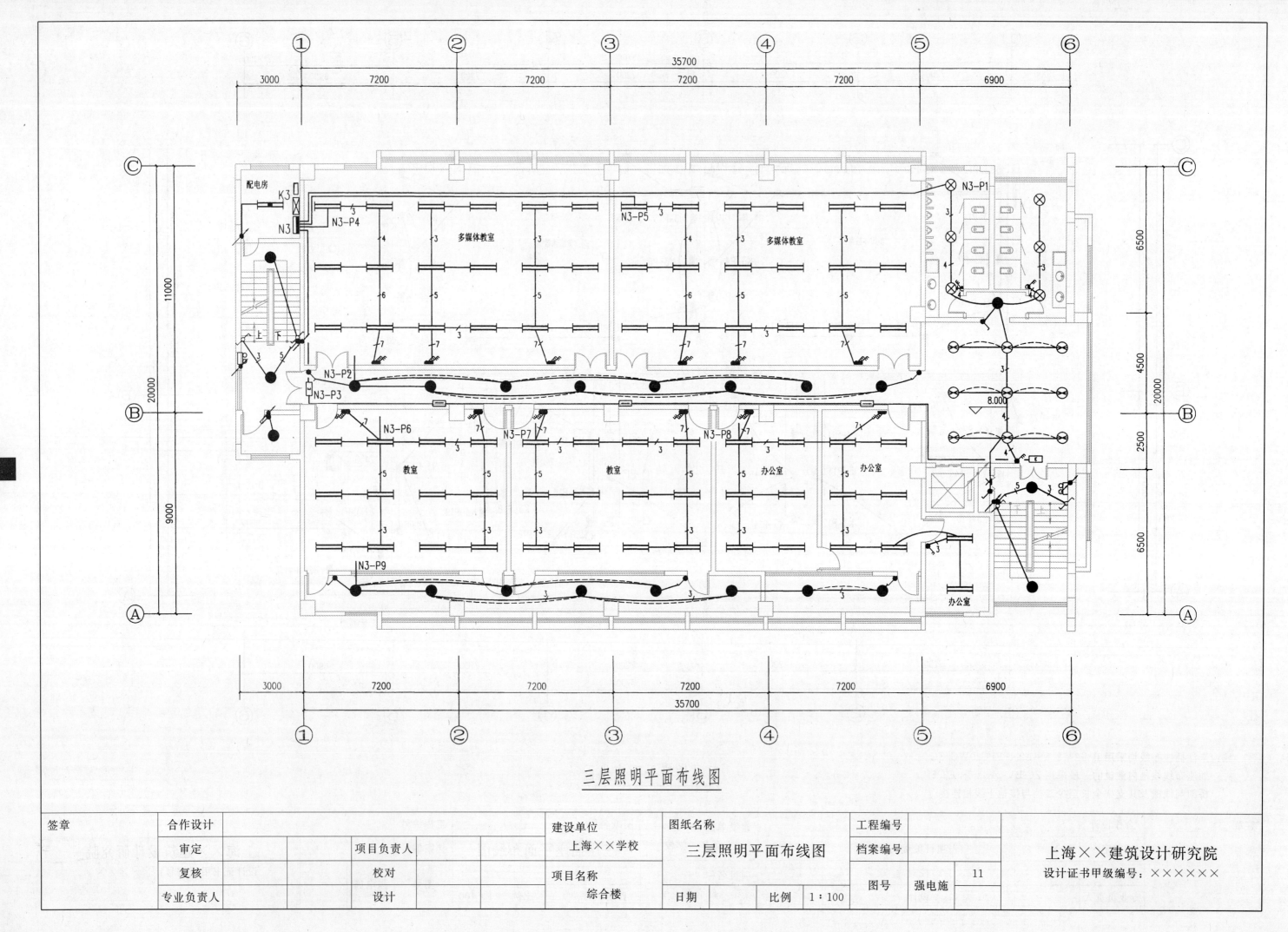

三层照明平面布线图

签章		合作设计				建设单位	图纸名称		工程编号		上海××建筑设计研究院
		审定		项目负责人		上海××学校	三层照明平面布线图		档案编号		
		复核		校对		项目名称			图号	强电施 11	设计证书甲级编号：××××××
		专业负责人		设计		综合楼	日期	比例 1:100			

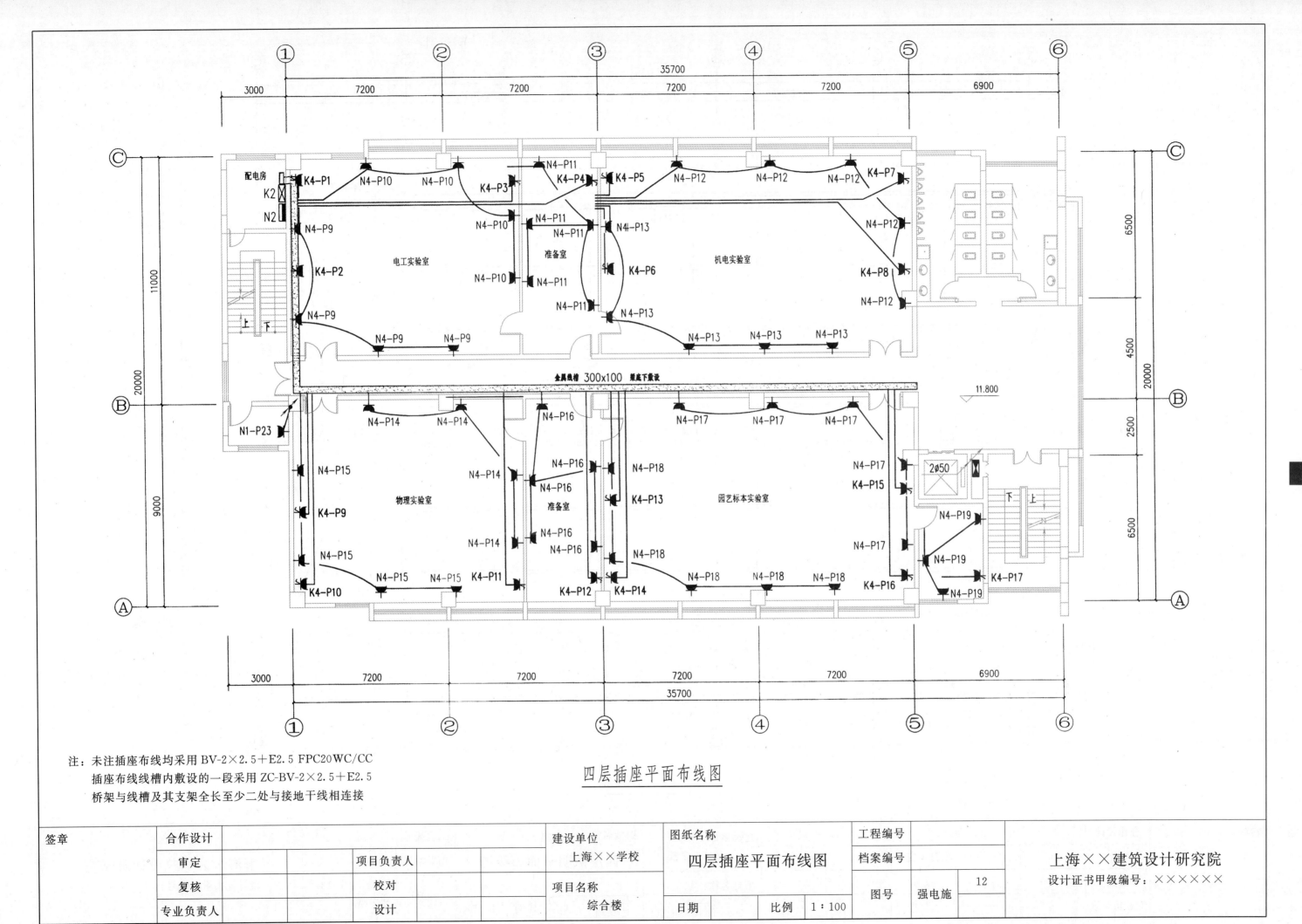

四层插座平面布线图

注：未注插座布线均采用 BV-2×2.5+E2.5 FPC20WC/CC
　　插座布线线槽内敷设的一段采用 ZC-BV-2×2.5+E2.5
　　桥架与线槽及其支架全长至少二处与接地干线相连接

签章	合作设计		建设单位	图纸名称	工程编号		上海××建筑设计研究院
	审定	项目负责人	上海××学校	四层插座平面布线图	档案编号		设计证书甲级编号：××××××
	复核	校对	项目名称		图号	强电施 12	
	专业负责人	设计	综合楼	日期	比例	1：100	

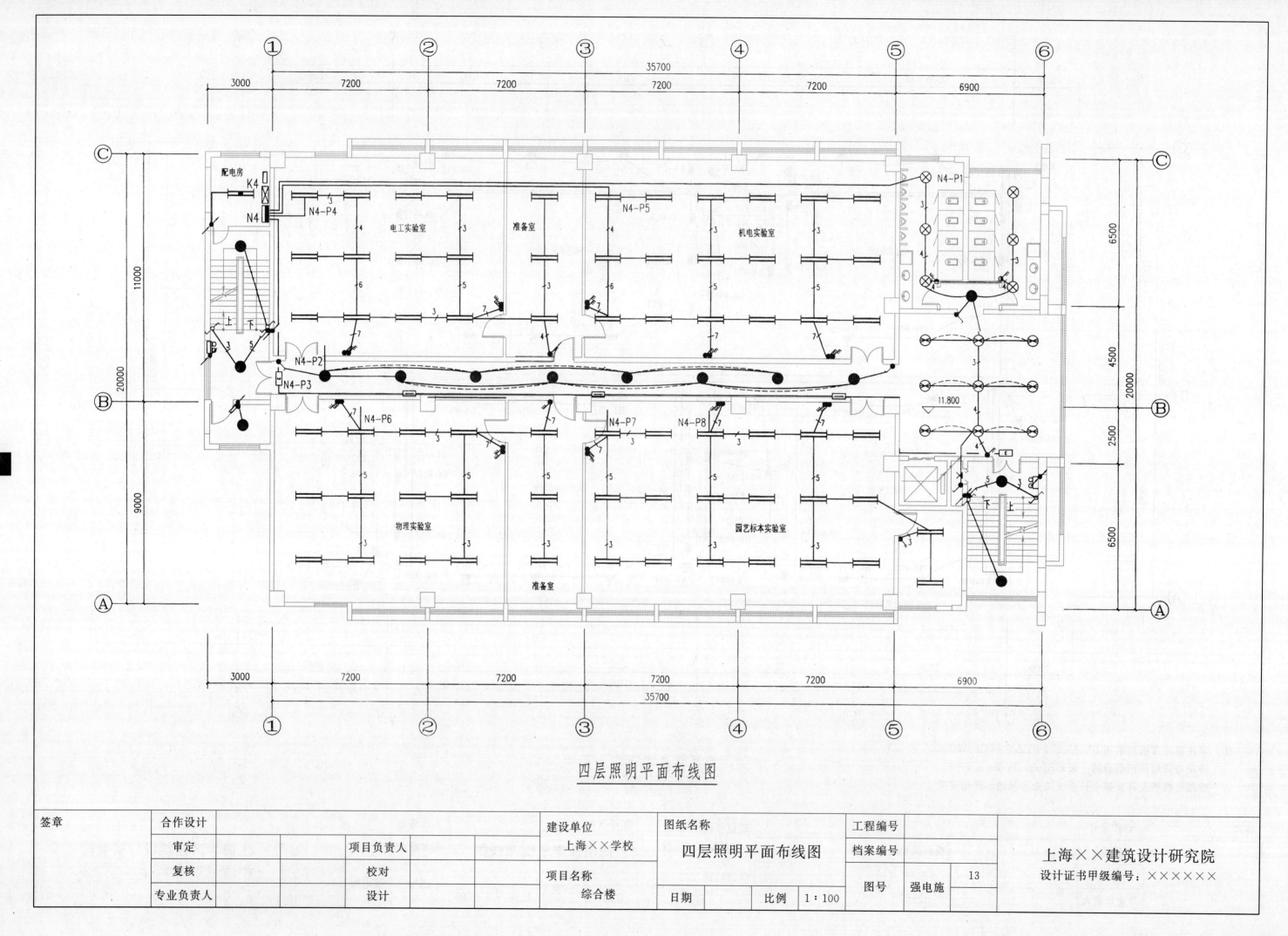

四层照明平面布线图

签章		合作设计			建设单位	图纸名称		工程编号		上海××建筑设计研究院
		审定		项目负责人	上海××学校	四层照明平面布线图		档案编号		
		复核		校对	项目名称			图号	强电施 13	设计证书甲级编号：××××××
		专业负责人		设计	综合楼	日期	比例 1：100			

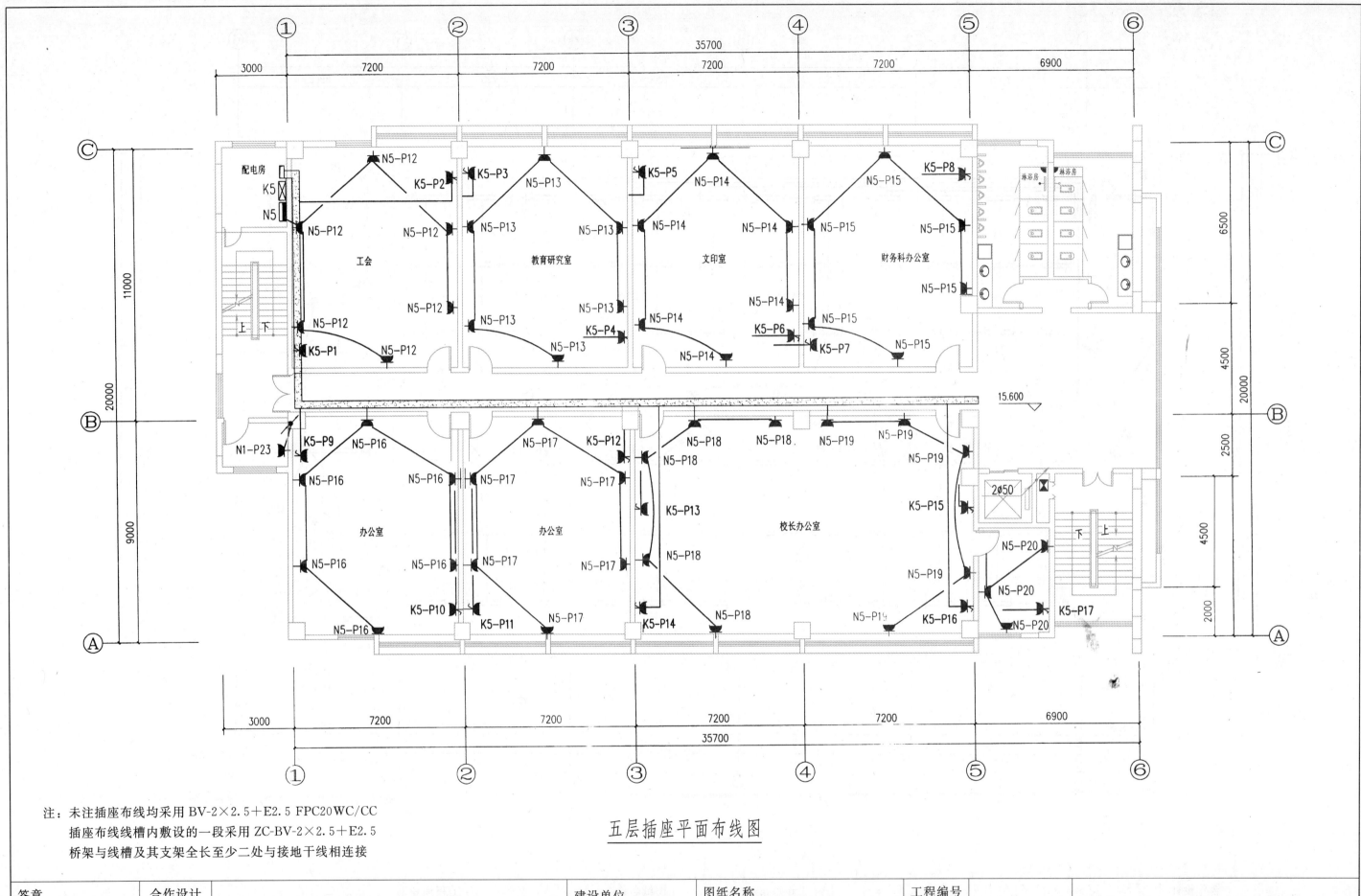

注：未注插座布线均采用 BV-2×2.5＋E2.5 FPC20WC/CC
插座布线线槽内敷设的一段采用 ZC-BV-2×2.5＋E2.5
桥架与线槽及其支架全长至少二处与接地干线相连接

五层插座平面布线图

签章		合作设计			建设单位		图纸名称		工程编号		上海××建筑设计研究院
		审定		项目负责人		上海××学校	五层插座平面布线图		档案编号		设计证书甲级编号：××××××
		复核		校对		项目名称			图号	强电施 14	
		专业负责人		设计		综合楼	日期	比例 1：100			

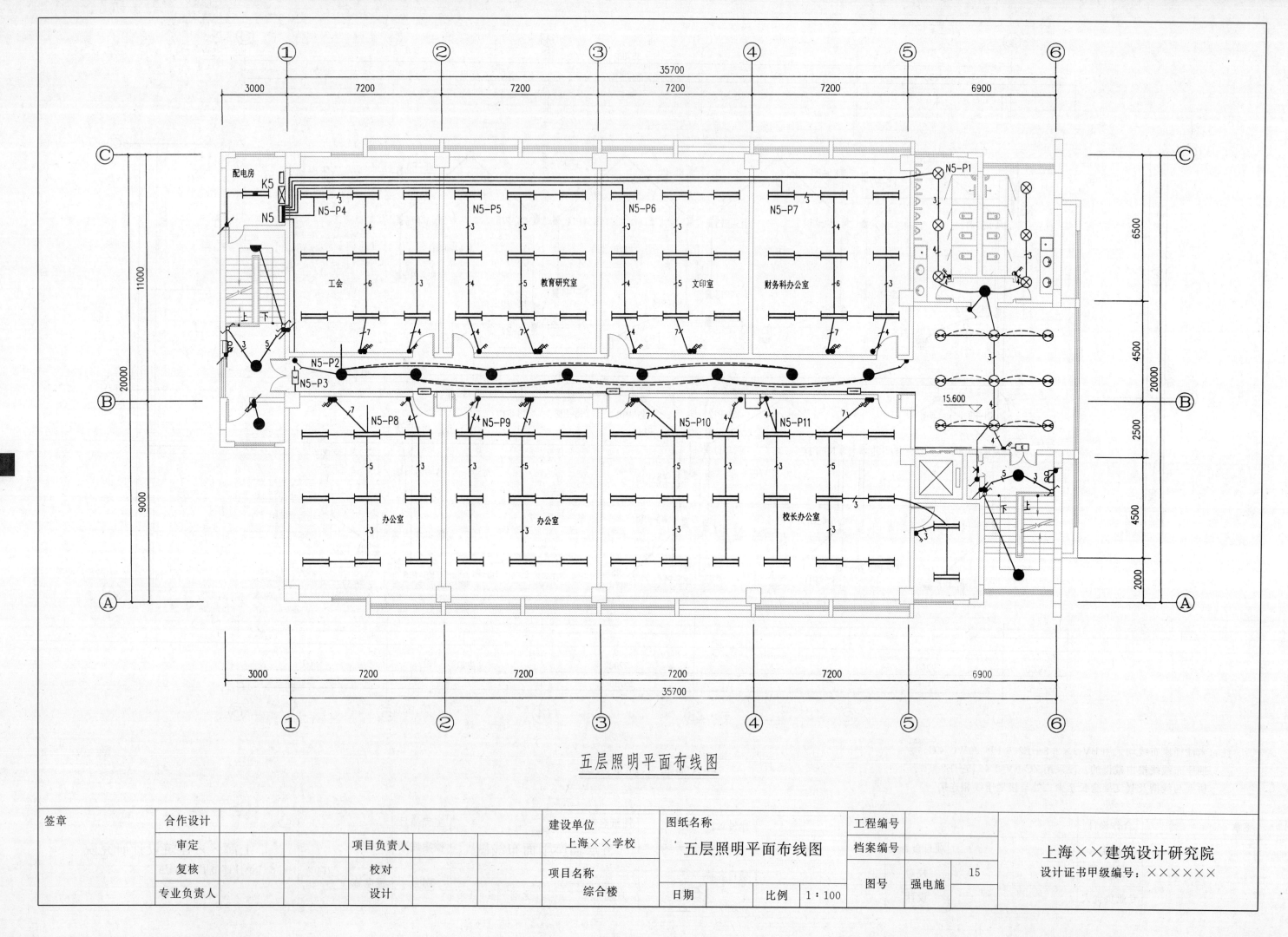

五层照明平面布线图

签章	合作设计		建设单位	图纸名称	工程编号	
	审定	项目负责人	上海××学校	五层照明平面布线图	档案编号	上海××建筑设计研究院
	复核	校对	项目名称		图号 强电施 15	设计证书甲级编号：××××××
	专业负责人	设计	综合楼	日期 比例 1：100		

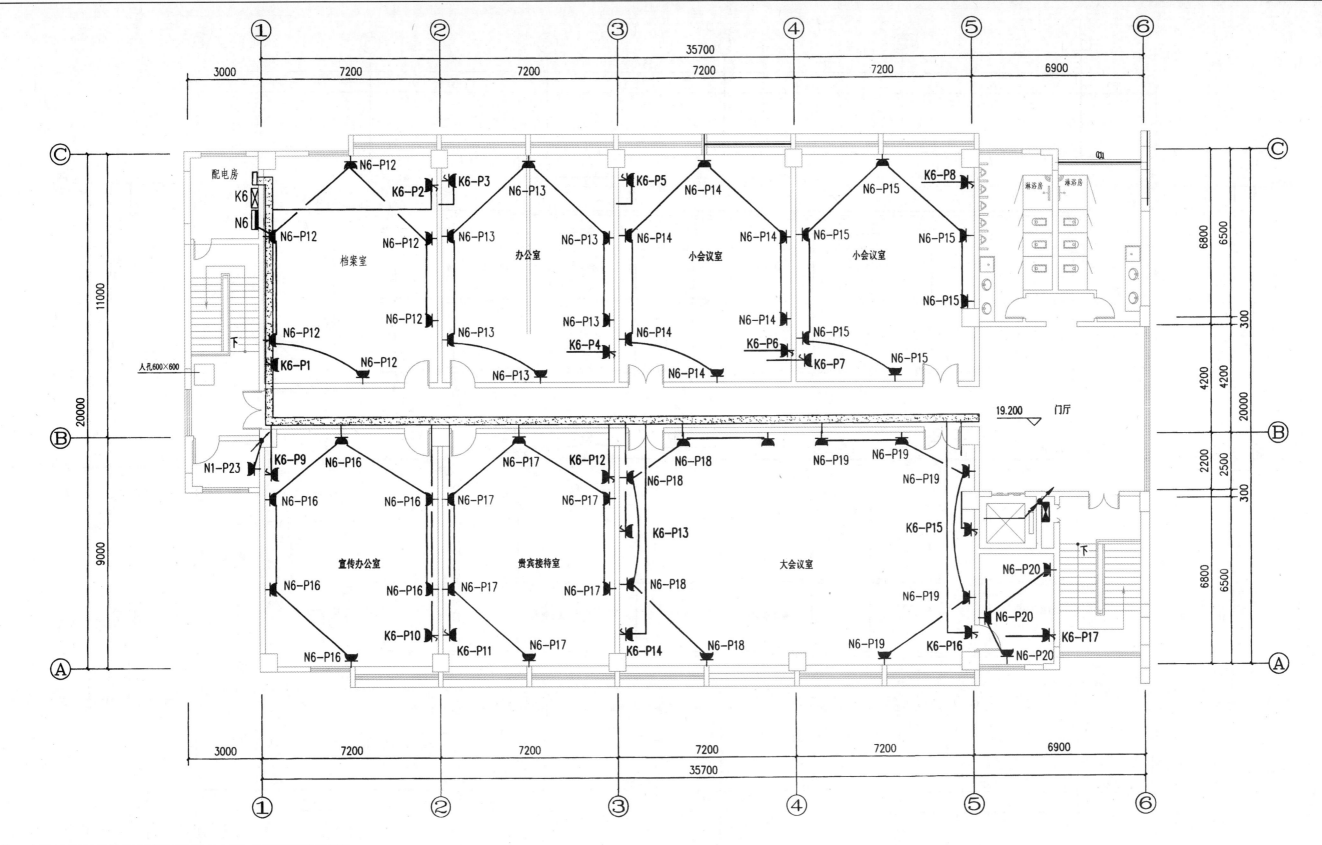

注：未注插座布线均采用 BV-2×2.5＋E2.5 FPC20WC/CC
插座布线线槽内敷设的一段采用 ZC-BV-2×2.5＋E2.5
桥架与线槽及其支架全长至少二处与接地干线相连接

六层插座平面布线图

签章		合作设计				建设单位	图纸名称		工程编号		上海××建筑设计研究院
		审定		项目负责人		上海××学校	六层插座平面布线图		档案编号		设计证书甲级编号：××××××
		复核		校对		项目名称			图号	强电施 16	
		专业负责人		设计		综合楼	日期	比例 1：100			

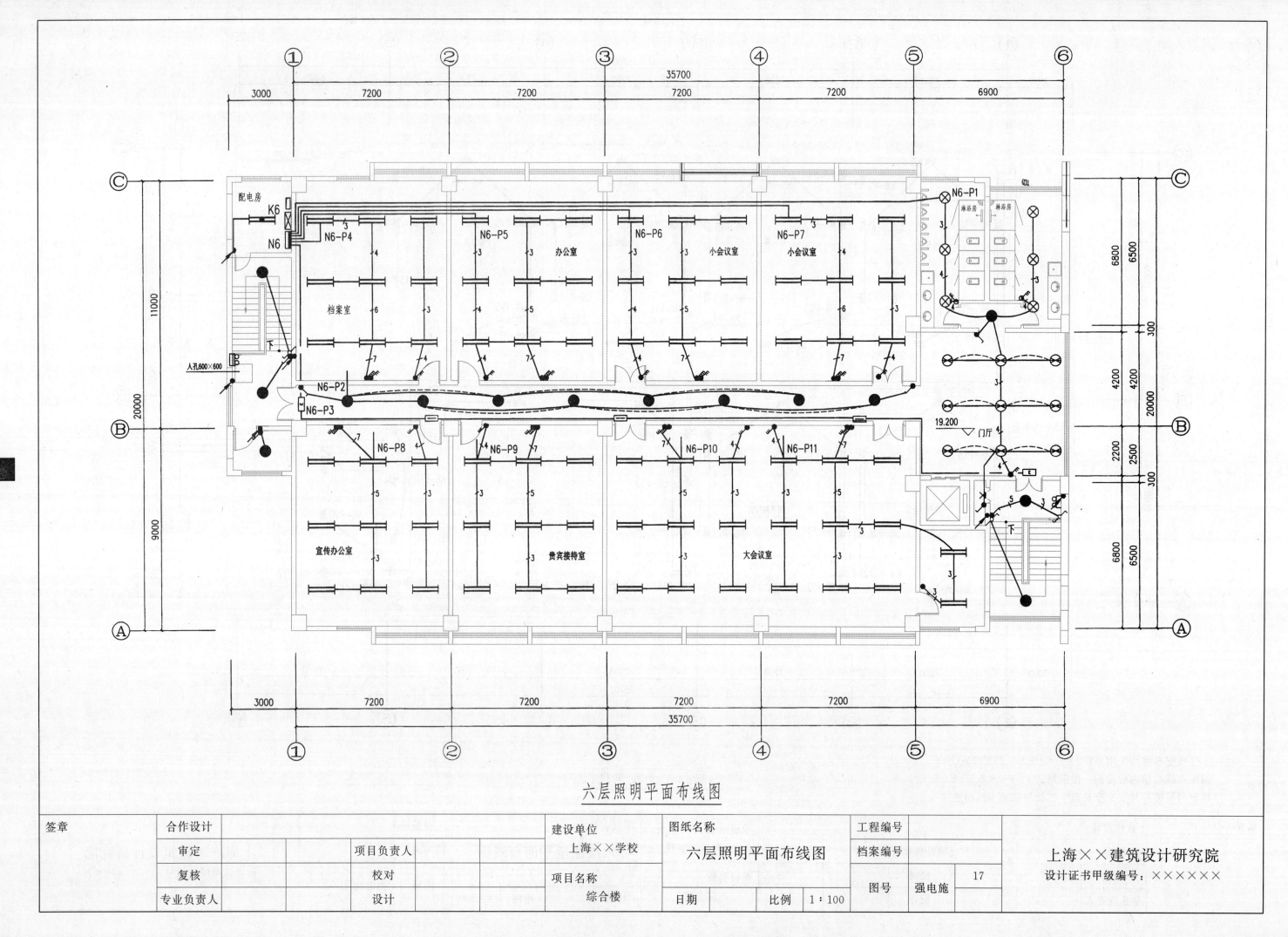

六层照明平面布线图

签章	合作设计			建设单位	图纸名称		工程编号			上海××建筑设计研究院
	审定		项目负责人	上海××学校	六层照明平面布线图		档案编号			设计证书甲级编号：××××××
	复核		校对	项目名称			图号	强电施	17	
	专业负责人		设计	综合楼	日期	比例 1：100				

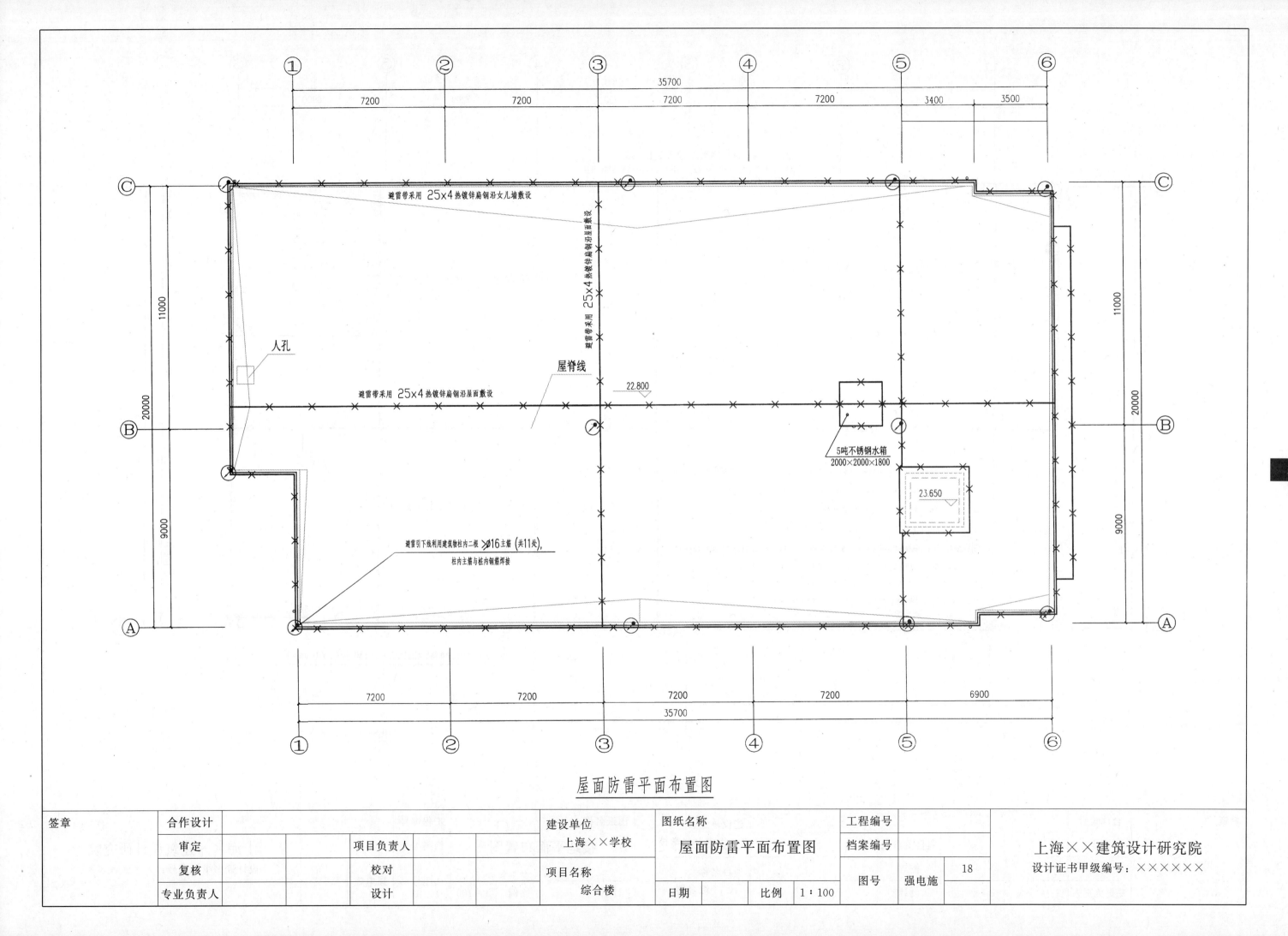

屋面防雷平面布置图

签章		合作设计			建设单位	图纸名称		工程编号			上海××建筑设计研究院
		审定			上海××学校	屋面防雷平面布置图		档案编号			设计证书甲级编号：××××××
		项目负责人									
		复核		校对		项目名称		图号	强电施	18	
		专业负责人		设计		综合楼	日期		比例	1：100	

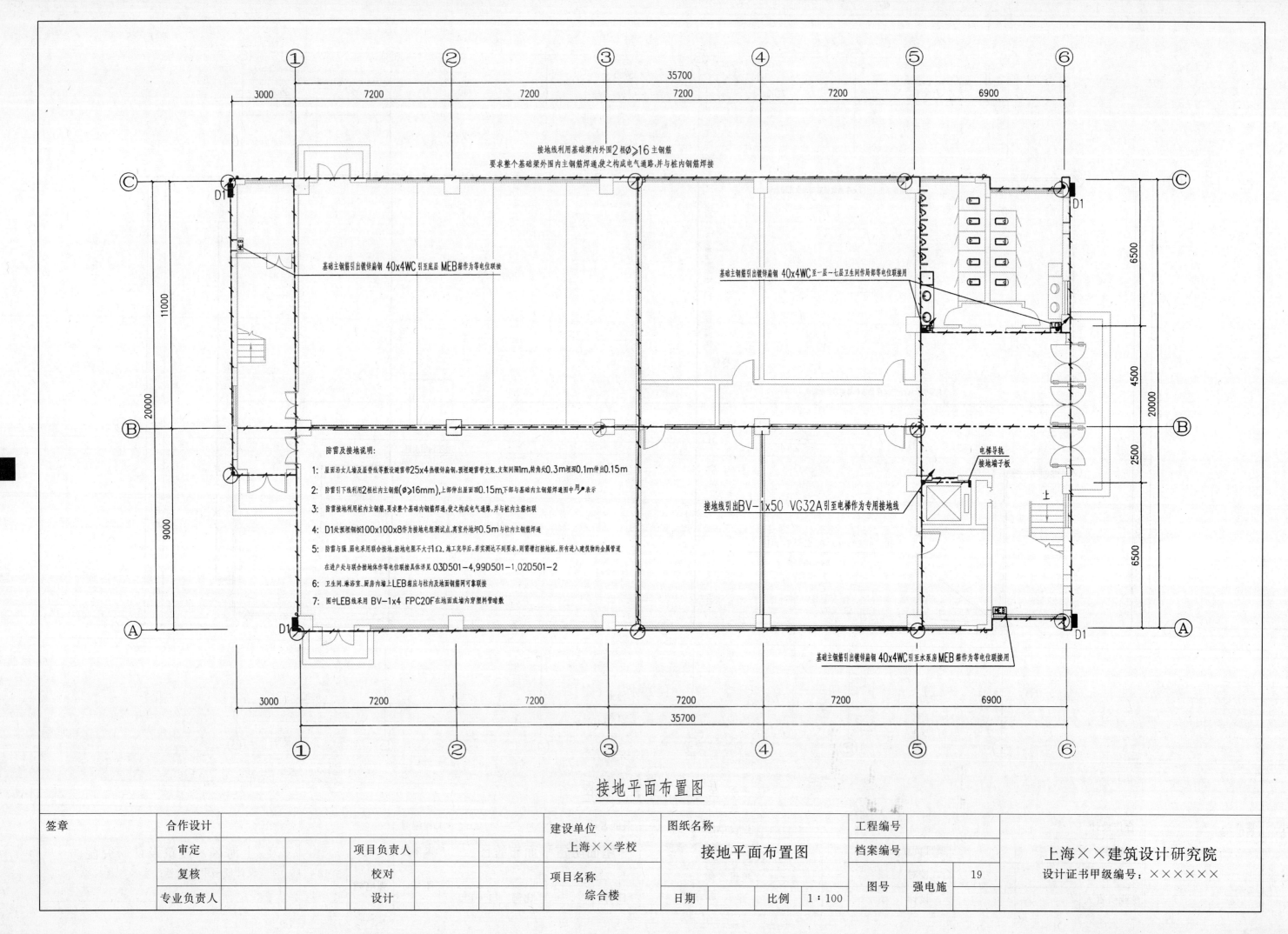

接地利用基础梁内外围2根∅≥16主钢筋
要求整个基础梁外围内主钢筋焊通，使之构成电气通路，并与桩内钢筋焊接

基础主钢筋引出镀锌扁钢 40x4WC引至底层 MEB箱作为等电位联接

基础主钢筋引出镀锌扁钢 40x4WC至一层～七层卫生间作局部等电位联接用

电梯导轨
接地端子板

接地线引出BV-1x50 VG32A引至电梯作为专用接地线

基础主钢筋引出镀锌扁钢 40x4WC引至水泵房 MEB箱作为等电位联接用

防雷及接地说明：

1: 屋面沿女儿墙及屋脊线等敷设避雷带25x4热镀锌扁钢,预埋避雷带支架,支架间隔1m,转角处0.3m埋深0.1m伸出0.15m

2: 防雷引下线利用2根柱内主钢筋(∅≥16mm),上部伸出屋面顶0.15m,下部与基础内主钢筋通中用▲表示

3: 防雷接地利用桩内主钢筋,要求整个基础内钢筋焊通,使之构成电气通路,并与桩内主筋相联

4: D1处预埋钢板100x100x8作为接地电阻测试点,离室外地坪0.5m与柱内主钢筋焊通

5: 防雷与强、弱电采用联合接地,接地电阻不大于1Ω,施工完毕后,若实测达不到要求,则需增打接地极,所有进入建筑物的金属管道
   在进户处与联合接地体作等电位联接具体详见 03D501-4,99D501-1,02D501-2

6: 卫生间、淋浴室、厨房内墙上LEB箱应与柱内及地面钢筋网可靠联接

7: 图中LEB线采用 BV-1x4 FPC20F在地面或墙内穿塑料管暗敷

接地平面布置图

签章		合作设计			建设单位	图纸名称		工程编号			
		审定		项目负责人		上海××学校	接地平面布置图	档案编号			上海××建筑设计研究院
		复核		校对		项目名称		图号	强电施	19	设计证书甲级编号：××××××
		专业负责人		设计		综合楼		日期		比例 1：100	

176

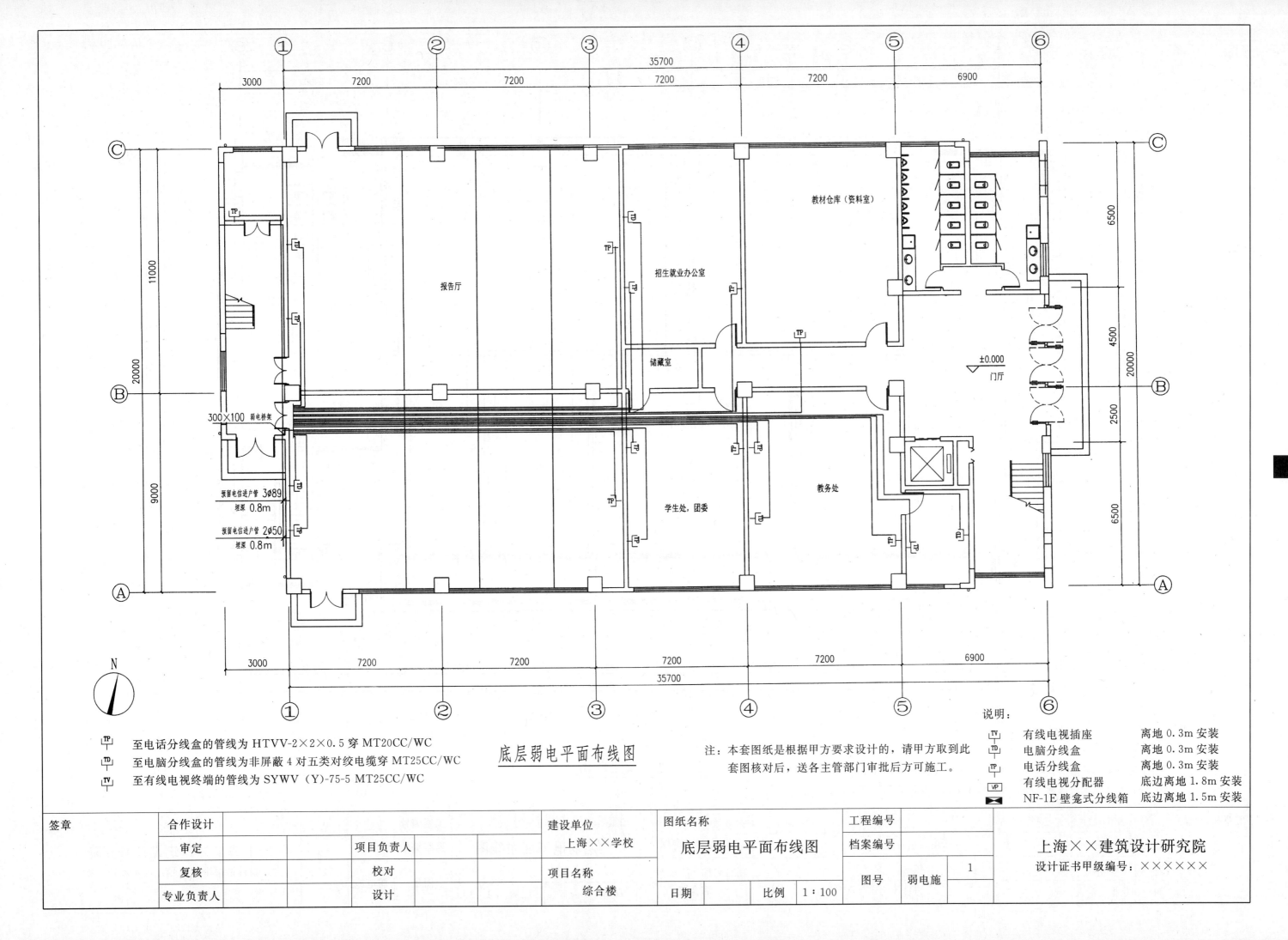

底层弱电平面布线图

注：本套图纸是根据甲方要求设计的，请甲方取到此套图核对后，送各主管部门审批后方可施工。

说明：

图例	名称	安装
TP	有线电视插座	离地 0.3m 安装
TD	电脑分线盒	离地 0.3m 安装
TP	电话分线盒	离地 0.3m 安装
VP	有线电视分配器	底边离地 1.8m 安装
⋈	NF-1E 壁龛式分线箱	底边离地 1.5m 安装

至电话分线盒的管线为 HTVV-2×2×0.5 穿 MT20CC/WC
至电脑分线盒的管线为非屏蔽 4 对五类对绞电缆穿 MT25CC/WC
至有线电视终端的管线为 SYWV（Y）-75-5 MT25CC/WC

签章		合作设计		建设单位	图纸名称		工程编号			上海××建筑设计研究院
		审定	项目负责人	上海××学校	底层弱电平面布线图		档案编号			设计证书甲级编号：××××××
		复核	校对	项目名称			图号	弱电施	1	
		专业负责人	设计	综合楼	日期	比例 1：100				

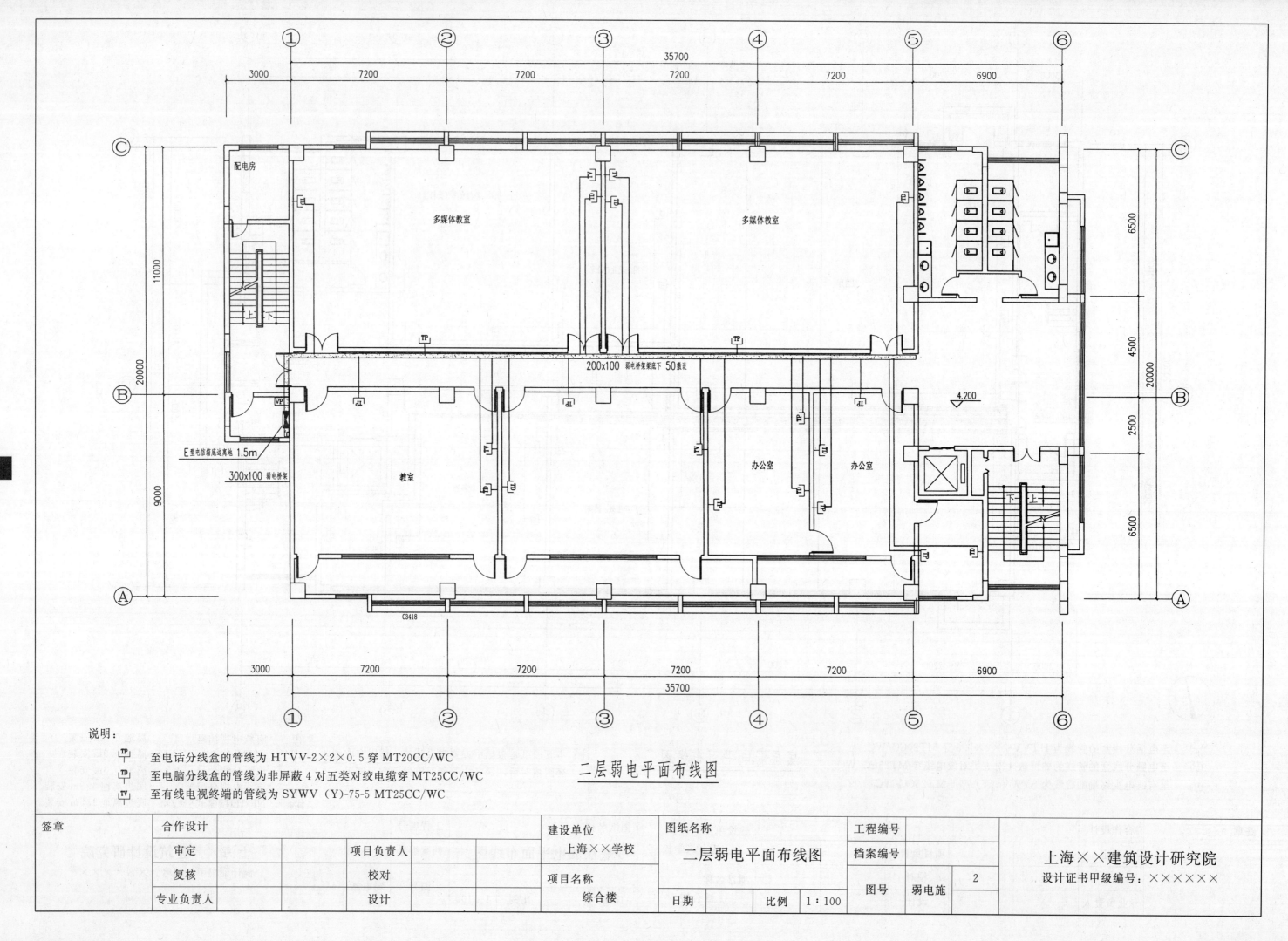

二层弱电平面布线图

说明：
- **TP** 至电话分线盒的管线为 HTVV-2×2×0.5 穿 MT20CC/WC
- **TD** 至电脑分线盒的管线为非屏蔽4对五类对绞电缆穿 MT25CC/WC
- **TV** 至有线电视终端的管线为 SYWV (Y)-75-5 MT25CC/WC

签章		合作设计				建设单位	图纸名称		工程编号		上海××建筑设计研究院
		审定		项目负责人		上海××学校	二层弱电平面布线图		档案编号		设计证书甲级编号：××××××
		复核		校对		项目名称			图号	弱电施 2	
		专业负责人		设计		综合楼	日期	比例 1：100			

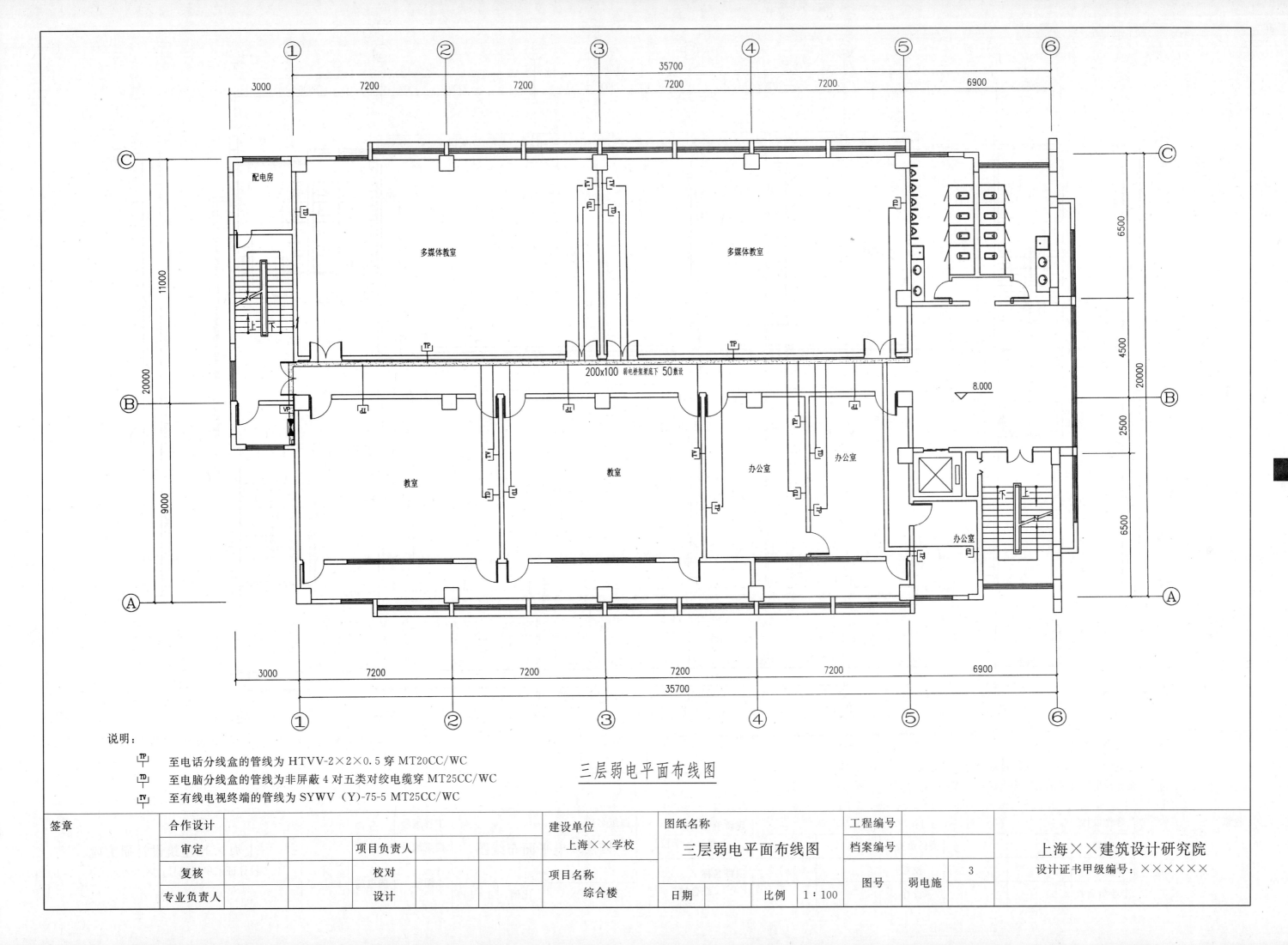

说明:
至电话分线盒的管线为 HTVV-2×2×0.5 穿 MT20CC/WC
至电脑分线盒的管线为非屏蔽 4 对五类对绞电缆穿 MT25CC/WC
至有线电视终端的管线为 SYWV（Y）-75-5 MT25CC/WC

三层弱电平面布线图

200x100 弱电桥架梁底下 50敷设

配电房

多媒体教室

多媒体教室

教室

教室

办公室

办公室

办公室

签章	合作设计			建设单位	图纸名称		工程编号		上海××建筑设计研究院
	审定		项目负责人	上海××学校	三层弱电平面布线图		档案编号		
	复核		校对	项目名称			图号	弱电施	3
	专业负责人		设计	综合楼	日期	比例 1：100			设计证书甲级编号：××××××

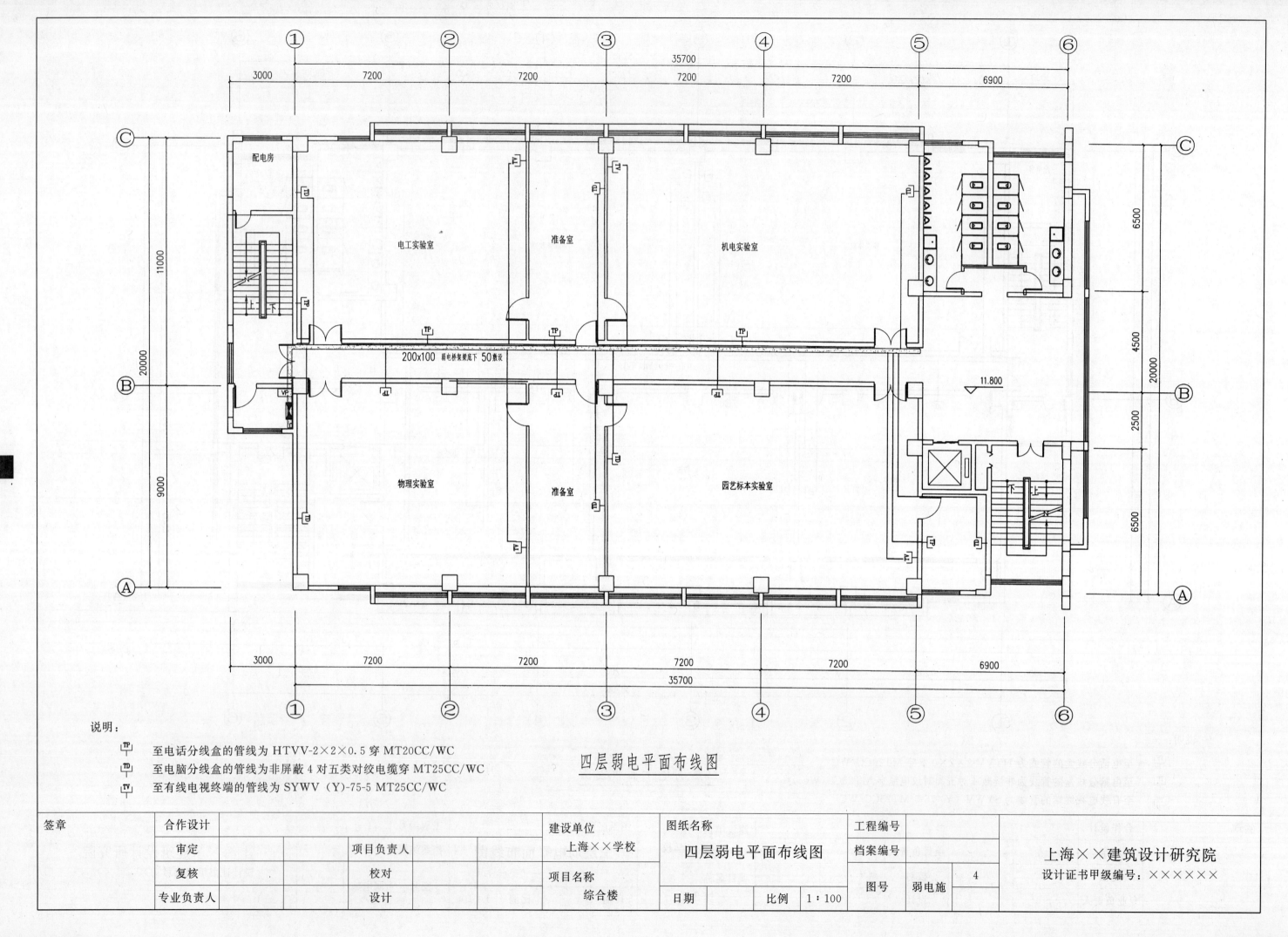

说明：

TP 至电话分线盒的管线为 HTVV-2×2×0.5 穿 MT20CC/WC
TD 至电脑分线盒的管线为非屏蔽 4 对五类对绞电缆穿 MT25CC/WC
TV 至有线电视终端的管线为 SYWV（Y）-75-5 MT25CC/WC

四层弱电平面布线图

配电房

电工实验室　　准备室　　机电实验室

200x100 弱电桥架梁底下 50敷设

物理实验室　　准备室　　园艺标本实验室

11.800

签章		合作设计			建设单位	图纸名称		工程编号		上海××建筑设计研究院
		审定		项目负责人	上海××学校	四层弱电平面布线图		档案编号		设计证书甲级编号：××××××
		复核		校对		项目名称		图号	弱电施 4	
		专业负责人		设计		综合楼	日期	比例	1：100	

180

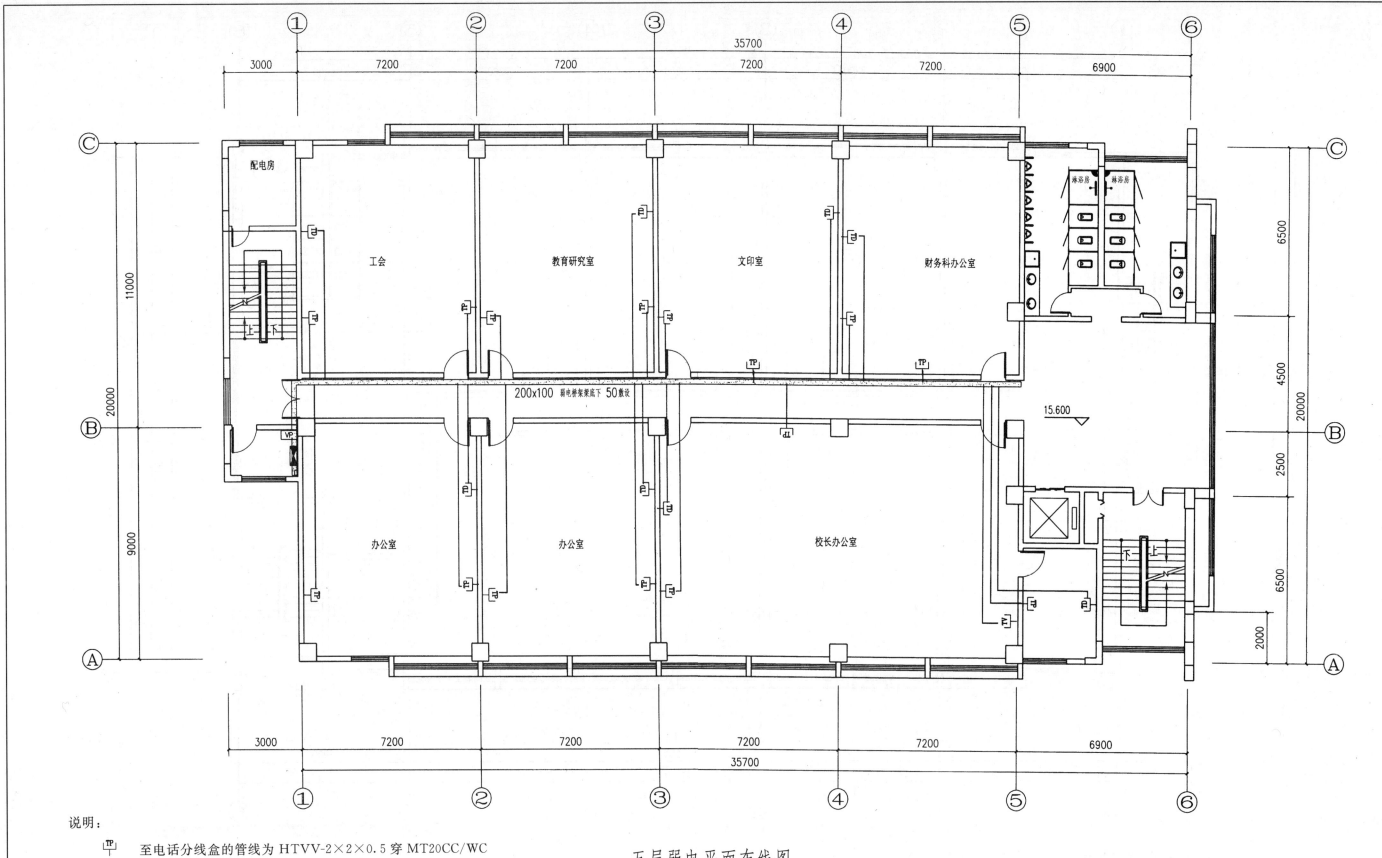

五层弱电平面布线图

说明：

⊡TP	至电话分线盒的管线为 HTVV-2×2×0.5 穿 MT20CC/WC
⊡TD	至电脑分线盒的管线为非屏蔽 4 对五类对绞电缆穿 MT25CC/WC
⊡TV	至有线电视终端的管线为 SYWV（Y)-75-5 MT25CC/WC

签章		合作设计			建设单位	图纸名称		工程编号		上海××建筑设计研究院
		审定		项目负责人		上海××学校	五层弱电平面布线图		档案编号	
		复核		校对		项目名称			图号	弱电施
		专业负责人		设计		综合楼	日期	比例 1:100		设计证书甲级编号：××××××

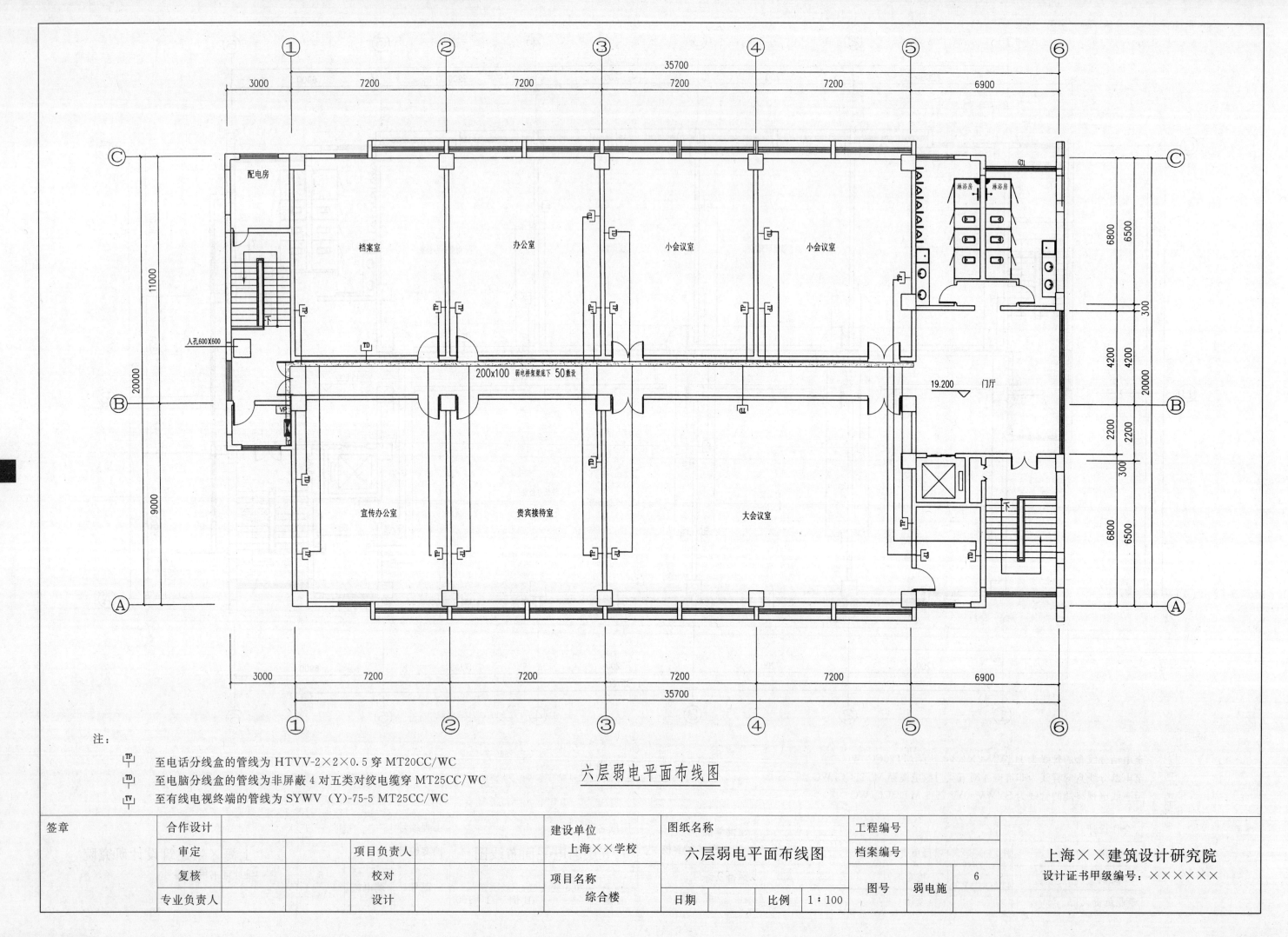

六层弱电平面布线图

注：

TP　至电话分线盒的管线为 HTVV-2×2×0.5 穿 MT20CC/WC

TD　至电脑分线盒的管线为非屏蔽 4 对五类对绞电缆穿 MT25CC/WC

TV　至有线电视终端的管线为 SYWV（Y）-75-5 MT25CC/WC

签章		合作设计			建设单位	图纸名称		工程编号		上海××建筑设计研究院
		审定		项目负责人		上海××学校	六层弱电平面布线图		档案编号	
		复核		校对		项目名称			图号	弱电施	6
		专业负责人		设计		综合楼		日期		比例	1：100	设计证书甲级编号：××××××

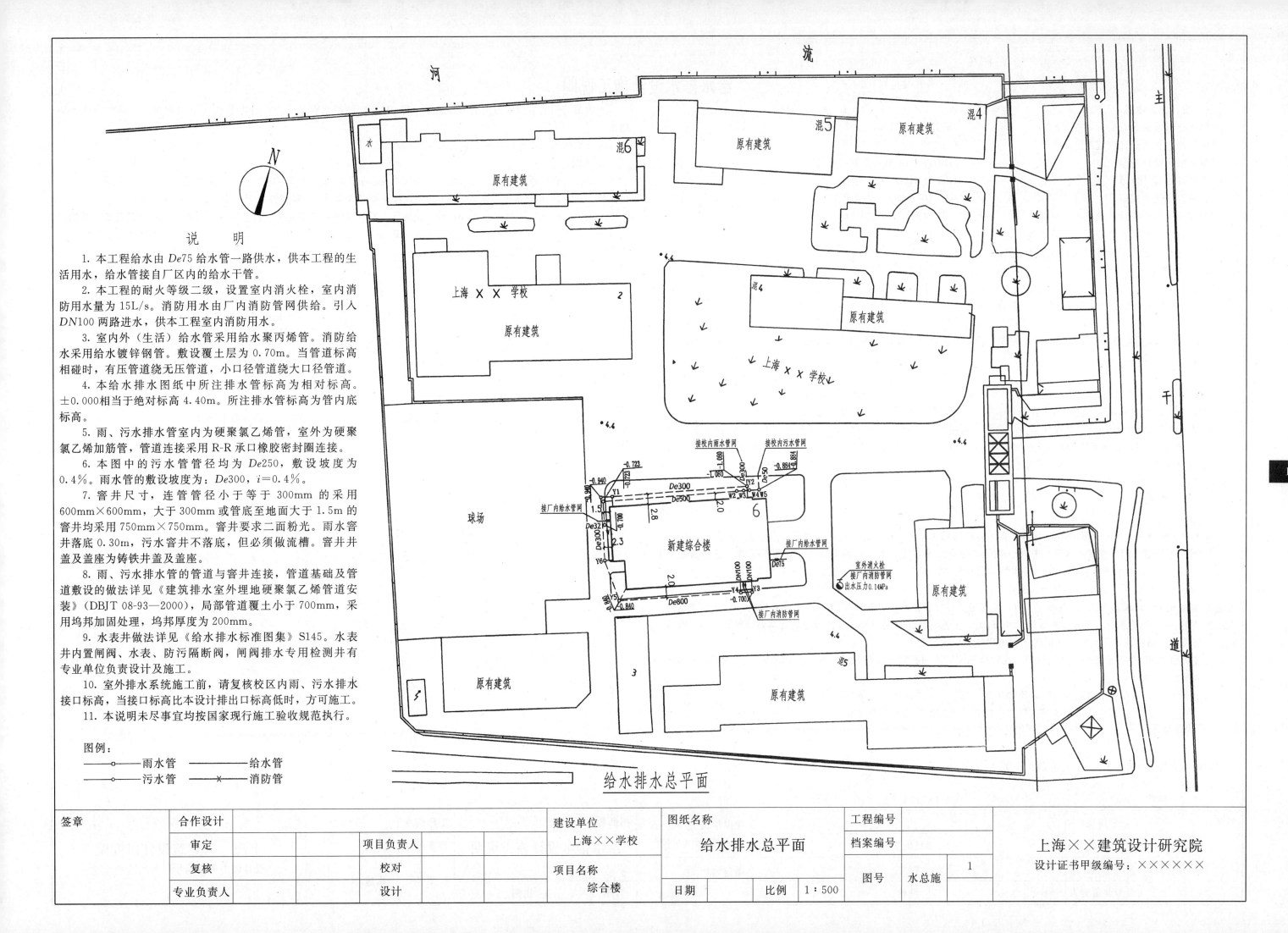

说　明

1. 本工程给水由 $De75$ 给水管一路供水，供本工程的生活用水，给水管接自厂区内的给水干管。

2. 本工程的耐火等级二级，设置室内消火栓，室内消防用水量为 15L/s。消防用水由厂内消防管网供给。引入 $DN100$ 两路进水，供本工程室内消防用水。

3. 室内外（生活）给水管采用给水聚丙烯管。消防给水采用给水镀锌钢管。敷设覆土层为 0.70m。当管道标高相碰时，有压管道绕无压管道，小口径管道绕大口径管道。

4. 本给水排水图纸中所注排水管标高为相对标高。±0.000相当于绝对标高 4.40m。所注排水管标高为管内底标高。

5. 雨、污水排水管室内为硬聚氯乙烯管，室外为硬聚氯乙烯加筋管，管道连接采用 R-R 承口橡胶密封圈连接。

6. 本图中的污水管管径均为 $De250$，敷设坡度为 0.4%。雨水管的敷设坡度为：$De300，i=0.4\%$。

7. 窨井尺寸，连管管径小于等于 300mm 的采用 600mm×600mm，大于 300mm 或管底至地面大于 1.5m 的窨井均采用 750mm×750mm。窨井要求二面粉光。雨水窨井落底 0.30m，污水窨井不落底，但必须做流槽。窨井井盖及盖座为铸铁井盖及盖座。

8. 雨、污水排水管的管道与窨井连接，管道基础及管道敷设的做法详见《建筑排水室外埋地硬聚氯乙烯管道安装》（DBJT 08-93—2000），局部管道覆土小于 700mm，采用坞邦加固处理，坞邦厚度为 200mm。

9. 水表井做法详见《给水排水标准图集》S145。水表井内置闸阀、水表、防污隔断阀，闸阀排水专用检测井有专业单位负责设计及施工。

10. 室外排水系统施工前，请复核校区内雨、污水排水接口标高，当接口标高比本设计排出口标高低时，方可施工。

11. 本说明未尽事宜均按国家现行施工验收规范执行。

图例：

- ——○—— 雨水管　　　———— 给水管
- ———— 污水管　　　——×—— 消防管

给水排水总平面

签章		合作设计		建设单位	图纸名称		工程编号		上海××建筑设计研究院
		审定	项目负责人	上海××学校	给水排水总平面		档案编号		
		复核	校对	项目名称			图号	水总施	设计证书甲级编号：××××××
		专业负责人	设计	综合楼	日期	比例 1：500		1	